现代数学基础丛书·典藏版 4

组 合 论

上 册

柯 召 魏万迪 著

科学出版社

北 京

内 容 简 介

　　本书全面介绍了组合论中的计数问题,以及解决计数问题的数学工具,如母函数、容斥原理、(0, 1)矩阵的积和式(排列式)、Pólya定理等. 书中列举了大量的组合问题和例题,并用尽可能多的方法来解决它们,使读者能够掌握组合论的各种思想和方法. 本书内容丰富,叙述由浅入深,每章开始都有内容提要,以便读者抓住要点.

　　本书对于学习组合论的读者是一本较好的入门书,对于计算机科学、数字通讯、代数等方面的研究工作者也是一本较好的参考书.

图书在版编目(CIP)数据

组合论. 上册/柯召,魏万迪著.—北京:科学出版社,2010.5
(现代数学基础丛书·典藏版;4)
ISBN 978-7-03-029290-2

Ⅰ.①组…　Ⅱ.①柯… ②魏…　Ⅲ.①组合数学　Ⅳ.①O157

中国版本图书馆 CIP 数据核字(2010)第 203995 号

责任编辑:杨贤英/责任校对:钟　洋
责任印制:徐晓晨/封面设计:王　浩

科 学 出 版 社 出版
北京东黄城根北街 16 号
邮政编码:100717
http://www.sciencep.com

北京厚诚则铭印刷科技有限公司印刷
科学出版社发行　　各地新华书店经销

*

2010 年 5 月第 一 版　　开本:B5(720×1000)
2016 年 6 月 印　刷　印张:25 3/4
字数:501 000

定价:178.00 元
(如有印装质量问题,我社负责调换)

前　言

　　组合论又叫做组合分析、组合数学或组合学，它是一个历史悠久的数学分支. 这个学科所研究的中心问题是与按照一定的规则来安排一些物件有关的问题：当符合要求的安排并非显然存在或不存在时，首要的问题就是证明或否定它的存在；当符合要求的安排显然存在或已被证明存在时，求出这样的安排的(全部或其中不等价的)个数，以及把构造出这样的安排的问题提上日程；如果给出了最优化标准，往往还需寻求最优的安排；如此等等. 上述几方面的问题依次被称为存在性问题、计数问题、构造问题、最优化问题.

　　人们对组合论的兴趣和研究肇源颇早. 据传，早在《河图》、《洛书》中我国人民就已对一些有趣的组合问题给出了正确的解答. 但是，这门学科的飞速进展乃是近几十年的事. 这是多种因素促进的结果. 一方面，它受到了许多新兴的应用和理论学科的推动和刺激，诸如计算机科学、数字通讯理论、规划论和试验设计等等. 另一方面，它自身内部的要求和力量也使它不停息地向前发展. 因而这一具有悠久历史的数学分支现在不仅没有衰老，相反地，却是异常活跃且颇富成果的.

　　在本书中作者试图比较全面而系统地介绍组合论的问题、理论和方法，以及我国数学工作者在这一领域中的研究成果. 全书分上、下两册. 上册侧重于组合论课题的计数方面，下册专门讨论区组设计. 至于作为组合论的重要组成部分的图论，由于本书篇幅的限制，且因它已渐趋独立，只有另待专书来介绍.

　　本书从组合论的基础部分开始，讲述较详，并力求使处理问题的方法多种多样. 但是，当需用其他数学学科，如数论、代数、数学分析的知识时，则假定读者对它们已经熟知，不再细论.

　　本册的内容可分为两大部分.

　　第一部分主要介绍处理组合论计数问题的一般原理、方法和工具. 粗略地说，这就是：

一、母函数(第二章)

　　在许多情形，所需求的数与若干非负整数有关. 为简单计，这里假定与一个非负整数有关，且把要求的数记为 $u_n(n \geqslant 0)$.

　　很自然地，可以把未知数列 $\{u_n\}_{n \geqslant 0}$ 与一个形式幂级数(母函数)

$$u(x) = \sum_{n \geqslant 0} u_n x^n$$

联系起来, 从而由 $u(x)$ 的性质得出 $\{u_n\}_{n \geqslant 0}$ 的性质.

二、反演公式(第三章)

常常遇到某些组合论问题中出现的二类数 $\{u_n\}_{n \geqslant 0}$, $\{v_n\}_{n \geqslant 0}$ 满足关系式

$$v_n = \sum u_i,$$

这里求和指标 i 的活动范围仅与 n 有关, 且 $\{v_n\}_{n \geqslant 0}$ 可以求得. 由此得出诸 u_n 经由诸 v_i 表出的公式称为反演公式.

三、递归关系(第四章)

如果由数列 $\{u_n\}_{n \geqslant 0}$ 的组合意义或其他性质可以导出 u_n 与 $u_{n-1}, u_{n-2}, \cdots$ 之间的一个确定的关系(称为递归关系), 就常可把具有大足标的 u 值化为具有小足标的 u 值来处理.

四、(0, 1)矩阵(第五章)

有相当广的一类组合问题与(0, 1)矩阵有密切的联系. 就计数问题而论, 欲求的数往往就是从一个(0, 1)矩阵中选出两两不同行且不同列的若干数所作成的积之和. 因此, 对(0, 1)矩阵的这种和式的计算就能导出这类组合问题的解.

五、Pólya 定量(第十章)

许多计数问题可以化为求某一置换群下映射的等价类的个数. 后者的求解就是 Pólya 定理的内容.

第二部分研究一些具体的组合论课题, 它们是:

一、排列(第一、三、四、七、八、九章),

二、组合(第一、七、八章),

三、整数的分拆(第八章),

四、集的分解(第四章),

五、分配(第七章),

六、(0, 1)矩阵论中的一些组合问题(第五章),

七、置换群中的一些组合问题(第六章).

在写作本书的过程中, 许多同志, 特别是中国科学院数学所代数组的同志, 给作者以极大的关心、帮助和支持, 对此, 我们深表谢意.

限于作者的水平, 书中会有缺点和错误, 敬请读者批评指正.

作 者

目　　录

第一章 排列与组合

本章介绍最简单、最基本的组合论课题，即通常的"排列"、"组合"问题. 考虑问题的思路和解决问题的方法，都力求多样，以利于培养"组合思维"和熟练"组合技巧"，提高灵活地用之于较复杂的组合论问题的能力.

有两个简单易明的计数法则今后将经常用到，故放在本章之首来介绍(1.1). 接着，便讨论几个常见的组合问题和组合数的一些初等性质(1.2)，及其必要的扩充和推广(1.3). 此外，还介绍了研究排列数、组合数的母函数方法(1.4, 1.5)，一方面由此可得出更多的结果，另一方面又为过渡到母函数的一般理论(第二章)提供一些必要的感性材料. 最后介绍几个应用的例子(1.6).

1.1 集. 计数的和、积法则

为了便于引用，这里列出集论的一些简单概念和符号，并不牵涉数学基础中的深奥问题和集论的专门知识. 关于自然数的常用性质，则假定读者已经熟知.

人们把所研究的对象叫做元素，或元，把某些元的总体叫做集合，或集，并说这集由这些元组成. 本书中，若不特别声明集中某些元是相同的，则认为所有元都是互异的. 一般情况下，用大写的拉丁字母表示集，用小写的拉丁字母表示元. 元 a 在集 A 中，或者说集 A 含有元 a，记为

$$a \in A, \quad 或 \quad A \ni a.$$

元 a 不在集 A 中，或者说集 A 不含有元 a，记为

$$a \notin A \quad 或 \quad A \not\ni a.$$

如果集 A 中的每一元都在集 B 中，就说 A 是 B 的子集，或者说 B 是 A 的包集，记为

$$A \subseteq B \quad 或 \quad B \supseteq A.$$

如果集 A 与 B 之间既合 $A \subseteq B$，又合 $B \supseteq A$，就说集 A 与 B 相等，记为

$$A = B,$$

否则记为

$$A \neq B.$$

如果 $A \subseteq B$ 但 $A \neq B$,则说 A 为 B 的真子集，或者说 B 为 A 的真包集，记为

$$A \subset B \quad \text{或} \quad B \supset A.$$

易知，$A = B$ 的充要条件是集 A 与 B 由同样一些元素组成. 为了方便和统一起见，对没有任何元的情形也说存在一个集，叫做空集，记为 $\varnothing$. 不是空集的集叫非空集. 易知，对任意集 A，有 $\varnothing \subseteq A$；对任意非空集 B，有 $\varnothing \subset B$.

为了确定一个集，常用以下几种方法.

第一，列出集 A 中的全部元. 例如，

$$A := \{3,\ 6,\ 9,\ 12,\ 15,\ 18\} \tag{1.1.1}$$

表示集 A 是由 3，6，9，12，15，18 这六个数组成的总体. 这里，符号"$:=$"表示由右节来定义左节的定义式.

第二，给出集 A 中元的特征性质 P ——合于性质 P 的元全在 A 中，不合性质 P 的元则不在 A 中，记为

$$A := \{\, x \mid x \text{ 合于 } P \,\}.$$

这样，(1.1.1)中的 A 又可写为

$$A = \{\, x \mid 1 \leqslant x \leqslant 20 \text{，且 } 3 \mid x \,\},$$

这里，符号"$3 \mid x$"表示整数 x 是 3 的倍数.

第三，用集之间的运算来表出. 最基本的运算有：并、交、差.

如果三个集 A，B，C 之间符合

$$A = \{\, x \mid x \in B \text{ 或 } x \in C \,\},$$

则说集 A 是集 B，C 的并，记为

$$A = B \cup C.$$

如果这三个集符合

$$A = \{\, x \mid x \in B \text{ 且 } x \in C \,\},$$

则说集 A 是集 B，C 的交，记为

$$A = B \cap C.$$

如果这三个集符合

$$A = \{\, x \mid x \in B \text{ 且 } x \notin C \,\},$$

则说集 A 是集 B 对 C 的差，记为

$$A = B \setminus C.$$

并与交的定义和记号容易推广到多个乃至无穷多个集的情形，它们分别是

$$A := \bigcup_{i \in I} A_i := \{ x \mid x \in A_i \text{（某 } i \in I \text{）} \}$$

和

$$A := \bigcap_{i \in I} A_i := \{ x \mid x \in A_i \text{（一切 } i \in I \text{）} \},$$

这里 I 为指标集.

如果按照某一确定的规则 φ，集 A 的每一元 a 都对应于集 B 的唯一一个确定的元 a'，则称这个对应规则为映射或对应，并说 a' 是 a 在映射 φ 之下的像，记为

$$a \xrightarrow{\varphi} a' =: \varphi(a) \text{ 或 } \varphi : a \to a'.$$

这里，符号 "=:" 表示由左节来定义右节的定义式. 如果

$$B \supseteq \{ \varphi(a) \mid a \in A \},$$

则说映射 φ 是 A 到 B 内的映射，并说集 A 为 φ 的定义域，集 B 为 φ 的值域. 如果

$$B = \{ \varphi(a) \mid a \in A \},$$

则说 φ 是 A 到 B 上的映射. 如果 φ 是 A 到 B 内的映射，且合条件

$$\varphi(a_1) \neq \varphi(a_2), \text{ 若 } a_1 \neq a_2, \tag{1.1.2}$$

则说 φ 是 A 到 B 内的 (1-1) 映射. 如果 φ 是 A 到 B 上的映射且合条件 (1.1.2)，则说 φ 是 A 到 B 上的 (1-1) 映射，简称为 (1-1) 映射，此时又说，集 A 与 B 是 (1-1) 对应的，如果集 A 与 B 之间有一个 (1-1) 映射存在，就说集 A 与 B 等势，记为

$$A \sim B \, ;$$

对于等势的集，又说它们具有相同的势. 势就是等势诸集的公共性质.

用 $\mathbb{Z}$ 表示全体整数所组成的集，用 $\mathbb{N}$ 表示全体自然数所组成的集，且记 $\mathbb{N}^0 = \mathbb{N} \cup \{0\}$. 称集

$$\{ x \mid m \leqslant x \leqslant n, x \in \mathbb{Z} \}$$

为 $\mathbb{Z}$ 的 m 至 n 截段，记为

$$[m,n].$$

也记

$$[m,\infty) := \left\{ x \mid m \leqslant x < \infty, x \in \mathbb{Z} \right\},$$

$$(-\infty, m] := \left\{ x \mid -\infty < x \leqslant m, x \in \mathbb{Z} \right\},$$

$$[m,n) := [m,n] \setminus \{n\},$$

$$(m,n] := [m,n] \setminus \{m\},$$

$$(m,\infty) := [m,\infty) \setminus \{m\},$$

$$(-\infty,n) := (-\infty,n] \setminus \{n\}.$$

如果集 A 与 $[1, n]$ 等势，就说 A 是一个 n 元集，其中恰有 n 个元. 空集和 n 元集 $(n \in \mathbb{N})$ 统称为有限集. 不是有限集的集叫做无限集. 易知，当 A, B 是有限集时，$A \sim B$ 的充要条件是 A，B 各有同样多的元，故此时 A 的势就是 A 的元的个数，简称为元数. 对于无限集，势的作用类似于有限集的元数的作用. 无论 A 是有限集还是无限集，其势均以 $|A|$ 记之.

　　下面介绍有关计数问题的两个基本法则.

　　定理 1.1.1(和则)　若有限集 A, B 符合 $A \cap B = \varnothing$，则

$$|A \cup B| = |A| + |B|. \tag{1.1.3}$$

　　证明　当 A, B 中有一个是空集时，结论 (1.1.3) 是平凡的. 今设 $A \neq \varnothing$，$B \neq \varnothing$，记

$$A = \{a_1, \cdots, a_n\}, \quad B = \{b_1, \cdots b_m\}, \quad n \geqslant 1, m \geqslant 1.$$

因为

$$a_i \neq b_j \quad (1 \leqslant i \leqslant n; 1 \leqslant j \leqslant m),$$

故映射

$$\varphi : a_i \to i \quad (1 \leqslant i \leqslant n),$$

$$b_j \to n + j \quad (1 \leqslant j \leqslant m)$$

是 $A \cup B$ 到 $[1, m+n]$ 上的 (1-1) 映射，故有 (1.1.3). **证毕.**

　　和则还可叙述为：如果某物 $\mathcal{O}_1$ 有 m 种方法(这些方法所组成的集记为 A)选出，另一物 $\mathcal{O}_2$ 有另外 n 种方法(这些方法所组成的集记为 B)选出，则定理 1.1.1

断言, 选出物 $\mathcal{O}_1$ 或 $\mathcal{O}_2$ 有 $m+n$ 种方法.

设 A, B 是任意二集, 则称集

$$\{(a,b) \mid a \in A, b \in B\}$$

为集 A 与 B 的 Descartes 积, 记为 $A \times B$. 同样可以定义任意多(有限或无限)个集的 Descartes 积. 须注意, $A \times B$ 中二元相等, 即 $(a,b) = (a_1, b_1)$ 的充要条件是

$$a = a_1 \text{ 且 } b = b_1.$$

$A \times B$ 中的元 (a,b) 称为 A 中元 a 与 B 中元 b 的有序对. 易知, $A \times \varnothing = \varnothing \times A = \varnothing$, 令

$$D(A, \{B_u\}_{a \in A}; n) := \{(a,b) \mid a \in A, b \in B_a, \text{ 且 } | B_a | = n\},$$

这里 $\{B_a\}_{a \in A}$ 表示由随 a 而定的集 B_a 所组成的集族, 如果对任意的 $u \in A$ 都有 $B_a = B$, 则记

$$D(A, B; n) := D(A, \{B_a\}_{a \in A}; n).$$

易知, 当 $| B | = n$ 时, 有

$$D(A, B; n) = A \times B.$$

定理 1.1.2(积则)   如果 $| A | = m, | B_a | = n \ (a \in A), m \in \mathbb{N}^0, n \in \mathbb{N}^0$, 则

$$| D(A, \{B_a\}_{a \in A}; n) | = mn. \tag{1.1.4}$$

证明   若 $m = 0$ 或 $n = 0$, 则(1.1.4)的两节同时为零. 设 $m > 0, n > 0$, 且记

$$A = \{a_1, a_2, \cdots, a_m\},$$

$$B_{ai} = \{b_{i1}, b_{i2}, \cdots, b_{in}\} (1 \leqslant i \leqslant m),$$

则映射

$$\varphi : (a_i, b_{ij}) \to (i-1)m + j (1 \leqslant i \leqslant m; 1 \leqslant j \leqslant n)$$

是集 $D(A, \{B_a\}_{a \in A}; n)$ 到 $[1, mn]$ 上的一个(1–1)映射, 故(1.1.4)成立. 证毕.

积则还可叙述为: 如果某物 $\mathcal{O}_1$ 有 m 种方法(这些方法所组成的集记为 A)选出, 由 A 中任一种方法 a 选出 $\mathcal{O}_1$ 之后, 都有 n 种方法(这些方法所组成的集记为 B_a)选出另一物 $\mathcal{O}_2$, 则定理 1.1.2 断言, 依次选出物 $\mathcal{O}_1$ 和 $\mathcal{O}_2$ 有 mn 种方法.

上述两个定理均可推广到有限多个集的情形.

定理 1.1.3   设诸集 $A_i (1 \leqslant i \leqslant n)$ 合于

$$A_i \cap A_j = \varnothing \ (1 \leqslant i \neq j \leqslant n),$$

则

$$\left| \bigcup_{1 \leqslant i \leqslant n} A_i \right| = \sum_{1 \leqslant i \leqslant n} |A_i|. \tag{1.1.5}$$

定理 1.1.4 已给集 A 和 $n_1, \cdots, n_k \in \mathbb{N}^0$. 若诸集 $A_i (1 \leqslant i \leqslant k)$ 逐次确定为

$$A_1 := A,$$

$$A_i := D(A_{i-1}, \{(B_i)_a\}_{a \in A_{i-1}}; n_i) \ (2 \leqslant i \leqslant k),$$

其中集 $(B_i)_a$ 依 A_{i-1} 中的元 a 而定，且设 $|A_1| = n_1, |(B_i)_a| = n_i (a \in A_{i-1}, 2 \leqslant i \leqslant k)$，那么，

$$|A_k| = n_1 n_2 \cdots n_k. \tag{1.1.6}$$

上述两个定理的证明可由数学归纳法得出.

1.2 排列与组合

为了便于引用和比较，首先给出各种常见的排列、组合的定义.

定义 1.2.1 集 A 的一个排列是 A 中元的一个有序选出. 若 R 是对排列的限制条件，则这样的排列叫做 R 排列；如果 R 的叙述较长，又写为"排列，具有性质 R" 特别地，如果性质 R 是"排列中元的个数是 r"，这种 R 排列就简称为 r 排列，又说 r 是该排列的长. 如果性质 R 是"在排列中不允许任何元重复出现"，则这种 R 排列简称为无重排列；如果性质 R 是"在排列中允许元重复出现"，则这种 R 排列简称为可重排列. 全部 R 排列的个数叫做 R 排列数. 若 $|A|$ 为有限数，则称 A 的无重 $|A|$ 排列为 A 的全排列.

定义 1.2.2 集 A 的一个组合是 A 中元的一个无序选出. 若 Q 是对组合的限制条件，则这样的组合叫 Q 组合；如果 Q 的叙述较长，又写为"组合，具有性质 Q". 特别地，如果性质 Q 是"组合中元的个数为 r"，则这种 Q 组合简称为 r 组合. 如果性质 Q 是"在组合中不允许任何元重复出现"，则这种 Q 组合简称为无重组合；如果性质 Q 是"在组合中允许元重复出现"，则这种 Q 组合简称为可重组合. 全部 Q 组合的个数叫做 Q 组合数.

例如，设集

$$A = \{a, b, c\}.$$

那么，A 的 2 可重排列共有九个：

$$aa,ab,ac,ba,bb,bc,ca,cb,cc;$$

2 无重排列共有六个:

$$ab,ac,ba,bc,ca,cb\ ;$$

2 可重组合共有六个:

$$aa,bb,cc,ab,ac,bc;$$

2 无重组合共有三个:

$$ab,ac,bc.$$

若 $|A|=n$，那么，在讨论排列数和组合数时，不失一般，可设 A 为 $[1,n]$. 今后常用下列符号:

$\mathbb{P}_r^n$:集 A 的 r 无重排列全体所组成的集,

$$P_r^n =|\ \mathbb{P}_r^n\ |;$$

$\mathbb{C}_r^n$:集 A 的 r 无重组合全体所组成的集,

$$C_r^n =|\ \mathbb{C}_r^n\ |;$$

$\mathbb{U}_r^n$: 集 A 的 r 可重排列全体所组成的集,

$$U_r^n =|\ \mathbb{U}_r^n\ |;$$

$\mathbb{F}_r^n$: 集 A 的 r 可重组合全体所组成的集,

$$F_r^n =|\ \mathbb{F}_r^n\ |.$$

此外，还用到一些缩写符号:

$$r! = r(r-1)\cdots2\cdot1,(r \geqslant 1);0! = 1\ ,$$

$$(n)_r = n(n-1)\cdots(n-r+1),(1 \leqslant r \leqslant n);(n)_0 = 1,$$

$$\binom{n}{r} = \frac{(n)_r}{r!}.$$

于是，上述几种排列、组合数可由下面的定理确定.

定理 1.2.1　若 $1 \leqslant r \leqslant n$, 则

$$P_r^n = (n)_r, \tag{1.2.1}$$

$$C_r^n = \binom{n}{r}, \tag{1.2.2}$$

$$U_r^n = n^r, \tag{1.2.3}$$

$$F_r^n = \binom{n+r-1}{r}. \tag{1.2.4}$$

证明 **(1.2.1)的第一个证明** 在一个无重排列 $a_1 a_2 \cdots a_r$ 中，a_1 可以取 n 个元中的任何一个，故有 n 种取法；a_1 取定之后，a_2 可以取其余 $n-1$ 个元的任何一个，故有 $n-1$ 种取法；$\cdots$；在 $a_1, a_2, \cdots, a_i$ 都取定之后，a_{i+1} 可以取剩下的 $n-i$ 个元的任何一个，故有 $n-i$ 种取法；$\cdots$；在 $a_1, a_2, \cdots, a_{r-1}$ 都取定之后，a_r 可以取剩下的 $n-r+1$ 个元的任何一个，故有 $n-r+1$ 种取法. 由积则，总的取法数为

$$n(n-1) \cdots (n-i) \cdots (n-r+1),$$

这就是(1.2.1).

(1.2.1) 的第二个证明 在 A 的 n 个元中，任何一个都可居无重排列的首位，故首元有 n 个取法. 当首元取定后，其他位上的元只能从 A 中另外 $n-1$ 个元中选取，故有 P_{r-1}^{n-1} 种取法，因此由积则，

$$P_r^n = n P_{r-1}^{n-1}. \tag{1.2.5}$$

由此递归关系和初始值 $P_1^{n-r+1} = n-r+1$，用数学归纳法即得(1.2.1).

(1.2.2) 的证明 集 A 的一个 r 无重组合就是 A 的一个 r 元子集. 任意一个 r 元子集，譬如说，$\{a_1, a_2, \cdots, a_r\}$，都将导出 A 的 $r!$ 个 r 排列，即集 $\{a_1, a_2, \cdots, a_r\}$ 的全部 r 无重排列. 反之，集 $\{a_1, a_2, \cdots, a_r\}$ 的全部 r 无重排列，仅导出 A 的一个 r 无重组合. A 的 r 无重排列数为 $(n)_r$，故 A 的 r 无重组合数为

$$\frac{(n)_r}{r!}.$$

(1.2.3) 的证明 在 A 的 r 可重排列中，任意位置可以取 A 中任意元，故每个位置都有 n 种取元的方法. 由积则，(1.2.3)成立.

(1.2.4) 的证明 与无重组合的情形不一样，集 A 的 r 可重组合不能简单地用某一个因子来除无重排列的个数 U_r^n 来得出. 因为不同的可重组合可以给出不同个数的可重排列. 例如，当 $A = \{a, b, c, d, e\}$ 时，A 的 3 可重组合 $\{a, b, c\}$ 可给出六个可重排列：

$$abc, acb, bac, bca, cab, cba;$$

组合 $\{a, a, b\}$ 可给出三个可重排列：

$$aab, aba, baa;$$

而组合 $\{a, a, a\}$ 只给出一个可重排列 aaa. 所以, 要采用另外的办法.

(1.2.4) 的第一个证明 把 $A = [1, n]$ 的每一个 r 可重组合依其自然顺序写出：

$$c_1 c_2 \cdots c_r, c_1 \leqslant c_2 \leqslant \cdots \leqslant c_r.$$

令

$$d_i = c_i + i - 1 \quad (1 \leqslant i \leqslant r).$$

尽管诸 c_i 中可能有相同的数, 但诸 d_i 却都是不同的. 所以 $d_1 d_2 \cdots d_r$ 为集 $B_i = [1, n+r-1]$ 的一个 r 无重组合. 反之, 对 B 的任一依自然顺序写出的 r 无重组合 $d_1 d_2 \cdots d_r$, 由

$$c_i = d_i - i + 1 (1 \leqslant i \leqslant r)$$

所定出的诸 c_i 的组合就是 A 的一个 r 可重组合. 因为这种对应关系是(1-1)的, 所以这两种组合的个数相同, 而前者的个数为

$$\binom{n+r-1}{r},$$

故(1.2.4)成立.

(1.2.4) 的第二个证明 对 $A = [1, n]$ 的任一个依自然顺序写出的 r 可重组合 $i_1 \cdots i_r$, 添上 A 中全部元, 再按自然顺序写出：

$$1 \cdots 2 \cdots (i_1 - 1) \cdots i_1 \cdots i_r \cdots (i_r + 1) \cdots n. \tag{1.2.6}$$

所以, 对每一可重组合 $i_1 \leqslant i_2 \leqslant \cdots \leqslant i_r$, 有形如(1.2.6)的唯一序列与之对应, 且反之亦然. 在序列(1.2.6)中, 于相同的数码 $i(1 \leqslant i \leqslant n-1)$ 的最末那个(如果某数码只出现一次, 则"最末那个"就是它自身)之后画一条竖线, 于是(1.2.6)成为

$$\cdots 1 | \cdots 2 | \cdots n - 1 | \cdots \tag{1.2.6$'$}$$

这样一来, 序列 (1.2.6) 与图 (1.2.6$'$) 是(1-1)对应的. 所以二者的个数相同. 例如, $A = \{1, 2, 3, 4, 5\}$ 时, A 的 3 可重组合 224 所对应的序列(1.2.6)为

$$1 2 2 2 3 4 4 5,$$

按要求画线后变为

$$1\,|\,2\,2\,2\,|\,3\,|\,4\,4\,|\,5\,.$$

在 (1.2.6) 中，每二个数码之间有一个空隙，共有 $n+r-1$ 个空隙. 这些空隙中仅有 $n-1$ 个可以画线，所以形如 $(1.2.6')$ 的图形的个数为

$$\binom{n+r-1}{n-1}=\binom{n+r-1}{r},$$

这就是所要证的.

(1.2.4) 的第三个证明　当 $r\geqslant2$ 时，把 A 的全部 r 可重组合分为两类，第一类的每一个组合都含有 A 中某个定元 a，第二类的每一个组合都不含此元 a. 第一类的每一组合删去一个元 a 后余下者为 A 的一个 $(r-1)$ 可重组合，且反之亦然，故其个数为 F_{r-1}^n. 第二类的每一组合是集 $A\setminus\{a\}$ 的一个 r 可重组合，且反之亦然，故其个数为 F_r^{n-1}. 因此，

$$F_r^n = F_{r-1}^n + F_r^{n-1}\quad (n\geqslant2, r\geqslant2). \tag{1.2.7}$$

如果 $r=1$，则没有可能重复选取，故

$$F_1^n = n.$$

如果 $n=1$，则无论 r 为何正整数，都只有一个 r 可重组合，故

$$F_r^1 = 1.$$

由 $(1.2.7)$ 得

$$\begin{aligned}
F_2^n &= F_1^n + F_2^{n-1} = F_1^n + F_1^{n-1} + F_2^{n-2}\\
&= \cdots\\
&= F_1^n + F_1^{n-1} + \cdots + F_1^2 + F_2^1\\
&= n + (n-1) + \cdots + 2 + 1\\
&= \frac{n(n+1)}{2} = \binom{n+1}{2}.
\end{aligned} \tag{1.2.8}$$

再者，

$$\begin{aligned}
F_r^2 &= F_{r-1}^2 + F_r^1 = F_{r-2}^2 + F_{r-1}^1 + F_r^1\\
&= \cdots
\end{aligned}$$

$$= F_1^2 + F_2^1 + \cdots + F_{r-1}^1 + F_r^1$$
$$= 2 + (r-1) = r+1$$
$$= \binom{2+r-1}{r}. \tag{1.2.9}$$

在 (1.2.8) 和 (1.2.9) 的基础上作归纳假设

$$F_s^k = \binom{k+s-1}{s}, \quad \text{若} s < r, k \text{任意}, \text{或} k < n, s \text{任意}. \tag{1.2.10}$$

由 (1.2.7),

$$F_r^n = F_{r-1}^n + F_r^{n-1}$$
$$= \binom{n+(r-1)-1}{r-1} + \binom{(n-1)+r-1}{r}$$
$$= \binom{n+r-1}{r} \quad (n, r \geqslant 2),$$

再由 $F_1^n = 1, F_r^1 = 1 (n, r \geqslant 1)$ 立得 (1.2.4).

(1.2.4) 的第四个证明　设集 $A = [1, n]$ 的 r 可重组合 $j_1 j_2 \cdots j_r$ 中, i 出现了 x_i 次, 则有

$$r = x_1 + x_2 + \cdots + x_n, x_i \geqslant 0 \quad (1 \leqslant i \leqslant n). \tag{1.2.11}$$

反之, (1.2.11) 的任一非负整解 $(x_1, x_2, \cdots, x_n)$ 都对应于 A 的唯一一个 r 可重组合. 因此, F_r^n 为 (1.2.11) 的非负整解的个数.

为求 (1.2.11) 的解数, 令

$$y_i = x_i + 1 (1 \leqslant i \leqslant n),$$

则 (1.2.11) 的解数与

$$r + n = y_1 + y_2 + \cdots + y_n, y_i \geqslant 1 (1 \leqslant i \leqslant n) \tag{1.2.12}$$

的解数相同. 方程

$$m = y_1 + y_2 + \cdots + y_n, y_i \geqslant 1 (1 \leqslant i \leqslant n) m \geqslant n \tag{1.2.13}$$

的一个解 $(y_1, y_2, \cdots, y_n)$ 与下列点阵 (1.2.14) 之间有一个 (1-1) 对应关系: 将 m 个点

$$\underbrace{* * \cdots *}_{m\text{个}}$$

相邻两点之间的 $m-1$ 个空隙中的某 $n-1$ 个画上竖线，第一条竖线之前与第 $n-1$ 条竖线之后的点数分别记为 y_1 和 y_n，第 $i-1$ 条竖线与第 i 条竖线之间的点数记为 $y_i\,(2\leqslant i\leqslant n-1)$，如图

$$\underbrace{\underbrace{*\cdots*}_{y_1\text{个点}}\overbrace{\underbrace{|*\cdots*|}_{y_2\text{个点}}\cdots|}^{n-1\text{条竖线}}\underbrace{*\cdots*}_{y_n\text{个点}}}_{m\text{个点}} \tag{1.2.14}$$

这样一来，方程 $(1.2.13)$ 的解数与图 $(1.2.14)$ 的可能的个数相同，而后者为

$$\binom{m-1}{n-1}. \tag{1.2.15}$$

把 $m=n+r$ 代入 $(1.2.15)$，得 $(1.2.12)$ 的解数

$$\binom{n+r-1}{n-1}=\binom{n+r-1}{r},$$

这就是 $(1.2.4)$．

至此，定理 1.2.1 已全部证毕．

值得一提的是，C_r^n 与 F_r^n 的表达式很相象：

$$C_r^n=\frac{n(n-1)\cdots(n-r+1)}{r!},$$

$$F_r^n=\frac{n(n+1)\cdots(n+r-1)}{r!}.$$

二者的分母相同，而分子都是从 n 开始的 r 个数的连乘积，只不过一个是递减的数串，而另一个却是递增的．

下面讨论有关排列数与组合数的一些初等而重要的性质．

定理 1.2.2

$$P_r^n=nP_{r-1}^{n-1},\quad n\geqslant r\geqslant 2, \tag{1.2.16}$$

$$P_r^n=rP_{r-1}^{n-1}+P_r^{n-1},\quad n\geqslant r\geqslant 2, \tag{1.2.17}$$

$$C_r^n=C_r^{n-1}+C_{r-1}^{n-1},\quad n\geqslant r\geqslant 2, \tag{1.2.18}$$

$$F_r^n=F_{r-1}^n+F_r^{n-1},\quad n,r\geqslant 2, \tag{1.2.19}$$

$$C_r^n=C_{n-r}^n,\quad n>r\geqslant 1, \tag{1.2.20}$$

$$C_1^{2n} < C_2^{2n} < \cdots < C_n^{2n}, \quad n \geqslant 1, \tag{1.2.21}$$

$$C_1^{2n-1} < C_2^{2n-1} < \cdots < C_{n-1}^{2n-1} = C_n^{2n-1}, \quad n \geqslant 1, \tag{1.2.22}$$

若 p 是素数，则 $p \left| \binom{p}{i} (1 \leqslant i \leqslant p-1), \right.$ $\tag{1.2.23}$

$$1 + \sum_{1 \leqslant k \leqslant r} \binom{n+k-1}{k} = \binom{n+r}{n}, \quad n \geqslant 1, r \geqslant 1. \tag{1.2.24}$$

证明　(1.2.16)即(1.2.5), (1.2.19)即(1.2.7).

(1.2.17)的第一个证明　当 $r \geqslant 2$ 时，把 $A = [1, n]$ 的全部 r 无重排列分为两类，一类含有 A 中某定元 a，另一类不含此 a. 对前一类中的排列，a 有 r 个位置可供占取，去掉 a 后，剩下的是集 $A \setminus \{a\}$ 的 $(r-1)$ 无重排列，故第一类排列数为 rP_{r-1}^{n-1}. 后一类排列就是集 $A \setminus \{a\}$ 的 r 无重排列，故其个数为 P_r^{n-1}. 因此，

$$P_r^n = rP_{r-1}^{n-1} + P_r^{n-1}, n \geqslant r \geqslant 2,$$

故(1.2.17)成立.

(1.2.17)的第二个证明　由(1.2.1),

$$\begin{aligned} P_r^n = (n)_r &= n(n-1)_{r-1} \\ &= r(n-1)_{r-1} + (n-1)_{r-1}(n-r) \\ &= r(n-1)_{r-1} + (n-1)_r, \quad n \geqslant r \geqslant 2, \end{aligned} \tag{1.2.25}$$

此即(1.2.17).

(1.2.18)的第一个证明　当 $r \geqslant 2$ 时，把 A 的 r 无重组合分为两类，一类含 A 中某定元 a，一类不含此 a. 在第一类组合的任一个中去掉 a 后，就是集 $A \setminus \{a\}$ 的一个 $(r-1)$ 无重组合. 反之，$A \setminus \{a\}$ 的一个 $(r-1)$ 无重组合，添上 a 后就是 A 的一个包含 a 的 r 无重组合，故二者之间有(1-1)对应关系. 而 $A \setminus \{a\}$ 的 $(r-1)$ 无重组合数为 C_{r-1}^{n-1}，故第一类组合数也为 C_{r-1}^{n-1}. 第二类组合数就是 $A \setminus \{a\}$ 的 r 无重组合，其个数为 C_r^{n-1}，所以

$$C_r^n = C_r^{n-1} + C_{r-1}^{n-1}, \quad n \geqslant r \geqslant 2.$$

故(1.2.18)成立.

(1.2.18)的第二个证明　由(1.2.2)和(1.2.25),

$$C_r^n = \frac{(n)_r}{r!} = \frac{(n-1)_{r-1}}{(r-1)!} + \frac{(n-1)_r}{r!}$$

$$= C_{r-1}^{n-1} + C_r^{n-1}, \quad n \geqslant r \geqslant 2,$$

此即(1.2.18).

(1.2.20)的第一个证明 由(1.2.2),

$$C_r^n = \binom{n}{r} = \frac{n!}{r!(n-r)!}$$

$$= \frac{n!}{(n-r)!\big(n-(n-r)\big)!}$$

$$= \binom{n}{n-r} = C_{n-r}^n.$$

此即(1.2.20).

(1.2.20) 的 第 二 个 证 明 若 $i_1 i_2 \cdots i_r$ 为集 A 的一个 r 无重组合，则 $A \setminus \{i_1, i_2, \cdots, i_r\}$ 就是 A 的一个 $(n-r)$ 无重组合，这样一来，A 的 r 无重组合与 $(n-r)$ 无重组合之间有(1-1)对应关系，故二者的个数相同.

(1.2.21)的证明 当 $1 \leqslant i \leqslant n$ 时，有 $2i < 2n+1$，故 $i < 2n-i+1$. 因此

$$\frac{1}{2n-i+1} < \frac{1}{i},$$

由是

$$\frac{(2n)!}{(i-1)!(2n-i+1)!} < \frac{(2n)!}{i!(2n-i)!} \quad (1 \leqslant i \leqslant n),$$

这就是(1.2.21).

(1.2.22)的证明 当 $i < n$ 时，有 $i < 2n-i$，故

$$\frac{1}{2n-i} < \frac{1}{i}, \quad 1 \leqslant i < n,$$

由是

$$\frac{(2n-1)!}{(i-1)!(2n-i)!} < \frac{(2n-1)!}{i!(2n-1-i)!} \quad (1 \leqslant i < n),$$

这就是(1.2.22)的不等式部分，而最后的等式是显然的.

(1.2.23)的证明 因 $1 \leqslant i \leqslant p-1$，故 p 与 i 互素，从而

$$(p, i\,!) = 1.$$

然而, 由数 $\begin{pmatrix} p \\ i \end{pmatrix}$ 的组合意义知其为整数, 即

$$i\,! \mid p\,(p-1)_{i-1}.$$

因此

$$i\,! \mid (p-1)_{i-1},$$

从而

$$p \,\Big|\, p\frac{(p-1)_{i-1}}{i!} = C_i^p.$$

(1.2.24)的第一个证明　(1.2.24)的左节就是方程

$$k = x_1 + \cdots + x_n, x_i \geqslant 0 \ (1 \leqslant i \leqslant n) \tag{1.2.26}$$

当 k 由 0 取到 r 时的解 $(x_1, \cdots, x_n)$ 的个数的总和, 即不等式

$$r \geqslant x_1 + \cdots + x_n, x_i \geqslant 0 \ (1 \leqslant i \leqslant n) \tag{1.2.27}$$

的解数, 亦即方程

$$r = x_1 + \cdots + x_n + x_{n+1}, x_i \geqslant 0 (1 \leqslant i \leqslant n+1) \tag{1.2.28}$$

的解数. 已知(1.2.28)的解数为

$$\begin{pmatrix} r + (n+1) - 1 \\ (n+1) - 1 \end{pmatrix} = \begin{pmatrix} r+n \\ n \end{pmatrix},$$

这就得到(1.2.24)的右节.

(1.2.24)的第二个证明　不等式(1.2.27)的任一解

$$(x_1, x_2, \cdots, x_n), x_i \geqslant 0 \ (1 \leqslant i \leqslant n) \tag{1.2.29}$$

可与 $[1, n+r]$ 的 n 无重组合依大小顺序写出的数串

$$1 \leqslant y_1 < y_2 < \cdots < y_n \leqslant n + r \tag{1.2.30}$$

之间有(1-1)对应. 因为由变换

$$y_i = x_1 + \cdots + x_i + i \quad (1 \leqslant i \leqslant n),$$

从(1.2.29)可得出唯一的(1.2.30); 另一方面, 借助于变换

$$\begin{cases} x_1 = y_1 - 1, \\ x_i = y_i - y_{i-1} - 1 \end{cases} \quad (2 \leqslant i \leqslant n),$$

从(1.2.30)可得出唯一的(1.2.29). 所以,(1.2.27)的解数为$[1, n+r]$的 n 无重组合数.

(1.2.24)的第三个证明　对 r 行数学归纳法. 当 $r = 1$ 时,(1.2.24)是平凡的. 今设(1.2.24)对 $r(r \geqslant 1)$ 成立, 则

$$1 + \sum_{1 \leqslant k \leqslant r+1} \binom{n+k-1}{k} = 1 + \sum_{1 \leqslant k \leqslant r} \binom{n+k-1}{k} + \binom{n+r}{r+1}$$
$$= \binom{n+r}{n} + \binom{n+r}{r+1}$$
$$= \binom{n+r}{r} + \binom{n+r}{r+1}$$
$$= \binom{n+r+1}{r+1}$$
$$= \binom{n+r+1}{n}.$$

这就是说, (1.2.24)对 $r+1$ 也成立.

至此, 定理 1.2.2 已全部证毕.

定理 1.2.1 中的证明方法, 还可用来处理其他一些组合问题.

定理 1.2.3　集$[1, n]$ 的 r 无重组合, 其中无二数码是相邻的 $i, i+1(1 \leqslant i \leqslant n-1)$, 这样的组合数是

$$\binom{n-r+1}{r}.$$

证明　按照自然数的顺序写出 $1, 2, \cdots, n$. 对应于一个符合条件的组合 $i_1, i_2, \cdots, i_r$, 不失一般, 可设 $i_1 < i_2 < \cdots < i_r$. 在上面写出的 $1, 2, \cdots, n$ 中的 $i_1, i_2, \cdots, i_r$ 这些数字之后画一条竖线, 就有一个且只有一个如下的图形与这个组合相对应:

$$\underbrace{\underbrace{1, \cdots, i_1,}_{x_1 \text{个数}} | \overbrace{\underbrace{\cdots, i_2,}_{x_2 \text{个数}} | \cdots | \underbrace{\cdots i_r,}_{x_r \text{个数}}}^{r \text{条线}} | \underbrace{\cdots, n}_{x_{r+1} \text{个数}}}_{n \text{个数}} \tag{1.2.31}$$

$$x_1 \geqslant 1, x_2 \geqslant 2, \cdots, x_r \geqslant 2, x_{r+1} \geqslant 0.$$

反之, 对应于(1.2.31)形的一个图, 由每条竖线前面的那个数所组成的组合符合定理中的要求, 它与(1.2.31)相对应, 这样的组合恰有一个. 因此二者之间的对应是(1-1)的. (1.2.31)形的图的个数是方程

$$n = x_1 + \cdots + x_r + x_{r+1}, x_1 \geqslant 1, x_2 \geqslant 2, \cdots, x_r \geqslant 2, x_{r+1} \geqslant 0$$

的解数, 亦即方程

$$n - r + 2 = y_1 + \cdots + y_{r+1}, y_i \geqslant 1 (1 \leqslant i \leqslant r+1)$$

的解数. 由(1.2.15), 知其为

$$\binom{(n-r+2)-1}{(r+1)-1} = \binom{n-r+1}{r}.$$

证毕.

在 9.6 中, 还将给这个定理以另一个证明.

1.3 一 些 注 记

这里对前节的内容作些必要的注记.

在 $P_r^n, C_r^n, U_r^n, F_r^n$ 的定义中, 由于它们的实际组合意义, 要求 n, r 合于

$$n \geqslant r \geqslant 1.$$

为了便于今后应用和统一处理一些问题, 现在对 n, r 的取值范围进行扩充. 为此, 引进以下定义式:

$$P_r^n = \begin{cases} 1, & \text{若} n \geqslant r = 0, \\ 0, & \text{若} 0 \leqslant n < r; \end{cases}$$

$$(x)_r = \begin{cases} x(x-1)\cdots(x-r+1), & \text{若} r \geqslant 1, \\ 1, & \text{若} r = 0, \end{cases}$$

x 为不定元或任意实数;

$$\binom{n}{r} = C_r^n = \begin{cases} 1, & \text{若} r = 0, \\ 0, & \text{若} 0 \leqslant n < r \text{或} r < 0 \leqslant n, \\ (-1)^r \binom{|n|+r-1}{r}, & \text{若} n < 0 \text{且} r > 0, \\ (-1)^{n+r} \binom{|r|-1}{|n|-1}, & \text{若} n < 0 \text{且} r < 0. \end{cases}$$

这里自然就发生一个问题：如上扩充 n,r 的范围以后，原来的基本关系是否仍然保持？下面的定理回答了这一问题.

定理 1.3.1

$$(x)_r = x(x-1)_{r-1}, \quad P_r^n = nP_{r-1}^{n-1}, n, r \geqslant 1; \tag{1.3.1}$$

$$(x)_r = r(x-1)_{r-1} + (x-1)_r, \quad P_r^n = rP_{r-1}^{n-1} + P_r^{n-1}, n, r \geqslant 1; \tag{1.3.2}$$

$$C_r^n = C_r^{n-1} + C_{r-1}^{n-1}, n, r \in \mathbb{Z}, (n,r) \neq (0,0); \tag{1.3.3}$$

$$C_r^n = C_{n-r}^n, n, r \in \mathbb{Z}; \tag{1.3.4}$$

$$C_n^n = C_0^0 = 1, n \in \mathbb{Z}. \tag{1.3.5}$$

证明 **(1.3.1)的证明** 由定义,

$$\begin{aligned}
(x)_r &= x(x-1)\cdots(x-r+1) \\
&= \begin{cases} x(x-1)_{r-1}, & \text{若} r \geqslant 2, \\ x = x(x-1), & \text{若} r = 1, \end{cases} \\
&= x(x-1)_{r-1}, \quad \text{若} r \geqslant 1.
\end{aligned}$$

此即(1.3.1)的第一式. 代 $x=n$ 入内则得第二式.

(1.3.2)的证明 由(1.3.1),

$$\begin{aligned}
(x)_r &= x(x-1)_{r-1} = \big[(x-r)+r\big](x-1)_{r-1} \\
&= r(x-1)_{r-1} + (x-1)_{r-1}(x-r) \\
&= r(x-1)_{r-1} + (x-1)_r,
\end{aligned}$$

此即(1.3.2)的第一式. 代 $x=n$ 入内则得第二式.

(1.3.3)的证明 当 $n \geqslant r \geqslant 2$ 时,(1.3.3)就是(1.2.18). 对 $n \geqslant 0, r \geqslant 0$ 的其他情形,(1.3.3)的正确性可由下表得出:

$n \quad\quad r$	C_r^{n-1}	C_{r-1}^{n-1}	C_r^n	
$0 \leqslant n < r$	0	0	0	等式成立
$n \geqslant 2 \;\; r = 1$	$n-1$	1	n	等式成立
$n = 1 \;\; r = 1$	0	1	1	等式成立
$n = 0 \;\; r = 1$	$C_1^{-1} = -1$	1	0	等式成立
$n \geqslant 2 \;\; r = 0$	1	0	1	等式成立
$n = 1 \;\; r = 0$	1	0	1	等式成立
$n = 0 \;\; r = 0$	1	$C_{-1}^{-1} = 1$	1	等式不成立

由 C_r^n 的扩充定义,

$$C_r^0 = 0 \quad (r \neq 0),$$

故

$$C_r^n = \begin{cases} (-1)^r \begin{pmatrix} |n|+r-1 \\ r \end{pmatrix}, 若 n=0<r, \\ (-1)^{n+r} \begin{pmatrix} |r|-1 \\ |n|-1 \end{pmatrix}, 若 n=0>r. \end{cases}$$

这就是说,在 C_r^n 的扩充定义中,$n<0$ 的公式对 $n \leqslant 0$ 也成立:

$$C_r^n = \begin{cases} (-1)^r \begin{pmatrix} |n|+r-1 \\ r \end{pmatrix}, 若 n \leqslant 0 < r, \\ (-1)^{n+r} \begin{pmatrix} |r|-1 \\ |n|-1 \end{pmatrix}, 若 n \leqslant 0, r<0. \end{cases} \tag{1.3.6}$$

另一方面,当 $n \leqslant 0 < r$ 时,

$$C_r^{n-1} = (-1)^r \begin{pmatrix} (|n|+1)+r-1 \\ r \end{pmatrix} = (-1)^r \begin{pmatrix} |n|+r \\ r \end{pmatrix},$$

$$C_{r-1}^{n-1} = (-1)^{r-1} \begin{pmatrix} (|n|+1)+(r-1)-1 \\ r-1 \end{pmatrix}$$

$$= (-1)^{r-1} \begin{pmatrix} |n|+r-1 \\ r-1 \end{pmatrix},$$

因为此时有 $|n|+r>0, r>0$,故由(1.3.6)和上二式,

$$C_r^{n-1} + C_{r-1}^{n-1} = (-1)^r \left[\begin{pmatrix} |n|+r \\ r \end{pmatrix} - \begin{pmatrix} |n|+r-1 \\ r-1 \end{pmatrix} \right]$$

$$= (-1)^r \begin{pmatrix} |n|+r-1 \\ r \end{pmatrix} = C_r^n.$$

类似地,当 $n \leqslant 0, r<0$ 时,

$$C_r^{n-1} = (-1)^{n+r-1} \begin{pmatrix} |r|-1 \\ |n| \end{pmatrix},$$

$$C_{r-1}^{n-1} = (-1)^{n+r} \binom{|r|}{|n|}.$$

因为此时有 $|r| > 0, |n| \geqslant 0$，故由(1.3.6)和上二式，

$$C_{r-1}^{n-1} + C_r^{n-1} = (-1)^{n+r} \left[\binom{|r|}{|n|} - \binom{|r|-1}{|n|} \right]$$

$$= (-1)^{n+r} \binom{|r|-1}{|n|-1} = C_r^n.$$

综上所述，得(1.3.3).

(1.3.4)的证明　当 $n \geqslant r \geqslant 1$ 时，(1.3.4)即(1.2.20). 对 $n \geqslant 0, r \geqslant 0$ 的其他情形，(1.3.4)的正确性可由下表得出:

n　　r	C_r^n	C_{n-r}^n
$0 \leqslant n < r$	0	0
$n \geqslant 0 = r$	1	1

当 $n \geqslant 0 > r$ 时，

$$C_r^n = 0 = C_{n+|r|}^n = C_{n-r}^n.$$

当 $n < 0, r < 0$ 且 $n \leqslant r$ 时，

$$C_r^n = (-1)^{n+r} \binom{|r|-1}{|n|-1} = \begin{cases} 0, & 若 n < r, \\ 1, & 若 n = r; \end{cases}$$

$$C_{n-r}^n = (-1)^{n+(n-r)} \binom{|n-r|-1}{|n|-1} = \begin{cases} 0, & 若 n < r, \\ 1, & 若 n = r. \end{cases}$$

当 $n < 0, r < 0$ 且 $n > r$ 时，

$$C_r^n = (-1)^{n+r} \binom{|r|-1}{|n|-1},$$

$$C_{n-r}^n = (-1)^{n-r} \binom{|n|+n-r-1}{n-r}$$

$$= (-1)^{n-r} \binom{|r|-1}{|r|-|n|} = (-1)^{n+r} \binom{|r|-1}{|n|-1}.$$

综上所述，得(1.3.4).

(1.3.5)的证明 $C_0^n = 1$ 是定义式，$C_n^n = 1$ 当 $n \geqslant 0$ 时是平凡的. 当 $n < 0$ 时，

$$C_n^n = (-1)^{2n}\binom{|n|-1}{|n|-1} = 1.$$

故有(1.3.5). 至此定理已全部证毕.

由(1.2.18)和(1.3.5)可得著名的杨辉三角形：

r \ n	0	1	2	3	4	5	⋯
0	1						
1	1	1					
2	1	2	1				
3	1	3	3	1			
4	1	4	6	4	1		
5	1	5	10	10	5	1	
⋮	⋮						

其中单箭头表示数的继承；双箭头表示数的相加，箭尾的二数为加数和被加数，箭头的数则为和. 于是标号为 n 的行与标号为 r 的列之交口处的数值即 C_r^n.

现在转而讨论另一个排列问题：如果 n 个元 $a_1, a_2, \cdots, a_n$ 可分成 t 组，每一组中的元素是相同的，不同组间的元素是不同的，第 i 组元素的个数是 $b_i (1 \leqslant i \leqslant t), b_1 + \cdots + b_t = n.$ 今欲求这 n 个元的不同的全排列数 $V(b_1, \cdots, b_t)$.

数 $V(b_1, \cdots, b_t)$ 也即是集 $[1, t]$ 的 R 排列数，这里 R 是限制条件：

集 $[1, t]$ 的任一元 i 在排列中出现 b_i 次，这样的排列称为集 $[1, t]$ 的 $(b_1, \cdots, b_t)$ 排列.

定理 1.3.2

$$V(b_1, b_2, \cdots, b_t) = \frac{n!}{b_1! b_2! \cdots b_t!}. \tag{1.3.7}$$

第一个证明 先把第 i 类 $(1 \leqslant i \leqslant t)$ 中的 b_i 个元看作是互不相同的，那么集

$\{a_1, \cdots, a_n\}$ 的全排列数为 $n!$；然后把这 b_i 个元看作是相同的，则在这 $n!$ 个排列中，每个排列都重复出现 $b_1! b_2! \cdots b_t!$ 次. 所以，符合条件的排列数是(1.3.7)的右节.

第二个证明　对 t 行数学归纳法. $t = 1$ 时结论是平凡的. 设

$$V(b_1, \cdots, b_{t-1}) = \frac{(b_1 + \cdots + b_{t-1})!}{b_1! \cdots b_{t-1}!}.$$

由于第 t 组中的 b_t 个元可在排列中的任意位置出现，故

$$V(b_1, \cdots, b_{t-1}, b_t) = \binom{b_1 + \cdots + b_t}{b_t} V(b_1, \cdots, b_{t-1})$$

$$= \frac{n!}{b_1! \cdots b_{t-1}! b_t!}.$$

证毕.

(1.3.7)的右节就是熟知的多项式系数. 在线性齐次 t 项式的 n 次方幂

$$(x_1 + \cdots + x_t)^n = (x_1 + \underbrace{\cdots + x_t) \cdots (x_1 + \cdots + x_t}_{n\text{个}}) \tag{1.3.8}$$

的展式中，项 $x_1^{b_1} \cdots x_t^{b_t}$ (自然有 $b_1 + \cdots + b_t = n$)可由 n 个因子 $(x_1 + \cdots + x_t)$ 中选出 b_i 个 $(1 \leqslant i \leqslant t)$，对这 b_i 个因子都取 x_i 来参与乘积而得出. 这种选法数就是 $V(b_1, \cdots, b_t)$. 所以，(1.3.8)的展式中，项 $x_1^{b_1} \cdots x_t^{b_t}$ 的系数就是 $V(b_1, \cdots, b_t)$.

定理 1.3.2 所讨论的问题允许集中一些元素相同，一般地说，集 A 的一个分类，又称为集 A 的一个规格是 $b_1^{q_1} b_2^{q_2} \cdots b_s^{q_s}$，指的是 A 有 q 个不同的元素类，每个类中的元素相同，不同类中的元素互异，且恰有 b_i 个元素的类的个数是 $q_i, 1 \leqslant i \leqslant s, q = q_1 + \cdots + q_s$. 如果 $|A| = n$，A 中恰有 k_i 个 i 元类，这种分类又记为

$$(k_1, k_2, \cdots, k_n), k_i \geqslant 0 (1 \leqslant i \leqslant n).$$

有关这种分类的一些问题，以后还会遇到.

1.4　组合的母函数

母函数是处理组合论课题的一个重要工具，有关它的一般介绍将在下章进行. 这节和下节只就最简单情形的组合问题，用母函数作工具来处理，为今后的讨论奠定一个直觉的基础，并把排列组合问题的研究推向深入.

先看一个例子，设 $A = \{x_1, x_2, x_3\}$. 把 x_1, x_2, x_3 当作不定元添加到整数环 $\mathbb{Z}$ 上，就得到多项式环 $\mathbb{Z}[x_1, x_2, x_3]$，简记为 $\mathbb{Z}[A]$. 在环 $\mathbb{Z}[A]$ 上再添加一个不定元 t，又得到一个新的多项式环 $\mathbb{Z}[A][t]$，简记为 $\mathbb{Z}[A; t]$. 在 $\mathbb{Z}[A; t]$ 中作乘积

$$(1 + x_1 t)(1 + x_2 t)(1 + x_3 t),$$

展开后按 t 的升幂写出，得

$$1 + (x_1 + x_2 + x_3)t + (x_1 x_2 + x_2 x_3 + x_3 x_1)t^2 + x_1 x_2 x_3 t^3$$
$$=: 1 + \sigma_1 t + \sigma_2 t^2 + \sigma_3 t^3,$$

这里 $\sigma_i := \sigma_i(x_1, x_2, x_3)(1 \leqslant i \leqslant 3)$ 为元 x_1, x_2, x_3 的初等对称多项式. 易见，σ_1 的三个项正好是 A 的 1 无重组合的全部，σ_2 的三个项正好是 A 的 2 无重组合的全部，σ_3 的唯一一项正好是 A 的唯一的 3 无重组合. 因此在 σ_i 中，把 $x_1 = x_2 = x_3 = 1$ 代入，就得到 A 的 i 无重组合数:

$$(1 + t)^3 = \sum_{0 \leqslant i \leqslant 3} \sigma_i(1, 1, 1)t^i, \sigma_0 := 1.$$

对更一般的情形，有类似的结果.

定理 1.4.1 设 $A = \{x_1, x_2, \cdots, x_n\}$，则在环 $\mathbb{Z}[x_1, \cdots x_n; t]$ 中，有

$$\prod_{1 \leqslant i \leqslant n}(1 + x_i t) = \sum_{0 \leqslant i \leqslant n} \sigma_i(x_1, \cdots, x_n)t^i, \tag{1.4.1}$$

其中 $\sigma_i(x_1, \cdots, x_n)$ 是 $x_1, x_2, \cdots, x_n$ 的第 i 个初等对称多项式:

$$\sigma_0(x_1, \cdots, x_n) = 1,$$

$$\sigma_i(x_1, \cdots, x_n) = \sum_{1 \leqslant j_1 < \cdots < j_i \leqslant n} x_{j_1} \cdots x_{j_i} \quad (1 \leqslant i \leqslant n). \tag{1.4.2}$$

因而

$$\sigma_i(1, \cdots, 1) = C_i^n \quad (0 \leqslant i \leqslant n), \tag{1.4.3}$$

且

$$(1 + t)^n = \sum_{0 \leqslant r \leqslant n} \binom{n}{r} t^r. \tag{1.4.4}$$

证明 对 n 行数学归纳法，当 $n = 1$ 时，有

$$1 + x_1 t = \sigma_0 + \sigma_1 t, \quad 因 \sigma_0 = 1, \sigma_1 = x_1;$$

$$1 + t = \binom{1}{0} + \binom{1}{1} t;$$

$$\sigma_0(1) = 1 = \binom{1}{0}, \sigma_1(1) = 1 = \binom{1}{1},$$

故定理为真, 设 $n-1$ 时定理成立, 那么对 n, 有

$$
\begin{aligned}
\prod_{1 \leqslant i \leqslant n} (1 + x_i t) &= \prod_{1 \leqslant i \leqslant n-1} (1 + x_i t)(1 + x_n t) \\
&= \left(\sum_{0 \leqslant i \leqslant n-1} \sigma_i(x_1, \cdots, x_{n-1}) t^i \right)(1 + x_n t) \\
&= \sum_{0 \leqslant i \leqslant n-1} \sigma_i(x_1, \cdots, x_{n-1}) t^i \\
&\quad + \sum_{0 \leqslant i \leqslant n-1} x_n \sigma_i(x_1, \cdots, x_{n-1}) t^{i+1} \\
&= \sum_{1 \leqslant i \leqslant n-1} \left[\sigma_i(x_1, \cdots, x_{n-1}) + x_n \sigma_{i-1}(x_1, \cdots, x_{n-1}) \right] t^i \\
&\quad + \sigma_0(x_1, \cdots, x_{n-1}) + x_n \sigma_{n-1}(x_1, \cdots, x_{n-1}) t^n \\
&= \sum_{0 \leqslant i \leqslant n} \sigma_i(x_1, \cdots, x_n) t^n.
\end{aligned}
$$

这里用到了

$$\sigma_0(x_1, \cdots, x_{n-1}) = 1 = \sigma_0(x_1, \cdots, x_n),$$
$$\sigma_i(x_1, \cdots, x_{n-1}) + x_n \sigma_{i-1}(x_1, \cdots, x_{n-1}) = \sigma_i(x_1, \cdots, x_n), (1 \leqslant i \leqslant n-1).$$
$$x_n \sigma_{n-1}(x_1, \cdots, x_{n-1}) = x_1 x_2 \cdots x_{n-1} x_n.$$

在(1.4.2)中令 $x_1 = \cdots = x_n = 1$, 考虑到符合条件

$$1 \leqslant j_1 < \cdots < j_i \leqslant n$$

的 $j_1, \cdots, j_i$ 正好是 $[1, n]$ 的 i 无重组合, 故(1.4.2)右节的项数为 C_i^n. 由此立得(1.4.3). 再由(1.4.1), 便得(1.4.4).

(1.4.4)的第二个证明　在乘积

$$(1+t)^n = \underbrace{(1+t) \cdots (1+t)}_{n \text{个}}$$

中, 项 t^i 是从 n 个因子 $1+t$ 中选取 i 个, 在这 i 个 $1+t$ 里都选 t, 从余下的 $n-i$ 个因子 $1+t$ 中都选 1 作乘积来得到的. 因此 t^i 的系数为上述选法的个数, 即组合数 $\binom{n}{i}$. **证毕.**

公式(1.4.4)就是著名的牛顿二项式定理. 由于(1.4.4)的缘故, 组合数 $\binom{n}{i}$ 又叫

二项式系数.

定理 1.4.1 可推广为

定理 1.4.2 设 $A=\{x_1,\cdots,x_n\}$. 在集 A 的 r 可重组合中, 元 x_k 的允许重复的次数所组成的集若记为 $M_k\,(1\leqslant k\leqslant n)$, 则这样的组合的全部由

$$\prod_{1\leqslant k\leqslant n}\sum_{j\in M_k}x_k^j t^j \tag{1.4.5}$$

的展式中项 t^r 的系数 $\delta_r\,(x_r,\cdots,x_n)$ 的全部单项式给出; 所以这样的组合数为

$$\delta_r\,(1,\cdots,1), \tag{1.4.6}$$

且

$$\prod_{1\leqslant k\leqslant n}\sum_{j\in M_k}t^j = \sum_{0\leqslant r}\delta_r\,(1,\cdots,1)t^r. \tag{1.4.7}$$

证明 展开(1.4.5),

$$\prod_{1\leqslant k\leqslant n}\sum_{j\in M_k}x_k^j t^j =\sum_{r>0}\sum_{\substack{j_1+\cdots+j_n=r\\ j_k\in M_k(1\leqslant k\leqslant n)}}\left(\prod_{1\leqslant k\leqslant n}x_k^{jk}\right)t^r. \tag{1.4.8}$$

其中 t^r 的系数

$$\sum_{\substack{j_1+\cdots+j_n=r\\ j_k\in M_k(1\leqslant k\leqslant n)}}\prod_{1\leqslant k\leqslant n}x_k^{j_k} =: \delta_r\,(x_1,\cdots,x_n)$$

中的各项

$$x_1^{j_1}\cdots x_n^{j_n}\,(j_k\in M_k, j_1+\cdots+j_n=r)$$

正好是满足定理条件的全部组合, 因而这样的组合数为 $\delta_r\,(1,\cdots,1)$.

在(1.4.8)中令 $x_1 = \cdots = x_n = 1$，则得(1.4.7). **证毕.**

由于 (1.4.1)和(1.4.5)中 t^r 的系数的全部项正好是某类组合的全部，所以这种类型的函数叫做相应的组合的陈列母函数. 由于(1.4.4)和(1.4.7)中 t^r 的系数正好是某类组合数，所以这种类型的函数叫做相应的组合的计数母函数. 或称为组合数的母函数，又简称为母函数.

组合数的母函数在组合数的计算及组合数之间的关系等问题的处理中，起着十分重要的作用. 下面略举数例，以明其意.

定理 1.4.3

$$\sum_{r \geqslant 0} \binom{n}{r} = \sum_{0 \leqslant r \leqslant n} \binom{n}{r} = 2^n, n \geqslant 0, \tag{1.4.9}$$

$$\sum_{r \geqslant 0} (-1)^r \binom{n}{r} = \sum_{0 \leqslant r \leqslant n} (-1)^r \binom{n}{r} = 0, n > 0, \tag{1.4.10}$$

$$\sum_{r \geqslant 0} \binom{n}{2t} = \sum_{r \geqslant 0} \binom{n}{2r+1} = 2^{n-1}, n > 0, \tag{1.4.11}$$

$$\sum_{k \geqslant 0} \binom{n-m}{k} \binom{m}{r-k} = \binom{n}{r},$$

$$\sum_{k \geqslant 0} \binom{n}{k}^2 = \binom{2n}{n}, n \geqslant m \geqslant 0, \tag{1.4.12}$$

$$\sum_{k \geqslant 1} k (-1)^k \binom{n}{k} = 0, n > 1, \tag{1.4.13}$$

$$\sum_{k \geqslant 0} (-1)^k \binom{k}{r} \binom{n}{k} = 0, n > r, \tag{1.4.14}$$

$$\sum_{k \geqslant 1} \frac{(-1)^{k-1}}{k+1} \binom{n}{k} = \frac{n}{n+1}, n \geqslant 0, \tag{1.4.15}$$

$$\sum_{k \geqslant 1} \frac{(-1)^{k-1}}{k} \binom{n}{k} = \sum_{1 \leqslant k \leqslant n} \frac{1}{k}, n > 0. \tag{1.4.16}$$

证明　在(1.4.4)中令 $t = 1$ 即得(1.4.9); 令 $t = -1$ 即得(1.4.10). 由(1.4.9)和

(1.4.10)相加、相减，则得(1.4.11). 由

$$
\begin{aligned}
(1+t)^n &= (1+t)^{n-m}(1+t)^m \\
&= \sum_{k \geqslant 0} \binom{n-m}{k} t^k \cdot \sum_{j \geqslant 0} \binom{m}{j} t^j \\
&= \sum_{r \geqslant 0} t^r \sum_{\substack{k+j=r \\ k \geqslant 0, j \geqslant 1}} \binom{n-m}{k}\binom{m}{j} \\
&= \sum_{r \geqslant 0} t^r \sum_{k \geqslant 0} \binom{n-m}{k}\binom{m}{r-k}
\end{aligned}
\tag{1.4.17}
$$

与(1.4.4)比较 t^r 的系数即得(1.4.12)的第一式. (1.4.12)的第二式由第一式中换 n 为 $2n$，换 m 为 n 而得到.

在(1.4.4)中换 t 为 $-t$，

$$
(1-t)^n = \sum_{0 \leqslant k \leqslant n} (-1)^k \binom{n}{k} t^k.
\tag{1.4.18}
$$

两端对 t 求微商，

$$
-n(1-t)^{n-1} = \sum_{1 \leqslant k \leqslant n} (-1)^k k \binom{n}{k} t^{k-1}.
$$

代 $t=1$ 入内即得(1.4.13).

(1.4.18)的两节对 t 求 r 次微商，

$$
(-1)^r (n)_r (1-t)^{n-r} = \sum_{k \geqslant r} (-1)^k (k)_r \binom{n}{k} t^{k-r}.
$$

两节再除以 $r!$，

$$
(-1)^r \binom{n}{r}(1-t)^{n-r} = \sum_{k \geqslant r} (-1)^k \binom{k}{r}\binom{n}{k} t^{k-r}
$$

代 $t=1$ 入内即得(1.4.14).

现在用(1.4.10)来证(1.4.15). 当 $n=0$ 时, (1.4.15)是平凡的: 其左节为空和, 右节为零. 当 $n>0$ 时,

$$\sum_{1\leqslant k\leqslant n}\frac{(-1)^{k-1}}{k+1}\binom{n}{k}=\sum_{1\leqslant k\leqslant n}\frac{(-1)^{k-1}}{n+1}\binom{n+1}{k+1}$$

$$=\frac{1}{n+1}\sum_{2\leqslant k\leqslant n+1}(-1)^k\binom{n+1}{k}$$

$$=\frac{1}{n+1}\left\{\sum_{0\leqslant k\leqslant n+1}(-1)^k\binom{n+1}{k}-1+(n+1)\right\}$$

$$=\frac{n}{n+1}.$$

(1.4.15)还可证明如下: 由(1.4.18)两节对 t 求原函数,

$$c+\frac{-1}{n+1}(1-t)^{n+1}=\sum_{0\leqslant k\leqslant n}(-1)^k\binom{n}{k}\frac{t^{k+1}}{k+1}. \tag{1.4.19}$$

代 $t=0$ 入上式, 得

$$c=\frac{1}{n+1}. \tag{1.4.20}$$

代(1.4.20)和 $t=1$ 入(1.4.19),

$$\frac{1}{n+1}=\sum_{0\leqslant k\leqslant n}(-1)^k\binom{n}{k}\frac{1}{k+1}$$

$$=1-\sum_{1\leqslant k\leqslant n}(-1)^{k-1}\frac{1}{k+1}\binom{n}{k},$$

由此立得(1.4.15).

现在利用(1.4.15)和数学归纳法来证明(1.4.16), 当 $n=1$ 时, (1.4.16)显然成立. 设(1.4.16)对 n 成立, 那么,

$$\sum_{1\leqslant k\leqslant n+1}\frac{(-1)^{k-1}}{k}\binom{n+1}{k}=\frac{(-1)^n}{n+1}+\sum_{1\leqslant k\leqslant n}\frac{(-1)^{k-1}}{k}\left\{\binom{n}{k}+\binom{n}{k-1}\right\}$$

$$=\frac{(-1)^n}{n+1}+\sum_{1\leqslant k\leqslant n}\frac{(-1)^{k-1}}{k}\binom{n}{k}$$

$$+\sum_{1\leqslant k\leqslant n}\frac{(-1)^{k-1}}{k}\binom{n}{k-1}$$

$$=\frac{(-1)^n}{n+1}+\sum_{1\leqslant k\leqslant n}\frac{1}{k}+\sum_{0\leqslant k\leqslant n-1}\frac{(-1)^k}{k+1}\binom{n}{k}$$

$$= \frac{(-1)^n}{n+1} + \sum_{1 \leqslant k \leqslant n} \frac{1}{k} + 1 + \sum_{1 \leqslant k \leqslant n} \frac{(-1)^k}{k+1} \binom{n}{k} - \frac{(-1)^n}{n+1}$$

$$= \sum_{1 \leqslant k \leqslant n} \frac{1}{k} + 1 - \frac{n}{n+1}$$

$$= \sum_{1 \leqslant k \leqslant n+1} \frac{1}{k},$$

故(1.4.16)成立. 至此, 定理证毕.

利用母函数还可给出

(1.2.4) 的第五个证明 由定理 1.4.2 得知, 可重组合的计数母函数是

$$\left(1 + t + t^2 + \cdots\right)^n = (1 - t)^{-n}.$$

其 Taylor 展式为

$$(1 - t)^{-n} = \sum_{r \geqslant 0} \frac{(-n)(-n-1)\cdots(-n-r+1)}{r!} (-t)^r$$

$$= \sum_{r \geqslant 0} \binom{n+r-1}{r} t^r, \tag{1.4.21}$$

故有(1.2.4). **证毕.**

定理 1.4.4 1. n 元集 A 的 r 可重组合, 要求 A 的每个元至少出现一次, 这样的组合数是

$$\binom{r-1}{n-1}. \tag{1.4.22}$$

2. 有组合恒等式

$$\binom{n+s-1}{s} = \sum_{0 \leqslant k \leqslant 2s} (-1)^k \binom{n+2s-k-1}{2s-k}$$

$$\times \binom{n+k-1}{k}. \tag{1.4.23}$$

证明 1. 符合这里的条件的组合的计数母函数为

$$\left(t + t^2 + \cdots\right)^n = t^n (1 - t)^{-n}.$$

由(1.4.21),

$$\left(t + t^2 + \cdots\right)^n = t^n \sum_{r \geqslant 0} \binom{n+r-1}{r} t^r$$

$$= \sum_{r \geqslant n} \binom{r-1}{r-n} t^r$$

$$= \sum_{r \geqslant n} \binom{r-1}{n-1} t^r,$$

比较 t^r 的系数即得(1.4.22).

2. 由

$$\left(1 - t^2\right)^{-n} = (1-t)^{-n} (1+t)^{-n},$$

两节按 Taylor 级数展开,

$$\sum_{r \geqslant 0} \binom{-n}{r} \left(-t^2\right)^r = \sum_{i \geqslant 0} \binom{-n}{i} (-t)^i \sum_{j \geqslant 0} \binom{-n}{j} t^j,$$

故有

$$\sum_{r \geqslant 0} \binom{n+r-1}{r} t^{2r} = \sum_{i,j \geqslant 0} (-1)^i \binom{-n}{i} \binom{-n}{j} t^{i+j}$$

$$= \sum_{s \geqslant 0} t^s \sum_{0 \leqslant j \leqslant s} (-1)^j \binom{n+s-j-1}{s-j} \times \binom{n+j-1}{j}.$$

比较两节 t^s 的系数,

$$\sum_{0 \leqslant j \leqslant s} (-1)^j \binom{n+s-j-1}{s-j} \binom{n+j-1}{j} = \begin{cases} \binom{n + \frac{s}{2} - 1}{\frac{s}{2}}, & \text{若} 2 \mid s, \\ 0, & \text{若} 2 \nmid s. \end{cases}$$

由此立得(1.4.23). **证毕.**

这里自然会产生一个问题: 对于排列, 有无类似的工具?回答这个问题就是下节的任务.

1.5 排列的母函数

先看一个简单的例子.

由(1.4.4),

$$(1+t)^n = \sum_{0 \leqslant i \leqslant n} \binom{n}{i} t^i = \sum_{0 \leqslant i \leqslant n} P_i^n \frac{t^i}{i!}.$$

这就是说，在$(1+t)^n$的展式中，项$\dfrac{t^i}{i!}$的系数就是集$[1,n]$的i无重排列数. 这个简单的情况提供了下面的启示: 排列的计数母函数采用形如

$$\sum_{i>0} u_i \frac{t^i}{i!}$$

的幂级数较为有利. 这种类型的幂级数很像指数函数e^{ut}的展开式，故名为指数型母函数，简称为指母函数. 有时为了强调上节的母函数与指母函数的区别，叫前者为普通型母函数，简称为普母函数或母函数.

现在来证明较一般的结果.

定理 1.5.1 集$[1,n]$的λ排列，其中数码$i(1 \leqslant i \leqslant n)$允许出现的次数组成的集为$S_i$，那么，这样的排列数的指母函数为

$$\prod_{1 \leqslant i \leqslant n} \sum_{\lambda_i \in S_i} \frac{t^{\lambda_i}}{\lambda_i!}. \tag{1.5.1}$$

证明 展开(1.5.1),

$$\prod_{1 \leqslant i \leqslant n} \sum_{\lambda_i \in S_i} \frac{t^{\lambda_i}}{\lambda_i!} = \sum_{\lambda \geqslant 0} \frac{t^\lambda}{\lambda!} \sum_{\substack{\lambda_1 + \cdots + \lambda_n = \lambda \\ \lambda_i \in S_i (1 \leqslant i \leqslant n)}} \frac{\lambda!}{\lambda_1! \cdots \lambda_n!}. \tag{1.5.2}$$

由定理 1.3.2, 对于固定的一组数$\lambda_1, \cdots, \lambda_n$, 符合所述条件的$(\lambda_1 + \cdots + \lambda_n)$排列数是

$$\frac{(\lambda_1 + \cdots + \lambda_n)!}{\lambda_1! \cdots \lambda_n!}. \tag{1.5.3}$$

因此, (1.5.2)中项$\dfrac{t^\lambda}{\lambda!}$的系数恰好是对一切可能的选取$(\lambda_1, \cdots, \lambda_n)$

$$\lambda_1 + \cdots + \lambda_n = \lambda, \lambda_i \in S_i (1 \leqslant i \leqslant n)$$

符合条件的λ排列的总数. **证毕.**

现在来看看定理 1.5.1 的应用.

(1.2.3) 的第二个证明 由定理 1.5.1，集 $[1,n]$ 的 r 可重排列的指母函数是

$$\left(1+t+\frac{t^2}{2!}+\cdots\right)^n,$$

即是

$$\left(e^t\right)^n = e^{nt} = \sum_{r\geqslant 0} n^r \frac{t^r}{r!},$$

由此立得 $U_r^n = n^r$. **证毕.**

定理 1.5.2 集 $[1,n]$ 的 r 可重排列，每个元 $i(1\leqslant i\leqslant n)$ 必须至少在其中出现一次，这样的排列数是

$$\sum_{0\leqslant j\leqslant n}\binom{n}{j}(-1)^j (n-j)^r. \tag{1.5.4}$$

证明 由定理 1.5.1，符合所述条件的排列的计数母函数为

$$\left(t+\frac{t^2}{2!}+\frac{t^3}{3!}+\cdots\right)^n,$$

是即

$$\left(e^t-1\right)^n = \sum_{0\leqslant j\leqslant n}\binom{n}{j}(-1)^j e^{(n-j)t} = \sum_{r\geqslant 0}\frac{t^r}{r!}\sum_{0\leqslant j\leqslant n}\binom{n}{j}(-1)^j (n-j)^r.$$

由此立得(1.5.4). **证毕.**

因为今后还将遇到(1.5.4)，这里再作一点说明. 如果引进差分算子 Δ：

$$\Delta u(n) = u(n+1) - u(n)$$

和移位算子 E：

$$Eu(n) = u(n+1),$$

则(1.5.4)可简写为

$$\sum_{0\leqslant j\leqslant n}\binom{n}{j}(-1)^j (n-j)^r = \sum_{0\leqslant j\leqslant n}\binom{n}{j}(-1)^j E^{n-j} 0^r$$

$$= (E-I)^n 0^r = \Delta^n 0^r.$$

这里,I 为恒等算子:

$$Iu(n) = u(n),$$

有时为了方便也可将 I 写为 1.

自然地,当 $r=0$ 时,有

$$\Delta^n 0^0 = \sum_{0 \leqslant j \leqslant n} \binom{n}{j}(-1)^j (n-j)^0 = \begin{cases} 0, n \geqslant 1, \\ 1, n = 0. \end{cases}$$

系 当 $n > r$ 时,$\Delta^n 0^r = 0$.

对于前几个 n,有(当 $r > 0$ 时)

$$\Delta 0^r = (E-1)0^r = 1,$$
$$\Delta^2 0^r = (E-1)^2 0^r = 2^r - 2,$$
$$\Delta^3 0^r = (E-1)^3 0^r = 3^r - 3 \cdot 2^r + 3,$$
$$\cdots\cdots$$

母函数不仅对组合论是一个重要的工具,而且它还是其他一些数学分支,诸如数论、概率论等的重要工具. 关于母函数理论的进一步叙述,将用下章整个一章的篇幅. 至于它对组合论的应用,请见本书以后的章节. 这两节只是有关母函数的一个简单的导引. 如能细心领会,灵活应用,将是很有益处的.

1.6 例

本节再补充一些例子.

例 1.6.1 在一个凸 n 边形 $(n \geqslant 3)C$ 的内部,如果没有三条对角线共点,求其全部对角线在 C 的内部的交点的个数.

所谓凸形,就是其中任二内点的联线全部落在该图形内部的那种图形;所谓对角线,指的是不相邻二顶点的联线.

解 为叙述方便起见,按反时针方向把 C 的顶点依次记为 $P_1, P_2, \cdots, P_n$. 设 X 是 C 的对角线在 C 内部的一个交点. 由于没有三条对角线共点,故 X 恰为两条对角线,记为 $P_{i_1}P_{i_3}$ 和 $P_{i_2}P_{i_4}$ 的交点. 因为 $P_{i_1}P_{i_3}$,$P_{i_2}P_{i_4}$ 为相交的对角线,故以 $P_{i_1}, P_{i_2}, P_{i_3}, P_{i_4}$ 为顶点的四边形是一个凸四边形,其对角线正好是 $P_{i_1}P_{i_3}$ 和 $P_{i_2}P_{i_4}$. 不失一般,可设 $i_1 < i_2 < i_3 < i_4$. 反之,若任给四个顶点 $P_{j_1}, P_{j_2}, P_{j_3}, P_{j_4}$,且 $j_1 < j_2 < j_3 < j_4$,则四边形 $P_{j_1}P_{j_2}P_{j_3}P_{j_4}$ 为凸四边形,故其对角线 $P_{j_1}P_{j_3}$ 和 $P_{j_2}P_{j_4}$ 相交于此四边形之内,因而也在 C 之内,这四点的其他联线的交点就只有

$P_{j_1}, P_{j_2}, P_{j_3}, P_{j_4}$ 本身. 所以, C 之对角线在 C 内部的交点与 $P_1, P_2, \cdots, P_n$ 中任选四点的组合的个数相同, 为

$$C_4^n = \frac{1}{24} n(n-1)(n-2)(n-3).$$

解毕.

这个问题初看起来似乎与组合数无关, 自然, 也可不借助于组合方法来解决 (例如, 可用数学归纳法), 但要麻烦一些.

例 1.6.2 今有 n_1 个 1, n_2 个 2, $\cdots$, n_r 个 $r (n_r \geqslant 1)$. 把它们排成一行, 使得从开头依次读出时, 第一个 k 出现于全部 $k+1$ 之前, 这里, $1 \leqslant k \leqslant r-1$. 求这样的排列数 $F_r(n_1, \cdots, n_r)$.

解法一 如果 $n_i (1 \leqslant i \leqslant n-1)$ 中有一个为零, 由于 $n_r \geqslant 1$, 则没有一个排列符合条件, 即这样的排列数为零. 今设 $n_i \geqslant 1 (1 \leqslant i \leqslant r-1)$. 符合条件的任一排列的首元一定是 1, 其余 $n_1 - 1$ 个 1 可在该排列中的其他任何位置. 在该排列中把所有的 1 都去掉, 剩下的是 n_2 个 2, n_3 个 3, $\cdots$, n_r 个 r 的具有类似性质的排列: 任何一个 $k+1$ 不能出现在第一个 k 之前 $(2 \leqslant k \leqslant r-1)$. 因为后 $n_1 - 1$ 个 1 定位的可能个数是

$$\binom{n_1 + \cdots + n_r - 1}{n_1 - 1},$$

故

$$F_r(n_1, \cdots, n_r) = \binom{n_1 + \cdots + n_r - 1}{n_1 - 1} F_{r-1}(n_2, \cdots, n_r).$$

由此递归关系和

$$F_1(n_1) = 1,$$

用数学归纳法, 立得

$$\begin{aligned} F_r(n_1, \cdots, n_r) &= \prod_{1 \leqslant i \leqslant r} \binom{n_i + \cdots + n_r - 1}{n_i - 1} \\ &= \frac{(n_1 + \cdots + n_r)!}{n_1! \cdots n_r!} \times \prod_{1 \leqslant i \leqslant r} \frac{n_i}{n_i + n_{i+1} + \cdots + n_r}. \end{aligned} \tag{1.6.1}$$

当 $n_1, \cdots, n_{r-1}$ 中有零出现时, (1.6.1) 的右节化为零. 故无论 $n_1, \cdots, n_r$ 是否为零, (1.6.1) 恒成立.

解法二 由定理 1.3.2, n_1 个 1, n_2 个 2, $\cdots$, n_r 个 r 的全排列的总数是

$$\frac{\left(n_1 + \cdots + n_r\right)!}{n_1! \cdots n_r!}.$$

首位是1的排列数占总排列数的 $\dfrac{n_1}{n_1 + \cdots + n_r}$，故首位是1的排列总数是

$$\frac{\left(n_1 + \cdots + n_r\right)!}{n_1! \cdots n_r!} \cdot \frac{n_1}{n_1 + \cdots + n_r}. \tag{1.6.2}$$

在首位是1的排列中去掉所有的1，余下的排列的首位是2，这样的排列的个数占首位是1的排列的总数(1.6.2)的 $\dfrac{n_2}{n_2 + \cdots + n_r}$．所以，首元为1，删去所有的1后余下的排列的首元为2的排列的个数为

$$\frac{\left(n_1 + n_2 + \cdots + n_r\right)!}{n_1! n_2! \cdots n_r!} \cdot \frac{n_1}{n_1 + \cdots + n_r} \cdot \frac{n_2}{n_2 + \cdots + n_r}.$$

依此类推，最后得到：首位是1，删去所有的1后首位是2，再删去所有的2后首位是3,…,这样的排列的个数为(1.6.1)．然而，这样的排列就是问题中所述的排列．
解毕．

例1.6.3 把分类为 $1^{n-2m}2^m$ 的 n 个物的 r 组合数记为 $C\left(2^m, 1^{n-2m}; r\right)$，则

$$C\left(2^m, 1^{n-2m}; r\right) = \sum_{\frac{r}{2} \geqslant k \geqslant 0} \binom{m}{k}\binom{n-m-k}{r-2k}, \tag{1.6.3}$$

且有递归关系

$$C\left(2^m, 1^{n-2m}; r\right) = C\left(2^{m-1}, 1^{n+1-2m}; r\right) + C\left(2^{m-1}, 1^{n-2m}; r-2\right). \tag{1.6.4}$$

解 为了便于叙述，设 $A_1, \cdots, A_m$ 是这 n 个物的 m 个两两不同的类，每一类由两个相同的物组成；$B_1, B_2, \cdots, B_{n-2m}$ 是这 n 个物的其余 $n-2m$ 个两两不同的类，每一类只由一个物组成．今从 $A_1, \cdots, A_m$ 中取出 $k(k \geqslant 0)$ 个类，它们的所有 $2k$ 个物都参与组合，余下 $m-k$ 个类与 $B_1, \cdots, B_{n-2m}$ 个类合在一起共 $n-2m+(m-k) = n-m-k$ 个类，从中选出 $r-2k$ 个类，每一个类的一个物参与组合．这样得到的可能的组合数，由积则，是

$$\binom{m}{k}\binom{n-m-k}{r-2k}.$$

对所有 $k \geqslant 0$ 求和，便得(1.6.3)．

　　把这 n 个物的全部 r 组合分为互斥的两种: 第一种 r 组合含有 A_m 的两个物,第二种 r 组合不同时含有 A_m 的两个物. 前一种组合数为 $C\left(2^{m-1},1^{n-2m};r-2\right)$, 因为这个组合数等于把 A_m 除外后, 分类为 $1^{n-2m}2^{m-1}$ 的 $n-2$ 个物的 $(r-2)$ 组合数. 后一种组合数为 $C\left(2^{m-1},1^{n+1-2m};r\right)$, 因为这个组合数等于由类 $A_1,\cdots,A_{m-1};B_1,\cdots,B_{n-2m},A_m'$ (这里, A_m' 由 A_m 的一个物所成的类)所形成的 $n-1$ 个物的 r 组合数. 由和则, 立得(1.6.4). **解毕**.

　　例 1.6.4　试证

$$\binom{n}{r}\leqslant\frac{n^n}{r^r\left(n-r\right)^{n-r}},0<r<n. \tag{1.6.5}$$

　　证明　由定理 1.2.1, 集 $[1,n]$ 的 n 可重排列数是

$$U_n^n=n^n.$$

在集 $[1,n]$ 中任选 $r\,(0\leqslant r\leqslant n)$ 个数, 选法数为 $\binom{n}{r}$. 一当这 r 个数选定之后, 它们的 r 可重排列数是

$$U_r^r=r^r;$$

余下的 $n-r$ 个数的 $(n-r)$ 可重排列数是

$$U_{n-r}^{n-r}=\left(n-r\right)^{n-r}.$$

这样一来, 由积则, $[1,n]$ 的 n 可重排列, 其前 r 个元的任一个与后 $n-r$ 个元的任一个都不同, 这样的排列数为

$$\binom{n}{r}r^n\left(n-r\right)^{n-r}.$$

然而, 这样的排列只是 $[1,n]$ 的全部 n 可重排列的一部分, 这就证明了

$$\binom{n}{r}r^r\left(n-r\right)^{n-r}\leqslant n^n,$$

当 $0<r<n$ 时, 由此立得(1.6.5). **证毕**.

第二章 母 函 数

本章介绍母函数的一般理论. 可以认为, 1.4 和 1.5 中那些较特殊的母函数是启发人们提出和发展它的理论的重要而自然的来源之一. 那里已经显示出了母函数在处理排列与组合的有关问题时的作用, 当然可以期望它也是处理许多一般性的组合问题的重要而合宜的工具. 这一点将为后面的材料所证实.

本章首先建立母函数的概念和运算法则(2.1,2.2), 以及常见的两类母函数即普母函数与指母函数间的关系(2.3). 然后, 把母函数的理论用于三个重要方面: 概率论(2.4), Stirling 数和 Lah 数 (2.5), 以及复合函数的微商(2.6). 这里的结果在本册后面诸章中将反复引用.

2.1 母函数的代数运算

由 1.4 可知, 组合数的序列, 简称为组合数列

$$\left(\!\!\binom{n}{i}\!\!\right)_{i \geqslant 0} := \left(\binom{n}{0}, \binom{n}{1}, \cdots, \binom{n}{n}, \binom{n}{n+1}, \cdots\right), \quad n \geqslant 0 \tag{2.1.1}$$

对应于不定元 t 的一个函数

$$(1+t)^n = \sum_{i \geqslant 0} \binom{n}{i} t^i. \tag{2.1.2}$$

反之, 函数(2.1.2)又对应于组合数列(2.1.1). 这样一来, 有关(2.1.1)的问题可化为(2.1.2)来研究. 对后者的研究常常更方便一些, 因为它仅只是一个单个的函数, 而且可以利用函数论中的已有结果.

类似地, 由 1.5, 排列数的序列简称为排列数列

$$\left((n)_i\right)_{i \geqslant 0} := \left((n)_0, (n)_1, \cdots, (n)_n, (n)_{n+1}, \cdots\right), n \geqslant 0$$

对应于函数

$$\sum_{i \geqslant 0} (n)_i \frac{t^i}{i!} = (1+t)^n.$$

由此可引进一般性的定义.

定义 2.1.1　设

$$u := (u_i)_{i \geqslant 0} := (u_0, u_1, \cdots, u_n, \cdots) \tag{2.1.3}$$

是一个无限数列，则称形式幂级数

$$u(t) := \sum_{i \geqslant 0} u_i t^i \tag{2.1.4}$$

是数列 u 的普通型母函数，简称为普母函数或母函数；而称形式幂级数

$$\sum_{i \geqslant 0} u_i \frac{t^i}{i!} =: e^{ut}, u^i := u_i \tag{2.1.5}$$

是数列 u 的指数型母函数，简称为指母函数.

定义中"形式幂级数"一语，指的是撇开了级数(2.1.4)的收敛性问题. (2.1.5)中 " $u^i := u_i$ "指的是把 e^{ut} 照普通的指数函数的幂级数展开后，把方幂 u^i 换为序列 (2.1.3)中第 $i+1$ 个元 u_i .

定义 2.1.2　形式幂级数(2.1.4)和

$$v(t) := \sum_{i \geqslant 0} v_i t^i \tag{2.1.6}$$

相等，若其对应的系数都相等：

$$u_i = v_i \, (i \geqslant 0).$$

现在来定义形式幂级数的代数运算.

定义 2.1.3　数 a 对形式幂级数 $u(t)$ 的数乘定义为

$$au(t) := a \cdot u(t) := \sum_{i \geqslant 0} a u_i t^i; \tag{2.1.7}$$

形式幂级数 $u(t)$ 和 $v(t)$ 相加，定义为

$$u(t) + v(t) := \sum_{i \geqslant 0} (u_i + v_i) t^i; \tag{2.1.8}$$

形式幂级数 $u(t)$ 和 $v(t)$ 相乘，定义为

$$u(t)v(t) := u(t) \cdot v(t) := \sum_{k \geqslant 0} \left(\sum_{i+j=k} u_i v_j \right) t^k. \tag{2.1.9}$$

分别把这些运算叫做数乘法、加法、乘法，把这些运算的结果分别叫做数乘积、和、积. 把全体形式幂级数所组成的集记为 $\mathscr{E}$.

定义 2.1.4 在形式幂级数(2.1.4)中，若 $u_i = 0$(一切 $i \geqslant 0$)，则称之为 $\mathscr{E}$ 的零，并记为 0；若 $u_0 = 1, u_i = 0$(一切 $i \geqslant 1$)，则称之为 $\mathscr{E}$ 的幺，并记为 1.

从这些定义可得

定理 2.1.1 集 $\mathscr{E}$ 对加法(2.1.8)和乘法(2.1.9)组成一个整环；$\mathscr{E}$ 对数乘法(2.1.7)和加法(2.1.8)组成数域上的一个向量空间；$\mathscr{E}$ 对上述三种运算组成数域上的一个代数.

证明 加法的零元就是 0，乘法的幺元就是 1.

现在来证明 $\mathscr{E}$ 中无零因子. 若 $u(t), v(t) \in \mathscr{E}$ 且 $u(t) \neq 0, v(t) \neq 0$，则有最小足标 i 使 $u_i \neq 0$ 和最小足标 j 使 $v_j \neq 0$. 于是，

$$u(t)v(t) = \left(u_i t^i + \cdots\right)\left(v_j t^j + \cdots\right)$$
$$= u_i v_j t^{i+j} + \cdots,$$

其最低幂项的系数为

$$u_i v_j \neq 0,$$

故 $u(t)v(t) \neq 0$.

定理中的其他结论都是直接验证的. **证毕**.

定义 2.1.5 把环 $\mathscr{E}$ 的商域记为 $\bar{\mathscr{E}}$. 在域 $\bar{\mathscr{E}}$ 中，加法的逆运算叫做减法，乘法的逆运算叫做除法，自然地有差、商、负元、逆元等定义和记法.

当谈到母函数 $u(t)$ 与 $v(t)$ 的运算时，就是指把它们当作形式幂级数时的运算. 因此，两个指母函数的积

$$e^{ut}e^{vt} = \sum_{i \geqslant 0} u_i \frac{t^i}{i!} \sum_{j \geqslant 0} v_j \frac{t^j}{j!} = \sum_{k \geqslant 0}\left(\sum_{i+j=k}\frac{u_i}{i!}\frac{v_j}{j!}\right)t^k = \sum_{k \geqslant 0}\left(\sum_{0 \leqslant i \leqslant k}\binom{k}{i}u_i v_{k-i}\right)\frac{t^k}{k!}$$

是数列

$$\left(\sum_{0 \leqslant i \leqslant k}\binom{k}{i}u_i v_{k-i}\right)_{k \geqslant 0}$$

的指母函数. 为了简化记号，常写

$$\left(u+v\right)^k := \sum_{0 \leqslant i \leqslant k} \binom{k}{i} u_i v_{k-i}, u^i := u_i, v^i := v_i \ \left(k \geqslant 0\right). \tag{2.1.10}$$

(2.1.10)的意思是，先把 $\left(u+v\right)^k$ 按二项式定理展开，然后再分别把 u^i 换为 u_i，把 v^i 换为 v_i，就得所需要的结果. 特别地，对 $k=0$ 有

$$\left(u+v\right)^0 = u_0 v_0.$$

(2.1.5)和(2.1.10)中的特殊运算和符号称为 Blissard 运算和符号，它给母函数的运用带来了极大的方便. 但是应当留心它的正确使用，否则就会导出错误的结果. 例如，下面的运算

$$\left(u+u\right)^n = \sum_{0 \leqslant k \leqslant n} \binom{n}{k} u_k u_{n-k} \tag{2.1.11}$$

是正确的，但

$$\left(u+u\right)^n = \left(2u\right)^n = 2^n u^n = 2^n u_n \tag{2.1.12}$$

或

$$\left(u+u\right)^n = \sum_{0 \leqslant k \leqslant n} \binom{n}{k} u^{n-k} u^k = \sum_{0 \leqslant k \leqslant n} \binom{n}{k} u^n = \sum_{0 \leqslant k \leqslant n} \binom{n}{k} u_n = 2^n u_n \quad (2.1.13)$$

则都是错误的. 因为(2.1.11)符合定义(2.1.10), 而(2.1.12)未将 $\left(u+u\right)^n$ 展开,(2.1.14)的第一和第二两个等号之间没有把方幂换为足标，所以二者都不符合定义式(2.1.10).

采用 Blissard 符号，就有

$$e^{ut}e^{vt} = e^{(u+v)t}, u^i := u_i, v^i := v_i, \tag{2.1.14}$$

这会经常用到.

在进一步讨论形式幂级数之前，先看几个简单的例子.

例 2.1.1 设数列 $\left(u_i\right)_{i \geqslant 0}$ 确定为

$$u_i = \begin{cases} 1, & 若 0 \leqslant i \leqslant n, \\ 0, & 若 i > n, \end{cases}$$

则其母函数为多项式

$$u(t) = 1 + t + t^2 + \cdots + t^n = \frac{1 - t^{n+1}}{1 - t}, \tag{2.1.15}$$

可以表为两个形式幂级数之商.

例 2.1.2 若母函数

$$a(t) = \sum_{i \geqslant 0} a_i t^i$$

和

$$b(t) = \sum_{i \geqslant 0} b_i t^i$$

适合

$$a(t) = b(t)(1 - t), \tag{2.1.16}$$

则

$$\begin{cases} a_k = b_k - b_{k-1} = \Delta b_{k-1} \, (k > 0), \\ a_0 = b_0, \end{cases} \tag{2.1.17}$$

$$b_k = a_k + a_{k-1} + \cdots + a_0. \tag{2.1.18}$$

(2.1.17)可由(2.1.16)直接导出. (2.1.18)可由

$$b(t) = \frac{a(t)}{1 - t} = a(t)\left(1 + t + t^2 + \cdots\right)$$

导出，也可由(2.1.17),

$$b_k = a_k + b_{k-1}$$

用数学归纳法导出.

若定义算符 S 如下：

$$S^0 a_k := a_k,$$

$$S a_k := S^1 a_k := a_k + a_{k-1} + \cdots + a_0,$$

$$S^n a_k := S\left(S^{n-1} a_k\right), n \geqslant 2,$$

则由上述结果可知, $S^n a_k$ 是

$$a(t)(1-t)^{-n}$$

的展式中 t^k 的系数, 因而

$$S^n a_k = a_k + n a_{k-1} + \cdots + \binom{n+j-1}{j} a_{k-j} + \cdots + \binom{n+k-1}{k} a_0.$$

自然, 这个结果也可用数学归纳法导出.

例 2.1.3　若两个母函数 $a(t), b(t)$ 满足关系

$$a(t) = \left[b(1) - b(t)\right](1-t)^{-1}, \tag{2.1.19}$$

则其系数间有关系

$$a_k = b_{k+1} + b_{k+2} + \cdots$$

这正好与(2.1.18)成为互补的形式, 在概率论中经常用到它.

现在来讨论母函数的除法.

定理 2.1.2　$\mathscr{E}$ 中的元 $a(t)$ 在 $\bar{\mathscr{E}}$ 中有逆元

$$\bar{a}(t) = \sum_{i \geqslant 0} \bar{a}_i t^i$$

存在的充要条件是

$$a_0 \neq 0. \tag{2.1.20}$$

若此条件满足, 则

$$\bar{a}_n = (-1)^n a_0^{-n-1} \begin{vmatrix} a_1 & a_2 & a_3 & \cdots & a_{n-2} & a_{n-1} & a_n \\ a_0 & a_1 & a_2 & \cdots & a_{n-3} & a_{n-2} & a_{n-1} \\ 0 & a_0 & a_1 & \cdots & a_{n-4} & a_{n-3} & a_{n-2} \\ \vdots & \vdots & \vdots & & \vdots & \vdots & \vdots \\ 0 & 0 & 0 & \cdots & a_0 & a_1 & a_2 \\ 0 & 0 & 0 & \cdots & 0 & a_0 & a_1 \end{vmatrix}, n \geqslant 1, \tag{2.1.21}$$

$$\overline{a}_0 = a_0^{-1}.$$

证明 若 $a(t)$ 有逆元 $\overline{a}(t)$，则

$$a_0\overline{a}_0 = 1,$$

故有 (2.1.20). 今考虑下面的无穷线性方程组：

$$
\begin{aligned}
a_0\overline{a}_0 &= 1,\\
a_1\overline{a}_0 + a_0\overline{a}_1 &= 0,\\
a_2\overline{a}_0 + a_1\overline{a}_1 + a_0\overline{a}_2 &= 0,\\
&\cdots\cdots\\
a_n\overline{a}_0 + a_{n-1}\overline{a}_1 + a_{n-2}\overline{a}_2 + \cdots + a_0\overline{a}_n &= 0,\\
&\cdots\cdots
\end{aligned}
\tag{2.1.22}
$$

当 $a_0 \neq 0$ 时，对任意固定的 n，把 $\overline{a}_0, \overline{a}_1, \cdots, \overline{a}_n$ 当作未知量，解前 $n+1$ 个方程所组成的方程组，得

$$
\overline{a}_n =
\begin{vmatrix}
a_0 & 0 & 0 & \cdots & 0\\
a_1 & a_0 & 0 & \cdots & 0\\
a_2 & a_1 & a_0 & \cdots & 0\\
\vdots & \vdots & \vdots & & \vdots\\
a_n & a_{n-1} & a_{n-2} & \cdots & a_0
\end{vmatrix}^{-1}
\begin{vmatrix}
a_0 & 0 & 0 & \cdots & 0 & 1\\
a_1 & a_0 & 0 & \cdots & 0 & 0\\
a_2 & a_1 & a_0 & \cdots & 0 & 0\\
\vdots & \vdots & \vdots & & \vdots & \vdots\\
a_{n-1} & a_{n-2} & a_{n-3} & \cdots & a_0 & 0\\
a_n & a_{n-1} & a_{n-2} & \cdots & a_1 & 0
\end{vmatrix}
$$

$$
= (-1)^{n+2} a_0^{-n-1} \cdot
\begin{vmatrix}
a_1 & a_0 & \cdots & 0\\
a_2 & a_1 & \cdots & 0\\
a_3 & a_2 & \cdots & 0\\
\vdots & \vdots & & \vdots\\
a_{n-1} & a_{n-2} & \cdots & a_0\\
a_n & a_{n-1} & \cdots & a_1
\end{vmatrix},
$$

即 (2.1.21). 于是 $a(t)\overline{a}(t) = 1$. **证毕**.

对指母函数，有类似于 (2.1.21) 的公式.

定理 2.1.3 若指母函数 e^{at} 有逆元 $e^{\hat{a}t}$，则

$$\hat{a}_0 = a_0^{-1},$$

$$\hat{a}_n = (-1)^n \, a_0^{-n-1}$$

$$\times \begin{vmatrix}
a_1 & a_2 & a_3 & \cdots & a_{n-2} & a_{n-1} & a_n \\
a_0 & \binom{2}{1}a_1 & \binom{3}{1}a_2 & \cdots & \binom{n-2}{1}a_{n-3} & \binom{n-1}{1}a_{n-2} & \binom{n}{1}a_{n-1} \\
0 & \binom{2}{2}a_0 & \binom{3}{2}a_1 & \cdots & \binom{n-2}{2}a_{n-4} & \binom{n-1}{2}a_{n-3} & \binom{n}{2}a_{n-2} \\
\vdots & \vdots & \vdots & & \vdots & \vdots & \vdots \\
0 & 0 & 0 & \cdots & \binom{n-2}{n-2}a_0 & \binom{n-1}{n-2}a_1 & \binom{n}{n-2}a_2 \\
0 & 0 & 0 & \cdots & 0 & \binom{n-1}{n-1}a_0 & \binom{n}{n-1}a_1
\end{vmatrix} \quad (n \geqslant 1).$$

$$(2.1.23)$$

证明　此时代替方程组(2.1.22)的是

$$a_0\hat{a}_0 = 1,$$
$$a_1\hat{a}_0 + a_0\hat{a}_1 = 0,$$
$$a_2\hat{a}_0 + \binom{2}{1}a_1\hat{a}_1 + a_0\hat{a}_2 = 0,$$
$$a_3\hat{a}_0 + \binom{3}{1}a_2\hat{a}_1 + \binom{3}{2}a_1\hat{a}_2 + a_0\hat{a}_3 = 0,$$
$$\cdots\cdots$$
$$a_n\hat{a}_0 + \binom{n}{1}a_{n-1}\hat{a}_1 + \binom{n}{2}a_{n-2}\hat{a}_2 + \cdots + a_0\hat{a}_n = 0,$$
$$\cdots\cdots$$

由前 $n+1$ 个方程求解便得(2.1.23).

(2.1.23)还可直接从(2.1.21)得出. 因为数列 $(a_i)_{i\geqslant 0}$ 的指母函数就是数列 $\left(\dfrac{a_i}{i!}\right)_{i\geqslant 0}$ 的普母函数, 所以在(2.1.21)中换 a_i 为 $\dfrac{a_i}{i!}$, 换 $\bar{a}_n$ 为 $\dfrac{\hat{a}_n}{n!}$, 得

$$\frac{\hat{a}_n}{n!} = (-1)^n \, a_0^{-n-1}$$

$$\times \begin{vmatrix} \dfrac{a_1}{1!} & \dfrac{a_2}{2!} & \dfrac{a_3}{3!} & \cdots & \dfrac{a_{n-2}}{(n-2)!} & \dfrac{a_{n-1}}{(n-1)!} & \dfrac{a_n}{n!} \\[2mm] \dfrac{a_0}{0!} & \dfrac{a_1}{1!} & \dfrac{a_2}{2!} & \cdots & \dfrac{a_{n-3}}{(n-3)!} & \dfrac{a_{n-2}}{(n-2)!} & \dfrac{a_{n-1}}{(n-1)!} \\[2mm] 0 & \dfrac{a_0}{0!} & \dfrac{a_1}{1!} & \cdots & \dfrac{a_{n-4}}{(n-4)!} & \dfrac{a_{n-3}}{(n-3)!} & \dfrac{a_{n-2}}{(n-2)!} \\[1mm] \vdots & \vdots & \vdots & & \vdots & \vdots & \vdots \\[1mm] 0 & 0 & 0 & \cdots & \dfrac{a_0}{0!} & \dfrac{a_1}{1!} & \dfrac{a_2}{2!} \\[2mm] 0 & 0 & 0 & \cdots & 0 & \dfrac{a_0}{0!} & \dfrac{a_1}{1!} \end{vmatrix} \quad (n \geqslant 1). \qquad (2.1.24)$$

把 (2.1.24) 中的行列式的第 j 列 $(1 \leqslant j \leqslant n)$ 乘以 $j!$, 第 i 行 $(2 \leqslant i \leqslant n)$ 乘以 $\dfrac{1}{(i-1)!}$, 行列式符号外乘以 $\dfrac{1}{n!}$, 然后化简即得 (2.1.23). **证毕**.

例 2.1.4　求普母函数

$$1 - t - t^2 - t^3 - \cdots$$

的逆元.

解　由 (2.1.21),

$$\bar{a}_n = (-1)^n \begin{vmatrix} -1 & -1 & -1 & \cdots & -1 & -1 & -1 \\ 1 & -1 & -1 & \cdots & -1 & -1 & -1 \\ 0 & 1 & -1 & \cdots & -1 & -1 & -1 \\ \vdots & \vdots & \vdots & & \vdots & \vdots & \vdots \\ 0 & 0 & 0 & \cdots & 1 & -1 & -1 \\ 0 & 0 & 0 & \cdots & 0 & 1 & -1 \end{vmatrix}$$

$$= (-1)^n \begin{vmatrix} -1 & -1 & -1 & \cdots & -1 & -1 & -1 \\ 0 & -2 & -2 & \cdots & -2 & -2 & -2 \\ 0 & 0 & -2 & \cdots & -2 & -2 & -2 \\ \vdots & \vdots & \vdots & & \vdots & \vdots & \vdots \\ 0 & 0 & 0 & \cdots & 0 & -2 & -2 \\ 0 & 0 & 0 & \cdots & 0 & 0 & -2 \end{vmatrix}$$

$$= 2^{n-1}, \quad n \geqslant 1,$$

$$\bar{a}_0 = 1.$$

故所求的逆元为

$$1+\sum_{n>1}2^{n-1}t^{n}. \tag{2.1.25}$$

下节将说明这可写为有限的形式

$$\frac{1-t}{1-2t}. \tag{2.1.26}$$

解毕.

例 2.1.5 求数列

$$\beta=\left(\alpha^{0},\alpha^{1},\alpha^{2},\alpha^{3},\cdots\right),\ \alpha\neq0 \tag{2.1.27}$$

的指母函数的逆元, 其中 α^{i} 为数 α 的 i 次幂.

解 由(2.1.23), 有

$$\hat{\alpha}_{n}=\left(-1\right)^{n}$$

$$\begin{vmatrix} \alpha & \alpha^2 & \alpha^3 & \cdots & \alpha^{n-2} & \alpha^{n-1} & \alpha^n \\ 1 & \binom{2}{1}\alpha & \binom{3}{1}\alpha^2 & \cdots & \binom{n-2}{1}\alpha^{n-3} & \binom{n-1}{1}\alpha^{n-2} & \binom{n}{1}\alpha^{n-1} \\ 0 & \binom{2}{2} & \binom{3}{2}\alpha & \cdots & \binom{n-2}{2}\alpha^{n-4} & \binom{n-1}{2}\alpha^{n-3} & \binom{n}{2}\alpha^{n-2} \\ \vdots & \vdots & \vdots & & \vdots & \vdots & \vdots \\ 0 & 0 & 0 & \cdots & \binom{n-2}{n-2} & \binom{n-1}{n-2}\alpha & \binom{n}{n-2}\alpha^2 \\ 0 & 0 & 0 & \cdots & 0 & \binom{n-1}{n-1} & \binom{n}{n-1}\alpha \end{vmatrix}.$$

在上面的行列式中, 把第 i 行的 $-\dfrac{1}{\alpha}$ 倍加到第 $i+1$ 行上, 依次对 $i=1,2,\cdots,n-1$ 施行, 便得

$$\hat{\alpha}_{n}=(-1)^{n}\begin{vmatrix} \alpha & & & \\ & \alpha & & * \\ & & \ddots & \\ & \boldsymbol{0} & & \alpha \\ & & & & \alpha \end{vmatrix}$$

$$= (-1)^n \alpha^n, n \geqslant 1.$$

再者，

$$\hat{\alpha}_0 = \left(\alpha^0\right)^{-1} = 1,$$

故所求之逆为

$$\sum_{n \geqslant 0} (-1)^n \alpha^n \frac{t^n}{n!}. \tag{2.1.28}$$

下节将说明(2.1.28)可写为有限的形式

$$e^{-\alpha t}.$$

解毕.

定理 2.1.4 若数列 $(a_n)_{n \geqslant 0}, (b_n)_{n \geqslant 0}, (c_n)_{n \geqslant 0}$ 符合：

$$a_n = (b+c)^n, n \geqslant 0, b^n := b_n, c^n := c_n, \tag{2.1.29}$$

且 e^{ct} 的逆为 $e^{\hat{c}t}$，那么，

$$b_n = \left(a + \hat{c}\right)^n, n \geqslant 0, a^n := a_n, \hat{c}^n := \hat{c}_n. \tag{2.1.30}$$

且反之亦然.

证明 由(2.1.29)可得

$$e^{at} = e^{(b+c)t} = e^{bt} e^{ct}.$$

两端同乘以 $e^{\hat{c}t}$，得

$$e^{(a+\hat{c})t} = e^{at} e^{\hat{c}t} = e^{bt},$$

展成级数便得(2.1.30). 反过来的关系也是对的. **证毕**.

特殊地，若 $(c_n)_{n \geqslant 0} = \left(\alpha^0, \alpha^1, \alpha^2, \cdots\right)$，则由

$$a_n = (b+\alpha)^n, n \geqslant 0, b^n := b_n,$$

可得

$$b_n = (a-\alpha)^n, n \geqslant 0, a^n := a_n.$$

且反之亦然.

2.2 形式幂级数的分析运算和有限形式

定义 2.2.1 形式幂级数

$$u(t) = \sum_{i \geq 0} u_i t^i \qquad (2.2.1)$$

的形式微商定义为形式幂级数

$$D_t u(t) := D u(t) := \sum_{i \geq 1} i u_i t^{i-1}.$$

D 称为形式微商算符. (2.2.1)的 $n\,(n \geq 0)$ 次形式微商归纳地定义为

$$D^0 u(t) := u(t),$$
$$D^n u(t) := D\big(D^{n-1} u(t)\big).$$

若形式幂级数 $v(t)$ 合于

$$u(t) = D v(t),$$

则称 $v(t)$ 为 $u(t)$ 的形式原函数.

在今后的叙述中，往往将"形式"二字省略.

易知, (2.2.1)的原函数是

$$c + \sum_{i \geq 0} \frac{u_i}{i+1} t^{i+1},$$

其中 c 为任意常数. (2.2.1)的 j 次微商是

$$D^j u(t) = \sum_{i \geq 0} (i)_j \, u_i t^{i-j} = \sum_{i \geq j} (i)_j \, u_i t^{i-j}.$$

若再引进算符 $\theta = tD$,

$$\theta u(t) = t D u(t) = \sum_{i \geq 0} i u_i t^i = \sum_{i \geq 1} i u_i t^i,$$

则

$$\theta^j u(t) = \sum_{i \geq 0} i^j u_i t^i, j \geq 0.$$

一般地，若 $P(\theta)$ 是 θ 的常系数多项式，则

$$P(\theta)u(t) = \sum_{i \geqslant 0} P(j)u_i t^i.$$

把算符 D 施于指母函数 e^{ut}, 则有

$$D^i e^{ui} = \sum_{i \geqslant j}(i)_j u_i \frac{t^{i-j}}{i!} = \sum_{k \geqslant 0} u_{k+j} \frac{t^k}{k!} =: u^j e^{ut}, u^k := u_k. \tag{2.2.2}$$

(2.2.2)的最末一式的意思是, 把 u^j 乘进 $e^{ut} = \sum \dfrac{u^k t^k}{k!}$ 的每一项后, 再把 $u^k u^j$ 作幂运算得 u^{k+j}, 然后把方幂 $k+j$ 移为足标得出最后的结果. 这种记法使得指母函数的微商与普通的指数函数的微商的表达式很类似.

容易验证, 以下的微商法则成立:

$$D\big(u(t) + v(t)\big) = Du(t) + Dv(t), \tag{2.2.3}$$

$$D\big(cu(t)\big) = cDu(t), c \text{ 为常数}, \tag{2.2.4}$$

$$D\big(u(t)v(t)\big) = u(t)Dv(t) + v(t)Du(t), \tag{2.2.5}$$

$$D\Big[\big(u(t)\big)^n\Big] = n\big[u(t)\big]^{n-1}Du(t), n \geqslant 1 \tag{2.2.6}$$

(2.2.3)和(2.2.4)的证明是直接的. (2.2.6)是(2.2.5)的推论. (2.2.5)成立的原因是,

$$\begin{aligned}
D\big(u(t)v(t)\big) &= D\sum_{k \geqslant 0}\left(\sum_{i+j=k} u_i v_j\right)t^k = \sum_{k \geqslant 1} k \sum_{i+j=k} u_i v_j t^{k-1} \\
&= \sum_{k \geqslant 1} \sum_{i+j=k}(i+j)u_i v_j t^{k-1} \\
&= \sum_{k \geqslant 0} \sum_{i+j=k}\big(iu_i t^{i-1}\big)v_j t^j + \sum_{k \geqslant 0} \sum_{i+j=k}\big(u_i t^i\big)\big(jv_j t^{j-1}\big) \\
&= \sum_{i \geqslant 1} iu_i t^{i-1} \sum_{j \geqslant 0} v_j t^j + \sum_{i \geqslant 0} u_i t^i \sum_{j \geqslant 1} jv_j t^{j-1}.
\end{aligned}$$

很明显, (2.2.3)和(2.2.5)对多个因子的情形也有类似的公式.

若级数(2.2.1)在圆

$$|t| < R (R > 0) \tag{2.2.7}$$

内收敛, 则(2.2.1)有其函数论中的意义. 由函数论中的结果可知, 它有唯一一个和函数 $f(t)$:

$$f(t) = \sum_{i \geqslant 0} u_i t^i, |t| < R, \tag{2.2.8}$$

且(2.2.8)对圆(2.2.7)是内闭一致收敛的，可以逐项微商，逐次求原函数等等. 有时，$f(t)$ 还可能有有限的表达式，即是由初等函数经有限次代数运算的结果.

若级数 $\sum\limits_{i \geqslant 0} v_i t^i$ 在圆

$$|t| < R_1$$

内收敛，其和函数为 $g(t)$，不失一般，可设 $R = \min(R, R_1)$，则由函数论中的结果可知，级数

$$\sum_{k \geqslant 0} \sum_{i+j=k} u_i v_j t^k, |t| < R$$

收敛，其和函数为 $f(t)g(t)$.

若在(2.2.8)中 $u_0 \neq 0$，则当 $|t|$ 充分小时(譬如 $|t| < r$)，$f(t) \neq 0$，且

$$\left(\sum_{i \geqslant 0} u_i t^i \right)^{-1}, |t| < r$$

仍可表为一个幂级数，它收敛于 $\dfrac{1}{f(t)} (|t| < r)$.

因此，在进行形式幂级数的形式运算时，若遇其中某些幂级数是收敛的，则可用它的和函数来代替它参与运算，因而，函数论的知识可以用来处理组合论课题. 当然，运算的最后结果可能因有不收敛的形式幂级数的参与而不收敛，故不再具备函数论上的意义，然而却仍具备组合论上的意义.

下面通过一些具体的例子来说明.

例 2.2.1 例 2.1.1 中的结果现在可写为

$$u(t) = 1 + t + \cdots + t^n$$
$$= \frac{1 - t^{n+1}}{1 - t}, \ |t| < 1.$$

作一次微商，

$$Du(t) = 1 + 2t + 3t^2 + \cdots + nt^{n-1}$$
$$= \frac{1 - (n+1)t^n + nt^{n+1}}{(1-t)^2}.$$

作二次微商，

$$D^2 u(t) = 2 + 6t + 12t^2 + \cdots + n(n-1)t^{n-2}$$

$$= \frac{2 - n(n+1)t^{n-1} + 2(n^2-1)t^n - n(n-1)t^{n+1}}{(1-t)^3}.$$

例 2.2.2 在例 2.1.4 中曾经得出的级数(2.1.25)的公项为 $2^{n-1}t^n \ (n \geqslant 1)$. 当 $|t| < \dfrac{1}{2}$ 时，级数

$$\sum_{n \geqslant 0} (2t)^n$$

收敛，故级数

$$\sum_{n \geqslant 0} 2^{n-1}t = \frac{1}{2}\sum_{n \geqslant 0}(2t)^n, \quad |t| < \frac{1}{2}$$

收敛，因而(2.1.25)当 $|t| < \dfrac{1}{2}$ 时收敛，且

$$1 + \sum_{n \geqslant 1} 2^{n-1}t^n = 1 + \frac{1}{2}\sum_{n \geqslant 1}(2t)^n = \frac{1}{2}\left(1 + \sum_{n \geqslant 0}(2t)^n\right)$$

$$= \frac{1}{2}\left(1 + \frac{1}{1-2t}\right) = \frac{1-t}{1-2t}, \quad |t| < \frac{1}{2}.$$

(2.1.26)也可这样来得出: 因

$$1 - t - t^2 - \cdots = 1 - \frac{t}{1-t}$$

$$= \frac{1-2t}{1-t}, \quad |t| < 1,$$

且因

$$1 - 2t \neq 0, \quad |t| < \frac{1}{2},$$

故 $1 - t - t^2 \cdots$ 的逆为

$$\frac{1-t}{1-2t}, \quad |t| \leqslant \frac{1}{2}.$$

例 2.2.3 设 $c \neq 0$ 是一个常数，数列 $(u_i)_{i \geqslant 0}$ 定义如下:

$$u_i = c^i \, (i \geqslant 0),$$

则

$$\sum_{i \geqslant 0} u_i t^i = \sum_{i \geqslant 0} (ct)^i = \frac{1}{1-ct}, \quad |t| < \frac{1}{|c|}, \tag{2.2.9}$$

$$\sum_{i \geqslant 0} u_i \frac{t^i}{i!} = \sum_{i \geqslant 0} \frac{(ct)^i}{i!} = e^{ct}, \; 任意 t. \tag{2.2.10}$$

对(2.2.9)施行运算 D, θ, 可得

$$\sum_{i \geqslant 1} i u_i t^{i-1} = \frac{c}{(1-ct)^2}, \quad |t| < \frac{1}{|c|}, \tag{2.2.11}$$

$$\sum_{i \geqslant 0} i u_i t^i = \frac{ct}{(1-ct)^2}, \quad |t| < \frac{1}{|c|}. \tag{2.2.12}$$

类似地，由(2.2.11), 得

$$\sum_{i \geqslant 2} i(i-1) u_i t^{i-2} = \frac{2c^2}{(1-ct)^3}, \quad |t| < \frac{1}{|c|},$$
$$\sum_{i \geqslant 0} i(i-1) u_i t^i = \frac{2c^2 t^2}{(1-ct)^3}, \quad |t| < \frac{1}{|c|}. \tag{2.2.13}$$

由(2.2.12), 得

$$\sum_{i \geqslant 1} i^2 u_i t^{i-1} = \frac{c(1+ct)}{(1-ct)^3}, \quad |t| < \frac{1}{|c|},$$
$$\sum_{i \geqslant 0} i^2 u_i t^i = \frac{ct(1+ct)}{(1-ct)^3}, \quad |t| < \frac{1}{|c|}. \tag{2.2.14}$$

又由(2.2.10), 得

$$\sum_{i \geqslant 0} i u_i \frac{t^i}{i!} = tc \sum_{i \geqslant 1} c^{i-1} \frac{t^{i-1}}{(i-1)!} = cte^{ct}, \; 任意 t, \tag{2.2.15}$$

$$\sum_{i \geqslant 0} i(i-1) u_i \frac{t^i}{i!} = (ct)^2 \, e^{ct}, \; 任意 t. \tag{2.2.16}$$

由(2.2.15), 得

$$\sum_{i \geqslant 1} i^2 u_i \frac{t^{i-1}}{i!} = c(1+ct)e^{ct}, \quad \text{任意} t,$$

$$\sum_{i \geqslant 0} i^2 u_i \frac{t^i}{i!} = ct(1+ct)e^{ct}, \quad \text{任意} t. \tag{2.2.17}$$

若取 $c=1$, 则得到一些重要的特款.

总括 (2.1.2), (2.2.9), (2.2.10) 和 (2.2.12)—(2.2.17), 可以把一些常见的数列 $(u_i)_{i \geqslant 0}$ 的有限形式的普母函数列表如下:

表 2.2.1

序列 (u_i)	普母函数 $u(t)$	指母函数 e^{ut}
i	$\dfrac{t}{(1-t)^2}$	te^t
i^2	$\dfrac{t(t+1)}{(1-t)^3}$	$t(t+1)e^t$
$(i)_2$	$\dfrac{2t^2}{(1-t)^3}$	$t^2 e^t$
c^i	$\dfrac{1}{1-ct}$	e^{ct}
tc^i	$\dfrac{ct}{(1-ct)^2}$	cte^{ct}
$t^2 c^i$	$\dfrac{ct(1+ct)}{(1-ct)^3}$	$ct(1+ct)e^{ct}$
$(i)_2 c^i$	$\dfrac{2c^2 t^2}{(1-ct)^3}$	$(ct)^2 e^{ct}$
$\binom{n}{i}$	$(1+t)^n$	—
$(n)_i$	—	$(1+t)^n$

另外, 可以从这些常见的母函数产生一些别的结果, 例如可有

$$\sum_{i \geqslant 1} c^{i-1} t^i = \frac{1}{c} \sum_{i \geqslant 1} (ct)^i = \frac{1}{c} \left(\sum_{i \geqslant 0} (ct)^i - 1 \right)$$

$$= \frac{1}{c} \left(\frac{1}{1-ct} - 1 \right) = \frac{t}{1-ct},$$

因此

$$1 + \sum_{i \geqslant 1} c^{i-1} t^i = \frac{1 - (c-1)t}{1 - ct},$$

当 $c = 2$ 时就是例 2.2.2 的结果.

2.3　普母函数与指母函数间的关系及其他

普母函数和指母函数之间有着很密切的联系.

首先, 就同一幂级数

$$\sum_{i \geqslant 0} u_i t^i = \sum_{i \geqslant 0} (i! u_i) \frac{t^i}{i!}$$

而言, 它既是数列 $(u_i)_{i \geqslant 0}$ 的普母函数, 又是数列 $(i! u_i)_{i \geqslant 0}$ 的指母函数. 同理, 幂级数

$$\sum_{i \geqslant 0} u_i \frac{t^i}{i!} = \sum_{i \geqslant 0} \left(\frac{u_i}{i!} \right) t^i$$

既是数列 $(u_i)_{i \geqslant 0}$ 的指母函数, 又是数列 $\left(\dfrac{u_i}{i!} \right)_{i \geqslant 0}$ 的普母函数.

其次, 就同一数列 $(u_i)_{i \geqslant 0}$ 而言, 其普母函数可形式地化为

$$u(t) = \sum_{k \geqslant 0} u_k t^k = \sum_{k \geqslant 0} u_k \frac{t^k}{k!} \int_0^\infty e^{-s} s^k ds$$

$$= \int_0^\infty e^{-s} \sum_{k \geqslant 0} u_k \frac{(st)^k}{k!} ds = \int_0^\infty e^{-s} u_{(e)} (st) ds, \quad u_{(e)}(x) := e^{ux}.$$

这就得出了普母函数 $u(t)$ 与指母函数 $u_{(e)}(t)$ 之间的形式关系:

$$u(t) = \int_0^\infty e^{-s} u_{(e)} (st) ds.$$

在母函数的理论和应用中, 还有一些其他形式的母函数出现.

若不定元 t 的函数列 $(f_i(t))_{i \geqslant 0}$ 是线性无关的, 则称形式级数

$$\sum_{i \geqslant 0} u_i f_i (t) \tag{2.3.1}$$

是数列 $(u_i)_{i\geqslant 0}$ 对函数列 $(f_i(t))_{i\geqslant 0}$ 的母函数. 这里线性无关的条件保证了(2.3.1)为零的充要条件是

$$u_i = 0 \, (i \geqslant 0).$$

若函数列 $(g_i(s))_{i\geqslant 0}$ 也是线性无关的，则称形式级数

$$G(t,s) := \sum_{i\geqslant 0, j\geqslant 0} u_{ij} f_i(t) g_j(s) \tag{2.3.2}$$

是双足标数列

$$(u_{ij})_{i\geqslant 0, j\geqslant 0} \tag{2.3.3}$$

按函数列 $(f_i(t))_{i\geqslant 0}$ 和 $(g_i(t))_{i\geqslant 0}$ 展开的二元母函数. 用同样的方式，可以定义多元母函数.

特别地，因函数列 $(t^i)_{i\geqslant 0}$ 和 $(s^i)_{i\geqslant 0}$ 分别是对不定元 t 和 s 线性无关的，故可在 (2.3.2) 中换

$$f_i(t) = t^i, g_i(s) = s^i,$$

得

$$\sum_{i\geqslant 0, j\geqslant 0} u_{ij} t^i s^j$$

这一简单的形式.

可以用另一观点来看 (2.3.2)，若记

$$F_j(t) = \sum_{i\geqslant 0} u_{ij} f_i(t),$$

$$G_i(s) = \sum_{j\geqslant 0} u_{ij} g_j(t),$$

则 (2.3.2) 可形式地写为

$$\sum_{i,j\geqslant 0} u_{i,j} f_i(t) g_j(s) = \sum_{j\geqslant 0} F_j(t) g_j(s), \tag{2.3.4}$$

$$= \sum_{i\geqslant 0} G_i(s) f_i(t). \tag{2.3.5}$$

这说明，二元母函数 $G(t,s)$ 可视为函数列 $(F_j(t))_{j\geqslant 0}$ 对函数列 $(g_j(s))_{j\geqslant 0}$ 的母函数，又可视为函数列 $(G_i(s))_{i\geqslant 0}$ 对函数列 $(f_i(t))_{i\geqslant 0}$ 的母函数.

还有一种所谓 D 母函数与上述各种大不一样. 把数列 $(u_i)_{i \geqslant 1}$ 与形式级数

$$u_{(D)}(s) := \sum_{n \geqslant 1} \frac{u_n}{n^s}$$

相对应. 同样，对数列 $(v_i)_{i \geqslant 1}$，有

$$v_{(D)}(s) := \sum_{n \geqslant 1} \frac{v_n}{n^s}.$$

它们的加法定义为

$$u_{(D)}(s) + v_{(D)}(s) := \sum_{n \geqslant 1} \frac{u_n + v_n}{n^s},$$

而乘法定义为

$$u_{(D)}(s) v_{(D)}(s) := \sum_{n \geqslant 1} \left(\sum_{d \mid n} u_n v_{n/d} \right) \frac{1}{n^s}.$$

可以证明，这样定义的加法和乘法适合交换律、结合律和乘法对加法的分配律；乘法的单位元是 $u_1 = 1, u_i = 0 (i > 1)$ 所对应的 D 母函数 $I_D(s)$；若 $u_1 \neq 0$，则有 $v_{(D)}(s)$ 符合

$$u_{(D)}(s) v_{(D)}(s) = I_{(D)}(s),$$

$v_{(D)}(s)$ 称为 $u_{(D)}(s)$ 的逆元.

因为本书不用 D 母函数，所以只简单地介绍到此.

2.4 概率论中的一些母函数

母函数对概率论提供了一个重要的研究工具，反过来，概率论中出现的母函数又有助于组合论中一些课题的处理.

设已给概率列

$$(p_i)_{i \geqslant 0}, 0 \leqslant p_i \leqslant 1. \tag{2.4.1}$$

其 k 次常矩是

$$m_k := \sum_{j \geqslant 0} j^k p_j, k \geqslant 0, \tag{2.4.2}$$

当 $k = 0$ 时即

$$m_0 = \sum_{j \geqslant 0} p_j.$$

其 k 次阶乘矩是

$$(m)_k := \sum_{j \geqslant 0} (j)_k \, p_j = \sum_{j \geqslant k} (j)_k \, p_j. \tag{2.4.3}$$

其 k 次二项矩是

$$B_k := \sum_{j \geqslant 0} \binom{j}{k} p_j = \sum_{j \geqslant k} \binom{j}{k} p_j = \frac{(m)_k}{k!}. \tag{2.4.4}$$

其 k 次中心矩是

$$M_k := (m - m_1)^k, m^k := m_k,$$
$$= \sum_{0 \leqslant j \leqslant k} \binom{k}{j} m_{k-j} \, (-m_1)^j. \tag{2.4.5}$$

阶乘矩与常矩之间有着密切的联系.

定理 2.4.1

$$(m)_k = m(m-1)\cdots(m-k+1), m^i := m_i, k \geqslant 1. \tag{2.4.6}$$

证明 记

$$(j)_k = j(j-1)\cdots(j-k+1) =: \sum_{1 \leqslant i \leqslant k} s(k,i) j^i,$$

这里 $s(k,i)$ 是展开式中 j^i 的系数，它的性质将于下节介绍. 于是(2.4.3)化为

$$(m)_k = \sum_{j \geqslant 0} \left(\sum_{0 \leqslant i \leqslant k} s(k,i) j^i \right) p_j$$
$$= \sum_{0 < i \leqslant k} s(k,i) \sum_{j \geqslant 0} j^i p_j$$
$$= \sum_{0 < i \leqslant k} s(k,i) m_i$$
$$= m(m-1)\cdots(m-k+1), m^i := m_i.$$

证毕.

若用 $p(t), B(t)$ 分别表数列 $(p_i)_{i\geqslant 0}$ 和 $(B_i)_{i\geqslant 0}$ 的普母函数, 用 e^{mt} 和 $e^{(m)t}$ 分别表数列 $(m_i)_{i\geqslant 0}$ 和 $((m)_i)_{i\geqslant 0}$ 的指母函数, 下面的定理表明了它们之间的关系.

定理 2.4.2

$$e^{mt} = p(e^t). \tag{2.4.7}$$

$$e^{(m)t} = p(1+t). \tag{2.4.8}$$

$$B(t) = p(1+t). \tag{2.4.9}$$

$$e^{Mt} = e^{-m_1 t} p(e^t). \tag{2.4.10}$$

证明　由于

$$e^{mt} = \sum_{i\geqslant 0} m_i \frac{t^i}{i!} = \sum_{i\geqslant 0}\sum_{j\geqslant 0} j^i p_j \frac{t^i}{i!}$$

$$= \sum_{j\geqslant 0} p_j \sum_{i\geqslant 0} \frac{(t_j)^i}{i!} = \sum_{j\geqslant 0} p_j (e^t)^j = p(e^t),$$

故有(2.4.7). 因为

$$e^{(m)t} = \sum_{i\geqslant 0}(m)_i \frac{t^i}{i!} = \sum_{i\geqslant 0}\sum_{j\geqslant i}(j)_i\, p_j \frac{t^i}{i!}$$

$$= \sum_{j\geqslant 0} p_j \sum_{0\leqslant i\leqslant j} \frac{(j)_i}{i!} t^i = \sum_{j\geqslant 0} p_j (1+t)^j = p(1+t),$$

故有(2.4.8). 因为

$$B(t) = \sum_{i\geqslant 0} B_i t^i = \sum_{i\geqslant 0} \frac{(m)_i}{i!} t^i = e^{(m)t}$$

和(2.4.8), 故有(2.4.9). 因为

$$e^{Mt} = \sum_{i\geqslant 0} M_i \frac{t^i}{i!} = \sum_{i\geqslant 0}(m-m_1)^i \frac{t^i}{i!}$$

$$= e^{(m-m_1)t} = e^{-m_1 t} e^{mt}$$

和(2.4.7), 故有(2.4.10). **证毕.**

(2.4.7)—(2.4.10)诸式把各种矩的普母函数或指母函数用概率母函数 $p(t)$ 表出，因此由它们可推出上述的任意二个母函数之间的关系. 例如，欲得 $B(t)$ 和 e^{mt} 之间的关系，只要把(2.4.9)改写为

$$p\left(e^t\right) = B\left(e^t - 1\right),$$

代入(2.4.7)便得

$$e^{mt} = B\left(e^t - 1\right). \tag{2.4.11}$$

(2.4.11)也可以用下面的演算推得：由定理 2.4.1,

$$B(t) = \sum_{i \geqslant 0} \frac{(m)_i}{i!} t^i = \sum_{i \geqslant 0} \frac{m(m-1)\cdots(m-i+1)}{i!} t^i$$

$$=: (1+t)^m, m^k := m_k,$$

换 t 为 $e^t - 1$，便得

$$B\left(e^t - 1\right) = e^{mt}.$$

由定理 2.4.2, 还可以推出通过矩来计算概率的公式. 因为有时易知矩而不易知概率，所以这是有用的.

定理 2.4.3

$$p_j = \sum_{k \geqslant 0} (-1)^k \frac{(m)_{k+j}}{j!k!} \tag{2.4.12}$$

$$= \sum_{k \geqslant 0} (-1)^k \binom{k+j}{k} B_{j+k}. \tag{2.4.13}$$

证明 由(2.4.8),

$$p(t) = e^{(m)(t-1)} = \sum_{i \geqslant 0} (m)_i \frac{(t-1)^i}{i!}$$

$$= \sum_{i \geqslant 0} \frac{(m)^i}{i!} \sum_{0 \leqslant j \leqslant i} \binom{i}{j} (-1)^{i-j} t^j$$

$$= \sum_{j \geqslant 0} t^j \sum_{i \geqslant j} \frac{(m)_i}{j!(i-j)!} (-1)^{i-j},$$

故

$$p_j = \sum_{i \geqslant j} \frac{(m)_i}{j!(i-j)!}(-1)^{i-j}$$

$$= \sum_{i \geqslant j}(-1)^{i-j}\binom{i}{j}B_i,$$

此即(2.4.12), (2.4.13). **证毕**.

关系式(2.4.12)与关系式(2.4.3)组成一对互倒的关系偶,(2.4.13)与(2.4.4)也组成一对互倒的关系偶，由这些关系偶中的一个关系式成立，可以推出另一个也成立.

对于双足标的概率分布 $\left(p_{ij}\right)_{i \geqslant 0, j \geqslant 0}$ 及其各种矩的研究，自然要用到二元母函数.这与一元的情况完全类似，这里就不再讨论它们了.

现在来看一个例子.

例 2.4.1　定义二项式概率分布的普母函数为

$$b(t) := \sum_{k \geqslant 0} b_k t^k := (q+pt)^n, p+q=1, 0 \leqslant p \leqslant 1. \tag{2.4.14}$$

那么展开(2.4.14)即得其概率列:

$$\left(b_k\right)_{k \geqslant 0} = \left(\binom{n}{k}q^{n-k}p^k\right)_{k \geqslant 0}.$$

由(2.4.8), 这时阶乘矩的指母函数为

$$e^{(m)t} = b(1+t) = (q+p+pt)^n$$

$$= (1+pt)^n,$$

故

$$(m)_k = (n)_k\, p^k, k \geqslant 1.$$

由(2.4.7), 常矩的指母函数为

$$e^{mt} = b\left(e^t\right) = \left(q+pe^t\right)^n. \tag{2.4.15}$$

为了标明 m_i 对 n 的依赖关系，记 $m_i := m_i(n)$. (2.4.15)的两节对 t 微商，得

$$De^{m(n)t} = npe^t\left(q + pe^t\right)^{n-1} = npe^t e^{m(n-1)t} \qquad (2.4.16)$$

$$= n\left[\left(q + pe^t\right) - q\right]\left(q + pe^t\right)^{n-1}$$
$$= ne^{m(n)t} - nqe^{m(n-1)t}. \qquad (2.4.17)$$

而

$$De^{m(n)t} = \sum_{k \geqslant 0} m_{k+1}(n)\frac{t^k}{k!}, \qquad (2.4.18)$$

故由(2.4.18)和(2.4.17)得出递归关系:

$$m_{k+1}(n) = nm_k(n) - nqm_k(n-1), k \geqslant 0. \qquad (2.4.19)$$

由(2.4.18)和(2.4.16)得出递归关系:

$$m_{k+1}(n) = np\left[m(n-1) + 1\right]^k,$$
$$\left[m(n-1)\right]^j := m_j(n-1), k \geqslant 0. \qquad (2.4.20)$$

由于$m_0(n) = 1$, 故从(2.4.19)或(2.4.20)依次求得

$$m_1(n) = n - np = np,$$
$$m_2(n) = np\left((n-1)p + 1\right), \qquad (2.4.21)$$
$$m_3(n) = np\left((n-1)_2\, p^2 + 3(n-1)p + 1\right),$$

等等.

由(2.4.10),

$$e^{M(n)t} = e^{-m_1(n)t}b\left(e^t\right)$$
$$= e^{-m_1(n)t}\left(q + pe^t\right)^n,$$

对t微商, 得

$$De^{M(n)t} = -m_1(n)e^{-m_1(n)t}\left(q + pe^t\right)^n + npe^{-m_1(n)t}e^t\left(q + pe^t\right)^{n-1}.$$

再由(2.4.21), 得

$$De^{M(n)t} = -npe^{M(n)t} + npe^{(1-p)t}e^{M(n-1)t}$$
$$= -npe^{M(n)t} + npe^{[M(n-1)+q]t},$$

比较两节 t^k 的系数，得递归关系：

$$M_{k+1}(n) = -npM_k(n) + np[M(n-1)+q]^k,$$
$$k \geqslant 0, (M(n-1))^k := M_k(n-1).$$

由此递归关系依次可得：

$$M_0(n) = 1, \quad M_1(n) = 0,$$
$$M_2(n) = npq, \quad M_3(n) = npq(q-p).$$

2.5　Stirling 数和 Lah 数

在定理 2.4.1 的证明中，已经出现了展开式

$$(t)_n = t(t-1)\cdots(t-n+1)$$
$$= \sum_{k \geqslant 0} s(n,k)t^k = \sum_{0 \leqslant k \leqslant n} s(n,k)t^k, \quad n \geqslant 1 \tag{2.5.1}$$

中的系数 $s(n,k)$，这里 t 是不定元. 自然，与(2.5.1)对偶地出现的有

$$t^n = \sum_{k \geqslant 0} S(n,k)(t)_k = \sum_{0 \leqslant k \leqslant n} S(n,k)(t)_k, \quad n \geqslant 1. \tag{2.5.2}$$

这些展开式中的系数 $s(n,k), S(n,k)$ 分别称为第一类 Stirling 数和第二类 Stirling 数，它们在许多问题中都有用. (2.5.1)是普母函数的形式,(2.5.2)是对函数列 $((t)_k)_{k \geqslant 0}$ 展开的母函数的形式，所以在本章中专辟一节来讨论它们.

为了完备起见，再补充定义如下：

$$(t)_0 = t^0 = s(0,0) = S(0,0) = 1;$$
$$s(n,k) = S(n,k) = 0, \quad 若 k < 0 \leqslant n.$$

下面的几个定理给出了 Stirling 数的基本性质.

定理 2.5.1

$$s(n,k) = 0, \quad 若 k > n 或 k = 0 < n 或 k < 0 \leqslant n, \tag{2.5.3}$$

$$s(n+1,k) = s(n,k-1) - ns(n,k), n \geqslant 0, k \geqslant 0, \qquad (2.5.4)$$

$$\operatorname{sgn} s(n,k) = (-1)^{n+k}, n \geqslant k \geqslant 1. \qquad (2.5.5)$$

证明 (2.5.3)是明显的. 由

$$(t)_{n+1} = (t-n)(t)_n, n \geqslant 0$$

得到

$$\sum_{k \geqslant 0} s(n+1,k) t^k = \sum_{k \geqslant 0} s(n,k) t^{k+1} - n \sum_{k \geqslant 0} s(n,k) t^k,$$

比较 t^k 的系数便得(2.5.4).

因为

$$(-t)_n = (-1)^n t(t+1)\cdots(t+n-1)$$
$$= \sum_{n \geqslant k \geqslant 0} s(n,k)(-t)^k,$$

而 $t(t+1)\cdots(t+n-1)$ 的展式中, $t^j (1 \leqslant j \leqslant n)$ 的系数为正, 故得(2.5.5). **证毕**.

由(2.5.5)可知, 对固定的 $n \geqslant 2$, 数列 $(s(n,k))_{k \geqslant 1}$ 在 $k \leqslant n$ 的范围内是正负相间的; 对固定的 $k (k \geqslant 1)$, 数列 $(s(n,k))_{n \geqslant k}$ 是正负相间的.

定理 2.5.2

$$S(n,k) = 0, 若 k > n \geqslant 0 或 k = 0 < n 或 k < 0 \leqslant n, \qquad (2.5.6)$$

$$S(n+1,k) = S(n,k-1) + kS(n,k), n \geqslant 0, k \geqslant 0, \qquad (2.5.7)$$

$$S(n,k) = \frac{1}{k!}\Delta^k 0^n, n \geqslant 0, k \geqslant 0. \qquad (2.5.8)$$

证明 (2.5.6)是明显的. 因为诸 $(t)_k (0 \leqslant k \leqslant n)$ 是线性无关的, 故由

$$\sum_{0 \leqslant k \leqslant n+1} S(n+1,k)(t)_k = t^{n+1}$$
$$= t \sum_{0 \leqslant k \leqslant n} S(n,k)(t)_k$$
$$= \sum_{0 \leqslant k \leqslant n} S(n,k)\big[(t)_{k+1} + k(t)_k\big].$$

比较 $(t)_k$ 的系数即得(2.5.7).

由于任意正整数 t 都有

$$t^n = E^t 0^n = (\triangle + 1)^t 0^n$$

$$= \sum_{k \geqslant 0} \frac{(t)_k}{k!} \triangle^k 0^n,$$

和

$$t^n = \sum_{k \geqslant 0} S(n,k)(t)_k = \sum_{n \geqslant k \geqslant 0} S(n,k)(t)_k, n \geqslant 0,$$

可知, x 的 n 次多项式

$$\sum_{n \geqslant k} \left(S(n,k) - \frac{1}{k!} \triangle^k 0^n \right)(x)_k$$

有无穷多个根，故有(2.5.8). **证毕.**

应用(2.5.4)和(2.5.7)可以造出 Stirling 数的数值表，它们与杨辉三角相类似.

表 2.5.1 $S(n,k)$的值表

n \ k	1	2	3	4	5	6	7	8	9	10
1	1									
2	-1	1								
3	2	-3	1							
4	-6	11	-6	1						
5	24	-50	35	-10	1					
6	-120	274	-225	85	-15	1				
7	720	-1764	1624	-735	175	-21	1			
8	-5040	13068	-13132	6769	-1960	322	-28	1		
9	40320	-109584	118124	-67284	22449	-4536	546	-36	1	
10	-362880	1026576	-1172700	723680	-269325	63273	-9450	870	-45	1

表中未填数字的地方均表示零，且第 $n+1$ 行第 k 列交口处的数由前一行前一列交口处的数减去前一行本列交口处的数的 n 倍来得到. 例如，得到前几行的过程可以图示为:

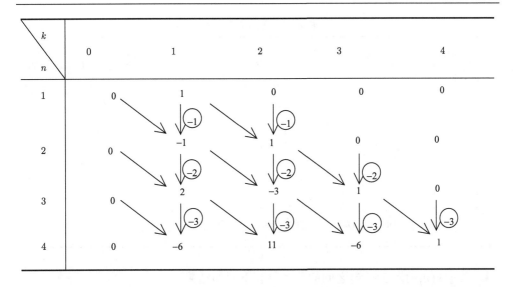

图中斜箭之尾的数加上垂箭之尾的数同此垂箭旁边圈内的数之积，便是二箭之头所指的数. 对表 2.5.2 有与表 2.5.1 相类似的说明；后者，得到前几行的过程可图示为：

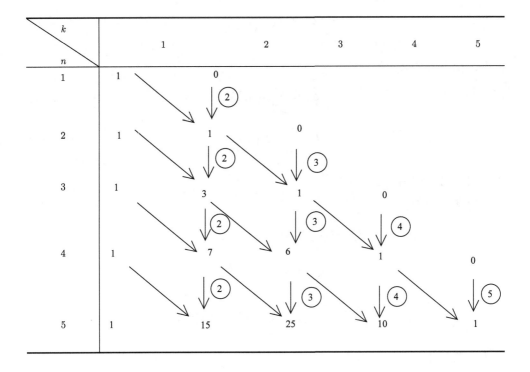

表 2.5.2 $S(n,k)$的值表

n＼k	1	2	3	4	5	6	7	8	9	10
1	1									
2	1	1								
3	1	3	1							
4	1	7	6	1						
5	1	15	25	10	1					
6	1	31	90	65	15	1				
7	1	63	301	350	140	21	1			
8	1	127	966	1701	1050	266	28	1		
9	1	255	3025	7770	6951	2646	462	36	1	
10	1	511	9330	34105	42525	22827	5880	750	45	1

关于$s(n,k)$和$S(n,k)$之间的关系，有下面的结果：

定理 2.5.3 当$m,n \geqslant 0$时，有

$$\sum_{k \geqslant 0} s(n,k)S(k,m) = \delta_{nm} = \begin{cases} 1,\text{若} n = m, \\ 0,\text{若} n \neq m; \end{cases} \tag{2.5.9}$$

$$\sum_{k \geqslant 0} S(n,k)s(k,m) = \delta_{nm}. \tag{2.5.10}$$

再者，由下面二式

$$a_n = \sum_{k \geqslant 0} s(n,k)b_k, \tag{2.5.11}$$

$$b_n = \sum_{k \geqslant 0} S(n,k)a_k \tag{2.5.12}$$

之一成立可推得另一式也成立.

证明 因为

$$(t)_n = \sum_{k \geqslant 0} s(n,k)t^k$$

$$= \sum_{k \geqslant 0} s(n,k) \sum_{m \geqslant 0} S(k,m)(t)_m$$

$$= \sum_{m \geqslant 0} \left(\sum_{k \geqslant 0} s(n,k)S(k,m) \right)(t)_m,$$

再由函数列$\left((t)_m \right)_{m \geqslant 0}$的线性无关性便得(2.5.9). (2.5.10)可以类似地推出.

若(2.5.11)成立，则

$$\sum_{k \geqslant 0} S(n,k) a_k = \sum_{k \geqslant 0} S(n,k) \sum_{l \geqslant 0} s(k,l) b_l$$

$$= \sum_{l \geqslant 0} \left(\sum_{k \geqslant 0} S(n,k) s(k,l) \right) b_l$$

$$= \sum_{l \geqslant 0} \delta_{nl} b_l = b_n,$$

这就是(2.5.12). 同理，由(2.5.12)也可推出(2.5.11). **证毕**.

系 常矩与阶乘矩之间有如下的关系：

$$(m)_n = \sum_{k \geqslant 0} s(n,k) m_k, n \geqslant 0, \tag{2.5.13}$$

$$m_n = \sum_{k \geqslant 0} S(n,k) (m)_k, n \geqslant 0. \tag{2.5.14}$$

证明 在定理 2.4.1 的证明中,已得(2.5.13), 故由定理 2.5.3, 立得(2.5.14). **证毕**.

由第一类 Stirling 数和第二类 Stirling 数可分别组成两个无限矩阵：

$$s = \big(s(n,k) \big)_{\substack{n \geqslant 0 \\ k \geqslant 0}},$$

$$S = \big(S(n,k) \big)_{\substack{n \geqslant 0 \\ k \geqslant 0}}.$$

这两个矩阵的任一确定的行均只有有限个非零的元. 由(2.5.9)，有

$$Ss = I,$$

这里 I 为无限的单位阵，由此可得

$$S^{-1} = s,$$

因而

$$sS = I.$$

所以(2.5.10)是(2.5.9)的推论, 反过来也一样.

若定义

$$S^0 := I,$$

$$S^r := SS^{r-1}, r \geqslant 1,$$

$$S^r := \left(S(n,k,r) \right)_{\substack{n \geqslant 0 \\ k \geqslant 0}},$$

则

$$S(n,k,r) = \sum_{j \geqslant 0} S(n,j,r-1) S(j,k,1).$$

对固定的 $k \geqslant 0$,第一类和第二类 Stirling 数分别构成两个数列

$$\left(s(n,k) \right)_{n \geqslant 0}, \tag{2.5.15}$$

$$\left(S(n,k) \right)_{n \geqslant 0}. \tag{2.5.16}$$

今讨论它们的指母函数.

定理 2.5.4 数列(2.5.15)和(2.5.16)的指母函数分别是

$$\frac{1}{k!} \left[\log(1+t) \right]^k \tag{2.5.17}$$

和

$$\frac{1}{k!} \left(e^t - 1 \right)^k. \tag{2.5.18}$$

证明 记

$$y_k(t) := e^{s(,k)t} := \sum_{n \geqslant 0} s(n,k) \frac{t^n}{n!}, \quad \left(s(,k) \right)^n := s(n,k), \tag{2.5.19}$$

由(2.5.4)两端同乘以 $\dfrac{t^n}{n!}$,再对 n 求和,得

$$\sum_{n \geqslant 0} s(n+1,k) \frac{t^n}{n!} + \sum_{n \geqslant 1} s(n,k) \frac{t^n}{(n-1)!} = y_{k-1}(t),$$
$$(1+t) D y_k(t) = y_{k-1}(t). \tag{2.5.20}$$

因为(2.5.19)给出

$$y_0(t) = 1,$$

故由(2.5.20)得

$$(1+t) D y_1(t) = 1,$$
$$y_1(t) = \log(1+t) + c.$$

因为(2.5.19)给出 $y_1(0) = 0$, 故

$$y_1(t) = \log(1+t).$$

用数学归纳法就可从(2.5.20)得出

$$y_k(t) = \frac{1}{k!}\big[\log(1+t)\big]^k,$$

这就是(2.5.17).

从(2.5.7)出发, 用类似的方法可证(2.5.18). **证毕**.

系

$$s(n+1,k) = \sum_{j \geqslant 0}(-1)^j (n)_j\, s(n-j,k-1), \tag{2.5.21}$$

$$S(n+1,k) = \sum_{j \geqslant 0}\binom{n}{j}S(j,k-1). \tag{2.5.22}$$

证明　由(2.5.20),

$$Dy_k(t) = \left(\sum_{j \geqslant 0}(-1)^j t^j\right)y_{k-1}(t), |t| < 1,$$

$$\sum_{n \geqslant 0}s(n+1,k)\frac{t^n}{n!} = \sum_{m \geqslant 0}\sum_{0 \leqslant j \leqslant m}(-1)^j\frac{m!}{(m-j)!}\times s(m-j,k-1)\frac{t^m}{m!}, \tag{2.5.23}$$

比较(2.5.23)的系数即得(2.5.21).

由(2.5.18)对 t 微商,

$$\frac{d}{dt}Y_k(t) = e^t y_{k-1}(t), Y_k(t) := \frac{1}{k!}\big(e^t-1\big)^k,$$

$$\sum_{n \geqslant 0}S(n+1,k)\frac{t^n}{n!} = \sum_{j \geqslant 0}\frac{t^j}{j!}\sum_{m \geqslant 0}S(m,k-1)\frac{t^m}{m!}$$

$$= \sum_{n \geqslant 0}\left(\sum_{0 \leqslant j \leqslant n}\binom{n}{j}S(j,k-1)\right)\frac{t^n}{n!},$$

比较 $\dfrac{t^n}{n!}$ 的系数即得(2.5.22).

这里的结果还可由(2.5.4)和(2.5.7)经迭代而得到. **证毕**.

利用 Stirling 数还可表出 2.2 中的算符 θ^n 与 D^n 之间的直接关系.

定理 2.5.5

$$\theta^n = \sum_{0 \leqslant k \leqslant n} S(n,k) t^k D^k, \tag{2.5.24}$$

$$t^n D^n = \sum_{0 \leqslant k \leqslant n} s(n,k) \theta^k = (\theta)_n. \tag{2.5.25}$$

证明 先用数学归纳法证明

$$t^n D^n = (\theta)_n, n \geqslant 0. \tag{2.5.26}$$

$n = 0$ 时，由定义，有

$$(\theta)_0 = 1 = t^0 D^0.$$

设 $(2.5.26)$ 对 n 成立 $(n \geqslant 0)$，往证它对 $n+1$ 也成立. 因为

$$\begin{aligned}
(\theta)_{n+1} &= (\theta - n)(\theta)_n \\
&= (\theta - n) t^n D^n \\
&= tD(t^n D^n) - n t^n D^n \\
&= t[n t^{n-1} D^n + t^n D^{n+1}] - n t^n D^n \\
&= t^{n+1} D^{n+1},
\end{aligned}$$

故 $(2.5.26)$ 对 $n+1$ 成立，因而 $(2.5.25)$ 成立. 再由定理 2.5.3 知 $(2.5.24)$ 成立.
证毕.

　　另一类和 Stirling 数很相象且与之有着密切联系的数叫做 Lah 数，记为 $L_{n,k}$，其定义如下：

$$(-x)_n = \sum_{k \geqslant 0} L_{n,k} (x)_k, n \geqslant 0. \tag{2.5.27}$$

由此定义立得

$$\begin{aligned}
&L_{n,k} = 0, 若 k > n \geqslant 0 或 k < 0 \leqslant n, \\
&L_{0,0} = 1.
\end{aligned}$$

　　与 Lah 数有关的一些基本性质，总括在下面的定理中.
定理 2.5.6 当 $m, n \geqslant 0$ 时，有

$$(x)_n = \sum_{k \geqslant 0} L_{n,k} (-x)_k, \tag{2.5.28}$$

$$\sum_{k\geqslant 0} L_{n,k} L_{k,m} = \delta_{n,m}. \tag{2.5.29}$$

若以下二式

$$a_n = \sum_{k\geqslant 0} L_{n,k} b_k, \text{一切 } n \geqslant 0, \tag{2.5.30}$$

$$b_n = \sum_{k\geqslant 0} L_{n,k} a_k, \text{一切} n \geqslant 0 \tag{2.5.31}$$

之一成立，则另一也成立. 还有

$$L_{n,k} = \sum_{j\geqslant 0} (-1)^j s(n,j) S(j,k), n \geqslant 0, \tag{2.5.32}$$

$$L_{n+1,k} = -(n+k) L_{n,k} - L_{n,k-1}, n, k \geqslant 0, \tag{2.5.33}$$

$$L_{n,k} = (-1)^n \frac{n!}{k!} \binom{n-1}{k-1}, n, k \geqslant 0. \tag{2.5.34}$$

证明　在(2.5.27)中换 x 为 $-x$，便得(2.5.28). 把(2.5.27)代入(2.5.28)，由函数列 $\big((x)_k\big)_{k\geqslant 0}$ 的线性无关性，便得(2.5.29). 根据(2.5.29)，便可从(2.5.30)和(2.5.31)之一个推出另一个.

因为

$$\begin{aligned}
(-x)_n &= \sum_{j\geqslant 0} s(n,j)(-x)^j \\
&= \sum_{j\geqslant 0} (-1)^j s(n,j) \sum_{k\geqslant 0} S(j,k)(x)_k \\
&= \sum_{k\geqslant 0} \left(\sum_{j\geqslant 0} (-1)^j s(n,j) S(j,k) \right)(x)_k,
\end{aligned}$$

与(2.5.27)比较 $(x)_k$ 的系数便得(2.5.32).

由于

$$\begin{aligned}
\sum_{k\geqslant 0} L_{n+1,k}(x)_k &= (-x)_{n+1} = (-x)_n (-x-n) \\
&= -\sum_{k\geqslant 0} L_{n,k}(x)_k \big((x-k)+(n+k)\big) \\
&= -\sum_{k\geqslant 0} L_{n,k}(x)_{k+1} - \sum_{k\geqslant 0} (n+k) L_{n,k}(x)_k,
\end{aligned}$$

便有(2.5.33).

以 $L_k(t)$ 记 k 固定时数列 $(L_{n,k})_{n\geqslant0}$ 的指母函数:

$$L_k(t) := \sum_{n\geqslant0} L_{n,k}\frac{t^n}{n!}.$$

当 $|t|$ 充分小时, 有

$$(1+t)^{-x} = \sum_{n\geqslant0}(-x)_n\frac{t^n}{n!} = \sum_{k\geqslant0}(x)_k L_k(t), \tag{2.5.35}$$

且有

$$(1+t)^{-x} = \left(1-\frac{t}{1+t}\right)^x = \sum_{n\geqslant0}(x)_n\frac{1}{n!}\left(\frac{-t}{1+t}\right)^n. \tag{2.5.36}$$

比较 (2.5.35) 和 (2.5.36) 中 $(x)_k$ 的系数, 得

$$\begin{aligned}
L_k(t) &= \frac{1}{k!}\left(\frac{-t}{1+t}\right)^k \\
&= \frac{(-1)^k}{k!}t^k\sum_{j\geqslant0}\binom{k+j-1}{j}(-1)^j t^j \\
&= \sum_{j\geqslant0}\frac{(-1)^{k+j}}{k!}\binom{k+j-1}{k-1}t^{k+j}.
\end{aligned}$$

比较上式中 t^n 的系数便得 (2.5.34). **证毕**.

2.6 复合函数的高阶微商

用母函数这一工具来处理复合函数的高阶微商特别方便, 所得的公式也很明朗.

设

$$A(t) = f[g(t)]. \tag{2.6.1}$$

这里 $f(u), g(t)$ 是具有足够高阶导数的函数. 又记

$$D_t = \frac{d}{dt}, D_u = \frac{d}{du},$$
$$D_t^n A(t) = A_n, D_t^n g(t) = g_n,$$
$$\left[D_u^n f(u)\right]_{u=g(t)} = f_n.$$

对(2.6.1)逐次微商，得

$$
\begin{aligned}
A_1 &= f_1 g_1, \\
A_2 &= f_1 g_2 + f_2 g_1^2, \\
A_3 &= f_1 g_3 + 3 f_2 g_2 g_1 + f_3 g_1^3, \\
&\cdots\cdots
\end{aligned}
\tag{2.6.2}
$$

可以用数学归纳法证明

$$
A_n = \sum_{1 \leqslant k \leqslant n} f_k A_{n,k}(g_1, g_2, \cdots, g_n), n \geqslant 1.
\tag{2.6.3}
$$

这里 $A_{n,k}(g_1, g_2, \cdots, g_n)$ 只依赖于 $g_1, g_2, \cdots, g_n$，不依赖于诸 $f_i (1 \leqslant i \leqslant n)$ 和 f，今后常简记为

$$
A_{n,k} := A_{n,k}(g_1, g_2, \cdots, g_n).
$$

这一点很重要，因为据此就可适当地选择 $f(u)$，使得(2.6.3)特别简单，以致于通过它很易求出诸 $A_{n,k}$，然后用这些 $A_{n,k}$ 代入具有一般函数 f 的(2.6.3)中，从而得到所欲求的 A_n.

今选

$$
f(u) = e^{au}, \quad a \neq 0 \text{ 是常数},
$$

于是

$$
\begin{aligned}
e^{-ag} D_t^n e^{ag} &= \sum_{k \geqslant 1} A_{n,k}(g_1, g_2, \cdots, g_n) a^k \\
&=: A_n(a; g_1, g_2, \cdots, g_n) \\
&=: A_n(a).
\end{aligned}
\tag{2.6.4}
$$

由此可知，(2.6.3)中的 A_n 可表为

$$
A_n = A_n(f; g_1, g_2, \cdots, g_n), \quad f^k := f_k.
\tag{2.6.5}
$$

自然地，有

$$
A_0 = f_0 = A(t).
$$

再引进简化记号

$$
\begin{aligned}
Y_n(y_1, y_2, \cdots, y_n) &:= e^{-y} D_x^n e^y, y := y(x) \\
&= A_n(1; y_1, y_2, \cdots, y_n).
\end{aligned}
\tag{2.6.6}
$$

由(2.6.4)和两个函数之积的高阶微商法则，得

$$
\begin{aligned}
A_{n+1}\left(a\right) &= e^{-ag}D_t^n\left(D_t e^{ag}\right) \\
&= e^{-ag}aD_t^n\left(g_1 e^{ag}\right) \\
&= a\sum_{0\leqslant k\leqslant n}\binom{n}{k}(e^{-ag}D_t^{n-k}e^{ag})D^k g_1 \\
&= a\sum_{0\leqslant k\leqslant n}\binom{n}{k}A_{n-k}\left(a\right)g_{k+1} \\
&= ag\left(A\left(a\right)+g\right)^n, \left(A\left(a\right)\right)^k := A_k\left(a\right),
\end{aligned}
$$
$$
g^k := g_k. \tag{2.6.7}
$$

由(2.6.4)，$A_0\left(a\right)=1$. 所以，从(2.6.7)可递归地得到

$$
\begin{aligned}
A_1\left(a\right) &= ag_1, \\
A_2\left(a\right) &= ag_2 + ag_1 A_1\left(a\right) = ag_2 + a^2 g_1^2, \\
A_3\left(a\right) &= ag_3 + 2ag_2 A_1\left(a\right) + ag_1 A_2\left(a\right) \\
&= ag_3 + 3a^2 g_2 g_1 + a^3 g_1^3, \\
&\qquad\cdots\cdots
\end{aligned}
$$

这与(2.6.2)的结果一致.

对于数列$\left(A_n\left(a\right)\right)_{n\geqslant 0}$的指母函数$e^{A(a)u}$，由(2.6.7)，有

$$
\begin{aligned}
\frac{d}{du}e^{A(a)u} &= \sum_{n\geqslant 0}A_{n+1}\left(a\right)\frac{u^n}{n!} \\
&= ag\sum_{n\geqslant 0}\left(A\left(a\right)+g\right)^n\frac{u^n}{n!} \\
&= age^{A(a)u}e^{gu},
\end{aligned}
$$

从而有微分方程

$$
\frac{\dfrac{d}{du}e^{A(a)u}}{e^{A(a)u}} = age^{gu},
$$

积分之，得

$$
\log e^{A(a)u} = ae^{gu} + c,
$$

即

$$e^{A(a)u} = e^{ae^{gu}+c}.$$

考虑到上式在 $u=0$ 处相等，故有 $c = -ag_0$. 因此，最终得到

$$
\begin{aligned}
e^{A(a)u} &= e^{a\left(e^{gu}-g_0\right)} \\
&= e^{a\left(g_1 u + g_2 \frac{u}{2!} + \cdots\right)} \\
&=: e^{aG(u)},
\end{aligned}
\tag{2.6.8}
$$

这里

$$G(u) := e^{gu} - g_0.$$

在方幂

$$\left(g_1 u + g_2 \frac{u^2}{2!} + \cdots\right)^k, \quad k \geqslant 0$$

的展式中，u^n 的系数与在方幂

$$\left(g_1 u + g_2 \frac{u^2}{2!} + \cdots + g_n \frac{u^n}{n!}\right)^k, \quad k \geqslant 0$$

的展式中 u^n 的系数相等，且该项为

$$\sum_{\substack{k_1+k_2+\cdots+k_n=k \\ k_1+2k_2+\cdots+nk_n=n}} \frac{k!}{k_1! k_2! \cdots k_n!} \left(\frac{g_1}{1!}\right)^{k_1} \left(\frac{g_2}{2!}\right)^{k_2} \cdots \left(\frac{g_n}{n!}\right)^{k_n} u^{k_1+2k_2+\cdots+nk_n}.$$

展开(2.6.8)，比较 $\frac{u^n}{n!}$ 的系数，即得

$$
\begin{aligned}
A_n(a) &= \sum_{k \geqslant 1} \sum_{\substack{k_1+2k_2+\cdots+nk_n=n \\ k_1+k_2+\cdots+k_n=k}} \frac{a^k n!}{k_1! k_2! \cdots k_n!} \left(\frac{g_1}{1!}\right)^{k_1} \left(\frac{g_2}{2!}\right)^{k_2} \cdots \left(\frac{g_n}{n!}\right)^{k_n} \\
&= \sum_{k_1+2k_2+\cdots+nk_n=n} \frac{n!}{k_1! k_2! \cdots k_n!} \left(\frac{ag_1}{1!}\right)^{k_1} \left(\frac{ag_2}{2!}\right)^{k_2} \cdots \left(\frac{ag_n}{n!}\right)^{k_n} \\
&= Y_n(ag_1, ag_2, \cdots, ag_n), n \geqslant 1,
\end{aligned}
\tag{2.6.9}
$$

亦即

$$A_{n,k}\left(g_1, g_2, \cdots, g_n\right) = \sum_{\substack{k_1+2k_2+\cdots+nk_n=n \\ k_1+k_2+\cdots+k_n=k}} \frac{n!}{k_1!k_2!\cdots k_n!}\left(\frac{g_1}{1!}\right)^{k_1}\left(\frac{g_2}{2!}\right)^{k_2}\cdots\left(\frac{g_n}{n!}\right)^{k_n}.$$

这就得到了下面的

定理 2.6.1 复合函数(2.6.1)的 n 阶导数为

$$A_n = \sum_{k\geqslant 1} f_k \sum_{\substack{k_1+2k_2+\cdots nk_n=n \\ k_1+k_2+\cdots+k_n=k}} \frac{n!}{k_1!k_2!\cdots k_n!}\left(\frac{g_1}{1!}\right)^{k_1}\cdots\left(\frac{g_n}{n!}\right)^{k_n} \tag{2.6.10}$$

$$= \sum_{k_1+2k_2+\cdots+n=n} \frac{f_{k_1}+\cdots+k_n n!}{k_1!k_2!\cdots k_n!}\left(\frac{g_1}{1!}\right)^{k_1}\cdots\left(\frac{g_n}{n!}\right)^{k_n}. \tag{2.6.11}$$

若记

$$\mathring{A}_n := [A_n]_{t=0}, \mathring{f}_k := [f_k]_{t=0},$$

$$\mathring{g}_k = [g_k]_{t=0},$$

则有

系 1

$$\mathring{A}_n = \sum_{k\geqslant 1} \mathring{f}_k \sum_{\substack{k_1+2k_2+\cdots+nk_n=n \\ k_1+k_2+\cdots+k_n=k}} \frac{n!}{k_1!k_2!\cdots k_n!}\left(\frac{\mathring{g}_1}{1!}\right)^{k_1}\cdots\left(\frac{\mathring{g}_n}{n!}\right)^{k_n}.$$

(2.6.10)的和号下标明的求和范围就是所谓 n 分为 k 个分部的所有分拆. 关于分拆的理论将在第八章介绍.

今以 $n=3$ 为例来说明公式(2.6.10)的具体应用.

因为合条件

$$k_1 + 2k_2 + 3k_3 = 3,$$
$$k_1 + k_2 + k_3 = 1$$

的解只有

$$k_1 = k_2 = 0, \quad k_3 = 1,$$

故 f_1 的系数为

$$\frac{3!}{0!0!1!}\left(\frac{g_3}{3!}\right)^1 = g_3;$$

合条件

$$k_1 + 2k_2 + 3k_3 = 3,$$
$$k_1 + k_2 + k_3 = 2$$

的解只有

$$k_1 = k_2 = 1, k_3 = 0,$$

故 f_2 的系数为

$$\frac{3!}{1!1!0!}\left(\frac{g_1}{1!}\right)^1\left(\frac{g_2}{2!}\right)^1 = 3g_1g_2;$$

合条件

$$k_1 + 2k_2 + 3k_3 = 3,$$
$$k_1 + k_2 + k_3 = 3$$

的解只有

$$k_1 = 3, k_2 = k_3 = 0,$$

故 f_3 的系数为

$$\frac{3!}{3!0!0!}\left(\frac{g_1}{1!}\right)^3 = g_1^3;$$

这与(2.6.2)中的结果相同.

公式(2.6.10)给出了 A_n 的直接表达式，不需要借助于 $A_i\,(i<n)$ 就可求得，所以它对具大 n 值的 A_n 的求出，或在理论研究中，都有其作用.

由定理 2.6.1, 可得一个重要的推论.

系 2 若复合函数(2.6.1)在 t 处有 Taylor 展式，则

$$A(t+u) = e^{uA(f)}, A^n(f) := A_n(f),$$

因而

$$A(u) = e^{uA}, \overset{\circ}{A}^n := \overset{\circ}{A}_n.$$

下面来看看定理 2.6.1 的一些应用.

在概率统计中，常出现所谓卷积量 $\lambda_i\,(i \geq 1)$，其定义如下:

若记

$$L(t) = \sum_{i \geq 1}\lambda_i \frac{t^i}{i!},$$

则诸 λ_i 由下式确定:

$$e^{mt} = e^{L(t)}, m^n := m_n. \tag{2.6.12}$$

这里 m_n 是 n 次常矩.

（2.6.12）是(2.6.8)当 $a = 1$ 时的特殊情形. 所以, 由(2.6.8)推出的(2.6.10)可知

$$m_n = A_n\left(1; \lambda_1, \cdots, \lambda_n\right) = Y_n\left(\lambda_1, \lambda_2, \cdots, \lambda_n\right),$$

再由(2.6.7),

$$m_{n+1} = \lambda\left(m + \lambda\right)^n, \quad m^n := m_n, \lambda^n := \lambda_n, n \geqslant 1. \tag{2.6.13}$$

自然, 由(2.6.13)可以顺次地解出诸 λ_i. 由(2.6.12)对 t 微商, 得

$$me^{mt} = \left(\lambda_1 + \lambda_2\frac{t}{1!} + \lambda_3\frac{t^2}{2!} + \cdots\right)e^{L(t)}.$$

代 $t = 0$ 入上式, 得

$$m_1 = \lambda_1.$$

再在(2.6.13)中取 $n = 1$,

$$m_2 = \lambda\left(m + \lambda\right)^1 = \lambda_1 m_1 + \lambda_2,$$

从而

$$\lambda_2 = m_2 - m_1^2.$$

再在(2.6.13)中取 $n = 2$,

$$m_3 = \lambda\left(m + \lambda\right)^2 = \lambda_1 m_2 + 2\lambda_2 m_1 + \lambda_3,$$

得

$$\lambda_3 = m_3 - 3m_2 m_1 + 2m_1^2,$$

等等. 但是, 若注意到由(2.6.12)可得

$$L(t) = \log e^{mt} \tag{2.6.14}$$

且

$$\lambda_n = \left[D_t^n L(t)\right]_{t=0},$$

便得到

$$\lambda_n = A_n\left(f; m_1, \cdots, m_n\right), \quad f^k := f_k := (-1)^{k-1}(k-1)!,$$
$$= Y_n\left(fm_1, \cdots, fm_n\right), \quad f^k := f_k := (-1)^{k-1}(k-1)!. \tag{2.6.15}$$

由(2.6.14)得到(2.6.15)的过程有着一般性: 由

$$aG(u) = \log e^{A(a)u}$$

两节对 u 作 n 次微商后再代 $u = 0$ 入内, 根据定理 2.6.1 的系, 就得到(2.6.9)的逆关系:

定理 2.6.2 由(2.6.9)可解出

$$ag_n = A_n\left(p; A_1(a), \cdots, A_n(a)\right), p^k := p_k := (-1)^{k-1}(k-1)!,$$
$$= Y_n\left(pA_1(a), \cdots, pA_n(a)\right), p^k := p_k := (-1)^{k-1}(k-1)!. \qquad (2.6.16)$$

利用上述结果可以得出变元 $\alpha_1, \alpha_2, \cdots, \alpha_n, \cdots$ 的初等对称函数

$$\sigma_n := \sum_{1 \leqslant i_1 < i_2 < \cdots < i_n} \alpha_{i_1} \alpha_{i_2} \cdots \alpha_{i_n}, n \geqslant 1, \qquad (2.6.17)$$
$$\sigma_0 := 1,$$

等次幂和对称函数

$$s_n := \sum_{i \geqslant 1} \alpha_i^n, n \geqslant 1 \qquad (2.6.18)$$

和齐次积和对称函数

$$h_n := \sum_{i_1 + \cdots + i_m + \cdots = n} \alpha_1^{i_1} \cdots \alpha_m^{i_m} \cdots, n \geqslant 1, \qquad (2.6.19)$$
$$h_0 := 1$$

之间的关系式. 在此约定 s_0 仅是一种记号, 不赋予实际的意义.

因为

$$\log \prod_{i \geqslant 1} \frac{1}{1 - \alpha_i u} = -\sum_{i \geqslant 1} \log\left(1 - \alpha_i u\right)$$
$$= -\sum_{i \geqslant 1} \sum_{n \geqslant 1} (-1)^{n-1} \frac{(-\alpha_i u)^n}{n}$$
$$= \sum_{n \geqslant 1} \frac{u^n}{n} \sum_{i \geqslant 1} \alpha_i^n,$$

故有

$$\log \prod_{i \geqslant 1} \frac{1}{1 - \alpha_i u} = e^{\bar{s}u} - \bar{s}_0, \ \bar{s}^n := \bar{s}_n := (n-1)! s_n. \qquad (2.6.20)$$

因为

$$\prod_{i>1}(1-\alpha_i u)=\sum_{i>0}(-1)^i\sigma_i u^i,$$

故由 (2.6.20),

$$e^{\bar{\sigma}u}=\sum_{i>0}(-1)^i\sigma_i u^i$$
$$=e-\left(e^{\bar{s}u}-\bar{s}_0\right),$$
$$\bar{\sigma}^i:=\bar{\sigma}_i:=(-1)^i i!\sigma_i,\ \bar{s}^i:=\bar{s}_i:=(i-1)!s_i. \tag{2.6.21}$$

又因

$$\sum_{i>6}h_i u^i=1+\sum_{i>1}\sum_{k_1+\cdots+k_m+\cdots=i}\alpha_1^{k_1}\cdots\alpha_m^{k_m}\cdots u^i$$
$$=\sum_{k>0}(\alpha_1 u)^k\cdots\sum_{k>0}(\alpha_m u)^k$$
$$=\prod_{i>1}\frac{1}{1-\alpha_i u},$$

故由 (2.6.20),

$$e^{nu}=\sum_{i>0}h_i u^i=e\left(e^{\bar{s}u}-\bar{s}_0\right),$$
$$\bar{h}^i:=\bar{h}_i:=i!h_i,$$
$$\bar{s}^i:=\bar{s}_i:=(i-1)!s_i. \tag{2.6.22}$$

关系式 (2.6.21),(2.6.22) 与 (2.6.8) 同型，只是 a 取特殊值 1，所以，由 (2.6.9) 和定理 2.6.2 便得到

$$\bar{\sigma}_n=Y_n\left(-\bar{s}_1,-\bar{s}_2,\cdots,-\bar{s}_n\right),$$
$$\bar{h}_n=Y_n\left(\bar{s}_1,\bar{s}_2,\cdots,\bar{s}_n\right),$$
$$-\bar{s}_n=Y_n\left(p\bar{\sigma}_1,p\bar{\sigma}_2,\cdots,p\bar{\sigma}_n\right),$$
$$p^k:=p_k:=(-1)^{k-1}(k-1)!,$$
$$\bar{s}_n=Y_n\left(p\bar{h}_1,p\bar{h}_2,\cdots,p\bar{h}_n\right),$$
$$p^k:=p_k:=(-1)^{k-1}(k-1)!.$$

最后得到

$$(-1)^n \, n! \, \sigma_n = Y_n \left(-s_1, -s_2, -2! s_3, \cdots, -(n-1)! s_n \right),$$

$$n! \, h_n = Y_n \left(s_1, s_2, 2! s_3, \cdots, (n-1)! s_n \right),$$

$$-(n-1)! \, s_n = Y_n \left(-p\sigma_1, 2! \, p\sigma_2, \cdots, (-1)^n \, n! \, p\sigma_n \right),$$

$$(n-1)! \, s_n = Y_n \left(ph_1, 2! \, ph_2, \cdots, n! \, ph_n \right),$$

$$p^j := p_j := (-1)^{j-1} (j-1)!. \tag{2.6.23}$$

这些公式的前几个可具体地写出

$$\sigma_1 = s_1, \qquad\qquad s_1 = \sigma_1,$$

$$2\sigma_2 = -s_2 + s_1^2, \qquad\qquad s_2 = -2\sigma_2 + \sigma_1^2,$$

$$6\sigma_3 = 2s_3 - 3s_2 s_1 + s_1^3, \qquad 2s_3 = 6\sigma_3 - 6\sigma_2 \sigma_1 + 2\sigma_1^3,$$

$$h_1 = s_1, \qquad\qquad s_1 = h_1,$$

$$2h_2 = s_2 + s_1^2, \qquad\qquad s_2 = 2h_2 - h_1^2,$$

$$6h_3 = 2s_3 + 3s_2 s_1 + s_1^3, \qquad 2s_3 = 6h_3 - 6h_2 h_1 + 2h_1^3.$$

利用定理 2.6.1 的系还可求出数列 $(a_i)_{i \geqslant 0}$ 的指母函数 e^{at} 的逆母函数 $e^{\hat{a}t}$ 的诸系数 $\hat{a}_i$ 的表达式.

因为

$$e^{\hat{a}t} = \frac{1}{e^{at}} = f\big[g(t) \big],$$

这里

$$f(u) = \frac{1}{u}, g(t) = e^{at},$$

于是,

$$\hat{a}_n = [A_n]_{t=0} = \big[Y_n \left(pg_1, \cdots, pg_n \right) \big]_{t=0},$$

这里

$$p^j := p_j := [f_j]_{t=0}.$$

而

$$[f_j]_{t=0} = \big[D_u^j f \big]_{u=a_0} = (-1)^j \, j! \, a_0^{-j-1},$$

$$[g_i]_{t=0} = a_i,$$

表 2.6.1 Bell 多项式

$A_{n,j}$ $\backslash$ j	1	2	3	4	5	6	7	8
n								
1	g_1							
2	g_2	g_1^2						
3	g_3	$3g_2g_1$	g_1^3					
4	g_4	$4g_3g_1+3g_2^2$	$6g_2g_1^2$	g_1^4				
5	g_5	$5g_4g_1+10g_3g_2$	$10g_3g_1^2+15g_2^2g_1$	$10g_2g_1^3$	g_1^5			
6	g_6	$6g_5g_1+15g_4g_2+10g_3^2$	$15g_4g_1^2+60g_3g_2g_1+15g_2^3$	$20g_3g_1^3+45g_2^2g_1^2$	$15g_2g_1^4$	g_1^6		
7	g_7	$7g_6g_1+21g_5g_2+35g_4g_3$	$21g_5g_1^2+105g_4g_2g_1$ $+70g_3^2g_1+105g_3g_2^2$	$35g_4g_1^3+210g_3g_2g_1^2$ $+105g_2^3g_1$	$35g_3g_1^4+105g_2^2g_1^3$	$21g_2g_1^5$	g_1^7	
8	g_8	$8g_7g_1+28g_6g_2$ $+56g_5g_3+35g_4^2$	$28g_6g_1^2+168g_5g_2g_1$ $+280g_4g_3g_1+210g_4g_2^2$ $+280g_3^2g_2$	$56g_5g_1^3+420g_4g_2g_1^2$ $+280g_3^2g_1^2+840g_3g_2^2g_1$ $+105g_2^4$	$70g_4g_1^4+560g_3g_2g_1^3$ $+420g_2^3g_1^2$	$56g_3g_1^5$ $+210g_2^2g_1^4$	$28g_2g_1^6$	g_1^8

故

$$\hat{a}_n = Y_n\left(pa_1,\cdots,pa_n\right),p^j := p_j := (-1)^j\, j!\, a_0^{-j-1}.$$

由(2.6.6)所界定的多项式 $Y_n\left(y_1,y_2,\cdots,y_n\right)$ 很重要，称之为 Bell 多项式，因为 Bell 首先研究它. 对前几个 n 值的 Bell 多项式，可列于表 2.6.1，以备查考.

在(2.6.6)中把 y 换为 $y+z$，则得

$$Y_n\left(y_1+z_1,y_2+z_2,\cdots,y_n+z_n\right) = e^{-(y+z)}D_x^n e^{(y+z)}$$
$$= e^{-y}e^{-z}D_x^n\left(e^y e^z\right)$$
$$= \sum_{0\leqslant k<n}\binom{n}{k}\left(e^{-y}D_x^k e^y\right)\left(e^{-z}D_x^{n-k}e^z\right)$$
$$= \sum_{0\leqslant k<n}\binom{n}{k}Y_k\left(y_1,\cdots,y_k\right)Y_{n-k}\left(z_1,\cdots,z_{n-k}\right)$$
$$= \left(Y\left(y_1,y_2,\cdots\right)+Y\left(z_1,z_2,\cdots\right)\right)^n,$$

$$y := y(x), Y^j\left(y_1,y_2,\cdots\right) := Y_j\left(y_1,\cdots,y_j\right),$$
$$z := z(x), Y^j\left(z_1,z_2,\cdots\right) := Y_j\left(z_1,\cdots,z_j\right).$$

这就得出了 Bell 多项式的一个有用的性质：

$$Y_n\left(y_1+z_1,y_2+z_2,\cdots,y_n+z_n\right) = \left(Y\left(y_1,y_2,\cdots\right)+Y\left(z_1,z_2,\cdots\right)\right)^n. \quad (2.6.24)$$

第三章 反 演 公 式

在处理有关组合论的计数问题时，反演公式是个十分重要的工具. 本章将围绕这一公式进行讨论. 首先介绍它的一个重要的具体形式，即容斥原理(3.1)和该原理的应用(3.2)、推广(3.3). 其次介绍它的另一个重要的具体形式，即整数集上的 Möbius 反演(3.4)，在此基础上，进一步研究了一般的偏序集上的反演公式(3.5)，最后还介绍了其他一些反演公式(3.6).

3.1 容 斥 原 理

粗略地说，容斥原理所研究的问题是：已给元素的一个集 A 和性质的一个集 $\mathbb{P}$，欲将恰恰满足 $\mathbb{P}$ 中的 r 个性质的 A 中元的个数，通过至少满足 $\mathbb{P}$ 中 k 个性质的 A 中元的个数来计算，因为在许多问题中，前一个数目很难直接计算. 而后一个数目则较易直接计算，所以这一原理有其广泛而重要的应用.

下面把问题和原理叙述得更精确一些.

首先引进一些符号.

设 A 是一个赋权集，即对 A 中的每一元 a 都赋与一个权 $w(a)$——某一个加群中的元. 再设 $|A| = n, n \in \mathbb{N}$，又设

$$\mathbb{P} = \{P_1, P_2, \cdots, P_m\}$$

为 m 个性质 $P_1, P_2, \cdots, P_m$ 所组成的集，而

$$\mathbb{P}_X = \{P_b \mid b \in X\}, X \subseteq [1, m].$$

如果一个元 a 具有性质 P_i，则简称为 " a 合 P_i "，如果 a 合性质集 $\mathbb{P}_X$ 中的每一个性质，则简称为 " a 合 $\mathbb{P}_X$ "，需要提醒的是，a 此时还可能合 $\mathbb{P}_X$ 外的其他性质；如果 $X \subseteq Y \subseteq [1, m]$，$a$ 合 $\mathbb{P}_X$，但 a 不再合 $\mathbb{P}_{Y,X}$ 中的其他性质，则简称为 " a 恰合 $\mathbb{P}_Y$ 中的 $\mathbb{P}_X$ "，如果 $Y = [1, m]$，更简称为 " a 恰合 $\mathbb{P}_X$ ". 再记

$$A(r) = \{a \in A \mid a \text{恰合} \mathbb{P}_X, X \subseteq [1, m], |X| = r\}, r \geqslant 0, \tag{3.1.1}$$

$$W(r) = \sum_{a \in A(r)} w(a), r \geqslant 0, \tag{3.1.2}$$

$$A_X = \{a \in A \mid a \text{合} P_X\}, X \subseteq [1, m], \tag{3.1.3}$$

$$W_k = \sum_{\substack{X \subseteq [1,m] \\ |X|=k}} \sum_{a \in A_X} w(a), k \geqslant 0. \tag{3.1.4}$$

照通常的习惯，如果 $X = \varnothing$，则认为任一元 a 合 $\mathbb{P}_\varnothing$. 所以，由(3.1.3)和(3.1.4)知

$$A_\varnothing = A,$$
$$W_0 = \sum_{a \in A} w(a). \tag{3.1.5}$$

现在来证明

定理 3.1.1(容斥原理)

$$W(r) = \sum_{k \geqslant r} (-1)^{k-r} \binom{k}{r} W_k, k \geqslant 0. \tag{3.1.6}$$

证明　如果 A 中元 a 恰合性质集 $\mathbb{P}$ 中 $r(0 \leqslant r \leqslant m)$ 个性质，则

$$a \in A(r), a \notin A(r+i)^{1)} (i \geqslant 1),$$

故 $w(a)$ 在和 W_r 中出现一次，在 $W_{r+i} (i \geqslant 1)$ 中不出现. 所以对这样的元 a，公式 (3.1.6)两节都恰包含一个 $w(a)$. 如果 A 中元 b 恰合 $\mathbb{P}$ 中 $t(t > r)$ 个性质，则

$$b \in A_r, b \in A_{r+1}, \cdots, b \in A_t;$$

且

$$b \notin A_{t+i} (i \geqslant 1).$$

那么，$w(b)$ 在和 $W_{t+i} (i \geqslant 1)$ 中不出现，在和 $W_j (r \leqslant j \leqslant t)$ 中出现 $\binom{t}{j}$ 次，故在(3.1.6) 的右节中出现的次数为

$$\sum_{t \geqslant j \geqslant r} (-1)^{j-r} \binom{j}{r} \binom{t}{j} = 0.$$

另一方面，$w(b)$ 在和 $W(r)$ 中不出现. 所以，对这样的元 b，(3.1.6)两节也都包含同样多的 $w(b)$. **证毕.**

如果对一切 $a \in A$，都有 $w(a) = 1$，则

---

① 如果 $r+i > m$，则 $A(r+i) = \varnothing$，因而 "$a \notin A(r+i)$" 自然满足.

$$W(r) = \sum_{a \in A(r)} 1 = |A(r)| =: N(r),$$

$$W_k = \sum_{\substack{X \subseteq [1,m] \\ |X|=k}} 1 = |A_k| =: N_k.$$

若再记

$$N_{i_1, \cdots, i_k} := \sum_{a \triangleq P_{i_1}, \cdots, P_{i_k}} 1,$$

则

$$N_k = \sum_{1 \leqslant i_1 < \cdots < i_k \leqslant m} N_{i_1, \cdots, i_k}.$$

这样一来，(3.1.6)就可写为

$$N(r) = \sum_{k \geqslant r} (-1)^{k-r} \binom{k}{r} N_k$$

$$= \sum_{k \geqslant r} (-1)^{k-r} \binom{k}{r} \sum_{1 \leqslant i_1 < \cdots < i_k \leqslant n} N_{i_1, \cdots, i_k}. \tag{3.1.7}$$

当 $r = 0$ 时，化为

$$N(0) = \sum_{k \geqslant 0} (-1)^k \sum_{1 \leqslant i_1 < \cdots < i_k \leqslant n} N_{i_1, \cdots, i_k}. \tag{3.1.8}$$

这两个公式颇具直观性. 例如，(3.1.8)说明了 A 中不具 $\mathbb{P}$ 中任何性质的元的个数是: A 中全部元的个数 N_0 减去 A 中具任一性质的元的个数，再加上 A 中具任二个性质的元的个数，再减去 A 中具任三个性质的元的个数，$\cdots$，如此等等，最后再加上 $(-1)^n$ 与 A 中具全部 n 个性质的元的个数之积这样所得出的数. 在行第一次减法时，减多了，同为同时具性质 P_i 和 P_j $(i \neq j)$ 的元在视作具性质 P_i 的元时减去一次，在视作具性质 P_j 的元时又减去一次，所以需加回. 在行第一次加法时，又加多了，因为同时具性质 P_i，P_j 和 P_k $(i, j, k$ 互异$)$ 的元，在视作具性质 P_i 和 P_j 的元时加了一次，在视作具性质 P_i 和 P_k 的元时又加了一次，在视作具性质 P_k 和 P_i 的元时又加了一次，所以又需减出，$\cdots$. 这一过程被称为包容与排斥过程，简称为容斥过程，又称为逐步淘汰过程或取舍过程. 这一方法称为容斥方法，又称为逐步淘汰法或取舍方法. 这一结果称为容斥原理，又称为逐步淘汰原理或取舍原理.

3.2 应 用 举 例

现在来看几个应用容斥原理解决组合论课题的例子.

问题 3.2.1(更列问题) 若集 $[1,n]$ 的无重排列 $a_1 a_2 \cdots a_n$ 合于

$$a_i \neq i \text{ 对 } r \text{ 个足标 } i \text{ 成立,}$$

$$a_j = j \text{ 对 } n-r \text{ 个足标 } j \text{ 成立,}$$

则称之为标准排列 $12\cdots n$ 的一个 r 更列, 当 $r=n$ 时, 简称为更列. 今欲求全部 r 更列的个数.

现定义性质 P_i 如下:

对 排 列 $a_1 a_2 \cdots a_n$ 有: $a_i = i (1 \leqslant i \leqslant n)$, 于 是 合 性 质 $P_{i_1}, P_{i_2}, \cdots, P_{i_k}$ $(i_1 < i_2 < \cdots < i_k)$ 的排列的个数是集 $[1,n] \setminus \{i_1, i_2, \cdots, i_k\}$ 的 $(n-k)$ 无重排列数, 故

$$N_{i_1, i_2, \cdots, i_k} = (n-k)!. \tag{3.2.1}$$

因此

$$\begin{aligned}
N_k &= \sum_{1 \leqslant i_1 < \cdots < i_k \leqslant n} N_{i_1, i_2, \cdots, i_k} \\
&= (n-k)! \sum_{1 \leqslant i_1 < \cdots < i_k \leqslant n} 1 \\
&= \binom{n}{k}(n-k)!.
\end{aligned}$$

应用(3.1.7)和(3.1.8)就得到

定理 3.2.1 集 $[1,n]$ 的 $n-r$ 更列数为

$$N(r) = \frac{n!}{r!} \sum_{n \geqslant k \geqslant r} (-1)^{k-r} \frac{1}{(k-r)!}, \tag{3.2.2}$$

集 $[1,n]$ 的更列数为

$$P_n := N(0) = n! \sum_{n \geqslant k > 0} (-1)^k \frac{1}{k!}. \tag{3.2.3}$$

把(3.2.3)同

$$e^{-1} = \sum_{k > 0} (-1)^k \frac{1}{k!}$$

比较：$\dfrac{N(0)}{n!}$ 是由 e^{-1} 的级数展式中删去 $\dfrac{(-1)^{n+1}}{(n+1)!}$ 及其以后各项所得出的，故 $N(0)$ 和 $\dfrac{n!}{e}$ 的差的绝对值少于 $\dfrac{1}{n+1}$．因此，$\dfrac{n!}{e}$ 是 $[1,n]$ 的更列的个数的一个非常好的近似值．

问题 3.2.2(ménage 问题)　n 对夫妻，围坐圆桌，男女相间，夫妻不邻，问坐法若干？

易知，$n<3$ 时，这样的坐法是不存在的．今设 $n \geqslant 3$．先把圆桌上的 $2n$ 个坐位隔一个位置安排一位女宾，以数 $\bar{1},\bar{2},\cdots,\bar{n}$ 表其圆形次序，即当圆桌的方向指定后，安排女宾的位置，从某一个开始，依圆桌的定向顺次为 $\bar{1},\bar{2},\cdots,\bar{n}$．用 $i+1$ 记第 $\bar{i}$ 位女宾与第 $\overline{i+1}$ 位女宾之间的坐位 $(1 \leqslant \bar{i} \leqslant n-1)$，用 1 记第 $\bar{n}$ 位女宾与第 $\bar{1}$ 位女宾中间的坐位．那么，第 n 位男宾除第 n 和第 1 个坐位外，可以在其他 $n-2$ 个坐位的任何一个就坐，第 i 位男宾除第 $i+1$ 和第 i 个坐位外，可以在其他 $n-2$ 个坐位的任何一个就坐 $(1 \leqslant i \leqslant n-1)$．如果第 i 位男宾在第 a_i 个坐位就坐 $(1 \leqslant i \leqslant n)$，则 $a_1 a_2 \cdots a_n$ 是集 $[1,n]$ 的一个排列．符合要求的坐法就对应着符合下述条件的排列 $a_1 a_2 \cdots a_n$：使得阵列

$$\begin{matrix} 1 & 2 & \cdots & n-1 & n \\ 2 & 3 & \cdots & n & 1 \\ a_1 & a_2 & \cdots & a_{n-1} & a_n \end{matrix} \tag{3.2.4}$$

中的任一列都无相同的数．这样的排列数称为 ménage 数，记为 U_n．求 ménage 数的问题，称为既化的 ménage 问题．更一般的，符合下述条件的排列 $a_1 a_2 \cdots a_n$ 的个数记为 $U_n(k)$：使得阵列(3.2.4)中恰有 k 个列，这 k 个列中的每一列都有相同的数．

为求 U_n，定义 n 个性质如下：

$$P_i : a_i = i \text{或} i+1 (1 \leqslant i \leqslant n-1),$$
$$P_n : a_n = n \text{或} 1.$$

今往求 $N_r (r \geqslant 1)$，即满足任意 r 个性质 $P_{i_1},\cdots,P_{i_r}$ 的排列的个数．性质 P_{ij} 可以取 $P_1,\cdots,P_n$ 中的任一个，共有 n 个取法；对每一个选定的性质，a_i 又可以取两个数中的任何一个．所以，性质 P_{ij} 共有 $2n$ 种方法得到满足．如果把阵列(3.2.4)排在一个圆周上，则各列的地位完全平等，这就是它的圆形对称性．由于这个圆形对称性，P_{ij} 取任一性质的情形与取 P_n 的情形完全类似．当 $P_{ij}=P_n$ 时，有两种可能：$a_n = n$ 或 $a_n = 1$．若 $a_n = n$，则(3.2.4)化为

$$
\begin{array}{ccccc}
1 & 2 & \cdots & n-2 & n-1 \\
2 & 3 & \cdots & n-1 & \\
a_1 & a_2 & \cdots & a_{n-2} & a_{n-1}.
\end{array}
\tag{3.2.5}
$$

其他 $r-1$ 个性质的满足当由(3.2.5)的 $r-1$ 个列来定. 若把(3.2.5)的全部 $n-1$ 个列的头二行逐列写成一行:

$$
1 \quad 2 \quad 2 \quad 3 \quad 3 \quad \cdots \quad n-2 \quad n-2 \quad n-1 \quad n-1,
\tag{3.2.6}
$$

则其余 $r-1$ 个性质当由(3.2.6)的 $2n-3$ 个数中取 $r-1$ 个数, 但无二数相邻的取法来决定, 因为相邻的数或者相同, 或者属于(3.2.4)的同一列. 具体言之, 如果得到满足的其他 $r-1$ 个性质是

$$
P_{i_1}, P_{i_2}, \cdots, P_{i_{r-1}} \left(1 \leqslant i_1 < i_2 < \cdots < i_{r-1} \leqslant n-1\right),
$$

则阵列(3.2.5)的子阵列

$$
\begin{array}{cccc}
i_1 & \cdots & i_{r-2} & i_{r-1} \\
i_1+1 & \cdots & i_{r-2}+1 & i_{r-1}+1 \quad \text{当 } i_{r-1} < n-1 \text{ 时,} \\
a_{i_1} & \cdots & a_{i_{r-2}} & a_{i_{r-1}}
\end{array}
$$

或

$$
\begin{array}{cccc}
i_1 & \cdots & i_{r-2} & n-1 \\
i_1+1 & \cdots & i_{r-2}+1 & \quad\quad \text{当 } i_{r-1} = n-1 \text{ 时} \\
a_{i_1} & \cdots & a_{i_{r-2}} & a_{n-1}
\end{array}
$$

的每一列都有相同的数. 于是,

$$
\left\{a_{i_1}, a_{i_2}, \cdots, a_{i_{r-1}}\right\} \left(1 \leqslant i_1 < i_2 < \cdots < i_{r-1} \leqslant n-1\right)
$$

就是(3.2.6)中的 $r-1$ 个数, 其中无二相邻, 反之, 对(3.2.6)的这样 $r-1$ 个数, 就有符合要求的 $r-1$ 个性质与之对应, 而且这个对应是(1-1)的. 由定理 1.2.3, 这样 $r-1$ 个数的取法数是

$$
\binom{2n-3-(r-1)+1}{r-1} = \binom{2n-r-1}{r-1}.
\tag{3.2.7}
$$

若 $a_n = 1$, 则(3.2.4)化为

$$
\begin{array}{ccccc}
& 2 & \cdots & n-2 & n-1 \\
2 & 3 & \cdots & n-1 & n \\
a_1 & a_2 & \cdots & a_{n-2} & a_{n-1}.
\end{array}
\tag{3.2.8}
$$

与(3.2.5)的情形类似，其余 $r-1$ 个性质的满足当由

$$2,2,3,3,\cdots,n-1,n-1,n$$

这 $2n-3$ 个数中取 $r-1$ 个数，但无二数相邻的取法来决定. 这样的取法数也是 (3.2.7). 由于 P_{ij} 可有 $2n$ 种方式得到满足，而 $P_{i_1},P_{i_2},\cdots,P_{i_r}$ 中的每一个都可取作 P_{i_j}，故

$$\begin{aligned}
N_r &= \frac{2n}{r}\binom{2n-r-1}{r-1}\cdot(n-r)! \\
&= \frac{2n}{2n-r}\binom{2n-r}{r}\cdot(n-r)!.
\end{aligned} \tag{3.2.9}$$

于是，由容斥原理得出

定理 3.2.2　ménage 数 U_n 的计算公式是

$$U_n = \sum_{n\geqslant r\geqslant 0}(-1)^{r-k}\frac{2n}{2n-r}\binom{2n-r}{r}(n-r)!, n\geqslant 3. \tag{3.2.10}$$

更一般的，数 $U_n(k)$ 为

$$U_n(k) = \sum_{n\geqslant r\geqslant k}(-1)^{r-k}\binom{r}{k}\frac{2n}{2n-r}\binom{2n-r}{r}(n-r)!.$$

由于女宾的坐法数是 $2n!$(考虑到女宾既可在 $\overline{1},\overline{2},\cdots,\overline{n}$ 就坐，又可在 $1,2,\cdots,n$ 就坐)，所以问题 3.2.2 中的坐法总数是

$$2n!U_n = 2n!\sum_{n\geqslant r\geqslant 0}(-1)^r\frac{2n}{2n-r}\binom{2n-r}{r}(n-r)!, n\geqslant 3.$$

从(3.2.10)可以推出递归关系:

$$(n-2)U_n = n(n-2)U_{n-1}+nU_{n-2}+4(-1)^{n+1}. \tag{3.2.11}$$

这可证明如下: 对于求和指标 $r=0$ 和 1，$(n-2)U_n$ 和 $n(n-2)U_{n-1}$ 中的项是相等的; 当 $r=2,\cdots,n-1$ 时，对 $(n-2)U_n$ 和 $n(n-2)U_{n-1}$ 的第 r 项以及 nU_{n-2} 的第 $r-2$ 项，有恒等式

$$(n-2)\frac{2n}{2n-r}\binom{2n-r}{r}(n-r)!$$

$$=n(n-2)\frac{2(n-1)}{2n-r-2}\binom{2n-r-2}{r}(n-r-1)!$$

$$+n\frac{2(n-2)}{2n-r-2}\binom{2n-r-2}{r-2}(n-r)!;$$

从 $(n-2)U_n$ 的 $r=n$ 这一项和 nU_{n-2} 的 $r=n-2$ 这一项得出

$$(n-2)(-1)^n\cdot 2=n(-1)^{n-2}\cdot 2+4(-1)^{n+1}.$$

因此(3.2.11)成立.

在 9.6 中, 还将从其他角度来研究和解决这一问题.

问题 3.2.3 若 $n,a_i\in\mathbb{N}(1\leqslant i\leqslant m)$, 且最大公因数

$$\left(a_i,a_j\right)=1(i\neq j).$$

记

$$B=\left\{k\in[1,n]\big| a_i\nmid k(1\leqslant i\leqslant m)\right\},$$

求 $|B|$.

对集 $[1,n]$ 用容斥原理. 定义 m 个性质如下:

$$a\text{ 合性质 } P_i \text{ 就是 } a_i\mid a(1\leqslant i\leqslant m).$$

那么, $[1,n]$ 中合性质 $P_{i_1},\cdots,P_{i_r}\left(i_1<\cdots<i_r\right)$ 的元的个数为

$$\left[\frac{n}{a_{i_1}\cdots a_{i_r}}\right],$$

这里 $[x]$ 表示不超过 x 的最大整数. 因此,

$$N_r=\sum_{1\leqslant i_1<\cdots<i_r\leqslant m}\left[\frac{n}{a_{i_1}\cdots a_{i_r}}\right].$$

故得

定理 3.2.3

$$|B|=\sum_{m\geqslant r\geqslant 0}(-1)^r\sum_{1\leqslant i_1<\cdots<i_r\leqslant m}\left[\frac{n}{a_{i_1}\cdots a_{i_r}}\right]. \tag{3.2.12}$$

问题 3.2.4 记

$$C_n = \{k \in [1,n] \mid (k,n) = 1\}.$$

求 $|C_n|$.

$|C_n|$ 是由 n 唯一确定的, 记为 $\varphi(n)$, 叫做 Eulet 函数. 设 $p_1, p_2, \cdots, p_m$ 是 n 的全部不同的素因子, 则 $(k,n) = 1$ 的充要条件是

$$(k, p_i) = 1 (1 \leqslant i \leqslant m).$$

于是, 应用(3.2.12)便得

定理 3.2.4

$$\varphi(n) = \sum_{0 \leqslant r \leqslant m} (-1)^r \sum_{1 \leqslant i_1 < \cdots < i_r \leqslant m} \frac{n}{p_{i_1} \cdots p_{i_r}}.$$

这个公式还可以简化. 在 3.4 引进了 μ 函数之后, 我们再来进行这一工作.

有关容斥原理的其他一些应用还将在本书的其他部分出现. 现在转而讨论它的推广.

3.3 广容斥原理

如果计数问题中的性质分成 n 个组, 对任意固定的正整数 $r_1, r_2, \cdots, r_n$, 今欲计算: 对于每一个 $i(1 \leqslant i \leqslant n)$, 集 A 中恰恰具有 r_i 个性质的元的权之和. 这里提出一个计算的公式, 它是(3.1.6)的推广, 称为广容斥原理(魏万迪[1]).

再引进一些记号:

$$T_i = [1, m_i], m_i \in \mathbb{N} (1 \leqslant i \leqslant n),$$
$$m = \sum_{1 \leqslant i \leqslant n} m_i,$$

$$\mathbb{P}_{i,T_i} = \{P_{i1}, P_{i2}, \cdots, P_{im_i}\} \text{ 为 } m_i \text{ 个性质 } P_{ij} \text{ 所组成的集} (1 \leqslant i \leqslant n),$$

$$\mathbb{P}_{i,X_i} = \{P_{ib} \mid b \in X_i\}, X_i \subseteq T_i (1 \leqslant i \leqslant n),$$

$$A(r_1, \cdots, r_n) = \{a \in A \mid a \text{ 恰合 } \mathbb{P}_{i,T_i} \text{ 中的} \mathbb{P}_{i,X_i}, X_i \subseteq T_i, |X_i| = r_i (1 \leqslant i \leqslant n)\},$$

$$W(r_1, \cdots, r_n) = \sum_{a \in A(r_1, \cdots, r_n)} w(a), \tag{3.3.1}$$

$$I_{i,k_i} = \left\{ [j]_i = \{ j_{i1}, \cdots, j_{iki} \} \mid 1 \leqslant j_{i1} < \cdots < j_{iki} \leqslant m_i \right\} (1 \leqslant i \leqslant n),$$

$$A_{[j]_1, \cdots, [j]_n} = \left\{ a \in A \mid a \, 合 \, P_{i,[j]i} \, (1 \leqslant i \leqslant n) \right\}, [j]_i \in I_{iki} \, (1 \leqslant i \leqslant n),$$

$$W_{k_1, \cdots, k_n} = \sum_{[j]_i \in I_{i,k_i}} \sum_{\substack{a \in A_{[j]_1, \cdots, [j]_n} \\ (1 \leqslant i \leqslant n)}} w(a). \tag{3.3.2}$$

于是, 广容斥原理可以表为

定理 3.3.1

$$W(r_1, \cdots, r_n) = \sum_{\substack{r_i \leqslant k_i \leqslant m_i \\ (1 \leqslant i \leqslant n)}} (-1)^{\sum_{1 < l \leqslant n} (k_l - r_l)}$$

$$\times \prod_{1 \leqslant j \leqslant n} \binom{k_j}{r_j} W_{k_1, \cdots, k_n}. \tag{3.3.3}$$

证明 如果 A 中元 $a \in A(r_1, \cdots, r_n)$, 则 $w(a)$ 在和 $W(r_1, \cdots, r_n)$ 中仅出现一次, 且存在 T_i 的子集 X_i, 使

$$a \, 恰合 \, P_{i,X_i}, |X_i| = r_i (1 \leqslant i \leqslant n).$$

在集 X_i 中选出子集 Y_i, 使 $|Y_i| = k_i$ 的选法数是 $\binom{r_i}{k_i}$, 且当 $i \neq j$ 时, Y_i 和 Y_j 的选法是完全各自独立的, 故 a 属于 $\prod_{1 \leqslant j \leqslant n} \binom{r_j}{k_j}$ 个不同的集 $A_{[j]_1, \cdots, [j]_n}$. 因此, $w(a)$ 在 $W_{k_1, \cdots, k_n}$ 中出现的次数是 $\prod_{1 \leqslant j \leqslant n} \binom{r_j}{k_j}$, 从而

$$W_{k_1, \cdots, k_n} = \sum_{\substack{k_i \leqslant r_i \leqslant m_i \\ (1 \leqslant i \leqslant n)}} \prod_{1 \leqslant j \leqslant n} \binom{r_j}{k_j} W(r_1, \cdots, r_n). \tag{3.3.4}$$

今考虑母函数

$$G(x_1, \cdots, x_n) := \sum_{\substack{0 \leqslant k_i \leqslant m_i \\ (1 \leqslant i \leqslant n)}} W_{k_1, \cdots, k_n} \prod_{1 \leqslant j \leqslant n} x_j^{k_j}, \tag{3.3.5}$$

由(3.3.4)可得

$$G(x_1,\cdots,x_n) = \sum_{\substack{0\leqslant r_l\leqslant m_l \\ (1\leqslant l\leqslant n)}} W(r_1,\cdots,r_n) \sum_{\substack{0\leqslant k_i\leqslant r_i \\ (1\leqslant i\leqslant n)}} \prod_{1\leqslant j\leqslant n} \left[\binom{r_j}{k_j} x_j^{k_j} \right]$$

$$= \sum_{\substack{0\leqslant r_l\leqslant m_l \\ (1\leqslant l\leqslant n)}} W(r_1,\cdots,r_n) \prod_{1\leqslant j\leqslant n} \sum_{0\leqslant k_j\leqslant r_j} \binom{r_j}{k_j} x_j^{k_j}$$

$$= \sum_{\substack{0\leqslant r_l\leqslant m_l \\ (1\leqslant l\leqslant n)}} W(r_1,\cdots,r_n) \prod_{1\leqslant j\leqslant n} \left(1+x_j\right)^{r_j}. \tag{3.3.6}$$

经代换

$$y_i = 1 + x_i (1 \leqslant i \leqslant n),$$

(3.3.6)化为

$$G(y_1-1,\cdots,y_n-1) = \sum_{\substack{0\leqslant r_l\leqslant m_l \\ (1\leqslant l\leqslant n)}} W(r_1,\cdots,r_n) \prod_{1\leqslant j\leqslant n} y_j^{r_j}, \tag{3.3.7}$$

而(3.3.5)化为

$$G\left(y_1-1,\cdots,y_n-1\right) = \sum_{\substack{0\leqslant k_i\leqslant m_i \\ (1\leqslant i\leqslant n)}} W_{k_1,\cdots,k_n} \prod_{1\leqslant j\leqslant n} \left(y_j-1\right)^{k_j}$$

$$= \sum_{\substack{0\leqslant k_i\leqslant m_i \\ (1\leqslant i\leqslant n)}} W_{k_1,\cdots,k_n} \sum_{\substack{0\leqslant r_j\leqslant k_j \\ (1\leqslant j\leqslant n)}} \prod_{1\leqslant l\leqslant n} \left[(-1)^{k_l-r_l} \binom{k_l}{r_l} y_l^{r_l} \right]$$

$$= \sum_{\substack{0\leqslant r_j\leqslant m_j \\ (1\leqslant j\leqslant n)}} \prod_{1\leqslant l\leqslant n} y_l^{r_l} \sum_{\substack{r_i\leqslant k_i\leqslant m_i \\ (1\leqslant i\leqslant n)}} (-1)^{\sum\limits_{1\leqslant h\leqslant n}(k_h-r_h)} \prod_{1\leqslant t\leqslant n} \binom{k_t}{r_t} \times W_{k_1,\cdots,k_n}.$$

$$\tag{3.3.8}$$

比较(3.3.7)和(3.3.8)二式右节之

$$\prod_{1\leqslant j\leqslant n} y_j^{r_j}$$

的系数, 得

$$W(r_1,\cdots,r_n) = \sum_{\substack{r_i\leqslant k_i\leqslant m_i \\ (1\leqslant i\leqslant n)}} (-1)^{\sum\limits_{1\leqslant h\leqslant n}(k_h-r_h)} \prod_{1\leqslant t\leqslant n} \binom{k_t}{r_t} W_{k_1,\cdots,k_n},$$

此即(3.3.3). **证毕.**

在 $n=1$ 的特殊情形, 定理 3.3.1 就是普通的容斥原理. 所以上述证明过程中令 $n=1$ 而得出的简单形式就成为普通的容斥原理的第二个证明.

如果在定理 3.3.1 中取

$$r_1 = r_2 = \cdots = r_n = 0,$$

则得

$$
\begin{aligned}
W(0) = W(0,\cdots,0) &= \sum_{\substack{0 \leqslant k_i \leqslant m_i \\ (1 \leqslant i \leqslant n)}} (-1)^{k_1+\cdots+k_n} W_{k_1,\cdots,k_n} \\
&= \sum_{0 \leqslant k \leqslant m} (-1)^k W_k,
\end{aligned}
$$

这又回到了(3.1.8).

下面应用广容斥原理来解决一些组合论课题.

问题 3.3.1($(r_1,\cdots,r_n)$保位排列问题) 这个问题是更列问题的推广.

若集 $[1,m]$ 的一个全排列 $a_1 a_2 \cdots a_m$ 被分成长度依次为 $m_1, m_2, \cdots, m_n$ 的相邻接的 n 段时, 第 i 段中恰有 $r_i(1 \leqslant i \leqslant n)$ 个保位——即 $a_j = j$ 者 $(1 \leqslant j \leqslant n)$, 这样的排列就叫做一个 $(r_1,\cdots,r_n)$ 保位排列, 其个数记为 $N(r_1,\cdots,r_n)$, 又把第 i 段中至少有 k_i 个保位 $(1 \leqslant i \leqslant n)$ 的全排列的个数记为 $N_{k_1,\cdots,k_n}$, 于是,

$$N_{k_1,\cdots,k_n} = \prod_{1 \leqslant i \leqslant n} \binom{m_i}{k_i} \left(m - \sum_{1 \leqslant j \leqslant n} k_j \right)!$$

在定理 3.3.1 中取 $w(a) = 1$ (a 为任意的 m 阶全排列), 便得

定理 3.3.2

$$N(r_1,\cdots,r_n) = \sum_{\substack{r_i \leqslant k_i \leqslant m_i \\ (1 \leqslant i \leqslant n)}} (-1)^{\sum\limits_{1 \leqslant j \leqslant n} (k_j - r_j)} \times \prod_{1 \leqslant j \leqslant n} \left[\binom{k_j}{r_j} \binom{m_j}{k_j} \right] \left(m - \sum_{1 \leqslant j \leqslant n} k_j \right)!.$$

$$(3.3.9)$$

当 $r_1 = \cdots = r_n = 0$ 时,(3.3.9)化为

$$N(0) := N(0, \cdots, 0)$$

$$= \sum_{\substack{0 \leqslant k_i \leqslant m_i \\ (1 \leqslant i \leqslant n)}} (-1)^{k_1 + \cdots + k_n} \prod_{1 \leqslant j \leqslant n} \binom{m_j}{k_j} \left(m - \sum_{1 \leqslant j \leqslant n} k_j \right)!$$

$$= \sum_{0 \leqslant l \leqslant m} (-1)^i \sum_{\substack{k_1 + \cdots + k_n = l \\ m_i \geqslant k_i \geqslant 0 \\ (1 \leqslant i \leqslant n)}} \prod_{1 \leqslant j \leqslant n} \binom{m_j}{k_j} (m - l)!$$

$$= \sum_{0 \leqslant l \leqslant m} (-1)^l \binom{m}{l} (m - l)!.$$

这就是 m 阶更列的个数——与已有结果一致.

下面来推广 ménage 问题.

J.H.van Lint[2]曾把 ménage 问题作了推广, 解决了下面的限位排列问题: 集 $[1, m+n]$ 的无重排列 $a_1 a_2 \cdots a_{m+n}$, 使得阵列

$$
\begin{array}{ccccccccc}
1, & 2, & \cdots, & m-1, & m, & m+1, & m+2, & \cdots, & m+n-1, & m+n \\
m, & 1, & \cdots, & m-2, & m-1, & m+n, & m+1, & \cdots, & m+n-2, & m+n-1 \\
a_1, & a_2, & \cdots, & a_{m-1}, & a_m, & a_{m+1}, & a_{m+2}, & \cdots, & a_{m+n-1}, & a_{m+n}
\end{array}
$$

$$(m \geqslant n \geqslant 2) \tag{3.3.10}$$

中的任一列都没有相同的数, 这样的排列的个数记为 $U_{m,n}$, 他用 de Bruijn 的方法证明了

$$U_{m,n} = U_{m+n} + U_{m-n} \ (m \geqslant n \geqslant 2), \tag{3.3.11}$$

这里 U_j 为 ménage 数, 这样, 通过 ménage 数就可计算出数 $U_{m,n}$.

这个问题的一般形式是: 设诸 $m_i, r_i \ (1 \leqslant i \leqslant n), m$ 为本节开始界定的数, 且 $m_i \geqslant 2$, 集 $[1, m]$ 的无重排列 $a_1 \cdots a_n$, 使得阵列

$$
\begin{array}{ccccccccc}
1, & 2, & \cdots, & m_1, & m_1+1, & m_1+2, & \cdots, & m_1+m_2, & \cdots \\
m_1, & 1, & \cdots, & m_1-1, & m_1+m_2, & m_1+1, & \cdots, & m_1+m_2-1, & \cdots \\
\underbrace{a_1, \quad a_2, \quad \cdots, \quad a_{m_1},}_{\text{第1列组}} & & & & \underbrace{a_{m_1+1}, \quad a_{m_1+2}, \quad \cdots, \quad a_{m_1+m_2},}_{\text{第2列组}} & & & & \cdots
\end{array}
\tag{3.3.12}
$$

$$\cdots, \quad m_1+\cdots+m_{n-1}+1, m_1+\cdots+m_{n-1}+2, \cdots, \quad m$$
$$\cdots, \qquad m, \qquad m_1+\cdots+m_{n-1}+1, \cdots, m-1$$
$$\cdots, \qquad a_{m_1+\cdots+m_{n-1}+1}, \quad \underbrace{a_{m_1+\cdots+m_{n-1}+2}, \qquad \cdots, }_{\text{第 } n \text{ 列组}} a_m$$

中, 第 i 列组内恰有 r_i 个列, 它们之任一列都有相同的数 $(1 \leqslant i \leqslant n)$, 这样的排列的个数记为

$$U_{m_1,\cdots,m_n}(r_1,\cdots,r_n). \tag{3.3.13}$$

问题 3.3.2(ménage 问题的推广) 如何求出 (3.3.13) 的计算公式?

易知, 当 $n=2$ 且 $r_1=r_2=0$ 时很特殊的情形就是 van Lin 问题.

de Bruijn 方法对 van Lin 问题的解决过程已经显得繁琐, 要想对上述非常一般的问题来应用它, 不是不可能, 就是十分困难且特别繁琐. 如果应用广容斥原理, 则不难得出 (3.3.13) 的直接表达式.

今设 A 为 $[1,m]$ 的全体无重排列 $a_1a_2\cdots a_m$ 所组成的集, 诸性质 $P_{ij}(1 \leqslant j \leqslant m_i, 1 \leqslant i \leqslant n)$ 界定如下:

$$P_{ij}: a_{m_1+\cdots+m_{i-1}+j} = \begin{cases} m_1+\cdots+m_{i-1}+j, \\ m_1+\cdots+m_{i-1}+j-1 \end{cases} (2 \leqslant j \leqslant m_i),$$

$$P_{i1}: a_{m_1+\cdots+m_{i-1}+1} = \begin{cases} m_1+\cdots+m_{i-1}+1, \\ m_1+\cdots+m_{i-1}+m_i \end{cases} (1 \leqslant i \leqslant n),$$

再设对一切 $a \in A$, 有 $w(a)=1$. 于是

$$U_{m_1,\cdots,m_k}(r_1,\cdots,r_k) = W(r_1,\cdots,r_k).$$

用证明 (3.2.9) 的方法可以证明

引理 3.3.1

$$W_{l_1,\cdots,l_k} = \prod_{1 \leqslant i \leqslant n}\left[\frac{2m_i}{2m_i-l_i}\binom{2m_i-l_i}{l_i}\right] \times \left(m-\sum_{1 \leqslant j \leqslant n} l_j\right)!$$

由广容斥原理, 最后得到

定理 3.3.3 若 $m_i \geqslant 2(1 \leqslant i \leqslant n)$, 则

$$U_{m_1,\cdots,m_k}\left(r_1,\cdots,r_k\right)$$

$$= \sum_{\substack{r_i \leqslant l_i \leqslant m_i \\ (1 \leqslant i \leqslant n)}} (-1)^{\sum\limits_{1 \leqslant j \leqslant n}(l_j - r_j)} \prod_{1 \leqslant j \leqslant n}\left[\binom{l_j}{r_j}\frac{2m_j}{2m_j - l_j}\times\binom{2m_j - l_j}{l_j}\right]\left(m - \sum_{1 \leqslant j \leqslant n} l_j\right)!.$$

$$(3.3.14)$$

当 $n = 2$ 且 $r_1 = r_2 = 0$ 时，改记 m_1 为 m, m_2 为 n，则(3.3.14)化为

$$U_{m,n} = U_{m,n}\left(0,0\right)$$

$$= \sum_{\substack{0 \leqslant i \leqslant m \\ 0 \leqslant j \leqslant n}} (-1)^{i+j}\frac{2m}{2m - i}\binom{2m - i}{i}\frac{2n}{2n - j}\times\binom{2n - j}{j}(m + n - i - j)!.$$

结合(3.3.11)，立得

系　当 $m \geqslant n \geqslant 2$ 时，有组合恒等式

$$\sum_{\substack{0 \leqslant i \leqslant m \\ 0 \leqslant j \leqslant n}} (-1)^{i+j}\frac{2m}{2m - i}\binom{2m - i}{i}\frac{2n}{2n - j}\binom{2n - j}{j}\times(m + n - i - j)!$$

$$= \begin{cases} \sum\limits_{0 \leqslant k \leqslant m+n} (-1)^k \dfrac{2(m+n)}{2(m+n) - k}\binom{2(m+n) - k}{k}(m + n - k)! \\ + \sum\limits_{0 \leqslant l \leqslant m-n} (-1)^l \dfrac{2(m-n)}{2(m-n) - l}\binom{2(m-n) - l}{l} \\ \times (m - n - l)!, \quad 若 m > n, \\ \sum\limits_{0 \leqslant k \leqslant 2m} (-1)^k \dfrac{4m}{4m - k}\binom{4m - k}{k}(2m - k)! + 2, \quad 若 m = n. \end{cases}$$

问题 3.3.3　设 $\left\{p_{ij}\right\}_{1 \leqslant j \leqslant m_i}$ $(1 \leqslant i \leqslant n)$ 是 n 组 $m = m_1 + \cdots + m_n$ 个不同的素数. 问集 $[1, N]$ 中恰被 r_i 个第 i 组中的素数整除 $(1 \leqslant i \leqslant n)$ 的数的个数是多少?

记所求的个数为 $M\left(r_1,\cdots,r_n\right)$. 在 $[1, N]$ 中至少被 k_i 个第 i 组中的素数整除 $(1 \leqslant i \leqslant n)$ 的数的个数记为 $M_{k_1,\cdots,k_n}$，则

$$M_{k_1,\cdots,k_n} = \sum_{\substack{\alpha_{ij} = 0,1 \\ \sum\limits_{\substack{1 \leqslant j \leqslant m_i \\ (1 \leqslant i \leqslant n)}} \alpha_{ij} = k_i}} \left[\frac{N}{\prod\limits_{1 \leqslant t \leqslant n} \prod\limits_{1 \leqslant v \leqslant m_t} p_{tv}^{\alpha_{tv}}}\right].$$

于是，由广容斥原理，得

定理 3.3.4

$$M\left(r_1,\cdots,r_n\right) = \sum_{\substack{r_s \leqslant k_s \leqslant m_s \\ (1 \leqslant s \leqslant n)}} (-1)^{\sum\limits_{1 \leqslant j \leqslant n}(k_j - r_j)} \prod_{1 \leqslant j \leqslant n} \binom{k_j}{r_j} \times \sum_{\substack{\alpha_{ij}=0,1 \\ \sum\limits_{1 \leqslant j \leqslant m_i} \alpha_{ij} = k_i \\ (1 \leqslant i \leqslant n)}} \left[\frac{N}{\prod\limits_{1 \leqslant t \leqslant n} \prod\limits_{1 \leqslant v \leqslant m_t} p_{tv}^{\alpha_{tv}}}\right].$$

3.4 Möbius 反 演

在自然数集 N 上引进一个数论函数，称为 Möbius 函数，如果 $n > 1$，则 n 可以唯一分解为素数幂的乘积：

$$n = p_1^{l_1} p_2^{l_2} \cdots p_r^{l_r} \left(r \geqslant 1, l_i \geqslant 1 (1 \leqslant i \leqslant r)\right), \tag{3.4.1}$$

$$p_1 < p_2 \cdots < p_r.$$

函数 $\mu(n)$ 的定义是

$$\mu(n) = \begin{cases} 1, & \text{若} n = 1, \\ 0, & \text{若}(3.4.1)\text{中有某} l_j > 1, \\ (-1)^r, & \text{若}(3.4.1)\text{中} l_1 = l_2 = \cdots = l_r = 1. \end{cases} \tag{3.4.2}$$

引理 3.4.1

$$\sum_{d|n} \mu(d) = \begin{cases} 1, & \text{若} n = 1, \\ 0, & \text{若} n > 1. \end{cases} \tag{3.4.3}$$

这里的求和范围 "$d \mid n$" 表 d 过 n 的全部正因数.

证明 若 $n = 1$，则 $d = 1$ 是 n 仅有的一个因数，因 $\mu(1) = 1$，故(3.4.3)成立.

若 $n > 1$，且 n 有分解式(3.4.1)，令 $n^* = p_1 p_2 \cdots p_r$. n 的一个因数 d，如果不是 n^* 的一个因数，就有 $\mu(d) = 0$. 因此

$$\sum_{d|n} \mu(d) = \sum_{d|n^*} \mu(d)$$

$$= \sum_{1 \leqslant k \leqslant r} \sum_{1 \leqslant i_1 < \cdots < i_k \leqslant r} \mu\left(p_{i_1} \cdots p_{i_k}\right)$$

$$= \sum_{1 \leqslant k \leqslant r} \sum_{1 \leqslant i_1 < \cdots < i_k \leqslant r} (-1)^k$$

$$= \sum_{1 \leqslant k \leqslant r} (-1)^k \binom{r}{k} = (1-1)^r = 0.$$

最后一式之所以成立，因有 $r \geqslant 1$ 之故. **证毕**.

定理 3.4.1(Möbius 反演公式) 设 $f(n)$ 和 $g(n)$ 是定义在自然数集 N 上的二个函数，符合

$$f(n) = \sum_{d|n} g(d) \tag{3.4.4}$$

$$= \sum_{d|n} g\left(\frac{n}{d}\right), \quad n \in \text{N}, \tag{3.4.4'}$$

则可表 g 为 f 的函数:

$$g(n) = \sum_{d|n} \mu(d) f\left(\frac{n}{d}\right), \quad n \in \mathbb{N}. \tag{3.4.5}$$

反之，从(3.4.5)可以得出(3.4.4).

证明 对于 n 的每一个因数 d, 有

$$f\left(\frac{n}{d}\right) = \sum_{d'\left|\frac{n}{d}\right.} g(d'),$$

因此，

$$\sum_{d|n} \mu(d) f\left(\frac{n}{d}\right) = \sum_{d|n} \mu(d) \sum_{d'\left|\frac{n}{d}\right.} g(d')$$

$$= \sum_{d'|n} g(d') \sum_{d\left|\frac{n}{d'}\right.} \mu(d). \tag{3.4.6}$$

由(3.4.3),

$$\sum_{d\left|\frac{n}{d'}\right.} \mu(d) = \begin{cases} 1, & \text{若 } \dfrac{n}{d'} = 1, \\ 0, & \text{若 } \dfrac{n}{d'} > 1. \end{cases} \tag{3.4.7}$$

代(3.4.7)入(3.4.6)即得(3.4.5).

同理，若(3.4.5)成立，将其代入(3.4.4)的右节便可得到左节. **证毕**.

定理 3.4.1 不难推广到多变元函数上去.

定理 3.4.2 设 $f(x_1, \cdots, x_r)$ 和 $g(x_1, \cdots, x_r)$ 是定义在

$$\underbrace{\mathbb{N} \times \cdots \times \mathbb{N}}_{r \text{个}}$$

上的 r 元函数 $(r \geqslant 1)$, 符合

$$f(n_1, \cdots, n_r) = \sum_{\substack{d_i \mid n_i \\ (1 \leqslant i \leqslant r)}} g(d_1, \cdots, d_r), n_i \in \mathbb{N}, \tag{3.4.8}$$

则可表 g 为 f 的函数:

$$g(n_1, \cdots, n_r) = \sum_{\substack{d_i \mid n_i \\ (1 \leqslant i \leqslant r)}} \mu(d_1) \cdots \mu(d_r) f\left(\frac{n_1}{d_1}, \cdots, \frac{n_r}{d_r}\right), n_i \in \mathbb{N}. \tag{3.4.9}$$

反之, 从(3.4.9)可以推出(3.4.8).

证明 这个定理可以仿照定理 3.4.1 的证明来得出, 也可对 r 行数学归纳法. 这里用后一方法.

当 $r = 1$ 时, 定理 3.4.2 就是定理 3.4.1. 设定理对 $r - 1(\geqslant 1)$ 成立, 往证定理对 r 也成立. 先证由(3.4.8)可以推出(3.4.9).

记

$$F(n_1, \cdots, n_{r-1}, x_r) := \sum_{\substack{d_i \mid n_i \\ (1 \leqslant i \leqslant r-1)}} g(d_1, \cdots, d_{r-1}, x_r), \tag{3.4.10}$$

由(3.4.8), 则得

$$f(n_1, \cdots, n_{r-1}, n_r) = \sum_{d_r \mid n_r} F(n_1, \cdots, n_r, d_r). \tag{3.4.11}$$

因定理对 $r = 1$ 和 $r - 1$ 成立, 故由(3.4.10)和(3.4.11)分别推得

$$g(n_1, \cdots, n_{r-1}, x_r) = \sum_{\substack{d_i \mid n_i \\ (1 \leqslant i \leqslant r-1)}} \mu(d_1) \cdots \mu(d_{r-1}) F\left(\frac{n_1}{d_1}, \cdots, \frac{n_{r-1}}{d_{r-1}}, x_r\right) \tag{3.4.12}$$

和

$$F(n_1, \cdots, n_T) = \sum_{d_r \mid n_r} \mu(d_r) f\left(n_1, \cdots, n_{r-1}, \frac{n_r}{d_r}\right). \tag{3.4.13}$$

在(3.4.12)中换 x_r 为 n_r, 再把(3.4.13)中的 $n_1, \cdots, n_{r-1}$ 分别换为 $\frac{n_1}{d_1}, \cdots, \frac{n_{r-1}}{d_{r-1}}$, 然后

代入变后的(3.4.12)，得

$$g(n_1,\cdots,n_{r-1},n_r) = \sum_{\substack{d_i|n_i \\ (1\leqslant i\leqslant r-1)}} \mu(d_1)\cdots\mu(d_{r-1}) \times \sum_{d_r|n_r} \mu(d_r) f\left(\frac{n_1}{d_1},\cdots,\frac{n_{r-1}}{d_{r-1}},\frac{n_r}{d_r}\right)$$

$$= \sum_{\substack{d_i|n_i \\ (1\leqslant i\leqslant r)}} \mu(d_1)\cdots\mu(d_r) f\left(\frac{n_1}{d_1},\cdots,\frac{n_r}{d_r}\right).$$

由(3.4.9)推出(3.4.8)的证明也是类似的. **证毕**.

现在应用定理 3.4.1 来解决有关圆形排列的一个问题. 所谓圆形排列，就是放在圆周上的一个排列，其相对位置相同而绝对位置不同的排列视为同一个排列. 当选定圆周的定向后，圆周上的元依次为 $a_1a_2\cdots a_n$ 的圆形排列，记为 $\odot a_1a_2\cdots a_n$. 为了避免混淆，有时把第一章中所介绍的排列称为线形排列. 一个圆形排列所包含的元的个数，叫做该圆形排列的长或长度. 一个圆形排列如果可由某一长为 k 的线形排列在圆周上重复若干次来产生，则把这种数 k 中的最小者称为该圆形排列的周期.

与线形排列的情况相类似，对圆形排列也可加限制条件 R. 符合条件 R 的圆形排列简称为 R 圆形排列. 例如，可重圆形排列，无重圆形排列，n 圆形排列，等等，这里 n 表圆形排列的长.

记集 $[1,r]$ 的 n 无重圆形排列的个数为 P_n^r. 求 P_n^r 的问题是容易解决的. 如果 $n>r$，则不存在任何一个 n 无重圆形排列. 如果 $n\leqslant r$，则 n 无重线形排列的个数为 $(r)_n$. 由于 n 无重线形排列与 n 无重圆形排列有下列对应关系：

$$\left.\begin{array}{l} a_1\ a_2\cdots a_{n-1}\ a_n \\ a_2\ a_3\cdots a_n\ a_1 \\ \cdots\cdots \\ a_n\ a_1\cdots a_{n-2}\ a_{n-1} \end{array}\right\} \Leftrightarrow \odot a_1a_2\cdots a_{n-1}a_n,$$

其中左节是 n 个不同的 n 无重线性排列，而右节只是一个 n 无重圆形排列，故 n 无重圆形排列数只是 n 无重线形排列数的 $\frac{1}{n}$，即是

$$\frac{1}{n}(r)_n.$$

考虑到当 $n>r$ 时，$(r)_n=0$，故最后得到

$$P_n^r = \frac{1}{n}(r)_n, \text{若 } n\gtreqless r, n>1.$$

为方便起见，约定

$$P_0^r = 1, 若 r \geqslant 0.$$

至于集 $[1,r]$ 上的 n 可重圆形排列的个数的求法，就要麻烦一些.

问题 3.4.1(可重圆形排列的个数问题)   把集 $[1,r]$ 的周期为 n 的 n 可重圆形排列的个数记为 $\underset{\circ}{M}_n := \underset{\circ}{M}_n^r$，集 $[1,r]$ 的 n 可重圆形排列的个数记为 $\underset{\circ}{U}_n^r$. 今欲求 $\underset{\circ}{M}_n^r$ 和 $\underset{\circ}{U}_n^r$ 的表达式.

由周期和长度的定义可知，周期一定是长度的因数. 当 $d \mid n$ 时，每一个周期是 d 的 d 可重圆形排列 $\odot a_1 \cdots a_d$ 可以重复 $\frac{n}{d}$ 次产生一个周期为 d 的 n 可重圆形排列

$$\odot \quad \underbrace{\underbrace{a_1 \cdots a_d}\ \underbrace{a_1 \cdots a_d}\ \cdots \underbrace{a_1 \cdots a_d}}_{\frac{n}{d}次}. \tag{3.4.14}$$

这种排列的每一个恰好对应于 d 个不同的 n 线形排列:

$$
\begin{aligned}
&a_1\ a_2 \cdots a_d \quad \cdots a_1\ a_2 \cdots a_d,\\
&a_2\ a_3 \cdots a_1 \quad \cdots a_2\ a_3 \cdots a_1,\\
&\cdots\cdots\\
&\underbrace{a_d\ a_1 \cdots a_{d-1} \cdots a_d a_1 \cdots a_{d-1}}_{\frac{n}{d}组},
\end{aligned}
\tag{3.4.15}
$$

而且一个(3.4.14)和一组(3.4.15)之间的对应是(1-1)的. 所以，周期是 d 的全部 n 可重圆形排列所对应的 n 可重线形排列的总数是 $d\underset{\circ}{M}_d$. 对所有可能的周期求和，得

$$\sum_{d\mid n} d\underset{\circ}{M}_d = r^n,$$

其右节的 r^n 是集 $[1,r]$ 的 n 可重线形排列数. 对上式施行 Möbius 反演，得

$$n\underset{\circ}{M}_n = \sum_{d\mid n} \mu(d) r^{\frac{n}{d}}. \tag{3.4.16}$$

于是有

定理 3.4.3

$$\overset{r}{\underset{\circ}{M}}_n = \frac{1}{n}\sum_{d|n}\mu(d)r^{\frac{n}{d}}, \tag{3.4.17}$$

$$\overset{r}{U}_n = \frac{1}{n}\sum_{d|n}\varphi(d)r^{\frac{n}{d}}, \tag{3.4.18}$$

这里 $\varphi(d)$ 为 Euler 函数.

证明　(3.4.17)即(3.4.16). 对(3.4.18)可推证如下:

$$\overset{r}{U}_n = \sum_{d|n}\overset{}{\underset{\circ}{M}}_d = \sum_{d|n}\frac{1}{d}\sum_{d_1|d}\mu(d_1)r^{\frac{d}{d_1}} = \sum_{d_1|n}\sum_{d_1|d|n}\frac{1}{d}\mu(d_1)r^{\frac{d}{d_1}}.$$

令 $\dfrac{d}{d_1}=k$ ，则有

$$\overset{r}{U}_n = \sum_{d_1|n}\sum_{k\left|\frac{n}{d_1}\right.}\frac{\mu(d_1)}{kd_1}r^k$$

$$= \sum_{k|n}\frac{r^k}{k}\sum_{d_1\left|\frac{n}{k}\right.}\frac{\mu(d_1)}{d_1}. \tag{3.4.19}$$

再由定理 3.2.4, 若 $n^* = p_1\cdots p_t$,则

$$\varphi(n) = \sum_{0\leqslant k\leqslant t}(-1)^k\sum_{1\leqslant i_1<\cdots<i_k\leqslant t}\frac{n}{p_{i_1}\cdots p_{i_k}}$$

$$= n\sum_{d|n}\frac{\mu(d)}{d}.$$

换 n 为 $\dfrac{n}{k}$ 并代入(3.4.19), 得

$$\overset{r}{U}_n = \sum_{k|n}\frac{r^k}{k}\varphi\left(\frac{n}{k}\right)\frac{k}{n} = \frac{1}{n}\sum_{k|n}\varphi\left(\frac{n}{k}\right)r^k$$

$$= \frac{1}{n}\sum_{k|n}\varphi(k)r^{\frac{n}{k}},$$

这就是(3.4.18). **证毕**.

问题 3.4.2　在集 $[1,r]$ 的 n 可重圆形排列中, 如果数 $i(1\leqslant i\leqslant r)$ 的重复次数恰为 b_i , 这里自然有 $b_1+\cdots+b_r=n$, 则称这样的排列是一个 $(b_1,\cdots,b_r)$ 圆形排列.

周期是 n 的 $(b_1, \cdots, b_r)$ 圆形排列的个数记为 $\underset{\circ}{M}(b_1, \cdots, b_r)$, 全体 $(b_1, \cdots, b_r)$ 圆形排列的个数记为 $\underset{\circ}{U}(b_1, \cdots, b_r)$. 欲求 $\underset{\circ}{M}(b_1, \cdots b_r)$ 和 $\underset{\circ}{U}(b_1, \cdots, b_r)$ 的表达式.

设 $\odot a_1 a_2 \cdots a_n$ 是一个 $(b_1, \cdots, b_r)$ 圆形排列, 其周期为 d 且由 $\odot a_1 a_2 \cdots a_d$ 重复 k 次就生成了 $\odot a_1 a_2 \cdots a_n$. 那么, 必有

$$dk = n, \frac{n}{d}\Big|(b_1, \cdots, b_r), \tag{3.4.20}$$

这里 $(b_1, \cdots, b_r)$ 记 $b_1, \cdots, b_r$ 诸数的最大公因数. 这是因为, 如果在 $\odot a_1 a_2 \cdots a_d$ 中, 数 i 的重复次数为 b_i', 则在 $\odot a_1 a_2 \cdots a_n$ 中, 数 i 的重复次数就是 $\frac{n}{d} b_i' = b_i$. 由此推出

$$d \mid n, \frac{n}{d}\Big|b_i \, (1 \leqslant i \leqslant r),$$

和

$$b_i' = \frac{b_i}{n/d}, \sum_{1 \leqslant i \leqslant r} b_i' = d. \tag{3.4.21}$$

由 (3.4.14) 和 (3.4.15) 的对应关系可知, 周期是 d 的一切 $(b_1', \cdots, b_r')$ 圆形排列恰与 $d\underset{\circ}{M}(b_1', \cdots, b_r')$ 个 n 可重线形排列相对应. 已知 $(b_1, \cdots, b_r)$ 线形排列的个数是

$$\frac{n!}{b_1! \cdots b_r!},$$

故

$$\sum_{\substack{d\mid n \\ \frac{n}{d}\mid(b_1,\cdots,b_r)}} d\underset{\circ}{M}(b_1', \cdots, b_r') = \frac{n!}{b_1! \cdots b_r!},$$

是即

$$\sum_{\substack{d\mid n \\ \frac{n}{d}\mid(b_1,\cdots,b_r)}} d\underset{\circ}{M}\left(\frac{b_1}{n/d}, \cdots, \frac{b_r}{n/d}\right) = \frac{n!}{b_1! \cdots b_r!}.$$

换 $\frac{n}{d}$ 为 d_1, 记 $(b_1, \cdots, b_r) = m, b_i = \overline{b}_i m \, (1 \leqslant i \leqslant r)$, 上式化为

$$\sum_{d_1|m}\left(\overline{b}_1+\cdots+\overline{b}_r\right)\frac{m}{d_1}\overset{\circ}{M}\left(\overline{b}_1\frac{m}{d_1},\cdots,\overline{b}_r\frac{m}{d_1}\right)=\frac{\left[\left(\overline{b}_1+\cdots+\overline{b}_r\right)m\right]!}{(\overline{b}_1m)!\cdots(\overline{b}_rm)!}. \qquad (3.4.22)$$

今把

$$\left(\overline{b}_1+\cdots+\overline{b}_r\right)\frac{m}{d_1}\overset{\circ}{M}\left(\overline{b}_1\frac{m}{d_1},\cdots,\overline{b}_r\frac{m}{d_1}\right)$$

看作函数 $g\left(\dfrac{m}{d_1}\right)$，因 $\overline{b}_1,\cdots,\overline{b}_r$ 不随 m,d_1 而变，故由 (3.4.22)，(3.4.4′) 和反演公式得

$$(b_1+\cdots+b_r)\overset{\circ}{M}(b_1,\cdots,b_r)=\left(\overline{b}_1+\cdots+\overline{b}_r\right)m\overset{\circ}{M}(\overline{b}_1m,\cdots,\overline{b}_rm)$$

$$=\sum_{d|m}\mu(d)\frac{\left[\left(\overline{b}_1+\cdots+\overline{b}_r\right)\dfrac{m}{d}\right]!}{\left(\overline{b}_1\dfrac{m}{d}\right)!\cdots\left(\overline{b}_r\dfrac{m}{d}\right)!}$$

$$=\sum_{d|m}\mu(d)\frac{\dfrac{n}{d}!}{\dfrac{b_1}{d}!\cdots\dfrac{b_r}{d}!}.$$

从而

$$\overset{\circ}{M}(b_1,\cdots,b_r)=\frac{1}{n}\sum_{d|(b_1,\cdots,b_r)}\mu(d)\frac{\dfrac{n}{d}!}{\dfrac{b_1}{d}!\cdots\dfrac{b_r}{d}!}. \qquad (3.4.23)$$

另一方面，

$$\mho(b_1,\cdots,b_r)=\sum_{\substack{d|n\\ \frac{n}{d}|(b_1,\cdots,b_r)}}\overset{\circ}{M}\left(\frac{b_1}{n/d},\cdots,\frac{b_r}{n/d}\right)$$

$$=\sum_{\substack{d|n\\ \frac{n}{d}|(b_1,\cdots,b_r)}}\frac{1}{d}\sum_{d_1\left|\left(\frac{b_1}{n/d},\cdots,\frac{b_r}{n/d}\right)\right.}\mu(d_1)\frac{\dfrac{d}{d_1}!}{\left(\dfrac{b_1}{n/d}\Big/d_1\right)!\cdots\left(\dfrac{b_r}{n/d}\Big/d_1\right)!}.$$

$$(3.4.24)$$

因为上式的求和范围

$$d \mid n,$$

$$\frac{n}{d} \Big| (b_1, \cdots, b_r),$$ (3.4.25)

$$d_1 \left| \left(\frac{b_1}{n/d}, \cdots, \frac{b_r}{n/d} \right) \right.$$

等价于

$$d \mid n,$$

$$\frac{n}{d} \Big| (b_1, \cdots, b_r),$$

$$d_1 \mid d,$$

$$\frac{n}{(b_1, \cdots, b_r)} \left| \frac{d}{d_1} \right.,$$

若令 $\dfrac{d}{d_1} = k$, 则 (3.4.25) 等价于

$$k \mid n,$$

$$\frac{n}{k} \Big| (b_1, \cdots, b_r),$$ (3.4.26)

$$d_1 \left| \frac{n}{k} \right..$$

又因

$$\frac{b_i}{n/d} \bigg/ d_1 = \frac{b_i}{n \Big/ \dfrac{d}{d_1}} = \frac{b_i}{n/k} (1 \leqslant i \leqslant r),$$

故由 (3.4.26) 和 (3.4.24) 得出

$$\mho(b_1, \cdots, b_r) = \sum_{\substack{k \mid n \\ \frac{n}{k} \mid (b_1, \cdots, b_r)}} \frac{1}{n} \left(\frac{n}{k} \sum_{d_1 \mid \frac{n}{k}} \frac{\mu(d_1)}{d_1} \right) \frac{k!}{\dfrac{b_1}{n/k}! \cdots \dfrac{b_r}{n/k}!}$$

$$= \sum_{\substack{k \mid n \\ \frac{n}{k} \mid (b_1, \cdots, b_r)}} \frac{1}{n} \varphi\left(\frac{n}{k}\right) \frac{k!}{\dfrac{b_1}{n/k}! \cdots \dfrac{b_r}{n/k}!}.$$

换 $\dfrac{n}{k}$ 为 d, 得

$$U(b_1,\cdots,b_r)=\frac{1}{n}\sum_{d\mid(b_1,\cdots,b_r)}\varphi(d)\frac{\dfrac{n}{d}!}{\dfrac{b_1}{d}!\cdots\dfrac{b_r}{d}!} \tag{3.4.27}$$

这就得出了

定理 3.4.4　$\overset{\circ}{M}(b_1,\cdots,b_r)$ 和 $U(b_1,\cdots,b_r)$ 分别由(3.4.23)和(3.4.27)给出.

3.5　偏序集上的 Möbius 反演

在 3.4 中讨论了自然数集 $\mathbb{N}$ 上的 Möbius 反演, 在 3.1 中讨论了容斥原理. 在后一种情形, 当然可以把公式(3.1.6)看成由定义就可推出的平凡的等式

$$W_r=\sum_{k\geqslant r}W(k)$$

的反演. 这两种反演表面上看来是绝不相同的, 它们在实质上有没有联系呢?本节要论证的是, 这二者都是更广的一类反演的特款. 为此, 首先引进一些定义.

定义 3.5.1　设 A 是一个给定的集, R 是 $A\times A$ 的一个子集,则称 R 是 A 上的一个二元关系, 如果 A 中的两个元 a_1 和 a_2 符合

$$(a_1,a_2)\in R,$$

就说元 a_1 与 a_2 有关系 R, 且记为

$$a_1Ra_2.$$

定义 3.5.2　设 P 是一个非空集, 且在 P 上有两个关系 "$\geqslant$" 和 "$=$", 使得下面的公理成立:

$PO1.$ 对 P 中每一元 x 都有 $x\geqslant x$;

$PO2.$ 若 $x\geqslant y$ 且 $y\geqslant z$,则 $x\geqslant z$;

$PO3.$ 若 $x\geqslant y$ 且 $y\geqslant x$,则 $x=y$.

那么, 就把关系 "$\geqslant$" 叫做 P 上的一个偏序关系, 关系 "$=$" 叫做 P 上的一个 "相等关系"."$x\geqslant y$" 读为 "x 包含 y","$x=y$" 读为 "x 等于 y". 而且把 P 叫做一个偏序集.

今后若无特殊声明, 偏序集的两个关系均采用记号 "$\geqslant$" 和 "$=$".

定义 3.5.3　若 P 是一个偏序集，且满足

$$PO4. 若 x,y \in P, 则必有$$

$$x \geqslant y \ 或 \ y \geqslant x,$$

则 P 叫做一个全序集，又叫做一个链.

为方便计，常把 $y \leqslant x$ 作为 $x \geqslant y$ 的另一写法. 若 $x \geqslant y$ 且 $x \neq y$，又写为 $x > y$. 若 $y \leqslant x$ 且 $x \neq y$，又写为 $y < x$.

偏序集的两个重要的特例是

例 3.5.1　以一个有限集 T 的子集作为 P 的元，把空集记为 0，把 T 本身记为 1，而 $y \leqslant x$ 意指 y 是 x 的一个子集.

例 3.5.2　P 的元是所有的正整数，而 $y \leqslant x$ 意指 $y \mid x$.

对这两种情况都很容易验证它们满足偏序集的公理.

定义 3.5.4　若 T 是偏序集 P 的一个子集，且 P 的一个元 x 对于 T 的每一个 t 都有 $x \leqslant t$，则把 x 叫做 T 的下界. 若 z 是 T 的一个下界使得对于 T 的每一个下界 x 都有 $x \leqslant z$，则把 z 叫做 T 的最大下界，若对 T 的每一个 t 都有 $x \geqslant t$，则把 x 叫做 T 的上界. 若 z 是 T 的一个上界使得对于每一个上界 x 都有 $x \geqslant z$，则把 z 叫做 T 的最小上界. 若 P 自身有一个最大下界，就把它叫做 P 的零元. 若 P 自身有一个最小上界，就把它叫做 P 的全元，又叫单位元. 集

$$[x,y] := \{w \in P \mid x \leqslant w \leqslant y\}, x,y \in P$$

叫做由 x 到 y 的区间. 若

$$[x,y] = \{x,y\},$$

就说元 y 覆盖了元 x. 若对 P 的每一区间 $[x,y]$，都有

$$\|[x,y]\| < \infty,$$

就说 P 是局部有限偏序集.

从 $PO3$ 得知，若 T 有一个最大下界，则它是唯一的；若 T 有一个最小上界，则它也是唯一的.

设 P 是一个局部有限偏序集. 今考虑定义在 $P \times P$ 上而取值在域 F 中的函数类：

$$\mathscr{F} = \{f(x,y) \mid f(x,y) = 0, 若 x \not\leqslant y\}. \tag{3.5.1}$$

定义 3.5.5　$\mathscr{F}$ 中的两个函数的和、差、点乘(简称为乘)，以及 F 中的元对 $\mathscr{F}$ 中的函数的数乘，与普通函数间的相应运算一样，记法也一样：

$$f(x,y) \pm g(x,y), f(x,y) \cdot g(x,y) = f(x,y)g(x,y),$$
$$cf(x,y).$$

两个函数的乘法用"*"表示，称为*乘，*乘的结果叫*积，定义为

$$f(x,y) * g(x,y) = \sum_{x \leqslant z \leqslant y} f(x,z)g(z,y), x,y \in P. \tag{3.5.2}$$

因为 P 是局部有限的，故(3.5.2)中的和为有限和. 其次，若 $x \not\leqslant y$，则 $f(x,y) * g(x,y)$ 的和式为空和，其值为零 $0 \in F$. 再者，$\mathscr{F}$ 中二个函数的*积仍在 $\mathscr{F}$ 中. 所以这样的乘法定义是合理的.

定义 3.5.6 函数集(3.5.1)依定义 3.5.5 中的运算组成的代数系统记为 $A(p)$，叫做局部有限偏序集 P 上的关联代数.

引理 3.5.1 $A(p)$ 中的*乘满足结合律，*乘对加法满足分配律：

$$[f(x,y) * g(x,y)] * h(x,y) = f(x,y) * [g(x,y) * h(x,y)], \tag{3.5.3}$$

$$f(x,y) * [g(x,y) + h(x,y)] = f(x,y) * g(x,y) + f(x,y) * h(x,y). \tag{3.5.4}$$

证明 记

$$k(x,w) = f(x,w) * g(x,w) = \sum_{x \leqslant z \leqslant w} f(x,z)g(z,w),$$

$$l(z,y) = g(z,y) * h(z,y) = \sum_{z \leqslant w \leqslant y} g(z,w)h(w,y),$$

则

$$\begin{aligned}
[f(x,y) * g(x,y)] * h(x,y) &= k(x,y) * h(x,y) \\
&= \sum_{x \leqslant w \leqslant y} k(x,w)h(w,y) \\
&= \sum_{x \leqslant w \leqslant y} \sum_{x \leqslant z \leqslant w} f(x,z)g(z,w)h(w,y) \\
&= \sum_{x \leqslant z \leqslant y} f(x,z) \left[\sum_{z \leqslant w \leqslant y} g(z,w)h(w,y) \right] \\
&= \sum_{x \leqslant z \leqslant y} f(x,z)l(z,y) \\
&= f(x,y) * l(x,y) = f(x,y) * [g(x,y) * h(x,y)],
\end{aligned}$$

这就是(3.5.3).(3.5.4)的证明也是直接的：

$$f(x,y)*[g(x,y)+h(x,y)] = \sum_{x\leqslant z\leqslant y} f(x,z)[g(z,y)+h(z,y)]$$
$$= \sum_{x\leqslant z\leqslant y} [f(x,z)g(z,y)+f(x,z)h(z,y)]$$
$$= \sum_{x\leqslant z\leqslant y} f(x,z)g(z,y) + \sum_{x\leqslant z\leqslant y} f(x,z)h(z,y)$$
$$= f(x,y)*g(x,y) + f(x,y)*h(x,y).$$

证毕.

由直按计算还可得出

引理 3.5.2 $A(P)$中对$*$乘运算有唯一一个单位函数，即，使

$$\delta(x,y)*f(x,y) = f(x,y)*\delta(x,y) = f(x,y) \tag{3.5.5}$$

对 $A(P)$ 中的任意函数 $f(x,y)$ 都成立的函数 $\delta(x,y)$：

$$\delta(x,y) = \begin{cases} 1,若 x=y, \\ 0,若 x\neq y. \end{cases} \tag{3.5.6}$$

现在转而讨论 $A(P)$ 中 $*$ 乘的逆运算，即 $*$ 除的问题，也即在 $*$ 乘之下一个函数的逆——称为 $*$ 逆——的问题.

引理 3.5.3 $A(P)$中的函数，$f(x,y)$有左 $*$ 逆存在的充要条件是

$$f(x,x) \neq 0, x\in P. \tag{3.5.7}$$

这也是存在右 $*$ 逆的充要条件. 若条件(3.5.7)满足，则左 $*$ 逆和右 $*$ 逆都是唯一的，而且二者相同，就称为星逆.

证明 对左、右 $*$ 逆的情形是完全类似的，这里只对左 $*$ 逆的情形加以证明.

若 $f(x,y)$ 的左 $*$ 逆存在，设为 $g(x,y)$，则

$$g(x,y)*f(x,y) = \delta(x,y).$$

在上式中代入 $y=x$,得

$$1 = g(x,x)*f(x,x) = g(x,x)f(x,x), \tag{3.5.8}$$

故有(3.5.7). 这就证明了条件的必要性.

若(3.5.7)成立，可用归纳法证明对任意 y，都可确定函数值 $g(x,y)$（对所有 $x\in P$）符合

$$g(x,y)*f(x,y) = \delta(x,y). \tag{3.5.9}$$

当 $y=x$ 时,(3.5.9)就是(3.5.8). 当 $y>x$ 时，设对任意的 $z(x\leqslant z<y)$：有唯一的函

数值 $g(x,z)$ 符合

$$g(x,z) * f(x,z) = \delta(x,z). \tag{3.5.10}$$

那么，令

$$g(x,y) * f(x,y) = \sum_{x \leqslant z \leqslant y} g(x,z)f(z,y) = \begin{cases} 0, 若 x < y, \\ 1, 若 x = y \end{cases}$$

的函数值 $g(x,w)(w \leqslant y)$ 为

$$g(x,w) = \begin{cases} -\dfrac{1}{f(y,y)} \displaystyle\sum_{x \leqslant z < y} g(x,z)f(z,y), & 若 w = y, \\ g(x,z), & 若 x \leqslant w = z < y. \end{cases} \tag{3.5.11}$$

而且由(3.5.7)和归纳法假设,(3.5.11)存在且唯一.

若 $g_1(x,y)$ 和 $g_2(x,y)$ 分别为 $f(x,y)$ 的左 $*$ 逆和右 $*$ 逆，则

$$g_1(x,y) * f(x,y) = \delta(x,y),$$
$$f(x,y) * g_2(x,y) = \delta(x,y).$$

由此可得

$$g_2(x,y) = \delta(x,y) * g_2(x,y) = g_1(x,y) * f(x,y) * g_2(x,y)$$
$$= g_1(x,y) * \delta(x,y) = g_1(x,y).$$

至此，引理就全部证毕.

定义 3.5.7 $A(p)$ 中的函数

$$\zeta(x,y) = \begin{cases} 1, 若 x \leqslant y, \\ 0, 若 x \not\leqslant y, \end{cases}$$

叫做 ζ 函数, ζ 函数的 $*$ 逆叫做 Möbius 函数，记为 $\mu(x,y)$.

因为 $\zeta(x,y)$ 满足(3.5.7), 故 $\mu(x,y)$ 存在而且唯一，且既是 $\zeta(x,y)$ 的左 $*$ 逆，又是右 $*$ 逆，合于

$$\mu(x,y) = \begin{cases} 1, & 若 x = y, \\ -\displaystyle\sum_{x \leqslant z < y} \mu(x,z), & 若 x < y, \\ -\displaystyle\sum_{x < z \leqslant y} \mu(z,y), & 若 x < y. \end{cases} \tag{3.5.12}$$

现在来定出例 3.5.2 中的偏序集上的关联代数的 Möbius 函数.

此时，对任一区间 $[x,y], z \in [x,y]$（即 $x \leqslant z \leqslant y$）成立的充要条件是

$$z = xd, y = zc = xdc,$$

即

$$x \mid y, \ d \mid \frac{y}{x}.$$

这样的 z 与 d 是(1-1)对应的. 由(3.5.12)，知

$$\sum_{x \leqslant z \leqslant y} \mu(x,z) = \begin{cases} 1, & 若 x = y, \\ 0, & 若 x \neq y. \end{cases} \tag{3.5.13}$$

把此式与引理 3.4.1 比较：当 $x \mid y$ 时，

$$\sum_{d \mid \frac{y}{x}} \mu(d) = \begin{cases} 1, & 若 \frac{y}{x} = 1, \\ 0, & 若 \frac{y}{x} > 1; \end{cases}$$

再由 $*$ 逆的唯一性，得

$$\mu(x,y) = \mu\left(\frac{y}{x}\right).$$

这样一来，定理 3.4.1 可以改写为：等式

$$f(n) = \sum_{1 \leqslant d \leqslant n} g(d), \quad 一切 n \in \mathbb{N}$$

成立的充要条件是

$$g(n) = \sum_{1 \leqslant d \leqslant n} \mu(d,n)f(d), \quad 一切 n \in \mathbb{N}.$$

这里，为了区别自然数的大小顺序和例 3.5.2 中的偏序，将后者用 "$\leqslant$" 表示.

自然而然地发生了一个问题：对任意的局部有限偏序集，有无类似的反演公式呢？下面的定理回答了这个问题.

定理 3.5.1(G.C.Rota[1])   设 P 是一个局部有限偏序集，a 为其中任一固定元，$f(x)$ 和 $g(x)$ 是定义在 P 上且在某一个加群 G 中取值的函数. 那么，等式

$$g(x) = \sum_{a \leqslant y \leqslant x} f(y), \quad 一切 x \in P \tag{3.5.14}$$

成立的充要条件是

$$f(x) = \sum_{a \leqslant y \leqslant x} g(y)\mu(y,x), \quad 一切 x \in P. \tag{3.5.15}$$

这里求和运算是在群环 $F(G)$ 中进行的.

证明 若(3.5.14)成立，则

$$\sum_{a\leqslant y\leqslant z} g(y)\mu(y,x) = \sum_{a\leqslant y\leqslant x}\sum_{a\leqslant z\leqslant y} f(z)\mu(y,x)$$

$$= \sum_{a\leqslant z\leqslant x} f(z)\sum_{z\leqslant y\leqslant x}\mu(y,x) = f(x).$$

最后一个等式之成立是因(3.4.13)的缘故. 反之，若(3.5.15)成立，则

$$\sum_{a\leqslant y\leqslant x} f(y) = \sum_{a\leqslant y\leqslant x}\sum_{a\leqslant x\leqslant y} g(z)\mu(z,y)$$

$$= \sum_{a\leqslant z\leqslant x} g(z)\sum_{z\leqslant y\leqslant x}\mu(z,y)$$

$$= g(x).$$

定理证毕.

现在来看看，把定理 3.5.1 用于例 3.5.1 的偏序集能得出什么结果. 首先确定其上的关联代数的 Möbius 函数.

引理 3.5.4 对例 3.5.1 的偏序集上的关联代数，其 Möbius 函数为

$$\mu(x,y) = \begin{cases} 0, & \text{若 } x\not\leqslant y, \\ (-1)^{|y|-|x|}, & \text{若 } x\leqslant y. \end{cases} \tag{3.5.16}$$

证明 若 $x\leqslant y$ 且 $|y|-|x|=0$，则 $y=x$. 此时(3.5.16)给出 $\mu(x,x)=1$. 这与 Möbius 函数的性质一致. 今对 $|y|-|x|$ 用数学归纳法来证明(3.5.16). 设 $y\geqslant x, |y|-|x|\leqslant r-1(r\geqslant 1)$ 时，(3.5.16)成立，往证 $y\geqslant x, |y|-|x|=r$ 时，(3.5.16) 也成立. 由(3.5.12)，有

$$\mu(x,y) = -1 + \binom{r}{1} - \binom{r}{2} + \cdots + (-1)^{j+1}\binom{r}{j} + \cdots + (-1)^r\binom{r}{r-1}. \tag{3.5.17}$$

这是因为，有 $\binom{r}{j}$ 个 z 满足 $x\leqslant z < y$ 和 $|z|-|x|=j$；实际上，z 就是对 x 添上 y 中不属于 x 的 j 个元所得出的 T 的子集，而 y 中有 r 个元不属于 x，所以有 $\binom{r}{j}$ 个取法，由(3.5.17)立得

$$\mu(x,y) = (-1)^r.$$

当 $x \not\leqslant y$ 时, 由 $\mu(x,y) \in A(P)$, 立得其值为零. **证毕**.

引理 3.5.5 若 $P_1, \cdots, P_n$ 是 n 个局部有限偏序集, P_i 中的序为 "$\underset{i}{\leqslant}$", 则依下述法则在 $P_1 \times \cdots \times P_n$ 中定义的关系 "$\leqslant$" 是一个偏序:

$$(x_1, \cdots, x_n) \leqslant (y_1, \cdots, y_n), \ x_i, y_i \in P_i (1 \leqslant i \leqslant n)$$

意指

$$x_i \underset{i}{\leqslant} y_i \ (1 \leqslant i \leqslant n).$$

若关联代数 $A(P_i)$ 中的 Möbius 函数为 $\mu_{p_i}(x_i, y_i) \ (1 \leqslant i \leqslant n)$, 则关联代数 $A(P_1 \times \cdots \times P_n)$ 上的 Möbius 函数为

$$\mu(x,y) = \prod_{1 \leqslant i \leqslant n} \mu_{P_i}(x_i, y_i), x_i, y_i \in P_i (1 \leqslant i \leqslant n).$$

这里

$$x = (x_1, \cdots, x_n), \ y = (y_1, \cdots, y_n).$$

证明 引理的第一部分易由直接验证 $PO1$—$PO3$ 来完成. 现在来证明引理的第二部分.

因为 $A(P_1 \times \cdots \times P_n)$ 中的 ζ 函数是

$$\zeta(x,y) = \begin{cases} 1, & \text{若 } x \leqslant y, \\ 0, & \text{若 } x \not\leqslant y, \end{cases} x, y \in P_1 \times \cdots \times P_n,$$

故当 $x = (x_1, \cdots, x_n), \ y = (y_1, \cdots, y_n)$ 时,

$$\begin{aligned}
\zeta(x,y) * \left(\prod_{1 \leqslant i \leqslant n} \mu_{P_i}(x_i, y_i) \right) &= \sum_{x \leqslant z \leqslant y} \zeta(x,z) \prod_{1 \leqslant i \leqslant n} \mu_{P_i}(z_i, y_i) \\
&= \sum_{\substack{x_i \underset{i}{\leqslant} z_i \underset{i}{\leqslant} y_i \\ (1 \leqslant i \leqslant n)}} \mu_{p_1}(z_1, y_1) \cdots \mu_{P_n}(z_n, y_n) \\
&= \prod_{1 \leqslant i \leqslant n} \sum_{x_i \underset{i}{\leqslant} z_i \underset{i}{\leqslant} y_i} \mu_{P_i}(z_i, y_i),
\end{aligned}$$

其中 $z = (z_1, \cdots, z_n)$. 因为根据(3.5.12), 有

$$\sum_{x_i \underset{i}{\leqslant} z_i \underset{i}{\leqslant} y_i} \mu_{P_i}(z_i, y_i) = \begin{cases} 1, & \text{若 } y_i = x_i, \\ 0, & \text{若 } y_i \neq x_i, \end{cases}$$

故

$$\prod_{1\leqslant i\leqslant n}\sum_{x_i\leqslant z_i\leqslant y_i}\mu_{P_1}(z_i,y_i)=\begin{cases}1,\ \text{若}\ y=x,\\0,\ \text{若}\ y\neq x.\end{cases}$$

这就是说,

$$\zeta(x,y)*\left(\prod_{1\leqslant i\leqslant n}\mu_{P_i}(x_i,y_i)\right)=\delta(x,y).$$

证毕.

把定理 3.5.1 应用于 $P_1\times P_2\times\cdots\times P_n$,就产生了.

定理 3.5.2 设 $P_i(1\leqslant i\leqslant n)$ 是局部有限偏序集,a_i 为其中的一个定元. 若对任意的 $x_i\underset{i}{\geqslant}a_i$, $x_i\in P_i(1\leqslant i\leqslant n)$,均有

$$g(x_1\cdots,x_n)=\sum_{\substack{a_i\leqslant y_i\leqslant x_i\\(1\leqslant i\leqslant n)}}f(y_1,\cdots,y_n),$$

那么,对任意的 $x_i\underset{i}{\geqslant}a_i$, $x_i\in P_i(1\leqslant i\leqslant n)$, 就有

$$f(x_1\cdots,x_n)=\sum_{\substack{a_i\leqslant y_i\leqslant x_i\\(1\leqslant i\leqslant n)}}g(y_1,\cdots,y_n)\prod_{1\leqslant j\leqslant n}\mu_{P_j}(y_j,x_j),$$

且反之亦然.

沿用 3.1 和 3.3 的记号,且记

$$f(Y_1,\cdots,Y_n)=\sum_{\substack{a\text{恰合}P\\(1\leqslant i\leqslant n)\ i'T_i\backslash Y_i}}w(a),\quad Y_i\subseteq T_i(1\leqslant i\leqslant n).$$

今考虑集 N 的全体子集,以集的包含关系"$\subseteq$"为序关系的偏序集 P 的 n 次直幂 $P\times\cdots\times P$.

如果

$$g(Z_1,\cdots,Z_n)=\sum_{\substack{U_i\subseteq Z_i\\(1\leqslant i\leqslant n)}}f(U_1,\cdots,U_n)$$

则

$$g(Z_1,\cdots,Z_n)=\sum_{\substack{a\in A\\a\text{合}P_i,T_i\backslash Z_i\\(1\leqslant i\leqslant n)}}w(a).$$

在定理 3.5.2 中取 $a_i = \varnothing (1 \leqslant i \leqslant n)$，由

$$g(T_1 \setminus X_1, \cdots, T_n \setminus X_n) = \sum_{\substack{U_i \subseteq T_i \setminus X_i \\ (1 \leqslant i \leqslant n)}} f(U_1, \cdots, U_n)$$

和引理 3.5.4 和引理 3.5.5 推得

$$f(T_1 \setminus X_1, \cdots, T_n \setminus X_n) = \sum_{\substack{U_j \subseteq T_i \setminus X_i \\ (1 \leqslant i \leqslant n)}} g(U_1, \cdots, U_n) \prod_{1 \leqslant j \leqslant n} \mu(U_j, T_j \setminus X_j)$$

$$= \sum_{\substack{U_j \subseteq T_i \setminus X_i \\ (1 \leqslant i \leqslant n)}} g(U_1, \cdots, U_n)(-1)^{\sum\limits_{1 \leqslant i \leqslant n}(|T_i \setminus X_i| - |U_i|)}$$

$$= \sum_{\substack{0 \leqslant j_i \leqslant |T_i \setminus X_i| \\ (1 \leqslant i \leqslant n)}} (-1)^{j_1 + \cdots + j_n} \sum_{\substack{a \in A \\ a \text{合} P_v, Y_v \\ Y_v \supseteq X_v, |Y_v| = X_v + j_v \\ (1 \leqslant v \leqslant n)}} w(a).$$

因此，对任意一组固定的正整数 $r_1, \cdots, r_n$，有

$$\sum_{\substack{X_i \subseteq T_i \\ |X_i| = r_i \\ (1 \leqslant i \leqslant n)}} f(T_1 \setminus X_1, \cdots, T_n \setminus X_n) = \sum_{\substack{0 \leqslant j_t \leqslant m_t - r_t \\ (1 \leqslant t \leqslant n)}} (-1)^{j_1 + \cdots + j_n} \sum_{\substack{X_i \subseteq T_i \\ |X_i| = r_i \\ (1 \leqslant i \leqslant n)}} \sum_{\substack{a \in A \\ a \text{合} P_v, Y_v \\ Y_v \supseteq X_v, |Y_v| = r_v + j_v \\ (1 \leqslant v \leqslant n)}} w(a)$$

$$= \sum_{\substack{r_i \leqslant k_i \leqslant m_i \\ (1 \leqslant i \leqslant n)}} (-1)^{\sum\limits_{1 \leqslant l \leqslant n}(k_l - r_l)} \prod_{1 \leqslant j \leqslant n} \binom{k_j}{r_j} W_{k_1, \cdots, k_n}.$$

$$(3.5.18)$$

另一方面，由 $f(Y_1, \cdots, Y_n)$ 的定义可得

$$\sum_{\substack{X_i \subseteq T_i \\ |X_i| = r_i \\ (1 \leqslant i \leqslant n)}} f(T_1 \setminus X_1, \cdots, T_n \setminus X_n) = \sum_{\substack{X_i \subseteq T_i \\ |X_i| = r_i \\ (1 \leqslant i \leqslant n)}} \sum_{\substack{a \in A \\ a \text{恰合} P_j, X_j \\ (1 \leqslant i \leqslant n)}} w(a)$$

$$= \sum_{\substack{a \in A \\ a \text{恰合} P_i, X_i \\ X_i \subseteq T_i, |X_i| = r \\ (1 \leqslant i \leqslant n)}} w(a) = w(r_1, \cdots, r_n).$$

$$(3.5.19)$$

结合 (3.5.18) 和 (3.5.19) 即得定理 3.3.1 这就给出了定理 3.3.1 的第二个证明.

在上述推导中，令 $n = 1$ 所得到的特殊情形就是定理 3.1.1 的另一个证明.

因此，容斥原理及其推广和普通的 Möbius 反演都可由偏序集上的 Möbius 反

演来加以统一.

3.6 其他一些反演

还有一类反演公式，推导容易，应用起来也很方便.

定理 3.6.1 设 $f(n), g(n), h(n)$ 是定义在非负整数集 $\mathbb{N}^\circ$ 上的三个函数，且 $h(0) \neq 0$. 那么，由

$$f(n) = \sum_{0 \leqslant i \leqslant n} \binom{n}{i} h(i) g(n-i), \quad \text{一切 } n \in \mathbb{N}^\circ \tag{3.6.1}$$

成立，就可推出

$$g(n) = \sum_{0 \leqslant i \leqslant n} \binom{n}{i} \tilde{h}(i) f(n-i), \quad \text{一切 } n \in \mathbb{N}^\circ \tag{3.6.2}$$

成立，这里数列 $\big(\tilde{h}(i)\big)_{i \geqslant 0}$ 的指母函数是数列 $\big(h(i)\big)_{i \geqslant 0}$ 的指母函数的逆，亦即 $\tilde{h}(i)$ 符合以下关系：

$$\sum_{0 \leqslant j \leqslant i} \binom{i}{j} \tilde{h}(j) h(i-j) = \begin{cases} 1, & \text{若 } i = 0, \\ 0, & \text{若 } i > 0. \end{cases} \tag{3.6.3}$$

反之，由(3.6.2)成立也可推出(3.6.1)成立.

证明 定义四个指母函数如下：

$$F(x) := \sum_{n \geqslant 0} f(n) \frac{x^n}{n!},$$

$$G(x) := \sum_{n \geqslant 0} g(n) \frac{x^n}{n!},$$

$$H(x) := \sum_{n \geqslant 0} h(n) \frac{x^n}{n!},$$

$$\widetilde{H}(x) := \sum_{n \geqslant 0} \tilde{h}(n) \frac{x^n}{n!}.$$

由(3.6.1)可得

$$F(x) = G(x) H(x), \tag{3.6.4}$$

因而

$$G(x) = F(x)(H(x))^{-1} = F(x)\widetilde{H}(x). \tag{3.6.5}$$

比较(3.6.5)的首末二式的诸系数即得(3.6.2). 反之, 由(3.6.2)可得(3.6.5), 因而有 (3.6.4), 比较其中诸系数即得(3.6.1). **证毕**.

经常用到的是下面的推论:

系 1 如果 $f(n), g(n)$ 是定义在 $\mathbb{N}^\circ$ 上的二个函数, 且 $c \neq 0$ 为任一复常数. 那 么, 由

$$f(n) = \sum_{0 \leqslant i \leqslant n} c^i \binom{n}{i} g(n-i), \quad \text{一切 } n \in \mathbb{N}^\circ \tag{3.6.6}$$

成立, 则可推得

$$g(n) = \sum_{0 \leqslant i \leqslant n} (-c)^i \binom{n}{i} f(n-i), \quad \text{一切 } n \in \mathbb{N}^\circ \tag{3.6.7}$$

成立. 且反之亦然.

系 2 如果 $f(n), g(n)$ 是定义在 $\mathbb{N}^\circ$ 上的二个函数. 那么, 由

$$f(n) = \sum_{0 \leqslant i \leqslant n} \binom{n}{i} g(n-i), \quad \text{一切 } n \in \mathbb{N}^\circ$$

成立, 则可推得

$$g(n) = \sum_{0 \leqslant i \leqslant n} (-1)^i \binom{n}{i} f(n-i), \quad n \in \mathbb{N}^\circ$$

也成立. 且反之亦然.

在定理 3.6.1 中令 $h(n) = c^n$, 由例 2.1.5, 即得系 1; 令 $c = 1$, 即得系 2.

问题 3.2.1 也可用系 2 来解决.

把集 $[1, n]$ 的全排列这样分类: 其中恰有 $r(0 \leqslant r \leqslant n)$ 个保位, $n-r$ 个更位者 属于一类, 这一类中排列的个数是

$$\binom{n}{r} D_{n-r}.$$

系数 $\binom{n}{r}$ 是 r 个保位的选择方法的个数, D_{n-r} 是选定 r 个保位后, 余下的 $n-r$ 个 元对余下的 $n-r$ 个位的更列的个数. 对 r 求和, 得

$$\sum_{0 \leqslant r \leqslant n} \binom{n}{r} D_{n-r} = n!. \tag{3.6.8}$$

故由系 2, 立得

$$D_n = \sum_{0 \leqslant r \leqslant n} (-1)^r \binom{n}{r} (n-r)!$$

$$= n! \sum_{0 \leqslant r \leqslant n} \frac{(-1)^r}{r!}.$$

这与原来的结果一致.

第四章 递 归 关 系

递归关系不仅对组合论有重要作用,而且几乎对一切数学分支都有重要作用,如何建立递归关系,已给的递归关系有何重要性质,以及如何解递归关系等等,是递归关系论中的几个基本问题. 解决这些问题的强有力的常见方法有数学归纳法和母函数法

本章首先讨论递归关系的建立问题(4.1);然后就一些常见的递归关系作比较深入的研究(4.2,4.3);最后应用递归关系的方法证明 Abel 恒等式和 Ramsey 定理(4.4,4.5). 由于 Ramsey 定理在组合论中有重大的作用和意义,故另辟两节(4.6,4.7)对与它有关的问题作进一步的介绍.

4.1 递归关系的建立

在 2.1 中已经指出,集 $[1,n]$ 的 r 无重组合依其是否包含元 n 进行分类,可得

$$\binom{n}{i} = \binom{n-1}{i} + \binom{n-1}{i-1}, \quad n \geqslant i \geqslant 1. \tag{4.1.1}$$

这个公式表明,以 n 和 i 为变元的二元函数 $\binom{n}{i}$ 可以通过 $\binom{m}{j}$ 来表出,这里

$$0 \leqslant m < n, \quad 0 \leqslant j \leqslant i.$$

更一般地,这里给出

定义 4.1.1 若 k 元整变量函数 $f(n_1, \cdots, n_k)$ 与某一确定的 l 元函数 $g(x_1, \cdots, x_l)$ 之间有关系式

$$g\left(f\left(m_1^{(1)}, \cdots, m_k^{(1)}\right), \cdots, f\left(m_1^{(l)}, \cdots, m_k^{(l)}\right)\right) \gtreqqless 0, \tag{4.1.2}$$

其中诸 $m_i^{(j)}$ 是变元 $n_1, \cdots, n_k$ 的函数:

$$m_i^{(j)} := m_i^{(j)}(n_1, \cdots, n_k),$$

则称 (4.1.2) 为函数 $f(n_1, \cdots, n_k)$ 的一个递归关系. 若函数 $f \times (n_1, \cdots, n_k)$ 满足

(4.1.2)，则称 $f(n_1,\cdots,n_k)$ 为递归关系(4.1.2)的一个解. 若函数 g 是一个线性函数，且(4.1.2)中为等式关系，则称(4.1.2)是一个线性递归关系. 不是线性的递归关系称为否线性递归关系.

注意，否线性递归关系既包括函数 g 为非线性函数的情形，又包括 g 为线性函数而(4.1.2)中为非等式关系的情形.

若已知 $\dbinom{n}{i}$ 的表达式，则(4.1.1)的成立是容易验证的. 然而许多时候，函数 $f(n_1,\cdots,n_k)$ 所满足的递归关系并不能由 $f(n_1,\cdots,n_k)$ 的表达式直接导出；或者不知函数 $f(n_1,\cdots,n_k)$ 的表达式，却已知它所满足的递归关系而欲求其解. 所以，由已知函数 $f(n_1,\cdots,n_k)$ 的实际性质来建立递归关系，由研究这递归关系而得到函数 $f(n_1,\cdots,n_k)$ 的进一步的性质或其表达式，就是很重要的事情.

(4.1.1)还可用另一方法导出. 由 1.4，数列 $\left(\dbinom{n}{i}\right)_{i\geqslant 0}$ 的母函数是

$$(1+x)^n = \sum_{0\leqslant i\leqslant n-1}\binom{n}{i}x^i.$$

于是，

$$\sum_{0\leqslant i\leqslant n}\binom{n}{i}x^i = (1+x)^n = (1+x)^{n-1}(1+x)$$

$$= \sum_{0\leqslant i\leqslant n-1}\binom{n-1}{i}x^i(1+x)$$

$$= \sum_{0\leqslant i\leqslant n-1}\binom{n-1}{i}x^i + \sum_{0\leqslant i\leqslant n-1}\binom{n-1}{i}x^{i+1}$$

$$= \binom{n-1}{0} + \sum_{1\leqslant i\leqslant n-1}\left[\binom{n-1}{i}+\binom{n-1}{i-1}\right]x^i + \binom{n-1}{n-1}x^n,$$

比较 $x^i\,(1\leqslant i\leqslant n-1)$ 的系数，注意到 $\dbinom{m}{0}=\dbinom{m}{m}=1$ 对任意 $m\geqslant 0$ 成立，即得(4.1.1).

现在来看几个与建立递归关系有关的组合论问题.

问题 4.1.1 设 $u_t\,(t\geqslant 2)$ 是集 $[1,t]$ 的符合下述条件的全排列 $a_1a_2\cdots a_t$ 的个数：要求 $a_i\,(1\leqslant i\leqslant t)$ 取自下面的阵列的第 i 列

$$1, 2, \cdots, t-3, t-2, t-1,$$
$$1, 2, 3, \cdots, t-2, t-1, t, \qquad (4.1.3)$$
$$2, 3, 4, \cdots, t-1, t.$$

欲求 u_t 所满足的递归关系 $(t > 2)$.

解 数 t 只能从第 $t-1$ 列或第 t 列中选取, 故有两种选取方法:

$$1, 2, \cdots, t-3, t-2, t^*,$$
$$1, 2, 3, \cdots, t-2, t-1, \qquad t > 2, \qquad (4.1.4)$$
$$2, 3, 4, \cdots, t-1,$$

$$1, 2, \cdots, t-3, t^*, t-1^*,$$
$$1, 2, 3, \cdots, t-2, \qquad t > 3, \qquad (4.1.5)$$
$$2, 3, 4, \cdots.$$

其中带*的数是要选取的数, 在(4.1.4)中, 因为第 $t-1$ 列不能再选取 t, 第 t 列不能再选取 $t-1$, 故第 $t-1$ 列的 t 和第 t 列的 $t-1$ 都被删去了. 在(4.1.5)中, 因为选取了第 $t-1$ 列的 t, 故必须在第 t 列中选取 $t-1$, 而在第 $t-2$ 列中删去 $t-1$ 这个数, 在(4.1.4)中, 排列 $a_1 \cdots a_{t-1}$ 的选取个数是 u_{t-1}, 而在(4.1.5)中, 排列 $a_1 \cdots a_{t-2}$ 的选取个数是 u_{t-2}. 所以最后得出 u_t 的线性递归关系:

$$u_t = u_{t-1} + u_{t-2}, \ t > 2. \qquad (4.1.6)$$

解毕.

至于解递归关系(4.1.6)的问题, 将在 4.2 中讨论.

问题 4.1.2 设 X 是具有一个非结合乘法运算的代数系统, 用 xy 表 x 对 y 之积. 如果

$$x_1, x_2, \cdots, x_n \in X,$$

而且这 n 个元素依上面列出的次序所能作出的一切可能的积彼此不同, 其个数记为 u_n. 求 u_n 所满足的递归关系.

解 如果在 $x_1, x_2 \cdots x_n$ 的某些字母间加上括号但不改变字母间的相互位置关系, 使得这 n 个元之间的乘法可以按所加括号指明的运算方式进行到底, 那么 u_n 就是加括号的方法的个数.

最外一层的两对括号形如

$$(x_1 \cdots x_r)(x_{r+1} \cdots x_n), \ 1 \leqslant r \leqslant n-1.$$

当 $r=1$ 和 $n-1$ 时, 通常简记为

$$x_1(x_2 \cdots x_n) := (x_1)(x_2 \cdots x_n),$$

$$(x_1 \cdots x_{n-1})x_n := (x_1 \cdots x_{n-1})(x_n).$$

在前一个括号中又有 u_r 个加括号的方法, 在后一个括号中又有 u_{n-r} 个加括号的方法, 当 r 遍历 $1,2,\cdots,n-1$ 就得到

$$u_n = u_{n-1} + u_2 u_{n-2} + \cdots + u_{n-2}u_2 + u_{n-1}$$
$$= u_1 u_{n-1} + u_2 u_{n-2} + \cdots + u_{n-2}u_2 + u_{n+1}u_1, n>1. \tag{4.1.7}$$

后一式之成立是因为 $u_1 = 1$. (4.1.17)即为所求, 它是一个否线性递归关系. **解毕.**

否线性递归关系(4.1.7)的解法将在 4.3 中讨论.

问题 4.1.3   把规格为 2^m 的 $2m$ 个元的 r – 可重排列的个数记为 $q_{m,r}$. 试证以下诸递归关系成立:

$$q_{m+1,r} = q_{m,r} + rq_{m,r-1} + \binom{r}{2}q_{m,r-2}, \tag{4.1.8}$$

$$q_{m,r+1} = mq_{m,r} - m\binom{r}{2}q_{m-1,r-2}, \tag{4.1.9}$$

$$q_{m,r+2} = m(2m-1)q_{m-1,r} - (m)_2 q_{m-2,r}, \tag{4.1.10}$$

$$q_{m,r+1} = mq_{m-1,r} + mrq_{m-1,r-1}. \tag{4.1.11}$$

若记 $q_m = \sum_r q_{m,r}$, 则还有

$$q_m = m(2m-1)_{qm-1} - (m)_{2qm-2} + m + 1 \tag{4.1.12}$$

解   因数列 $(q_{m,r})_{r \geqslant 0}$ 的指母函数是

$$\sum_{0 \leqslant r < 2m} \frac{q_{m,r} t^r}{r!} = \left(1 + t + \frac{t^2}{2}\right)^m =: f_m(t), \tag{4.1.13}$$

故有

$$f_m(t) = \left(1 + t + \frac{t^2}{2}\right)f_{m-1}(t)$$

$$= f_{m-1}(t) + tf_{m-1}(t) + \frac{t^2}{2}f_{m-1}(t),$$

此即

$$\sum q_{m,r} \frac{t^r}{r!} = \sum q_{m-1,r} \frac{t^r}{r!} + \sum q_{m-1},r \frac{t^{r+1}}{r!}$$
$$+ \frac{1}{2} \sum q_{m-1},r \frac{t^{r+2}}{r!},$$

比较两节 $\dfrac{t^{r+1}}{(r+1)!}$ 的系数便得(4.1.8).

其次，有

$$f'_m(t) = mf_{m-1}(t)(1+t)$$
$$= mf_{m-1}(t)\left(1+t+\frac{t^2}{2}\right) - mf_{m-1}(t)\frac{t^2}{2}$$
$$= mf_m(t) - \frac{m}{2}t^2 f_{m-1}(t),$$

这里 $f'_m(t) := \dfrac{\mathrm{d}}{\mathrm{d}t} f_m(t)$. 上式即

$$\sum q_{m,r} \frac{t^{r-1}}{(r-1)!} = m\sum q_{m,r} \frac{t'}{r!} - \frac{m}{2} \sum q_{m-1,r} \frac{t^{r+2}}{r!},$$

比较两节 $\dfrac{t'}{r!}$ 的系数即得(4.1.9).

再由

$$f''_m(t) = (m)_2\left(1+t+\frac{t^2}{2}\right)^{m-2}(1+t)^2 + m\left(1+t+\frac{t^2}{2}\right)^{m-1}$$
$$= (m)_{2fm-2}(t)2\left[\left(1+t+\frac{t^2}{2}\right) - \frac{1}{2}\right] + mf_{m-1}(t)$$
$$= m(2m-1)f_{m-1}(t) - (m)_{2fm-2}(t),$$

得出

$$\sum q_{m,r} \frac{t^{r-2}}{(r-2)!} = m(2m-1)\sum q_{m-1,r} \frac{t^r}{r!}$$
$$- (m)_2 \sum q_{m-2,r} \frac{t^r}{r!}.$$

比较两节 $\dfrac{t^r}{r!}$ 的系数便得(4.1.10).

再由

$$f_m'(t) = m\left(1+t+\frac{t^2}{2}\right)^{m-1}(1+t)$$
$$= mf_{m-1}(t) + mtf_{m-1}(t),$$

得出

$$\sum q_{m,r}\frac{t^{r-1}}{(r-1)!} = m\sum q_{m-1,rt^r/r!} + m\sum q_{m-1,\,t^{r+1}/r!,}$$

比较两节 $\dfrac{t^r}{r!}$ 的系数便得(4.1.11).

(4.1.10)两节对 r 求和, 得

$$\sum_{r\geqslant 0} q_{m,r+2} = m(2m-1)\sum_{r\geqslant 0}q_{m-1,r} - (m)_2\sum_{r\geqslant 0}q_{m-2,r},$$

故有

$$q_m - q_{m,0} - q_{m,1} = m(2m-1)_{qm-1} - (m)_{2qm-2}.$$

因为 $q_{m,0}=1, q_{m,1}=m$, 所以由上式便得(4.1.12). **解毕**.

4.2　一元线性递归关系

本节考虑一元函数的线性递归关系. 为方便计, 今后把非负整变元写为足标. 这样一来, 函数就成为数列, 设数列 $(u_n)_{n\geqslant 0}$ 满足一元线性递归关系:

$$u_{n+r} = a_1 u_{n+r-1} + a_2 u_{n+r-2} + \cdots + a_r u_n, \quad 一切 n\geqslant 0. \tag{4.2.1}$$

这里, 诸 $a_1\,(1\leqslant i\leqslant r)$ 都是常数. 如果 $a_r\neq 0$, 则说线性递归(4.2.1)是 r 阶的. 今约定, 凡写成(4.2.1)形的递归关系, 若无特殊声明, 均有 $a_r\neq 0$.

如果

$$g(x) = \sum_{n\geqslant 0}u_n x^n,$$
$$k(x) = 1 - a_1 x - a_2 x^2 - \cdots - a_r x^r, \tag{4.2.2}$$

则因(4.2.1), 有

$$c(x):=\mathrm{g}(x)k(x) = c_0 + c_{1x} + c_2x^2 + \cdots + c_{r-1}x^{r-1}. \tag{4.2.3}$$

这就是说，多项式 $c(x)$ 的次数

$$\partial c(x) \leqslant r-1 ,$$

且诸 c_i 由诸 $a_j (1 \leqslant j \leqslant r)$ 和诸 $u_l (0 \leqslant l \leqslant r-1)$ 所完全确定.

因此, $g(x)$ 为有理函数:

$$g(x) = \frac{c(x)}{k(x)} . \tag{4.2.4}$$

有时使用 $f(x):=x^r k\left(\dfrac{1}{x}\right)$ 更方便一些，称 $f(x)$ 为线性递归关系(4.2.1)的特征多

项式:

$$f(x) = x^r - a_1 x^{r-1} - \cdots - a_r, a_r \neq 0 . \tag{4.2.5}$$

在复数域上分解 $f(x)$ 为线性因子之积:

$$f(x) = (x-\alpha_1)^{e_1} (x-\alpha_2)^{e_2} \cdots (x-\alpha_s)^{e_s} ,$$

$$e_1 + e_2 + \cdots + e_s = r . \tag{4.2.6}$$

由于

$$k(x) = x^r f\left(\frac{1}{x}\right),$$

故对应于分解(4.2.6)，由 $k(x)$ 的分解式:

$$k(x) = (1-\alpha_1 x)^{e_1} \cdots (1-\alpha_6 x)^{e_s} , \quad e_1 + \cdots + e_s = r .$$

这就可以把 $g(x)$ 表为部分分式:

$$g(x)\frac{c(x)}{k(x)} = \sum_{l \leqslant i \leqslant s} \sum_{l \leqslant k \leqslant e_i} \frac{\beta_{ik}}{(1-\alpha_i x)^k} . \tag{4.2.7}$$

因为

$$\frac{\beta}{(1-\alpha x)^k} = \beta\left(1 + (-k)(-\alpha x) + \cdots + \frac{(-k)\cdots(-k-n+1)(-\alpha x)^n}{n!} + \cdots\right),$$

其中 x^n 的系数为

$$\beta \binom{n+k-1}{n} \alpha^n = \beta \binom{n+k-1}{k-1} \alpha^n,$$

且因 $\binom{n+k-1}{k-1}$ 是 n 的、次数不超过 $k-1$ 的多项式，所以

$$P_i(n) := \sum_{1 \leqslant k \leqslant e_i} \beta_{ik} \binom{n+k-1}{k-1} \tag{4.2.8}$$

是 n 的、次数不超过 $e_i - 1$ 的多项式，而且由诸常数 β_{ik} 所完全确定，亦即由诸 $a_i (1 \leqslant i \leqslant r)$ 和诸 $u_j (0 \leqslant j \leqslant r-1)$ 所完全确定.

代(4.2.8)入(4.2.7)，得

$$g(x) = \sum_{n \geqslant 0} \sum_{1 \leqslant i \leqslant s} P_i(n) \alpha_i^n x^n.$$

比较 x^n 的系数，得

$$u_n = \sum_{1 \leqslant i \leqslant s} P_i(n) \alpha_i^n, n \geqslant 0. \tag{4.2.9}$$

这就证明了下面的

定理 4.2.1　设数列 $(u_n)_{n \geqslant 0}$ 满足 r 阶线性递归(4.2.1)，且设线性递归(4.2.1)的特征多项式有分解式(4.2.6)，则 $u_n (n \geqslant 0)$ 可由(4.2.9)给出，其中 $p_i(n)$ 是 n 的、次数不超过 $e_i - 1$ 的多项式 $(1 \leqslant i \leqslant s)$，其系数由数列 $(u_n)_{n \geqslant 0}$ 的初始值 $u_0, u_1, \cdots, u_{r-1}$ 和诸 $a_i (1 \leqslant i \leqslant r)$ 所完全确定.

现在来看二阶线性递归的特殊情形.

设数列 $(u_n)_{n \geqslant 0}$ 合

$$u_{n+2} = a u_{n+1} + b u_n, \quad n \geqslant 0, b \neq 0. \tag{4.2.10}$$

它的特征多项式是

$$f(x) = x^2 - ax - b,$$

其对应的多项式 $k(x)$ 为

$$k(x) = 1 - ax - bx^2 = (1 - \alpha x)(1 - \beta x), \tag{4.2.11}$$

其中 α 和 β 是 $f(x)$ 的二个根. 这样一来，从

$$g(x)k(x) = u_0 + (u_1 - au_0)x$$

得出

$$g(x) = \frac{u_0 + (u_1 - au_0)x}{(1 - \alpha x)(1 - \beta x)}$$

$$= \frac{1}{\alpha - \beta}\left[\frac{u_1 - au_0 + \alpha u_0}{1 - \alpha x} - \frac{u_1 - au_0 + \beta u_0}{1 - \beta x}\right],$$

从而

$$u_n = (u_1 - au_0)\frac{\alpha^n - \beta^n}{\alpha - \beta} + u_0\frac{\alpha^{n+1} - \beta^{n+1}}{\alpha - \beta}. \tag{4.2.12}$$

上述结果可叙述为

定理 4.2.2 若数列 $(u_n)_{n \geq 0}$ 满足二阶线性递归(4.2.10),则 u_n 可由(4.2.12)式给出,其中 α 和 β 由(4.2.11)界定.

现在利用定理 4.2.2 来求问题 4.1.1 中的递归关系的解. 该问题直接给出了

$$u_2 = 2, u_3 = 3, u_4 = 5,$$

故若取

$$u_0 = u_1 = 1,$$

则递归关系(4.1.6)的范围可扩为

$$u_t = u_{t-1} + u_{t-2}, t \geq 2.$$

因为特征多项式 $f(x) = x^2 - x - 1$ 的二根为

$$\alpha = \frac{1 + \sqrt{5}}{2}, \quad \beta = \frac{1 - \sqrt{5}}{2},$$

故(4.2.12)给出

$$u_n = \frac{\alpha^{n+1} - \beta^{n+1}}{\alpha - \beta} = \frac{1}{\sqrt{5}}\left(\alpha^{n+1} - \beta^{n+1}\right). \tag{4.2.13}$$

这就证明了

定理 4.2.3 问题 4.1.1 的解由(4.2.13)给出.

下面一个组合问题可借助于定理 4.2.3 来解决.

问题 4.2.1 求集 $[1, n]$ $(n \geq 3)$ 符合下述条件的无重排列 $a_1 a_2 \cdots a_n$ 的个数 z_n:该排列中的第 i 个数 a_i 取自阵列

$$\begin{array}{llllllll}
1,2,3, & \cdots, & n-3, & n-2, & n-1, & n, \\
2,3,4, & \cdots, & n-2, & n-1, & n, & 1, & & (4.2.14)\\
3,4,5, & \cdots, & n-1, & n, & 1, & 2
\end{array}$$

的第 i 列.

解　按照 n 被哪个 a_i 选中的各种可能情形, 把符合要求的排列分成以下五种类型 (下面只写出阵列的尾三列, 选中的数用*标出):

$$\begin{array}{ll}
(1)\,a_n = n & \qquad (2)\,a_n = n \\
\begin{array}{lll} n-2, & n-1^*, & n^*, \\ n-1, & n, & 1, \\ n, & 1, & 2, \end{array} & \qquad \begin{array}{lll} n-2, & n-1, & n^*, \\ n-1, & n, & 1, \\ n, & 1^*, & 2, \end{array}
\end{array}$$

$$(3)\,a_{n-1} = n$$
$$\begin{array}{lll} n-2, & n-1, & n, \\ n-1, & n^*, & 1, \\ n, & 1, & 2, \end{array}$$

$$\begin{array}{ll}
(4)\,a_{n-2} = n & \qquad (5)\,a_{n-2} = n \\
\begin{array}{lll} n-2, & n-1, & n, \\ n-1, & n, & 1, \\ n^*, & 1^*, & 2, \end{array} & \qquad \begin{array}{lll} n-2, & n-1^*, & n, \\ n-1, & n, & 1, \\ n^*, & 1, & 2. \end{array}
\end{array}$$

对情形 (1), 当删去 (4.2.14) 的最后两列后, 只有第一列有一个 1, 取定这个 1 后只有一个 2 在第二列, 依此类推, 最后只得出一种符合要求的选法, 即选 (4.2.14) 的第一行. 对情形 (2), 即要在阵列

$$\begin{array}{llll}
2,3 & \cdots, & n-3, & n-2, \\
2,3,4, & \cdots, & n-2, & n-1, \\
3,4,5, & \cdots, & & n-1
\end{array}$$

的第 i 列里选出一个数 $a_i\,(1 \leqslant i \leqslant n-2)$, 使得 $a_1 a_2 \cdots a_{n-2}$ 是集 $[2, n-1]$ 的一个全排列, 如问题 4.1.1 所述, 这样的选取法有 u_{n-2} 个, 对情形 (3), 即要在阵列

$$\begin{array}{llll}
1,2,3, & \cdots, & n-3, & n-2, \\
1,2,3,4, & \cdots, & n-2, & n-1, \\
2,3,4,5, & \cdots, & & n-1
\end{array}$$

的第 i 列里选出一个数 $a_i\,(1 \leqslant i \leqslant n-1)$, 使得 $a_1 a_2 \cdots a_{n-1}$ 是集 $[1, n-1]$ 的一个全排列, 这样的选取法有 u_{n-1} 个. 对情形 (4), 当删去 (4.2.14) 的最末三列后, 只有一个

n–1 在第 n–3 列可供选取，依此类推，最后只得出一种合于要求的选取法，就是在(4.2.14)的每一列中都取第三行的数. 对情形(5)，即要在阵列

$$1,2,3, \quad \cdots, \quad n-4, \quad n-3,$$
$$1,2,3,4, \quad \cdots, \quad n-3, \quad n-2,$$
$$2,3,4,5, \quad \cdots, \quad n-2$$

的第 i 列里选出一个数 $a_i\,(1 \leqslant i \leqslant n-2)$，使得 $a_1 a_2 \cdots a_{n-1}$ 是集 $[1, n-2]$ 的全排列，这样的选取法有 u_{n-2} 个. 综上即得

$$
\begin{aligned}
z_n &= 2 + 2u_{n-2} + u_{n-1} \\
&= 2 + \frac{1}{\sqrt{5}}\left(\alpha^{n-1}\left(2+\alpha\right) - \beta^{n-1}\left(2+\beta\right)\right) \\
&= 2 + \alpha^n + \beta^n.
\end{aligned}
\tag{4.2.15}
$$

这就证明了

定理 4.2.4 问题 4.2.1 中的数 z_n 由(4.2.15)给出.

4.3 否线性递归关系

否线性递归关系的情形远比线性递归关系的情形复杂. 这一点不会使我们惊奇，因为关系式(4.1.2)由于函数 f 和 g 的多样性而呈现出形形色色的模式. 但是，对许多情形也有一定的方法可循，这些方法中主要的是数学归纳法和母函数法. 以后诸节将通过具体问题的解决来阐明这一点.

首先讨论问题 4.1.2 中的否线性递归关系(4.1.7)的解法. 为方便起见，下面约定 $u_0 = 0$.

记数列 $\left(u_n\right)_{n \geqslant 0}$ 的母函数为

$$f(x) := u_1 x + u_2 x^2 + \cdots + u_n x^x + \cdots.$$

由(4.1.7)可得

$$\left(f(x)\right)^{\alpha} = -x + f(x),\tag{4.3.1}$$

其中项 "$-x$" 出现的原因是：$u_1 = 1$，且递归关系(4.1.7)对 $n \geqslant 2$ 才成立. 由(4.3.1)解出 $f(x)$，得

$$f(x) = \frac{1 - \sqrt{1-4x}}{2},\tag{4.3.2}$$

这里根号前之所以取负号,是因 $f(0)=0$ 之故. 把(4.3.2)的右节展成幂级数,得出 x^n 的系数为

$$u_n = \frac{\left(\dfrac{1}{2}\right)\left(-\dfrac{1}{2}\right)\cdots\left(\dfrac{3-2n}{2}\right)(-4)^n\left(-\dfrac{1}{2}\right)}{n!}$$

$$= \frac{(2n-2)!}{n!(n-1)!}, n \geqslant 2. \tag{4.3.3}$$

于是得到

定理 4.3.1 问题 4.1.2 中的数 u_n 由(4.3.3)给出.

现在利用递归关系来解更列问题.

考虑集 $[1,n]$ 的一个更列

$$\begin{pmatrix} 1 \ 2 \cdots n \\ a_1 \ a_2 \cdots a_n \end{pmatrix}. \tag{4.3.4}$$

若 $a_1 = j$,(4.3.4)中删去第一列后余下的部分为

$$\begin{pmatrix} 2 \cdots j \cdots n \\ a_2 \cdots a_j \cdots a_n \end{pmatrix}. \tag{4.3.5}$$

这里可能有两种情形发生:(1) $a_j \neq 1$,(2) $a_j = 1$. 这两种情形是互斥的,且给出了全部更列. 在情形(1)时,(4.3.5)化为

$$\begin{pmatrix} 2 \cdots i \cdots j \cdots n \\ a_2 \cdots 1 \cdots a_j \cdots a_n \end{pmatrix}, \ \text{若 } i<j,$$

$$\begin{pmatrix} 2 \cdots j \cdots i \cdots n \\ a_2 \cdots a_j \cdots 1 \cdots a_n \end{pmatrix}, \ \text{若 } i>j. \tag{4.3.6}$$

这虽不是更列,但它们分别对应于集 $[2,n]$ 的更列:

$$\begin{pmatrix} 2 \cdots i \cdots j \cdots n \\ a_2 \cdots j \cdots a_j \cdots a_n \end{pmatrix}, \ \text{若 } i<j,$$

$$\begin{pmatrix} 2 \cdots j \cdots i \cdots n \\ a_2 \cdots a_j \cdots j \cdots a_n \end{pmatrix}, \ \text{若 } i>j. \tag{4.3.7}$$

反之,$[2,n]$ 的每一个更列(4.3.7)可给出 $[1,n]$ 的 $n-1$ 个第一类更列,这 $n-1$ 个更列是由 j 取 $2,3,\ldots,n$ 来得出的. 在情形(2)时,(4.3.5)化为

$$\begin{pmatrix} 2 \cdots j \cdots n \\ a_2 \cdots 1 \cdots a_n \end{pmatrix}. \tag{4.3.8}$$

若在(4.3.8)中删去列$\begin{pmatrix} j \\ 1 \end{pmatrix}$，余下的诸列组成集$\{2,\cdots,j-1,j+1,\cdots,n\}$的一个更列.

反之，对这$n-2$个数的每一个更列，给出了$[1,n]$的第二类更列. 注意，j可有$n-1$个取法，即可取 2,3，$\cdots$，$n-1$. 综合这两种情形即得递归关系

$$D_n = (n-1)(D_{n-1} + D_{n-2}). \tag{4.3.9}$$

这已不是线性递归关系，因为式中D_{n-1}和D_{n-2}的系数是变元n的函数，而不是常数. 由(4.3.9)，用数学归纳法立得(3.2.3). 这就给出了(3.2.3)的第二个证明.

4.4 Abel 恒 等 式

Able 曾将二项式定理推广为下面的
定理 4.4.1

$$x^{-1}\left(x+y+na\right)^n = \sum_{0\leqslant k\leqslant n}\binom{n}{k}(x+ka)^{k-1}\times\left(y+(n-k)a\right)^{n-k}. \tag{4.4.1}$$

在证明之前,先作一些注记. 如果 $a=0$,(4.4.1)就化为二项式定理;如果$a\neq 0$，换 x 为 ax，换 y 为 ay，(4.4.1)就化为

$$x^{-1}\left(x+y+n\right)^n = \sum_{0\leqslant k\leqslant n}\binom{n}{k}(x+k)^{k-1}\left(y+n-k\right)^{n-k}, \tag{4.4.2}$$

从而参数 a 就可以任意处理了.

可以借助于递归关系来研究一类较(4.4.2)更广泛的恒等式，从而得出(4.4.2)的简化证明(Riordan[7]).

记

$$A_n\left(x,y;p,q\right) := \sum_{0\leqslant k\leqslant n}\binom{n}{k}(x+k)^{k+p}\left(y+n-k\right)^{n-k+q}. \tag{4.4.3}$$

则(4.4.2)的右节即 $A_n\left(x,y;-1,0\right)$.

引理 4.4.1

$$A_n\left(x,y;p,q\right) = A_n\left(y,x;q,p\right), \tag{4.4.4}$$

$$A_n\left(x,y;p,q\right) = A_{n-1}\left(x,y+1;p,q+1\right) + A_{n-1}\left(x+1,y;p+1,q\right), \tag{4.4.5}$$

$$A_n (x, y; p, q) = xA_n (x, y; p - 1, q) + nA_{n-1} (x + 1, y; p, q), \tag{4.4.6}$$

$$A_n (x, y; p, q) = yA_n (x, y; p, q - 1) + nA_{n-1} (x, y + 1; p, q), \tag{4.4.7}$$

$$A_n (x, y; p, q) = xA_{n-1} (x, y + 1; p - 1, q + 1) + (x + n) A_{n-1} (x + 1, y; p, q) \tag{4.4.8}$$

$$A_n (x, y; p, q) = (x + n) A_n (x, y; p - 1, q) - nA_{n-1} (x, y + 1; p - 1, q + 1), \tag{4.4.9}$$

$$A_n (x, y; p, q) = \sum_{k \geqslant 0} \binom{n}{k} k! (x + k) A_{n-k} (x + k, y; p - 1, q). \tag{4.4.10}$$

证明 在(4.4.3)的右节中换 k 为 $n-k$ 即得(4.4.4).
(4.4.5)的证明如下：

$$A_n (x, y; p, q) = \sum_{0 \leqslant k \leqslant n-1} \binom{n-1}{k} (x + k)^{k+p} ((y + 1) + (n - 1) - k)^{(n-1)-k+(q+1)}$$

$$+ \sum_{1 \leqslant k \leqslant n} \binom{n-1}{k-1} ((x + 1) + (k - 1))^{(k-1)+(p+1)} (y + (n - 1) - (k - 1))^{(n-1)-(k-1)+q}$$

$$= A_{n-1} (x, y + 1; p, q + 1) + A_{n-1} \times (x + 1, y; p + 1, q).$$

(4.4.6)的证明如下：

$$A_n (x, y; p, q) = \sum \binom{n}{k} (x + k) \cdot (x + k)^{k-1+p} (y + n - k)^{n-k+q}$$

$$= xA_n (x, y; p - 1, q) + n \sum \binom{n-1}{k-1}$$

$$\times (x + k)^{k-1+p} (y + n - k)^{n-k+q}$$

$$= xA_n (x, y; p - 1, q) + nA_{n-1} (x + 1, y; p, q).$$

由(4.4.4)和(4.4.6)立得(4.4.7)，由(4.4.5)和(4.4.6)可得

$$A_n (x, y; p, q) = A_{n-1} (x, y + 1; p, q + 1) + A_{n-1} \times (x + 1, y; p + 1, q)$$

$$= \left[xA_{n-1} (x, y + 1; p - 1, q + 1) + (n - 1) A_{n-2} (x + 1, y + 1; p, q + 1) \right]$$

$$+ \left[(x + 1) A_{n-1} (x + 1, y; p, q) + (n - 1) A_{n-2} (x + 2, y; p + 1, q) \right]$$

$$= xA_{n-1} (x, y + 1; p - 1, q + 1) + (x + 1) A_{n-1} (x + 1, y; p, q)$$

$$+ (n - 1) \left[A_{n-2} (x + 1, y + 1; p, q + 1) + A_{n-2} (x + 2, y; p + 1, q) \right]$$

$$= xA_{n-1} (x, y + 1; p - 1, q + 1) + (x + n) A_{n-1} (x + 1, y; p, q),$$

这就是(4.4.8).

再由(4.4.6)和(4.4.5)可得

$$A_n(x,y;p,q) = xA_n(x,y;p-1,q) + nA_{n-1}(x+1,y;p,q)$$
$$= xA_n(x,y;p-1,q) + n\big[A_n(x,y;p-1,q) - A_{n-1}(x,y+1;p-1,q+1)\big]$$
$$= (x+n)A_n(x,y;p-1,q) - nA_{n-1} \times (x,y+1;p-1,q+1),$$

这就是(4.4.9).

用数学归纳法由(4.4.6)立得(4.4.10). **证毕.**

定理 4.4.1 的证明　由前面的注记可知，只需证明(4.4.2)就足够了.

由(4.4.8)，得

$$A_n(x,y;0,-1) = xA_{n-1}(x,y+1;-1,0) + (x+n)A_{n-1}(x+1,y;0,-1),$$

再由(4.4.4)，得

$$A_n(y,x;-1,0) = xA_{n-1}(x,y+1;-1,0) + (x+n)A_{n-1}(y,x+1;-1,0).$$

简记

$$A_n(x,y) := A_n(x,y;-1,0),$$

由前式互换 x 和 y 即得

$$A_n(x,y) = yA_{n-1}(y,x+1) + (y+n)A_{n-1}(x,y+1). \tag{4.4.11}$$

由定义式(4.4.3)知

$$A_0(x,y) = x^{-1},$$
$$A_1(x,y) = x^{-1}(x+y+1).$$

若设

$$A_k(x,y) = x^{-1}(x+y+k)^k \ (0 \leqslant k \leqslant n-1),$$

则由(4.4.11)得

$$A_n(x,y) = yy^{-1}(x+y+n)^{n-1} + (y+n)x^{-1} \times (x+y+n)^{n-1}$$
$$= x^{-1}(x+y+n)^n.$$

这就是(4.4.2). **证毕.**

应用上面的方法和结果，还可得出

定理 4.4.2

$$A_n\left(x,y;-3,0\right) = x^{-3}\left(x+1\right)^{-2}\left(x+2\right)^{-1} \times \Big[\left(x+1\right)^2\left(x+2\right)\left(x+y+n\right)^n$$

$$-nx\left(2x+1\right)\left(x+2\right)\left(x+y+n\right)^{n-1} + n\left(n-1\right)x^2\left(x+1\right)$$

$$\times\left(x+y+n\right)^{n-2}\Big],$$

$$A_n\left(x,y;-2,0\right) = x^{-2}\left(x+1\right)^{-1}\Big[\left(x+1\right)\left(x+y+n\right)^n - nx\left(x+y+n\right)^{n-1}\Big],$$

$$A_n\left(x,y;-1,0\right) = x^{-1}\left(x+y+n\right)^n,$$

$$A_n\left(x,y;0,0\right) = \left(x+y+n+\alpha\right)^n, \alpha^k := \alpha_k := k!,$$

$$A_n\left(x,y;1,0\right) = \Big[x+y+n+\alpha+\beta\left(x\right)\Big]^n,$$

$$\alpha^k := \alpha_k := k!,$$

$$\left(\beta\left(x\right)\right)^k := \beta_k\left(x\right) := k!\left(x+k\right),$$

$$A_n\left(x,y;2,0\right) = \Big[x+y+n+\alpha+\beta\left(x;2\right)\Big]^n + \Big[x+y+n+\alpha\left(2\right)+\gamma\left(x\right)\Big]^n,$$

$$\left(\alpha\left(j\right)\right)^k := \alpha_k\left(j\right) := \underbrace{\left(\alpha+\cdots+\alpha\right)^k}_{j\text{项}} = \binom{k+j-1}{k}k!,$$

$$\left(\beta\left(x;j\right)\right)^k := \beta_k\left(x;j\right) = \underbrace{\left(\beta\left(x\right)+\cdots+\beta\left(x\right)\right)^k}_{j\text{项}},$$

$$\left(\gamma\left(x\right)\right)^k := \gamma_k\left(x\right) := k\cdot k!\left(x+k\right),$$

$$A_n\left(x,y;-1,-1\right) = \left(x^{-1}+y^{-1}\right)\left(x+y+n\right)^{n-1},$$

$$A_n\left(x,y;-1,1\right) = x^{-1}\left(x+y+n+\beta\left(y\right)\right)^n,$$

$$\left(\beta\left(y\right)\right)^k := \beta_k\left(y\right) := k!\left(y+k\right).$$

证明 由(4.4.4)和(4.4.5),

$$\begin{aligned}
A_n\left(x,y;-1,-1\right) &= A_{n-1}\left(x,y+1;-1,0\right) + A_{n-1}\times\left(x+1;y;0,-1\right)\\
&= A_{n-1}\left(x,y+1;-1,0\right) + A_{n-1}\left(y,x+1;-1,0\right) \qquad (4.4.12)\\
&= \left(x^{-1}+y^{-1}\right)\left(x+y+n\right)^{n-1}.
\end{aligned}$$

把(4.4.6)改写为

$$xA_n\left(x,y;p-1,q\right) = A_n\left(x,y;p,q\right) - nA_{n-1}\left(x+1,y;p,q\right), \qquad (4.4.13)$$

代入 $p{=}{-}1$，$q{=}0$，得

$$\begin{aligned} xA_n\left(x,y;-2,0\right) &= A_n\left(x,y;-1,0\right) - nA_{n-1}\left(x+1,y;-1,0\right) \\ &= x^{-1}\left(x+y+n\right)^n - n\left(x+1\right)^{-1}\times\left(x+y+n\right)^{n-1}, \end{aligned}$$

故得

$$A_n\left(x,y;-2,0\right) = x^{-2}\left(x+y+n\right)^n - nx^{-1}\left(x+1\right)^{-1}\times\left(x+y+n\right)^{n-1}. \quad (4.4.14)$$

在(4.4.13)中取 $p{=}{-}2$，$q{=}0$，利用(4.4.14)，得

$$\begin{aligned} xA_n\left(x,y;-3,0\right) &= x^{-2}\left(x+y+n\right)^n - nx^{-1}\left(x+1\right)^{-1} \\ &\quad \times\left(x+y+n\right)^{n-1} - n\left(x+1\right)^{-2} \\ &\quad \times\left(x+y+n\right)^{n-1} + \left(n\right)_2\left(x+1\right)^{-1} \\ &\quad \times\left(x+2\right)^{-1}\left(x+y+n\right)^{n-2} \\ &= x^{-2}\left(x+y+n\right)^n - nx^{-1}\left(x+1\right)^{-2} \\ &\quad \times\left(2x+1\right)\left(x+y+n\right)^{n-1} \\ &\quad + \left(n\right)_2\left(x+1\right)^{-1}\left(x+2\right)^{-1}\left(x+y+n\right)^{n-2}, \end{aligned}$$

故

$$\begin{aligned} A_n\left(x,y;-3,0\right) &= x^{-3}\left(x+y+n\right)^n - nx^{-2}\left(x+1\right)^{-2} \\ &\quad \times\left(2x+1\right)\left(x+y+n\right)^{n-1} \\ &\quad + \left(n\right)_2 x^{-1}\left(x+1\right)^{-1}\left(x+2\right)^{-1}\left(x+y+n\right)^{n-2}. \end{aligned}$$

在(4.4.10)中代 $p{=}q{=}0$，得

$$\begin{aligned} A_n\left(x,y;0,0\right) &= \sum_{k\geqslant 0}\binom{n}{k}k!\left(x+k\right)\left(x+k\right)^{-1}\left(x+y+n\right)^{n-k} \\ &= \sum_{k\geqslant 0}\binom{n}{k}k!\left(x+y+n\right)^{n-k} \\ &= \left(x+y+n+\alpha\right)^n, \alpha^k := \alpha_k := k!. \end{aligned} \qquad (4.4.15)$$

这就是 Canchy 公式：

$$\sum_{k \geqslant 0} \binom{n}{k} (x+k)^k (y+n-k)^{n-k} = \sum_{k \geqslant 0} (n)_k (x+y+n)^{n-k}.$$

在(4.4.10)中代 $p=1$，$q=0$，得

$$A_n(x,y;1,0) = \sum_{k \geqslant 0} \binom{n}{k} k!(x+k) A_{n-k}(x+k,y;0,0)$$

$$= \sum_{k \geqslant 0} \binom{n}{k} k!(x+k)(x+y+n+\alpha)^{n-k}.$$

$$\alpha^k := \alpha_k := k!, \tag{4.4.16}$$

$$= \left[x+y+n+\alpha+\beta(x) \right]^n,$$

$$\left(\beta(x) \right)^k := \beta_k(x) := k!(x+k).$$

在(4.4.10)中代 $p=2, q=0$，得

$$A_n(x,y;2,0) = \sum_{k \geqslant 0} \binom{n}{k} k!(x+k) A_{n-k}(x+k,y;1,0).$$

另一方面，

$$A_{n-k}(x+k,y;1,0) = \left(x+y+n+\alpha+\beta(x+k) \right)^{n-k}$$

$$= \sum_{j \geqslant 0} \binom{n-k}{j} (x+y+n+\alpha)^{n-k-j} j!(x+j+k)$$

$$= \sum_{j \geqslant 0} \binom{n-k}{j} (x+y+n+\alpha)^{n-k-j} j!(x+j)$$

$$+ k \sum_{j \geqslant 0} \binom{n-k}{j} (x+y+n+\alpha)^{n-k-j} j!$$

$$= \left(x+y+n+\alpha+\beta(x) \right)^{n-k} + k \left(x+y+n+\alpha+\alpha \right)^{n-k}$$

$$= \left(x+y+n+\alpha+\beta(x) \right)^{n-k} + k \left(x+y+n+\alpha(2) \right)^{n-k},$$

$$\left(\alpha(2) \right)^k := \alpha_k(2) := \left(\alpha+\alpha \right)^k,$$

故有

$$A_n(x, y; 2, 0)$$

$$= \sum_{k \geqslant 0} \binom{n}{k} k!(x+k)(x+y+n+\alpha+\beta(x))^{n-k}$$

$$\quad + \sum_{k \geqslant 0} \binom{n}{k} k!(x+k)k(x+y+n+\alpha(2))^{n-k}$$

$$= (x+y+n+\alpha+\beta(x)+\beta(x))^n + (x+y+n+\alpha(2)+\gamma(x))^n \quad (4.4.17)$$

$$= (x+y+n+\alpha+\beta(x;2))^n + (x+y+n+\alpha(2)+\gamma(x))^n,$$

$$(\gamma(x))^k := \gamma_k(x) := k\beta_k(x),$$

$$(\beta(x;2))^k := \beta_k(x;2) := (\beta(x)+\beta(x))^k.$$

在(4.4.10)中代 $p=1$，$q=-1$，得

$$A_n(x, y; 1, -1) = \sum_{k \geqslant 0} \binom{n}{k} k!(x+k) A_{n-k}(x+k, y; 0, -1)$$

$$= \sum_{k \geqslant 0} \binom{n}{k} k!(x+k)y^{-1}(x+y+n)^{n-k}$$

$$= y^{-1}(x+y+n+\beta(x))^n,$$

因而

$$A_n(x, y; -1, 1) = x^{-1}(x+y+n+\beta(y))^n. \quad (4.4.18)$$

至此，定理中所列出的结果已全部证毕.

用上面的方法，从递归式(4.4.11)，(4.4.13)和初始函数 $A_n(x, y; -1, 0)$，不难对任一给定的整数偶 p, q，得出 $A_n(x, y; p, q)$ 的表达式. 然而这些表达式的绝大多数象(4.4.15)—(4.4.18)一样，它们是间接的，具体计算时必须展开，这仍是很麻烦的. 但是，它们的紧凑的形式在推演中却能带来很大的方便，这一点在 Abel 多元恒等式的研究中已经得到充分的显示. 有兴趣的读者可以参考 J.Riordan[8].

4.5 Ramsey 定理

上面诸节讨论的是一些递归等式关系，本节对一个重要的递归不等式关系进行研究.

如果对两个邮箱投入 $N(N \geqslant 3)$ 封信，则至少有两封信落在其中一个邮箱中. 这是一个非常明显而简单的原理.

类似的，但较复杂一些的有下面一个例子. 有六个不同的点，无三点共线，

对其中任意二点联一条线，且对这些联线任意着上红色或蓝色. 现在的问题是：在这六个点中是否存在三个点，使得以它们为顶点的三角形的三边有相同的颜色? 回答是肯定的，可以证明如下.

任意取定一点 P_0，从 P_0 到其余五个点的五条联线中，至少有三条的颜色相同，例如设是红色的. 不失一般，可记这三条线为 P_0P_1, P_0P_2, P_0P_3. 如果在线 P_1P_2, P_2P_3 和 P_3P_1 中有一条线是红色的，则该线和从其端点到 P_0 的联线构成一个红边三角形. 反之，如果 P_1P_2, P_2P_3, P_3P_1 这三条线都是蓝的，则 $\triangle P_1P_2P_3$ 是一个蓝边三角形. 这就证明了上面的结论.

这里还可证明：至少六个点才能保证有一个三边同色的三角形存在. 如果只有五个点，且对其各条联线着色如下：

$$P_1P_2 \text{红}, \qquad\qquad P_2P_4 \text{红},$$
$$P_1P_3 \text{红}, \qquad\qquad P_2P_5 \text{蓝},$$
$$P_1P_4 \text{蓝}, \qquad\qquad P_3P_4 \text{蓝},$$
$$P_1P_5 \text{蓝}, \qquad\qquad P_3P_5 \text{红},$$
$$P_2P_3 \text{蓝}, \qquad\qquad P_4P_5 \text{红},$$

则不能得出一个同色边三角形.

上述情况可以推广成一般的定理.

定理 4.5.1(Ramsey[1]定理) 设 S 是一个 N 元集，记

$$T_r(s) = \{X \subseteq S \mid |X| = r\}, \quad r \geqslant 1.$$

又设

$$T_r(s) = \alpha \bigcup \beta, \quad \alpha \bigcap \beta = \varnothing \qquad\qquad (4.5.1)$$

是 $T_r(s)$ 的任一分解，且

$$p \geqslant r, \quad q \geqslant r.$$

那么存在最小正整数 $n(p,q,r)$，它只与 p,q,r 有关，与 S 及其分解(4.5.1)无关，具有以下性质：当 $N \geqslant n(p,q,r)$ 时，或者存在 S 的一个 p 元子集 S_1，使

$$T_r(S_1) \subseteq \alpha, \qquad\qquad (4.5.2)$$

或者存在 S 的一个 q 元子集 S_2，使

$$T_r(S_2) \subseteq \beta. \qquad\qquad (4.5.3)$$

证明 对 (p,q,r) 用数学归纳法：对任意给定的 $(p,q,r)(p \geqslant r, q \geqslant r)$，欲从归

纳法假设

$$n(p^*,q^*,r-1)存在, 当 p^* \geqslant r-1, q^* \geqslant r-1,$$

$$n(p',q,r)存在, 当 p' < p,$$

$$n(p,q',r)存在, 当 q' < p,$$

推出结论

$$n(p,q,r)存在.$$

为此, 所需的归纳法基础是

$$n(p,q,1)存在, 当 p \geqslant 1, q \geqslant 1,$$

$$n(r,q,r)存在, 当 q \geqslant r \geqslant 1,$$

$$n(p,r,r)存在, 当 p \geqslant r \geqslant 1.$$

这里先证

$$n(p,q,1) = p + q - 1. \tag{4.5.4}$$

如果 $N = p + q - 2$, 则当 α 恰含 $p-1$ 个一元子集即恰含 $p-1$ 个元素, β 恰含其余 $q-1$ 个一元子集时, 就得不出 p 元子集 S_1 合(4.5.2), 也得不出 q 元子集 S_2 合 (4.5.3). 所以, $N > p + q - 2$. 但当 $N \geqslant p + q - 1$ 时, 如果 α 含有 p 个一元子集时, 取 S_1 为这 p 个一元子集的并, 则 S_1 合(4.5.2). 反之, 如果 α 最多含 $p-1$ 个一元子集, 则 β 至少含 q 个一元子集. 取 S_2 为这 q 个一元子集的并, S_2 就合(4.5.3). 综上即得(4.5.4).

现在来证

$$n(r,q,r) = q. \tag{4.5.5}$$

如果 α 中有一个 s 的 r 元子集, 取它为 S_1, 则 S_1 合(4.5.2). 反之, 全部 r 元子集都在 β 中, 这时存在 q 元子集 S_2 合(4.5.3)的充要条件是 $|S| \geqslant q$. 综上即得(4.5.5).

与(4.5.5)对称地, 也有

$$n(p,r,r) = p.$$

至此, 已验证了归纳法基础的正确性.

为了完成归纳法推理, 需要一个递归的不等式关系:

$$n(p,q,r) \leqslant n(p_1,q_1,r-1) + 1 \tag{4.5.6}$$

这里

$$p_1 = n(p-1,q,r), q_1 = n(p,q-1,r) \tag{4.5.7}$$

设

$$N \geqslant n(p_1,q_1,r-1)+1 \tag{4.5.8}$$

取一个定元 $a \in S$. 记 $S' = S \setminus \{a\}$, 于是可证

$$T_{r-1}(S') = \alpha' \bigcup \beta', \alpha' \bigcap \beta' = \varnothing, \tag{4.5.9}$$

这里

$$\alpha' = \{X \subseteq S' \mid X \bigcup \{a\} \in \alpha\}, \tag{4.5.10}$$

$$\beta' = \{X \subseteq S' \mid X \bigcup \{a\} \in \beta\}. \tag{4.5.11}$$

因 $\alpha \bigcap \beta = \varnothing$, 故 $\alpha' \bigcap \beta' = \varnothing$. 若有 S' 的一个 $r-1$ 元子集 $A \notin \alpha', A \notin \beta'$, 则 $A \bigcup \{a\}$ 是 S 的一个 r 元子集, 且 $A \bigcup \{a\} \notin \alpha$, $A \bigcup \{a\} \notin \beta$, 这与(4.5.1)矛盾, 所以(4.5.9)成立.

因为

$$|S'| = N - 1 \geqslant n(p_1,q_1,r-1),$$

故由归纳法假设, 或者存在 S' 的 p_1 元子集 A, 合

$$T_{r-1}(A) \subseteq \alpha', \tag{4.5.12}$$

或者存在 S' 的 q_1 元子集 β, 合

$$T_{r-1}(A) \subseteq \beta'. \tag{4.5.13}$$

当(4.5.12)成立时, 由于(4.5.7)又有两种可能: 或者存在 A 的 q 元子集 A_2, 合 $T_r(A_2) \subseteq \beta$, 此时取 $S_2 = A_2$, 则 S_2 合(4.5.3), 从而定理为真; 或者存在 A 的 $p-1$ 元子集 A_1, 合 $T_r(A_1) \subseteq \alpha$, 此时取 $S_1 = A_1 \bigcup \{\alpha\}$, 由(4.5.10)和(4.5.12), 则 S_1 合(4.5.2), 定理亦真. 当(4.5.13)成立时, 情况完全类似, 这就证明了 $n(p,q,r)$ 的存在. 证毕.

在定理的证明中已经包含了

系 数 $n(p,q,r)$ 适合递归不等式(4.5.6).

为了便于理解上述归纳法, 列表如下. 当 $r = 1$ 时,

$$n(p,q,1) = p+q-1. \tag{4.5.14}$$

这是作为归纳法基础而直接证明其成立的. 当 $r = 2$ 时,

$$n(2,2,2) = 2, \quad n(2,3,2) = 3, \; n(2,4,2) = 4, \cdots$$
$$n(3,2,2) = 3, \quad n(3,3,2), \qquad n(3,4,2), \cdots$$
$$n(4,2,2) = 4, \quad n(4,3,2), \qquad n(4,4,2), \cdots \tag{4.5.15}$$
$$\vdots \qquad\qquad \vdots \qquad\qquad \vdots$$

(4.5.15)的第一行和第一列是作为归纳法基础而直接证明其成立的；第 i 行和第 j 列 $(i, j \geqslant 2)$ 交口处的数的存在性是由(4.5.15)的第 i 行的第 $i-1$ 个数和第 j 列的第 $j-1$ 个数，通过(4.5.14)，经由归纳推理而得到的. 这就证明了 $n(p,q,2)$ 的存在性. 当 $r = 3$ 时，

$$n(3,3,3) = 3, \quad n(3,4,3) = 4, \; n(3,5,3) = 5, \cdots$$
$$n(4,3,3) = 4, \quad n(4,4,3), \qquad n(4,5,3), \cdots$$
$$n(5,3,3) = 5, \quad n(5,4,3), \qquad n(5,5,3), \cdots \tag{4.5.16}$$
$$\vdots \qquad\qquad \vdots \qquad\qquad \vdots$$

(4.5.16)的第一行和第一列是作为归纳基础而直接证明其成立的；第 i 行和第 j 列 $(i, j \geqslant 2)$ 交口处的数的存在性，是由(4.5.16)的第 i 行的第 $i-1$ 个数和第 j 列的第 $j-1$ 个数，通过(4.5.15)，经由归纳推理来得到的. 这就证明了 $n(p,q,3)$ 的存在性.

对任意固定的 r，依此类推，可得 $n(p,q,r)$ 的存在性.

节首对于两个邮箱所说的原理，对 t 个邮箱也有类似的结果：如果把 $N \geqslant t+1$ 封信投入 t 个邮箱中，则至少有两封信落入同一个邮箱. 这也是一个很明显而简单的原理.

作为这个原理和定理 4.5.1 这二者的推广，有

定理 4.5.2 设 S 是一个 n 元集，

$$T_r(S) = \bigcup_{1 \leqslant i \leqslant t} \alpha_i, \alpha_i \bigcap \alpha_j = \varnothing (1 \leqslant i \leqslant j \leqslant t) \tag{4.5.17}$$

是 $T_r(S)$ 的任一分解，且设

$$p_i \geqslant r \geqslant 1 \quad (1 \leqslant i \leqslant t).$$

那么，存在最小正整数 $n(p_1, \cdots, p_t, r)$，它只与 $p_1, \cdots, p_t$ 和 r 有关，与 S 及分解(4.5.17)无关，具有以下性质：当 $n \geqslant n(p_1, \cdots, p_t, r)$ 时，必有 $i \in [1, t]$，有 S 的 p_i 元子集 S_i，合

$$T_r(S_i) \subseteq \alpha_i. \tag{4.5.18}$$

证明 $t = 1$ 时，定理的结果是平凡的. $t = 2$ 时，定理 4.5.2 蜕化为定理 4.5.1. 今设定理对 $t-1$ 成立，往证对 t 也成立. 写(4.5.17)为

$$T_r(S) = \bigcup_{1 \le i \le t-1} \beta_i, \quad \beta_i = \begin{cases} \alpha_i & \text{若} 1 \le i \le t-2, \\ \alpha_{t-1} \bigcup \alpha_t, & \text{若} i = t-1. \end{cases}$$

由定理 4.5.1 和归纳法假设知，以下二数是存在的：

$$\begin{aligned} p'_{t-1} &= n(p_{t-1}, p_t, r), \\ n(p_1, &\cdots, p_{t-2}, p'_{t-1}, r). \end{aligned} \tag{4.5.19}$$

今证

$$n(p_1, \cdots, p_{t-2}, p'_{t-1}, r) \ge n(p_1, \cdots, p_t, r). \tag{4.5.20}$$

若

$$N \ge n(p_1, \cdots, p_{t-2}, p'_{t-1}, r),$$

由归纳法假设，或者对某个 $i \in [1, t-2]$，有 S 的 p_i 元子集 S_i，合

$$T_r(S_i) \subseteq \alpha_i,$$

或者有 S 的 p'_{t-1} 元子集 S'_{t-1}，合

$$T_r(S'_{t-1}) \subseteq \alpha_{t-1} \bigcup \alpha_t. \tag{4.5.21}$$

若前者成立，则定理为真；若后者成立，则有

$$T_r(S'_{t-1}) = \alpha'_{t-1} \bigcup \alpha'_t, \quad \alpha'_{t-1} \subseteq \alpha_{t-1}, \quad \alpha'_t \subseteq \alpha_t.$$

这里

$$\alpha'_{t-1} = \alpha_{t-1} \bigcap T_r(S'_{t-1}), \quad \alpha'_t = \alpha_t \bigcap T_r(S'_{t-1}).$$

再由 (4.5.19)，或者存在 S'_{t-1} 的 p_{t-1} 元子集 S_t——因而也是 S 的子集——合于

$$T_r(S_{t-1}) \subseteq \alpha'_{t-1} \subseteq \alpha_{t-1},$$

或者存在 S'_{t-1} 的 p_t 元子集 S_t——也是 S 的子集——合于

$$T_r(S_t) \subseteq \alpha'_t \subseteq \alpha_t.$$

总之，无论何种情形出现，定理皆真. **证毕**.

    定义 4.5.1　定理 4.5.2 中的数 $n(p_1, \cdots, p_t, r)$ 叫做 Ramsey 数

    Ramsey 数具有深刻的组合意义. 然而对一般的 $p_1, \cdots, p_t, r$，它的计值是很困难的，除了平凡的情形——诸如 (4.5.4)，(4.5.5)——所示外，尚知以下诸值或它们存在的区间：

$$r = 2$$

p_2 \ p_1	2	3	4	5	6	7	8	9	10
2	2	3	4	5	6	7	8	9	10
3		6	9	14	18	23	[27,30]	[36,37]	
4			18	[25,28]	[34,45]				(4.5.22)
5				[38,55]	[38,94]				
6					[102,178]				

和

$$n(3,3,3,2) = 17 \,.$$

由于下节即将说明的 Ramsey 数的对称性质, 表(4.5.22)中只列出主对角线上半部分就行了.

有关这个定理的一些应用, 以及 Ramsey 数的性质, 将分述于后两节.

4.6 Ramsey 定理的应用

考虑三维空间中无三点共线的 N 个不同的点, 每两点间联一条线, 这些线互不相交. 如果用 t 种颜色将这 $\binom{N}{2}$ 条线着色, 那么 Ramsey 定理断言: 对任给的整数 $p_1, \cdots, p_t \geqslant 2$, 存在最小的正整数 $n(p_1, \cdots p_t, 2)$, 只要

$$N \geqslant n(p_1, \cdots, p_t, 2)$$

时, 就一定有一种颜色, 例如第 i 种颜色, 使得存在 p_i 个点, 这些点两两间的联线均为这种颜色.

根据图论的术语, 每两个顶点间都有联线的图称为完全图. 具 N 个顶点的完全图记为 K_N. 如果一个完全图的每一条线都以 t 种颜色之一来着色, 则称这样的完全图为 t 色完全图. 如果 $t=1$, 则又称为单色完全图. 如果这颜色是红色, 又称为红 K_N (可看 C. Berge[1], F. Harary[1]).

于是上述结果可叙述为

定理 4.6.1 对任给的正整数 $p_1, p_2, \cdots, p_t \geqslant 2$，存在最小的正整数 $n(p_1, \cdots, p_t, 2)$，使得

$$N \geqslant n(p_1, \cdots, p_t, 2)$$

时，任一 t 色完全图 K_N 中都有一个单色完全子图 K_{pi}，这里 i 为 $[1, t]$ 中的某一个数.

Ramsey 定理的另一个应用与凸多边形有关.

定理 4.6.2 (Erdös 和 Szekeres[1]) 对任给的正整数 m，存在正整数 $n = n(m)$，使得平面上无三点共线的 n 个点中，有 m 个点为一个凸 m 边形的顶点.

需要下面两个引理：

引理 4.6.1 平面上无三点共线的五个点中，必有四个点为一个凸四边形的顶点.

证明 如果这五个点的凸壳——包含这五个点的最小凸体——是一个四边形，则这个四边形的四个顶点即为所求，因为由平面上有限多个点所生成的凸壳是一个多边形.

如果这五个点的凸壳是一个五边形，则这五个点中的任意四点都合定理的要求. 因为任一凸五边形的四个顶点均为一凸四边形的顶点.

如果这五个点的凸壳是一个三角形，顶点为 A, B, C，其他两点 D, E 落在它里面. 此时延长 DE 线段和三角形的两边相交，但和第三边不在三角形内相交，设这第三边为 BC，那么，B, C, D, E 即为所求. **证毕**.

引理 4.6.2 设平面上无三点共线的 m 个点中任意四点的凸壳都是凸四边形，则这 m 个点是一个凸 m 边形的顶点.

证明 $m = 4$ 时，引理的结论是平凡的. 今设引理对 $m - 1(m - 1 \geqslant 4)$ 成立，往证对 m 也成立.

设点 $A_1, \cdots, A_m$ 的任意四点的凸壳都是凸四边形. 由归纳法假设，$A_1, \cdots, A_{m-1}$ 是一个凸 $m - 1$ 边形 C_{m-1} 的顶点，不失一般，可设 $A_1, \cdots, A_{m-1}$ 就是这些顶点按一个定向顺次排列的结果，如果 A_m 在 C_{m-1} 的内部，则 A_m 必在三角形 $A_1 A_2 A_3, A_1 A_3 A_4, \cdots, A_1 A_i A_{i+1}, \cdots, A_1 A_{m-2} A_{m-1}$ 的某一个的内部；因无三点共线，故 A_m 不能落在这些三角形的任何一个的边上. 如果 A_m 在三角形 $A_1 A_i A_{i+1}$ 的内部，则 A_1, A_i, A_{i+1}, A_m 这四点不能是一个凸四边形的顶点，这和假设矛盾. 因此，A_m 必在 C_{m-1} 的外面.

因 A_m 在 C_{m-1} 的外面，故射线 $A_m A_1, A_m A_2, \cdots, A_m A_{m-1}$ 中必有两条，记为 $A_m A_i, A_m A_j$，它们张成的角包含着凸多边形 C_{m-1}. 如果 A_i, A_j 不相邻，则三角形 $A_m A_i A_j$ 将包含某个点 $A_k (k \neq m, i, j)$ 在其中，而这四点 A_m, A_i, A_j, A_k 就不能是一个凸四边形的顶点，和假设矛盾. 故 A_i, A_j 必然相邻. 此时，在 C_{m-1} 上添加点 A_m 和

线 A_mA_i, A_mA_j，就把 C_{m-1} 扩充为一个具 n 个顶点的凸 n 边形. **证毕**.

   定理 4.6.2 的证明　设

$$n = n(m, 5, 4).$$

对平面上无三点共线的 n 个点的集 S，记

$$\alpha = \{\{P_i, P_j, P_k, P_l\} \subseteq S \mid P_i, P_j, P_k, P_l \text{ 的凸壳是四边形}\},$$

$$\beta = \{\{P_i, P_j, P_k, P_l\} \subseteq S \mid P_i, P_j, P_k, P_l \text{ 是一个凹四边形的顶点}\}.$$

于是有分解式

$$T_4(S) = \alpha \bigcup \beta, \alpha \bigcap \beta = \varnothing.$$

由 Ramsey 定理，S 中或有 m 个点，它的任意四点的凸壳都是凸四边形，或者有五个点，它的任意四点都是某个凹四边形的顶点. 由引理 4.6.1，后一情形不可能发生；而在前一情形，由引理 4.6.2，这 m 个点的凸壳是 m 边形. **证毕**.

   关于 Ramsey 定理的其他一些应用，将在以后介绍.

4.7　Ramsey　数

   由 Ramsey 数的定义立得

   定理 4.7.1　设 $i_1 i_2 \cdots i_t$ 是 $[1, t]$ 的任一全排列，则

$$n(p_1, \cdots, p_t, r) = n(p_{i_1}, \cdots, p_{i_t}, r).$$

   下面讨论 $t = r = 2$ 的情形. 这时借用图论的术语更方便一些. 在 4.6 所引用的概念和符号的基础上，再增加以下几点：

   如果 K_N 的线着以红色或蓝色，则用 r_i 记以点 $p_i (1 \le i \le N)$ 为端点的红线的数目.

   如果有一种着色法使 K_N 既不包含红 K_p，又不包含蓝 K_q，则称这种着色法是 (p, q) 着色法，称 K_N 是可 (p, q) 着色的. 把使得 K_N 可 (p, q) 着色的最大的 N 值记为 $R(p, q)$. 易知，

$$R(p, q) = n(p, q, 2) - 1.$$

   如果 K_N 是可 (p, q) 着色的，则把 K_N 中红线的最大可能数目记为 $r(N; p, q)$. 由于当 $n > R(p, q)$ 时，K_N 不能 (p, q) 着色，因而 $r(N; p, q) = 0$. 对于 K_N 中的蓝线，有类似的数 $b(N; p, q)$. 从定义能直接推出

$$b(N; p, q) = r(N; q, p). \tag{4.7.1}$$

引理 4.7.1 如果 K_N 可 (p,q) 着色，则

$$r_i \leqslant R(p-1,q) \quad (1 \leqslant i \leqslant N). \tag{4.7.2}$$

证明 若有某个 $r_i > R(p-1,q)$，即

$$r_i \geqslant n(p-1,q,2),$$

则 K_{r_i} 或者包含一个红 K_{p-1}，或者包含一个蓝 K_q、以 P_i 为一个端点的红线的另一端点共 r_i 个，连同 P_i，共 $r_i + 1$ 个点. 由上面的结论可知，K_{r_i+1} 或者包含一个红 K_p，或者包含一个蓝 K_q，因而 K_N 或者包含一个红 K_p，或者包含一个蓝 K_q，这与 K_N 可 (p,q) 着色相矛盾. **证毕**.

系

$$r(N;p,q) \leqslant \frac{1}{2} N \cdot R(p-1,q), \tag{4.7.3}$$

$$b(N;p,q) \leqslant \frac{1}{2} N \cdot R(p,q-1). \tag{4.7.4}$$

证明 (4.7.2)的两节对 i 求和，由于同一条红线在两个端点各计数一次，故

$$\frac{1}{2} \sum_{1 \leqslant i \leqslant N} r_i \leqslant \frac{1}{2} N \cdot R(p-1,q),$$

$$r(N;p,q) = \max\left(\frac{1}{2} \sum_{1 \leqslant i \leqslant N} r_i\right) \leqslant \frac{1}{2} N \cdot R(p-1,q).$$

这就是(4.7.3). 由(4.7.1)和(4.7.3)立得(4.7.4). **证毕**.

定理 4.7.2 对 $n(p,q,2)$，有递归关系

$$n(p,q,2) \leqslant n(p-1,q,2) + n(p,q-1,2); \tag{4.7.5}$$

如果 $n(p-1,q;2)$ 与 $n(p,q-1;2)$ 同为偶数，则(4.7.5)中的 "$\leqslant$" 可换为 "$<$".

证明 设 K_N 是可 (p,q) 着色的，计算 K_N 中的线，得

$$\frac{1}{2} N(N-1) \leqslant r(N;p,q) + b(N;p,q)$$

$$\leqslant \frac{1}{2} N \cdot R(p-1,q) + \frac{1}{2} N \cdot R(p,q-1),$$

即

$$N \leqslant R(p-1,q) + R(p,q-1) + 1, \tag{4.7.6}$$

取 N 为极大值，得(4.7.5).

欲(4.7.6)中的等界成立，K_N 中红线的数目和蓝线的数目必须都是最大的. 若 $2 \nmid R(p-1,q) \cdot R(p,q-1)$，欲(4.7.3)和(4.7.4)中的等界成立，$N$ 必为偶数，而此时 (4.7.6)中的等号不能成立. 这就得到了定理的后半部分. **证毕**.

系

$$n(p,q,2) \leqslant \binom{p+q-2}{p-1}. \tag{4.7.7}$$

证明 对正整数偶 (p,q) 使用数学归纳法. 欲从(4.7.7)对 $(p,q-1)$ 和 $(p-1,q)$ 成立推出它对 (p,q) 也成立. 因此，作为归纳法基础，需验证(4.7.7)对 $(2,q)$ 和 $(p,2)$ 成立；而前者就是(4.5.5)，后者就是(4.5.5)的对称式.

再由(4.7.5)和归纳法假设，有

$$\begin{aligned}
n(p,q,2) &\leqslant n(p-1,q,2) + n(p,q-1,2) \\
&\leqslant \binom{p-1+q-2}{p-2} + \binom{p+q-1-2}{p-1} \\
&= \binom{p+q-2}{p-1}.
\end{aligned}$$

这就是(4.7.7). **证毕**.

对 K_N 中的线任意着以红,蓝二色,用 $\triangle$ 记其中的同色(红或蓝)三角形的数目, 则有

定理 4.7.3

$$\triangle = \binom{N}{3} - \frac{1}{2} \sum_{1 \leqslant i \leqslant N} r_i(N-1-r_i). \tag{4.7.8}$$

证明 K_N 中一个三角形不是同色的，其充要条件是该三角形恰有二个顶点， 由它们之任一引出的两条线不是同色的. 在点 P_i 处，不同色线的选取法有

$$\sum_{1 \leqslant i \leqslant N} r_i(N-1-r_i)$$

个，考虑到每条线都被选取两次，故得(4.7.8). **证毕**.

系

$$\triangle \geqslant \binom{N}{3} - \left[\frac{N}{2} \left[\left(\frac{N-1}{2} \right)^2 \right] \right], \tag{4.7.9}$$

其中 $[x]$ 表 x 的整数部分.

证明 因整变量二次式

$$f(x) = x^2 - (N-1)x = \left(x - \frac{N-1}{2}\right)^2 - \left(\frac{N-1}{2}\right)^2$$

的极小值是整数, 故为

$$\min_{x\in Z} f(x) = \begin{cases} f\left(\dfrac{N-1}{2}\right) = -\left(\dfrac{N-1}{2}\right)^2, & \text{若} 2 \mid N-1, \\ f\left(\dfrac{N}{2}\right) = \left(\dfrac{1}{2}\right)^2 - \left(\dfrac{N-1}{2}\right)^2 \geqslant -\left[\left(\dfrac{N-1}{2}\right)^2\right], & \text{若} \mid 2 \nmid N-1. \end{cases}$$

再考虑到 $\triangle$ 是整数, 由(4.7.8)便得(4.7.9). **证毕**.

上面的系给出了 $\triangle$ 的下界, 下面的引理则给出其上界.

引理 4.7.2 设 K_N 是可 (p,q) 着色的, 记

$$A_j = \{P_i \mid r_i = j\}, \quad 0 \leqslant j \leqslant N-1,$$
$$\alpha_j = |A_j|,$$

则

$$\triangle \leqslant \frac{1}{3} \sum_{0 \leqslant j \leqslant N-1} \alpha_j \{r(j; p-1, q) + b(N-1-j; p, q-1)\} \tag{4.7.10}$$

证明 设点 $P_i \in A_j$, 且记以 P_i 为一个端点的红线的另一端点所组成的集为 B_j, 由 B_j 产生的完全图为 K_j, 则 K_j 是可 $(p-1, q)$ 着色的. 这是因为, 若 K_j 有一个红 K_{p-1} 或有一个蓝 K_q, 则 K_N 中有一个红 $K_p = K_{p-1} \cup \{P_i\}$ 或有一个蓝 K_q, 这与 K_N 是可 (p,q) 着色的条件矛盾. 这里, " $K_p = K_{p-1} \cup \{P_i\}$ " 表示 K_p 是由 K_{p-1} 的顶点与 P_i 一起所产生的完全图.

因此, 点 P_i 最多是 $r(j; p-1, q)$ 个红三角形的顶点; 同理, 它也最多是 $b(N-1-j; p, q-1)$ 个蓝三角形的顶点. 考虑到每个三角形的三个顶点在计数时各使用了一次, 便得(4.7.10). **证毕**.

由引理 4.7.1, 引理 4.7.2 中的 α_j 合

$$\alpha_j = 0, \text{ 若 } j < N-1-R(p, q-1) \text{ 或 } j > R(p-1, q).$$

可以利用关于 $\triangle$ 的上述两个不等式来得出关于 $n(p,q,2)$ 的另一个递归不等式.

定理 4.7.4 设 K_N 是可 (p,q) 着色的, 记 $R_1 := R(p-2,q)$, $R_2 := R(p,q-2)$, 则

$$N \leqslant R_1 + R_2 + 3 + 2\left\{\frac{1}{3}\left(R_1^2 + R_1 R_2 + R_2^2\right) + R_1 + R_2 + 1\right\}^{\frac{1}{2}}. \qquad (4.7.11)$$

证明 由(4.7.3), (4.7.4), (4.7.8)和(4.7.10), 有

$$\binom{N}{3} \leqslant \frac{1}{2} \sum_{1 \leqslant i \leqslant N} r_i(N-1-r_i) + \frac{1}{3} \sum_{0 \leqslant j \leqslant N-1} \alpha_j$$

$$\times \left\{r(j; p-1, q) + b(N-1-j; p, q-1)\right\}$$

$$\leqslant \frac{1}{2} \sum_{1 \leqslant i \leqslant N} r_i(N-1-r_i) + \frac{1}{6} \sum_{0 \leqslant j \leqslant N-1} \alpha_j \times \left\{j R_1 + (N-1-j) R_2\right\}.$$

因为

$$\sum_{0 \leqslant j \leqslant N-1} a_j = N, \qquad \sum_{0 \leqslant j \leqslant N-1} j \alpha_j = \sum_{1 \leqslant i \leqslant N} r_i,$$

故

$$\binom{N}{3} \leqslant \left(\frac{N-1}{2} + \frac{R_1}{6} - \frac{R_2}{6}\right) \sum r_i - \frac{1}{2} \sum r_i^2 + \frac{N(N-1)R_2}{6} \qquad (4.7.12)$$

$$= : f(r_1, \cdots, r_N).$$

求函数 $f(r_1, \cdots, r_N)$ 的极大点和极大值, 得

$$\frac{\partial f}{\partial r_i} = \frac{N-1}{2} + \frac{R_1 - R_2}{6} - r_i = 0 \quad (1 \leqslant i \leqslant N),$$

$$r_i = \frac{N-1}{2} + \frac{R_1 - R_2}{6} \quad (1 \leqslant i \leqslant N),$$

$$\max f(r_i, \cdots, r_N) = \frac{N}{2}\left(\frac{N-1}{2} + \frac{R_1 - R_2}{6}\right)^2 + \frac{N(N-1)R_2}{6}.$$

再由(4.7.12)可得

$$(N-1)_2 \leqslant 3\left(\frac{N-1}{2} + \frac{R_1 - R_2}{6}\right)^2 + (N-1)R_2,$$

此即

$$3(N-1)^2 - \left[6(R_1 + R_2) + 12\right](N-1) - (R_1 - R_2)^2 \leqslant 0.$$

对 $N-1$ 解此不等式，得

$$N-1 \leqslant R_1 + R_2 + 2 + 2\left\{\frac{1}{3}\left(R_1^2 + R_1 R_2 + R_2\right)^2 + R_1 + R_2 + 1\right\}^{\frac{1}{2}}.$$

证毕.

把(4.7.11)中的 N 取极大值，便得

系1 记 $n_1 := n(p-2,\ q,\ 2)$，$n_2 := n(p,\ q-2,\ 2)$，则有

$$n(p,\ q,\ 2) \leqslant n_1 + n_2 + 2 + 2\left(\frac{1}{3}\left(n_1^2 + n_1 n_2 + n_2^2\right)\right)^{\frac{1}{2}}. \tag{4.7.13}$$

特别地，在(4.7.13)中取 $p = q$ 便得

系2 (参看Walker[1])

$$n(p, p, 2) \leqslant 4n(p, p-2, 2) + 2. \tag{4.7.14}$$

下面来估计 $n(p, p, 2)$ 的界.

定理 4.7.5 若 $p > 2$，则

$$2^2 > \{n(p, p, 2)\}^{\frac{1}{p}} > 2^{\frac{1}{2}}. \tag{4.7.15}$$

证明 由(4.7.9)，当 $p \geqslant 2$ 时，

$$n(p, p, 2) \leqslant \binom{2p-2}{p-1}$$

$$= \frac{2p-2}{p-1} \cdot \frac{2p-3}{p-1} \cdot \frac{2p-4}{p-2} \cdot \frac{2p-5}{p-2} \cdots \frac{4}{2} \cdot \frac{3}{2} \cdot \frac{2}{1} \cdot \frac{1}{1} < 2^{2(p-1)}. \tag{4.7.16}$$

另一方面，有 $2^{\binom{N}{2}}$ 种方法对 K_N 着色. 对 K_N 中的一个特定的 K_k，有 $2^{1+\binom{N}{2}-\binom{k}{2}}$ 种方法对 K_N 着色使得这个 K_k 是单色(红或蓝)的.

选取 K_k 的方法有 $\binom{N}{k}$ 种，所以若

$$2^{\binom{N}{2}} > \binom{N}{k} 2^{1+\binom{N}{2}-\binom{k}{2}}, \tag{4.7.17}$$

则 K_N 是可 (k, k) 着色的. 因为

$$\binom{N}{k} < \frac{N^k}{k!} \quad (k \geqslant 2),$$

故当

$$N < \left(k!\, 2^{\binom{k}{2}-1} \right)^{\frac{1}{k}} \tag{4.7.18}$$

时，(4.7.17)就成立. 因 $k \geqslant 3$ 时，$2^{k/2+1} < k!$，

$$\left(k!\, 2^{\binom{k}{2}-1} \right)^{\frac{1}{k}} > 2^{\frac{k}{2}},$$

故当 $k \geqslant 3$，$N \leqslant 2^{\frac{k}{2}}$ 时，条件(4.7.17)满足. 于是

$$n(k,k,2) > 2^{\frac{k}{2}}, \, k \geqslant 2, \tag{4.7.19}$$

其中 $k=2$ 的情形是由表(4.5.22)得出的. 最后，由(4.7.16)和(4.7.19)便得(4.7.15).

利用上面所证的不等式，加上一些特殊的考虑，就可求得(4.5.22)中的数或区间.

第五章 (0,1) 矩 阵

如果 $m \times n$ 矩阵 $A = (a_{ij})$ 的诸元 a_{ij} 只取零或 1, 则称 A 是 (0,1) 矩阵. (0,1) 矩阵与组合问题有着非常密切的联系: 一个组合问题常常可化为 (0,1) 矩阵的问题; 而一个 (0,1) 矩阵的组合性质往往给出某个组合的解答.

本章先从 "相异代表组" 这一问题着手引进 (0,1) 矩阵 (5.1, 5.2); 然后讨论它的性质: 线秩和项秩 (5.3), (0,1) 矩阵类 $\mathfrak{U}(R, S)$ 的势 (5.4), 规范类 (5.5); 最后介绍 (0,1) 矩阵对拉丁矩的应用 (5.6).

(0,1) 矩阵在限位排列和区组设计理论中的发展和应用, 在后面的有关章节再行介绍; 而它在图论中的重要作用已超出本书的范围, 对此有兴趣的读者可参考 Berge[1] 或 Harrary[1].

5.1 相 异 代 表

先看一个具体的例子. 设已给下列五个集:

$$S_1 = \{1, 2, 3\},$$
$$S_2 = \{1, 2, 4\},$$
$$S_3 = \{1, 2, 5\},$$
$$S_4 = \{3, 4, 5, 6\},$$
$$S_5 = \{3, 4, 5, 6\}.$$

今欲从中选出数 $x_i (1 \leqslant i \leqslant 5)$, 符合

$$x_i \in S_i \qquad (1 \leqslant i \leqslant 5),$$
$$x_i \neq x_j \qquad (1 \leqslant i \neq j \leqslant 5).$$

这样的选法是存在的, 例如可选

$$(x_1, x_2, x_3, x_4, x_5) = (1, 2, 5, 3, 4).$$

但是对下列的五个集:

$$T_1 = \{1, 2\},$$
$$T_2 = \{1, 2\},$$
$$T_3 = \{1, 2\},$$
$$T_4 = \{3, 4, 5, 6\},$$
$$T_5 = \{3, 4, 5, 6\},$$

显然没有符合要求的选取方法.

为了进行一般的讨论, 先引进

定义 5.1.1 若对集系

$$\{S_i\}_{1 \leqslant i \leqslant n} \tag{5.1.1}$$

有元素组

$$\{x_i\}_{1 \leqslant i \leqslant n} \tag{5.1.2}$$

合于

$$\begin{aligned} x_i \in S_i & \quad (1 \leqslant i \leqslant n), \\ x_i \neq x_j & \quad (1 \leqslant i \neq j \leqslant n), \end{aligned} \tag{5.1.3}$$

则称元素组(5.1.2)是集系(5.1.1)的一个相异代表组, 记为 SDR. 又把集系(5.1.1)的相异代表组的总数记为 $N(S_1, \cdots, S_n)$.

如果在集系(5.1.1)中有 k 个集 $S_{i_1}, \cdots, S_{i_k}$, 它们所包含的元素的总数

$$\left| \bigcup_{1 \leqslant l \leqslant k} S_{i_l} \right| < k,$$

则必不能选出这 k 个集的一个 SDR, 因而必不能选出(5.1.1)的一个 SDR. 这就是说, (5.1.1)存在一个 SDR 的必要条件是

$$\left| \bigcup_{1 \leqslant l \leqslant k} S_{i_l} \right| \geqslant k, \tag{5.1.4}$$

其中 k 和诸 i 是合于下述条件的任意正整数:

$$\begin{aligned} & 1 \leqslant k \leqslant n, \\ & 1 \leqslant i_l \leqslant n, \ i_t \neq i_v \ (1 \leqslant t < v \leqslant k). \end{aligned} \tag{5.1.5}$$

直到 1935 年，P. Hall[1]才证明了条件(5.1.4)也是(5.1.1)存在 SDR 的充分条件. 是即，有

定理 5.1.1　集系(5.1.1)存在 SDR 的充要条件是(5.1.4)成立.

为了引用方便起见，把条件(5.1.4)简称为条件 H.

下面证明比定理 5.1.1 更强的一些结果.

定义 5.1.2　设 $m_1 \leqslant m_2 \leqslant \cdots \leqslant m_n$ 是正整数，定义

$$H_n(m_1,\cdots,m_2) := \prod_{0 \leqslant i < \min(m_1,n)} (m_1 - i)$$

$$G_n(m_1,\cdots,m_2) := \prod_{0 \leqslant i < \min(m_1,n)} (m_{i+1} - i),$$

$$F_n(m_1,\cdots,m_2) := \prod_{0 \leqslant i < n} (m_{i+1} - i)_*,$$

这里

$$(a)_* := \max(1, a).$$

由此定义立得

$$H_n(m_1,\cdots,m_n) \leqslant G_n(m_1,\cdots,m_n) \leqslant F_n(m_1,\cdots,m_n). \tag{5.1.6}$$

不失一般，可设集系(5.1.1)符合

$$|S_1| \leqslant |S_2| \leqslant \cdots \leqslant |S_n|. \tag{5.1.7}$$

于是，有

定理 5.1.2　若集系(5.1.1)合条件 H 和(5.1.7)，则

$$N(S_1,\cdots,S_n) \geqslant 1, \tag{5.1.8}$$

$$N(S_1,\cdots,S_n) \geqslant H_n(|S_1|,\cdots,|S_n|), \tag{5.1.9}$$

$$N(S_1,\cdots,S_n) \geqslant G_n(|S_1|,\cdots,|S_n|), \tag{5.1.10}$$

$$N(S_1,\cdots,S_n) \geqslant F_n(|S_1|,\cdots,|S_n|), \tag{5.1.11}$$

注. (5.1.8)即定理 5.1.1 的充分条件部分，(5.1.9)，(5.1.10)和(5.1.11)分别为 M. Hall[2]，Rado[2]和 van Lint[2]所证明，由(5.1.6)知，(5.1.11)比(5.1.8)—(5.1.10)都强，因此下面仅给出(5.1.11)的证明. 为此，需要下面的

引理 5.1.1　设 $n \geqslant 1$. 映射 $f_n: Z^n \to N$ 定义如下：

$$f_n(a_1, a_2, \cdots, a_n) := F_n(m_1, m_2, \cdots, m_n),$$

这里 $m_1 \leqslant m_2 \leqslant \cdots \leqslant m_n$ 是 $a_1, a_2, \cdots, a_n$ 的重排. 那么映射 $f_n(a_1, a_2, \cdots, a_n)$ 对每一个变化 $a_i (1 \leqslant i \leqslant n)$ 都是非降的.

证明 对一个固定的 i, 任给 $a_i' \geqslant a_i$. 设 a_i 在 $a_1, a_2, \cdots, a_n$ 的非降排列 $m_1 \leqslant \cdots \leqslant m_n$ 中占第 k 位, a_i' 在 $a_1, \cdots, a_{i-1}, a_i', a_{i+1}, \cdots, a_n$, 的非降排列中占第 l 位, 则

$$l \geqslant k, a_i = m_k.$$

因此,

$$
\frac{f_n(a_1, \cdots, a_{i-1}, a_i', a_{i+1}, \cdots, a_n)}{f_n(a_1, \cdots, a_i, \cdots, a_n)}
$$

$$
= \frac{F_n(m_1, \cdots, m_{k-1}, m_{k+1}, \cdots, m_i, a_i', m_{l+1}, \cdots, m_n)}{F_n(m_1, \cdots, m_{k-1}, m_k, \cdots, m_{l-1}, m_l, m_{l+1}, \cdots, m_n)}
$$

$$
= \frac{\left(m_{k+1} - (k-1)\right)_* \displaystyle\prod_{k+1 \leqslant j \leqslant l-1} \left(m_{j+1} - (j-1)\right)_* \left(a_i' - (l-1)\right)_*}{\left(m_k - (k-1)\right)_* \displaystyle\prod_{k+1 \leqslant j \leqslant l-1} \left(m_j - (j-1)\right)_* \left(m_l - (l-1)\right)_*} \tag{5.1.12}
$$

$$
= \frac{\left(m_{k+1} - (k-1)\right)_*}{\left(m_k - (k-1)\right)_*} \cdot \prod_{k+1 \leqslant j \leqslant l-1} \frac{\left(m_{j+1} - (j-1)\right)_*}{\left(m_j - (j-1)\right)_*} \cdot \frac{\left(a_i' - (l-1)\right)_*}{\left(m_l - (l-1)\right)_*}.
$$

因为 $m_1 \leqslant m_2 \leqslant \cdots \leqslant m_n$ 且 $m_l \leqslant a_i'$, 故 (5.1.12) 最右节的三个因了都 $\geqslant 1$, 故 (5.1.12) 的最左节 $\geqslant 1$. **证毕**.

定义 5.1.3 若集系 (5.1.1) 满足条件 H, 且有适合 (5.1.5) 的 k 和诸 i_l 存在使得 (5.1.4) 中的等号成立, 则称子系 $\{s_{i_l}\}_{1 \leqslant l \leqslant k}$ 为 (5.1.1) 的一个临界组.

(5.1.11) 的证明 易知, (5.1.11) 当 $n = 1$ 时成立. 今对 n 行数学归纳法, 分两种情况讨论.

情况 1. 集系 (5.1.1) 没有临界组, 此时任选 $a \in S_1$ 当集 S_1 的代表, 且作

$$S_i' := S_i'(a) := S_i \setminus \{a\} \quad (2 \leqslant i \leqslant n),$$

那么, 集系 $\{s'\}_{2 \leqslant i \leqslant n}$ 仍合条件 H, 这是因为对任意的 $k(1 \leqslant k \leqslant n-1)$, 任意的 $2 \leqslant i_1 < \cdots < i_k \leqslant n$, 有

$$\left| \bigcup_{1 < l < k} S'_{i_l} \right| = \left| \bigcup_{1 < l < k} \left(S_{i_l} \setminus \{a\} \right) \right| \geqslant \left| \bigcup_{1 < l < k} S_{i_l} \right| - 1$$

$$\geqslant (k+1) - 1 = k.$$

因而

$$N(S_1, \cdots, S_n) \geqslant \sum_{a \in S_1} f_{n-1} \left(\left| S'_2(a) \right|, \cdots, \left| S'_n(a) \right| \right)$$

$$\geqslant \sum_{a \in S_1} f_{n-1} \left(|S_2| - 1, \cdots, |S_n| - 1 \right)$$

$$= m_1 f_{n-1} \left(|S_2| - 1, \cdots, |S_n| - 1 \right)$$

$$= F_n(m_1, m_2, \cdots, m_n).$$

情况 2. 集系(5.1.1)有一个临界组，记为

$$S_{\nu_1}, S_{\nu_2}, \cdots, S_{\nu_k} \ (\nu_1 < \nu_2 < \cdots < \nu_k),$$

则

$$\left| \bigcup_{1 \leqslant j \leqslant k} S_{\nu_j} \right| = k.$$

设 $\mu_1 < \mu_2 < \cdots < \mu_{n-k}$ 合

$$\{\mu_i\}_{1 \leqslant i \leqslant n-k} \bigcup \{\nu_j\}_{1 \leqslant j \leqslant k} = [1, n].$$

记

$$S'_{\mu_i} = S_{\mu_i} \setminus \left(\bigcup_{1 \leqslant j \leqslant k} S_{\nu_j} \right) (1 \leqslant i \leqslant n - k). \tag{5.1.13}$$

因集系 $\{s_{\nu_j}\}_{1 \leqslant j \leqslant k}$ 是集系 $\{S_i\}_{1 \leqslant i \leqslant n}$ 的子系, 故 $\{s_{\nu_j}\}_{1 \leqslant j \leqslant k}$ 合条件 H, 因而有 SDR. 另一方面, 有

$$\left| \left(\bigcup_{1 \leqslant t \leqslant l} S'_{\mu_{i_t}} \right) \cup \left(\bigcup_{1 \leqslant j \leqslant k} S_{\nu_j} \right) \right| = \left| \bigcup_{1 \leqslant t \leqslant l} S'_{\mu_{i_t}} \right| + k,$$

和

$$\left|\left(\bigcup_{1\leqslant t\leqslant l} S'_{\mu_{i_t}}\right)\cup\left(\bigcup_{1\leqslant j\leqslant k} S_{\nu_j}\right)\right| = \left|\left(\bigcup_{1\leqslant t\leqslant l} S_{\mu_{i_t}}\right)\cup\left(\bigcup_{1\leqslant j\leqslant k} S_{\nu_j}\right)\right| \geqslant l+k,$$

故得出

$$\left|\bigcup_{1\leqslant t\leqslant l} S'_{\mu_{i_t}}\right| \geqslant l.$$

这就是说，集系 $\left\{S'_{\mu_i}\right\}_{1\leqslant i\leqslant n-k}$ 也合条件 H，因而有 SDR. 由(5.1.13)，集系 $\left\{s_{\nu_j}\right\}$ 和 $\left\{S'_{\mu_i}\right\}$ 的上述两个 SDR 互无公共元. 于是，由归纳法假设，得

$$\begin{aligned}
N\left(S_1,\cdots,S_n\right) &\geqslant N\left(S_{\nu_1},\cdots,S_{\nu_k}\right)\cdot N\left(S'_{\mu_1},\cdots,S'_{\mu_{n-k}}\right)\\
&\geqslant f_k\left(\left|S_{\nu_1}\right|,\cdots,\left|S_{\nu_k}\right|\right)\cdot f_{n-k}\left(\left|S'_{\mu_1}\right|,\cdots,\left|S'_{\mu_{n-k}}\right|\right)\\
&\geqslant f_k\left(\left|S_{\nu_1}\right|,\cdots,\left|S_{\nu_k}\right|\right)\cdot f_{n-k}\left(\left|S_{\mu_1}\right|-k,\cdots,\left|S_{\mu_{n-k}}\right|-k\right)\\
&\geqslant f_k\left(\left|S_1\right|,\cdots,\left|S_k\right|\right)\cdot f_{n-k}\left(\left|S_{\mu_1}\right|-k,\cdots,\left|S_{\mu_{n-k}}\right|-k\right). \quad (5.1.14)
\end{aligned}$$

因为

$$\left|S_{\nu_k}\right| \leqslant \left|S_{\nu_1}\cup\cdots\cup S_{\nu_k}\right| = k,$$

故

$$\left(\left|S_r\right|-(r-1)\right)_* = 1, \ 若 \ k\leqslant r\leqslant \nu_k,$$
$$\left(\left|S_{\mu_i}\right|-k-i-1\right)_* = 1, \ 若 \ \mu_i\leqslant \nu_k.$$

所以

$$f_k\left(\left|S_1\right|,\cdots,\left|S_k\right|\right) = \prod_{1\leqslant i\leqslant \nu_k} \left(\left|S_i\right|-(i-1)\right)_*,$$
$$f_{n-k}\left(\left|S_{\mu_i}\right|-k,\cdots,\left|S_{\mu_{n-k}}\right|-k\right)$$
$$= \prod_{\nu_k< j\leqslant n} \left(\left|S_j\right|-(j-1)\right)_*.$$

再由(5.1.14)，便得

$$N\left(S_1,\cdots,S_n\right) \geqslant F_n\left(\left|S_1\right|,\cdots,\left|S_n\right|\right).$$

证毕.

下面讨论相异公共代表的问题.

定义 5.1.4　若集系 $\{S_i\}_{1 \leqslant i \leqslant n}$ 的 $SDR\{x_i\}_{1 \leqslant i \leqslant n}$ 合于

$$x_i \in T_{j_i} \quad (1 \leqslant i \leqslant n),$$

这里 $j_1 j_2 \cdots j_n$ 是 $[1, n]$ 的一个全排列, $\{T_i\}_{1 \leqslant i \leqslant n}$ 是一个集系, 就说 $\{x_i\}_{1 \leqslant i \leqslant n}$ 是集系 $\{S_i\}$ 和 $\{T_i\}$ 的一个相异公共代表, 简记为 SCR.

定理 5.1.3　如果

$$\bigcup_{1 \leqslant i \leqslant n} S_i = \bigcup_{1 \leqslant i \leqslant n} T_i,$$

$$S_i \cap S_j = \varnothing, \quad T_i \cap T_j = \varnothing \ (i \neq j), \tag{5.1.15}$$

且对于任一 $k \in [1, n]$, 没有 k 个 S_i 包含在最多 $k-1$ 个 T_j 里面, 则 $\{S_i\}$ 和 $\{T_i\}$ 有 SCR.

证明　记

$$A_i = \big\{ j \,\big|\, S_i \cap T_j \neq \varnothing \big\}, \ 1 \leqslant i \leqslant n.$$

若对某一组 $i_1 < \cdots < i_k$, 有

$$\left| \bigcup_{1 \leqslant j \leqslant k} A_{i_j} \right| \leqslant k - 1,$$

则集 $S_{i_1}, \cdots, S_{i_k}$ 最多只能和 $k-1$ 个集 T_j 有公共元, 这和定理的假设条件不合. 所以集系 $\{A_i\}_{1 \leqslant i \leqslant n}$ 满足条件 H, 设 $\{j_i\}_{1 \leqslant i \leqslant n}$ 是 $\{A_i\}_{1 \leqslant i \leqslant n}$ 的一个 SDR, 在交集 $S_i \cap T_{j_i}$ 中任取一元 $x_i (1 \leqslant i \leqslant n)$, 则 $\{x_i\}_{1 \leqslant i \leqslant n}$ 既是 $\{S_i\}$ 的代表, 又是 $\{T_{j_i}\}$ 的代表. 再由条件 (5.1.15), $\{x_i\}$ 中的元是两两相异的, 故为 $\{S_i\}$ 和 $\{T_i\}$ 的一个 SCR. **证毕**.

这个定理在群论中有用.

定理 5.1.4　若 H 是有限群 G 的一个子群, 则有一组元素存在, 既是 H 的诸右陪集的相异代表, 又是 H 的诸左陪集的相异代表.

证明　因右陪集 xH 的元素的个数和左陪集 Hy 的元素的个数都和 H 的元素的个数相等, 故任意 k 个右陪集的元数为 $k|H|$, 任意 $k-1$ 左陪集的元数为 $(k-1)|H|$, 所以任意 k 个右陪集之并不能包含在 $k-1$ 个左陪集之中. 由此, 应用定理 5.1.3 便得定理 5.1.4. **证毕**.

由定理 5.1.4 可知，对有限群 G 和它的一个子群，存在 G 中的元素 $z_1, \cdots, z_n$，使

$$G = z_1 H + \cdots + z_n H = H z_1 + \cdots + H z_n.$$

5.2 相异代表和(0,1)矩阵

设

$$S = \left\{ a_j \right\}_{1 \leqslant j \leqslant n}, \quad S_i \subseteq S (1 \leqslant i \leqslant m).$$

由此可构造一个 $m \times n$ 的 $(0, 1)$ 矩阵

$$A = \left(a_{ij} \right), \tag{5.2.1}$$

其中

$$a_{ij} = \begin{cases} 1, & \text{若} \quad a_j \in S_i \\ 0, & \text{若} \quad a_j \notin S_i \end{cases} (1 \leqslant i \leqslant m, 1 \leqslant j \leqslant n). \tag{5.2.2}$$

反之，由 $(0, 1)$ 矩阵 (5.2.1)，按规定 (5.2.2)，又可确定出一个 n 元集的 m 个子集 $S_i (1 \leqslant i \leqslant m)$. 这样一来，$S$ 的子集系 $\{S_i\}$ 与 S 之间的关系，由矩阵 (5.2.1) 即可完全表达.

定义 5.2.1 由 (5.2.2) 界定的矩阵 (5.2.1)，叫做 n 元集 S 与其子集系 $\{S_i\}_{1 \leqslant i \leqslant m}$ 之间的关联矩阵.

自然，如果把 (5.2.2) 改为

$$a_{ij} = \begin{cases} 1, & \text{若} \quad a_j \in S_i, \\ -1, & \text{若} \quad a_j \notin S_i, \end{cases} \tag{5.2.3}$$

或一般地改为

$$a_{ij} = \begin{cases} x, & \text{若} \quad a_j \in S_i, \\ y, & \text{若} \quad a_j \notin S_i, \end{cases} \tag{5.2.4}$$

这里 x, y 是两个不同的元，这样形成的矩阵 $A = \left(a_{ij} \right)$ 也可以作为 n 元集 S 与其子集系 $\{S_i\}$ 之间的关联矩阵. 但是，正如以后将看到的，一般情况下，(5.2.3) 和 (5.2.4)

不如(5.2.2)那样方便. 这一方面因为 0 和 1 的运算特别简便; 另一方面, 这些 0, 1 的运算结果往往显示出某些重要的组合意义. 自然, 在个别特殊的情况, 也可能因采用(5.2.3)或(5.2.4)而带来某些方便.

下面将用一个具体的问题来说明关联矩阵的作用. 为此, 先引进

定义 5.2.2 设 A 是域 F 上的一个 $m \times n$ 矩阵: $A = \left(a_{ij} \right)$, 则称

$$\operatorname{per} A := \sum_{i_1 \cdots i_m \in \mathbf{P}_m^n} a_{1i_1} a_{2i_2} \cdots a_{mi_m} \tag{5.2.5}$$

为矩阵 A 的积和式, 这里 $\mathbf{P}_m^n$ 的意义见 1.2.

由定义可得

定理 5.2.1 设集 S 与其子集系 $\{S_i\}_{1 \leqslant i \leqslant m}$ 的关联矩阵为 A, 则

$$N\left(S_1, \cdots, S_m\right) = \operatorname{per} A.$$

证明 当 $m > n$ 时, (5.2.5)右节的和式为空和, 因而(5.2.5)的左节为零. 另一方面, 此时集系 $\{S_i\}$ 无 SDR. 所以定理在 $m > n$ 时为真.

当 $m \leqslant n$ 时, 欲使(5.2.5)中的和式的项

$$a_{1i_1} a_{2i_2} \cdots a_{mi_m} = 1 \tag{5.2.6}$$

成立的充要条件是

$$a_{ji_1} = 1 \quad (1 \leqslant j \leqslant m).$$

而后者与

$$a_{ij} \in S_j \quad (1 \leqslant j \leqslant m)$$

等价. 这就是说,(5.2.6)成立的充要条件是存在 $\{S_j\}$ 的 SDR: $a_{i_1}, a_{i_2}, \cdots, a_{i_m}$. **证毕**.

由此可知, 矩阵的积和式的性质的研究及其计值是很重要的一个课题. 积和式的定义和行列式的定义表面上非常相仿, 似乎还要简单一些. 行列式有着一些优秀的性质, 使得计算变得比较容易. 但是, 对于积和式, 有些性质却不复成立了, 因而它的计算常常比较繁琐.

关于积和式, 以下性质成立:

定理 5.2.2 设 A 是一个 $m \times n$ 矩阵, A_1 是由 A 的某一行乘以元 a, 其余行不变而得出的矩阵, A_2 是由 A 的行交换顺序或由 A 的列交换顺序所得出的矩阵, 则有

$$\operatorname{per} A_1 = a \operatorname{per} A,$$
$$\operatorname{per} A_2 = \operatorname{per} A.$$

若 $m = n$，还有

$$\operatorname{per} A^{\mathrm{T}} = \operatorname{per} A.$$

这是定义 5.2.2 的直接推论.

须注意，在积和式中，m 和 n 的地位并不对等，亦即在一般情况下，有

$$\operatorname{per} A^{\mathrm{T}} \neq \operatorname{per} A.$$

对任意 $m \times n$ 矩阵 $B = (b_{ij})$，记

$$\sigma(B) = \prod_{1 \leqslant i \leqslant m} \sum_{1 \leqslant j \leqslant n} b_{ij}.$$

把 B 中的第 $i_1, i_2, \cdots, i_k$ 列换为全零的列，其余列不变所得出的矩阵记为 $B_{i_1 i_2 \cdots i_k}$. 再记

$$\sigma_k := \sigma_k(B) := \sum_{i_1 \cdots i_k \in \mathrm{C}_k^n} \sigma\left(B_{i_1 \cdots i_k}\right),$$

这里 C_k^n 的意义如 1.3 中所示.

定理 5.2.3

$$\operatorname{per} B = \sum_{0 \leqslant j \leqslant m-1} (-1)^j \binom{n-m+j}{j} \sigma_{n-m+j}. \tag{5.2.7}$$

证明 当 $m > n$ 即 $m - n \geqslant 1$ 时，有

$$\binom{n-m+j}{j} = \binom{j-(m-n)}{j} = 0, \ \ 若 \ \ j \geqslant m-n,$$

$$\sigma_{n-m+j} = \sigma_{j-(m-n)} = 0, \ \ \ \ \ \ \ \ \ \ \ \ 若 \ \ j < m-n.$$

因此 (5.2.7) 右节和式中一切项均为零，从而此时 (5.2.7) 成立.

下面假定 $m \leqslant n$. 记

$$S = \left\{(j_1, j_2, \cdots, j_m) \,\middle|\, j_l \in [1, n] (1 \leqslant l \leqslant m)\right\}.$$

对 S 中的元赋权如下：

$$W\left((j_1, j_2, \cdots, j_m)\right) = b_{1j_1} b_{2j_2} \cdots b_{mj_m}.$$

再定义性质 P_i 如下:

$$(j_1, \cdots, j_m) \text{ 具有性质 } P_i \text{ 意指 } j_1 \neq i, \cdots, j_m \neq i.$$

沿用 2.1 的记号, 得

$$W_k = \sigma_k(B),$$

且

$$\operatorname{per} B = W(n-m).$$

由容斥原理, 得

$$W(n-m) = \sum_{k \geqslant n-m} (-1)^{k-(n-m)} \binom{R}{n-m} W_k.$$

此即 (5.2.7). **证毕.**

　　系　若 B 是 n 阶方阵, 则

$$\operatorname{per} B = \sum_{0 \leqslant j \leqslant n-1} (-1)^j \sigma_j.$$

　　若用 $I := I_n$ 记 n 阶单位阵, $J := J_n$ 记 n 阶全1阵, 即全部元皆为1的阵, 则有

$$\operatorname{per} J = n!$$

和

$$\operatorname{per}(J - I) = D_n,$$

这里 D_n 是 n 阶更列数. 由定理 5.2.3, 可得下面的组合恒等式:

　　定理 5.2.4

$$n! = \sum_{0 \leqslant r \leqslant n-1} (-1)^r \binom{n}{r} (n-r)^n,$$

$$D_n = \sum_{0 \leqslant r \leqslant n-1} (-1)^r \binom{n}{r} (n-r)^r (n-r-1)^{n-r}.$$

　　现在来讨论这样一个问题: 若集 S 中的元的编号或子集系 $\{S_i\}$ 中诸子集的编

号有了变动, 关联矩阵将发生怎样的变化?

设子集系 $\{S_1', S_2', \cdots, S_m'\}$ 是子集系 $\{S_1, S_2, \cdots, S_m\}$ 的一个排列, 则可确定一个 m 阶置换矩阵 $P = (p_{ij})$ 如下:

$$p_{ij} = \begin{cases} 1, & \text{若} \ S_i' = S_j, \\ 0, & \text{若} \ S_i' \neq S_j. \end{cases} \tag{5.2.8}$$

同样, 若诸元 $a_1', a_2', \cdots, a_n'$ 是 $a_1, a_2, \cdots, a_n$ 的一个排列, 则可确定一个 n 阶置换矩阵 $Q = (q_{ij})$ 如下:

$$q_{ij} = \begin{cases} 1, & \text{若} \ a_i = a_j', \\ 0, & \text{若} \ a_i \neq a_j'. \end{cases} \tag{5.2.9}$$

今把子集系 $\{S_i'\}_{1 \leqslant i \leqslant m}$ 对元素集 $\{a_i'\}_{1 \leqslant i \leqslant m}$ 的关联矩阵记为 $A' = (a_{ij}')$, 即

$$a_{ij}' = \begin{cases} 1, & \text{若} \ a_j' \in S_i', \\ 0, & \text{若} \ a_j' \notin S_i'. \end{cases} \tag{5.2.10}$$

由于 P, Q 都是置换矩阵, 因而对任意固定的 i 和 j, $p_{it} (1 \leqslant t \leqslant m)$ 中恰有一个为 1, 设为 p_{it_0}, q_{lj} 中也恰有一个为 1, 设为 $q_{l_0 j}$. 所以,

$$\sum_{\substack{1 \leqslant i \leqslant m \\ 1 \leqslant l \leqslant n}} p_{it} a_{tl} q_{lj} = p_{it_0} a_{t_0 l_0} q_{l_0 j} = a_{t_0 l_0}.$$

从而

$$\sum_{\substack{1 \leqslant i \leqslant m \\ 1 \leqslant l \leqslant n}} p_{it} a_{tl} q_{lj} = 1,$$

成立的充要条件是

$$a_{t_0 l_0} = 1,$$

即

$$a_{l_0} \in S_{t_0}.$$

考虑到

$$S_i' = S_{t_0}, \quad a_{l_0} = a_j',$$

上述条件就是

$$a_j' \in S_i',$$

亦即

$$a_{ij}' = 1.$$

由于

$$\sum_{\substack{1 \leqslant i \leqslant m \\ 1 \leqslant l \leqslant n}} p_{it} a_{tl} q_{lj} = a_{t_0 l_0}$$

和 a_{ij}' 都只能取 0,1 两个值之一，故由 (5.2.10) 得

$$a_{ij}' = \sum_{\substack{1 \leqslant i \leqslant m \\ 1 \leqslant j \leqslant n}} p_{it} a_{tl} q_{lj}.$$

写成矩阵形式，就是

$$A' = PAQ, \tag{5.2.11}$$

这就证明了

定理 5.2.5   当集 S 的元素及其子集系 $\{S_i\}$ 的元素的编号变动时，新的关联矩阵 A' 与原关联矩阵 A 之间的关系可由 (5.2.11) 给出，其中矩阵 P 和 Q 分别由 (5.2.8) 和 (5.2.9) 界定.

这里顺便将置换矩阵的概念略加推广，因为后面要用到这点.

定义 5.2.3   设 P 是一个 $m \times n$ 的 (0,1) 矩阵，符合

$$PP^{\mathrm{T}} = I_m, \tag{5.2.12}$$

则称 P 为置换矩阵.

须注意，当 $m \neq n$ 时，(5.2.12) 与

$$P^{\mathrm{T}} P = I_n$$

并不等价.

定理 5.2.6   设 P 是一个 $m \times n$ 置换矩阵，则

$$m \leqslant n. \tag{5.2.13}$$

一个$(0,1)$矩阵为置换矩阵的充要条件是P的每一行恰有一个1,且P的每一列至多有一个1. 若$m = n$,则$(0,1)$矩阵P为置换矩阵的充要条件是每行每列都恰有一个1.

证明 若$m > n$,则

$$r_P,\ r_{P^{\mathrm T}} \leqslant n < m,$$

这里r_B表矩阵B的秩. 另一方面,

$$r_{PP^{\mathrm T}} = r_{I_m} = m,$$

$$r_{PP^{\mathrm T}} \leqslant \min\left(r_P, r_{P^{\mathrm T}}\right) < m,$$

这是不可能的. (5.2.13)得证.

若P为置换矩阵,则

$$\sum_{1 \leqslant k \leqslant n} p_{ik} p_{jk} = \begin{cases} 1, & \text{若}\ i = j, \\ 0, & \text{若}\ i \neq j. \end{cases} \tag{5.2.14}$$

对任一固定的i,由(5.2.14)的第一式,p_{ij}中恰有一个为$1(1 \leqslant j \leqslant n)$;再由(5.2.14)的第二式,$P$的任一列不能多于一个$1$. 上述推理反过来也是对的.

当$m = n$时,因P中恰有m个1,m个列,每个列又不能多于一个1,故每列恰有一个1. **证毕**.

由定理5.1.2还可得到

定理 5.2.7 设A是一个$m \times n$的$(0,1)$矩阵,其行和递升地排为$r_1 \leqslant r_2 \leqslant \cdots \leqslant r_m$. 若$\operatorname{per} A \neq 0$,则

$$\operatorname{per} A \geqslant \prod_{1 \leqslant i \leqslant m} (r_i - i + 1)_*.$$

5.3 线秩和项秩

定义 5.3.1 矩阵B的行或列都统称为线. 包括了B的全部非零元的线的条数的最小者,称为B的线秩. 两两不在一条线上的B的非零元的个数的最大者,称为B的项秩.

当讨论矩阵的线秩和项秩的时候,起作用的并不是矩阵的元的具体数值,而

只看它们为零与否，所以，可用一个 $(0,1)$ 矩阵 $A = (a_{ij})$ 来代替：

$$a_{ij} = \begin{cases} 1, & \text{若 } b_{ij} \neq 0, \\ 0, & \text{若 } b_{ij} = 0. \end{cases}$$

很明显，线秩和项秩在矩阵的行换序或列换序下保持不变.

定理 5.3.1　设 A 是一个 $(0,1)$ 矩阵，则以下四数相等：

(1) A 的项秩，

(2) A 的线秩，

(3) A 的具非零积和式的子方阵的阶数之最大者，

(4) A 经行换序或列换序后，具全 1 主对角线的子方阵的阶数之最大者.

这里，"全 1 主对角线"意指主对角线上的元全为 1.

证明　(1) 和 (4) 二数相等，(3) 和 (4) 二数相等都是显而易见的. 今证 (1) 和 (2) 二数相等.

设 A 的项秩为 ρ，线秩为 ρ'. 因为没有一条线可以包含计入项秩数中的两个 1，故 $\rho' \geqslant \rho$.

对 A 施行行换序和列换序，使得两两不在同一线上的 ρ 个 1 位于主对角线的左上部分，矩阵 A 化为

$$\rho_{\text{行}} \Big\{ \overbrace{\begin{pmatrix} A' & B \\ C & D \end{pmatrix}}^{\rho \text{列}}, \quad A' = \begin{pmatrix} 1 & & & * \\ & 1 & & \\ & & \ddots & \\ * & & & 1 \end{pmatrix}. \tag{5.3.1}$$

在 (5.3.1) 中，若 $D = (d_{ij}) \neq 0$，则可经矩阵 A' 的后 $m - \rho$ 行的换序和后 $m - \rho$ 列的换序使得在 D 的 $(1,1)$ 位置上的新元为 1. 所以，不失一般，可设 $d_{11} \neq 0$. 这样一来，矩阵 $\begin{pmatrix} A' & B \\ C & D \end{pmatrix}$ 的项秩 $\geqslant \rho + 1$，这是不可能的. 因此，(5.3.1) 中的 $D = 0$. 若 $B = (b_{ij})$ 中有一个元 $b_{ij} = 1$，且 $C = (c_{kl})$ 中有一个元 $c_{ki} = 1$，在 (5.3.1) 中把第 i 行与第 $\rho + k$ 行对换后，则 A' 的主对角线仍然保持全部为 1，但新的 D 中却出现了 1，前面已证这是不可能的。由此可知，若 B 的第 i 行有一个元为 1，则 C 的第 i 列必全为零. 设 B 中不全为零的行是第 $i_1, i_2, \cdots, i_t$ 行，那么，矩阵 $\begin{pmatrix} A' & B \\ C & D \end{pmatrix}$ 的第 $i_1, i_2, \cdots, i_t$ 行 和 第 $j_1, j_2, \cdots, j_{\rho-t}$ 列 就 把 全 部 1 都 覆 盖 了，这里 $\{j_1, \cdots, j_{\rho-t}\} = [1, \rho] \setminus \{i_1, \cdots, i_t\}$. 因此，$\rho \geqslant \rho'$.

综上所述，得 $\rho = \rho'$. **证毕.**

利用定理 5.3.1 可以证明.

定理 5.3.2 设 A 是一个 $m \times n$ 的矩阵，$m \leqslant n$，A 的元素都为非负实数. 如果 A 的各行和皆为 m'，各列和皆为 n'，则

$$A = \sum_{1 \leqslant i \leqslant t} c_i P_i, \tag{5.3.2}$$

这里，诸 P_i 为置换矩阵，诸 c_i 为正实数.

证明 因为 A 的元素是非负实数，故若 $m' = 0$，则 $n' = 0$，因而 $A = 0$. 此时 (5.3.2) 的右节为空和，故定理成立. 以下设 $A \neq 0$.

首先考虑 $m = n$ 的情形. 此时有 $m' = n'$. 现在来证明 A 有 m 个正元在不同的列、不同的行上，如若不然，即这样的 m 个元不存在，由定理 5.3.1，A 的少于 m 条线就可覆盖 A 的全部非零元. 设这些线由 e 个行和 f 个列组成，则

$$e + f < m,$$

故

$$m'm \leqslant m'e + m'f < m'm.$$

然而这是不可能的，所以 A 有 m 个正元在不同的列、不同的行上，记这些元为 $a_{1j_1}, a_{2j_2}, \cdots, a_{mj_m}$，这里 $j_1 j_2 \cdots j_m$ 为 $[1, m]$ 的一个全排列. 记这 m 个数中的最小者为 c_1 定义矩阵 $P_1 = (p_{ij})$ 如下:

$$p_{ij} = \begin{cases} 1, & \text{若 } j = j_i, \\ 0, & \text{若 } j \neq j_i, \end{cases} \quad 1 \leqslant i, \quad j \leqslant m.$$

于是，非负矩阵

$$A - c_1 P_1 \tag{5.3.3}$$

的各行和等于各列和，都等于 $m' - c$，而且矩阵 (5.3.3) 中零元的个数比矩阵 A 中零元的个数至少多 1. 再对矩阵 (5.3.3) 应用上面的方法，每一次至少多出现一个零元，故经有限步后便得零阵. 这就是说，对某个 t，(5.3.2) 成立.

其次考虑 $m < n$ 的情形. 作矩阵

$$A' = \begin{pmatrix} A \\ \dfrac{m'}{n} J \end{pmatrix}, \tag{5.3.4}$$

这里 J 为 $(n-m) \times n$ 的全 1 阵，易知，A' 的各行和仍为 m'；因各列和相等，故亦为 m'. 由前段所证，有

$$A' = \sum_{1 \leqslant i \leqslant t} c_i P_i',$$

因而

$$A = \sum_{1 \leqslant i \leqslant t} c_i P_i,$$

这里 P_i 是由 P_i' 的前 m 行所组成的 $m \times n$ 子阵. 证毕.

由定理 5.3.2 可推出

定理 5.3.3 设 A 是一个 n 阶 $(0,1)$ 阵, 其各行和、各列和均为 k, 则

$$A = P_1 + P_2 + \cdots + P_k,$$

这里诸 P_i 都是置换阵, 且任二个不同的 P_i 和 P_j 的相同位置上都无公共的 1.

证明 在定理 5.3.2 对 $m = n$ 的情形的证明中, 因 A 为 $(0,1)$ 阵, 得 $c_1 = 1$ 且 $A - c_1 P$ 的各行和、各列和均为 $k-1$. 所以, 恰需 k 步就可得到最后的结果. 因为 A 中诸元的最大者是 1, 故任二个不同的 P 的相同位置上无公共的 1. 证毕.

利用定理 5.3.3, 可以给下述问题一个肯定的回答: 今有 $2n$ 个球队 $x_1, \cdots, x_n, y_1, \cdots, y_n$, 每一个 x 队要与某 k 个 y 队比赛, 每一个 y 队要与某 k 个 x 队比赛, 问能否安排 k 次比赛就把全部比赛进行完毕?

定义矩阵 $A = (a_{ij})$ 如下:

$$a_{ij} = \begin{cases} 1, & \text{若} x_i \text{与} y_j \text{之间有比赛} \\ 0, & \text{若} x_i \text{与} y_j \text{之间无比赛} \end{cases} \tag{5.3.5}$$

于是, A 是一个 n 阶 $(0,1)$ 矩阵, 各行和、各列和均为 k. 由定理 5.3.3,

$$A = P_1 + P_2 + \cdots + P_k.$$

记 $P_t = \left(p_{ij}^{(t)}\right) (1 \leqslant t \leqslant k)$. 依 (5.3.5) 作如下安排:

$$x_i \text{与} y_j \text{之间有比赛}, \text{若} p_{ij}^{(t)} = 1, \tag{5.3.6}$$

$$x_i \text{与} y_j \text{之间无比赛}, \text{若} p_{ij}^{(t)} = 0.$$

因 P_t 是置换阵, 且当 $p_{ij}^{(t)} = 1$ 时 $a_{ij} = 1$, 故对任一固定的 t, 在 (5.3.6) 的安排下, 每一个 x 队恰与预定要与之比赛的 y 队之一比赛一次, 同样, 每一个 y 队也恰与预定要与之比赛的 x 队之一比赛一次. 由于任两个不同的 P_t, P_n 的相同位置上无公共的 1, 所以在所有 k 次比赛的任一次中, 要么 x_i 与 y_j 无比赛, 要么只比赛一次, 所以, 由矩阵 $P_1, \cdots, P_k$ 依 (5.3.6) 所对应的 k 次比赛就符合要求.

在概率论中, 特别是在离散的马尔科夫链的研究中, 所谓双随机矩阵起着重

要的作用.

定义 5.3.2 如果一个方阵 A 的元都是非负实的, 各行和、各列和都为 1, 则称 A 是一个双随机矩阵.

把定理 5.3.2 应用于双随机矩阵, 得

定理 5.3.4 若 A 是一个双随机矩阵, 则

$$A = \sum_{1 \leqslant i \leqslant t} c_i P_i, \tag{5.3.7}$$

这里 $t \geqslant 1$, 诸 P_i 为置换阵, 诸 $c_i > 0$, 合于

$$\sum_{1 \leqslant i \leqslant t} c_i = 1. \tag{5.3.8}$$

证明 只需证 (5.3.8) 即可, 而这由 (5.3.7) 两节的矩阵的行和相等立得. **证毕.**

关于双随机矩阵的积和式, 有一个著名的猜测至今尚未获证. 设 A 是一个 n 阶双随机矩阵, 则由

$$\operatorname{per} A \leqslant \prod_i \sum_j a_{ij}$$

得

$$\operatorname{per} A \leqslant 1, \tag{5.3.9}$$

等号成立的充要条件是 A 为置换阵. 由定理 5.3.4,

$$\operatorname{per} A \geqslant \operatorname{per}(c_1 P_1) = c_1^n > 0.$$

据此, van der Waerden 猜测

$$\operatorname{per} A \geqslant \frac{n!}{n^n}. \tag{5.3.10}$$

易知, 若 $A = \dfrac{1}{n} J_n$, 则 (5.3.10) 中的等号成立.

下面的猜测比 van der Waerden 猜测更强一些: 若 A, B 都是 n 阶双随机矩阵, 则

$$\operatorname{per}(AB) \leqslant \operatorname{per} A \operatorname{per} B. \tag{5.3.11}$$

在 (5.3.11) 中取 $B = \dfrac{1}{n} J$, 则由 (5.3.11) 得出 (5.3.10), 可惜的是, (5.3.11) 并不成立. 下面的反例是 W. B. Jurkat (参看 Ryser[8]) 给出的:

$$A = \frac{1}{24}\begin{pmatrix} 11 & 5 & 8 \\ 13 & 11 & 0 \\ 0 & 8 & 16 \end{pmatrix}, \quad B = \frac{1}{2}\begin{pmatrix} 1 & 1 & 0 \\ 1 & 1 & 0 \\ 0 & 0 & 2 \end{pmatrix},$$

$$\mathrm{per}\,A = \frac{3804}{13824} < \mathrm{per}(AB) = \frac{3840}{13824}.$$

另一个较 van der Waerden 猜测更强的猜测是: 若 A 是 n 阶双随机矩阵，则

$$\mathrm{per}(AA^{\mathrm{T}}) \leqslant \mathrm{per}\,A. \tag{5.3.12}$$

由下面即将列出的定理 5.3.6 可知, (5.3.10)是(5.3.12)的推论. 然而, (5.3.12)也不真. M. Newman(参看 Ryser[8])给出了下面的反例:

$$A = \frac{1}{2}\begin{pmatrix} 1 & 1 & 0 & 0 \\ 0 & 1 & 1 & 0 \\ 0 & 0 & 1 & 1 \\ 1 & 0 & 0 & 1 \end{pmatrix}, \quad AA^{\mathrm{T}} = \frac{1}{4}\begin{pmatrix} 2 & 1 & 0 & 1 \\ 1 & 2 & 1 & 0 \\ 0 & 1 & 2 & 1 \\ 1 & 0 & 1 & 2 \end{pmatrix},$$

$$\mathrm{per}(AA^{\mathrm{T}}) = \frac{9}{64} > \mathrm{per}\,A = \frac{8}{64}.$$

上述两个较强的猜测不幸地被否认了，似乎 van der Waerden 猜测成立的可能性减小了; 然而另一些较弱的结果的成立又在支持着人们对 van der Waerden 猜测成立的信念.

例如，Marcus 和 Minc[2]证明了

定理 5.3.5 设 $A = (a_{ij})$ 是一个 n 阶双随机矩阵，则存在一个 n 阶置换 σ，使

$$\prod_{1 \leqslant j \leqslant n} a_{j\sigma(j)} \geqslant \frac{1}{n^n}.$$

又如，Marcus 和 Newman[2]证明了

定理 5.3.6 设 A 是一个对称半正定的 n 阶双随机矩阵，则

$$\mathrm{per}\,A \geqslant \frac{n!}{n^n},$$

其中等式成立的充要条件是 $A = \frac{1}{n}J$.

van der Waerden 猜测引起了许多数学工作者的注意，并且由此产生了对矩阵的积和式，特别是对 $(0,1)$ 矩阵的积和式的广泛研究，提出了许多有关的猜想. 这里不拟深入地介绍这个问题，也不给出上述两个定理的证明，对此有兴趣的读者可参阅上面引的资料和 van Lint[2].

5.4   (0,1)矩阵类 $\mathfrak{U}(R,S)$

定义 5.4.1   设 A 是一个 $m \times n$ 的 $(0,1)$ 矩阵, 其第 i 行的全部元之和为 r_i, 第 j 列的全部元之和为 s_j. 那么, 称向量

$$R = (r_1, r_2, \cdots, r_m)$$

为 A 的行和向量, 称向量

$$S = (s_1, s_2, \cdots, s_n)$$

为 A 的列和向量. 若向量 $K = (k_1, \cdots, k_t)$ 适合

$$k_1 \geqslant k_2 \geqslant \cdots \geqslant k_t,$$

则称 K 是递降的. 若 K 适合

$$k_1 \leqslant k_2 \leqslant \cdots \leqslant k_t,$$

则称 K 是递升的. 这两种情形都称为单调的, 又称集

$$\mathfrak{U} := \mathfrak{U}(R, S) := \left\{ m \times n \text{ 的 } (0,1) \text{矩阵 } A \right.$$

$$= (a_{ij}) \left| \begin{array}{l} \left(\sum\limits_j a_{ij}, \cdots, \sum\limits_j a_{mj} \right) = (r_1, \cdots, r_m) \\ \left(\sum\limits_i a_{i1}, \cdots, \sum\limits_i a_{in} \right) = (s_1, \cdots, s_n) \end{array} \right\}$$

为具行和向量 R、列和向量 S 的 $(0,1)$ 矩阵类, 简称为类 $\mathfrak{U}(R,S)$.

定义 5.4.2   若 n 维向量

$$\delta_t = (\underbrace{1, \cdots, 1}_{t \uparrow}, 0, \cdots, 0)$$

的前 t 个分量均为 1, 后 $n-s$ 个分量均为零, 则称 δ_t 为 t - 极左向量. 若 $m \times n$ 的

(0,1) 矩阵 $\overline{A}$ 的第 i 行为 r_i – 极左向量 $(1 \leqslant i \leqslant m)$，即

$$\overline{A} = \begin{pmatrix} \delta_{r_1} \\ \delta_{r_2} \\ \vdots \\ \delta_{r_m} \end{pmatrix},$$

则称 $\overline{A}$ 为具行和向量 R 的极左矩阵. 极左矩阵 $\overline{A}$ 的列和向量记为 $\overline{S} = (\overline{s}_1, \cdots, \overline{s}_n)$.

定义 5.4.3 设 S 和 S^* 是两个 n 维向量，其分量为非负整数. 如果它们的分量依递降的顺序重排以后分别为 $s_1, \cdots, s_n$ 和 $s_1^*, \cdots, s_n^*$，且适合下述条件：

$$s_1 + s_2 + \cdots + s_i \leqslant s_1^* + s_2^* + \cdots + s_i^* \ (1 \leqslant i \leqslant n-1),$$
$$s_1 + s_2 + \cdots + s_n = s_1^* + s_2^* + \cdots + s_n^*,$$

则称向量 S^* 优于向量 S，或说 S 劣于 S^*，记为

$$S \prec S^* \text{ 或 } S^* \succ S.$$

易知，对矩阵 A 的行和向量 R 和列和向量 S，有

$$\sum_{1 \leqslant i \leqslant m} r_i = \sum_{1 \leqslant j \leqslant n} s_j. \tag{5.4.1}$$

再者，类 $\mathfrak{U}(R, \overline{S})$ 只有一个元，就是极左矩阵 $\overline{A}$. 还有，$\overline{S}$ 是递降的.

下面的定理给出由已知向量 R 求 $\overline{S}$ 的直接方法.

定理 5.4.1 设 R 是一个 m 维向量，其分量为非负整数，则 $\overline{S}$ 的第 j 个分量 s_j 为

$$s_j = \sum_{1 \leqslant i \leqslant m} \mathrm{sgn} \big[\max(r_i - j + 1, 0) \big] (1 \leqslant j \leqslant n). \tag{5.4.2}$$

证明 若 $r_i > j-1$，即 $r_i \geqslant j$. 在计算 s_j 时，$\overline{A}$ 的第 i 行 δ_{r_i} 贡献一个 1. 而此时，

$$1 = \mathrm{sgn}(r_i - j + 1) = \mathrm{sgn}\big(\max(r_i - j + 1, 0)\big).$$

若 $r_i \leqslant j-1$，在计算 s_j 时，$\overline{A}$ 的第 i 行 δ_{r_i} 贡献一个零. 而此时，

$$0 = \operatorname{sgn}(0) = \operatorname{sgn}\left[\max\left(r_i - j + 1, 0\right)\right].$$

故有(5.4.2). **证毕**.

下面的定理给出 $\mathfrak{U}(R,S)$ 非空的充要条件.

定理 5.4.2 (Ryser[3]，Gale[1]) 设向量 $R = (r_1, r_2, \cdots, r_m)$ 和向量 $S = (s_1, s_2, \cdots, s_n)$ 的诸分量均为非负整数. 设 $\bar{A}$ 是 $m \times n$ 的极左矩阵，其行和向量为 R，列和向量为 $\bar{S}$. 于是，类 $\mathfrak{U}(R,S)$ 非空的充要条件是

$$S \prec \bar{S}. \tag{5.4.3}$$

证明 条件的充分性将是下一个定理的平凡的推论,这里只证条件的必要性, 不失一般, 可设 S 是递降的.

设有矩阵 $A \in \mathfrak{U}$，因 $\bar{A}$ 是极左矩阵，故 $\bar{A}$ 可由 A 的各行中把某些 1 往左移动 来得出. 因而

$$\begin{aligned} s_1 + s_2 + \cdots + s_i &\leqslant \bar{s}_1 + \bar{s}_2 + \cdots + \bar{s}_i \, (1 \leqslant i \leqslant n-1), \\ s_1 + s_2 + \cdots + s_n &= \bar{s}_1 + \bar{s}_2 + \cdots + \bar{s}_n. \end{aligned} \tag{5.4.4}$$

又因 S, $\bar{S}$ 都是递降的, 故有(5.4.3). **证毕**.

为了便于叙述和证明定理 5.4.3, 首先引进一些概念和符号.

设

$$\begin{aligned} S' &= (s_1', s_2', \cdots, s_n'), \\ S'' &= (s_1'', s_2'', \cdots, s_n'') \end{aligned}$$

是两个递降的向量，其分量皆为非负整数，且合

$$S'' \prec S'. \tag{5.4.5}$$

那么，S' 和 S'' 的分量之间的大小关系有以下模式:

$$\tag{5.4.6}$$

这里,

$$s''_{i_1} > s'_{i_1}, \cdots, s''_{i_k} > s'_{i_k} \ (1 \leqslant i_1 < \cdots < i_k \leqslant n),$$

$$s''_j \leqslant s'_j \ (j \neq i_1, \cdots, i_k, 1 \leqslant j \leqslant n).$$

若

$$s'_l - s''_l \geqslant s''_{i_1} - s'_{i_1}, \tag{5.4.7}$$

则令

$$\begin{aligned} S^{(1)} &:= \left(s_1^{(1)}, \cdots, s_n^{(1)}\right) \\ &:= \left(s'_1, \cdots, s'_{l-1}, s'_l - (s''_{i_1} - s'_{i_1}), s''_{l+1}, \cdots, s'_{i_1-1}, s''_{i_1}, \cdots, s'_{i_2}, \cdots, s'_{i_k}, \cdots, s'_n\right); \end{aligned} \tag{5.4.8}$$

若

$$S'_l - S''_l < S''_{i_1} - S'_{i_1}, \tag{5.4.9}$$

则令

$$\begin{aligned} S^{(1)} &:= \left(s_1^{(1)}, \cdots, s_n^{(1)}\right) \\ &:= \left(s'_1, \cdots, s'_{l-1}, s''_l, s'_{l+1}, \cdots, s'_{i_1-1}, s'_{i_1} + s'_l - s''_l, s'_{i_1+1}, \cdots, s'_{i_2}, \cdots, s'_{ik}, \cdots, s'_n\right), \end{aligned} \tag{5.4.10}$$

无论何种情况, 都有

$$S'' \prec S^{(1)} \prec S', \tag{5.4.11}$$

而且 S'' 与 $S^{(1)}$ 的对应分量相等者的个数, 比 S'' 与 S' 中对应分量相等者的个数至少是 1. 这是因为, 若 $l < i_1 - 1$, 由(5.4.6)和(5.4.7),

$$s'_l - \left(s''_{i_1} - s'_{i_1}\right) \geqslant s''_l \geqslant s''_{l+1} = s'_{l+1},$$
$$s'_{i_1-1} = s''_{i_1-1} \geqslant s''_{i_1};$$

若 $l = i_1 - 1$, 则由(5.4.7),

$$s'_{i_1-1} - s''_{i_1-1} \geqslant s''_{i_1} - s'_{i_1},$$

从而

$$s'_{i_1-1} - s''_{i_1} + s'_{i_1} \geqslant s'_{i_1-1} \geqslant s''_{i_1};$$

故向量(5.4.8)是递降的. 又若 $l < i_1 - 1$, 由(5.4.6)和(5.4.9),

$$s''_l \geqslant s''_{l+1} = s'_{l+1},$$
$$s'_{i_1} + \left(s'_l - s''_l\right) < s'_{i_1} + \left(s'_{i_1-1} - s'_{i_1}\right) = s'_{i_1-1};$$

若 $l = i_1 - 1$, 则由(5.4.9),

$$s'_{i_1} - s''_{i_1-1} < s''_{i_1} - s'_{i_1},$$

从而

$$s''_{i_1-1} \geqslant s'_{i_1} + s'_{i_1-1} - s''_{i_1-1};$$

故向量(5.4.10)是递降的.
　　因为

$$\sum_{1 \leqslant j < i_1} s_j^{(1)} = \sum_{1 \leqslant j < i_1} s'_j, \tag{5.4.12}$$

$$s_j^{(1)} = s'_j \ \left(j \neq l, i_1\right), \tag{5.4.13}$$

$$s_{i_1}^{(1)} \geqslant s'_{i_1},$$

所以, 只要能证

$$s''_1 + \cdots + s''_l \leqslant s_1^{(1)} + \cdots + s_l^{(1)} \leqslant s'_1 + \cdots + s'_l, \tag{5.4.14}$$

就有(5.4.11). 由(5.4.12)和(5.4.13),

$$s''_1 + \cdots + s''_{i_1} \leqslant s'_1 + \cdots + s'_{i_1},$$

得出

$$s_1'' + \cdots + s_{i_1}'' \leqslant s_1' + \cdots + s_{l-1}' + s_{l+1}' + \cdots + s_{i_1-1}' + \left(s_l' - s_{i_1}'\right)$$
$$= s_1^{(1)} + \cdots + s_{l-1}^{(1)} + s_{l+1}^{(1)} + \cdots + s_{i_1-1}^{(1)} + \left(s_l^{(1)} + s_{i_1}^{(1)}\right),$$

此即(5.4.14)的左节. 同理可证(5.4.14)的右节.

由 $S^{(1)}$ 的定义, 在从 S' 构作 S'' 时, S' 与 S'' 的对应分量相等者并未发生变化, 但 $S^{(1)}$ 与 S'' 至少新增一个对应分量相等者:

$$s_{i_1}^{(1)} = s_{i_1}'', \quad 若(5.4.7)成立,$$

$$s_l^{(1)} = s_l'', \quad 若(5.4.9)成立.$$

这样一来, 对

$$s'' \prec S^{(1)}$$

再施行类似于对 $s'' \prec S'$ 的上述手续, 又得出一个向量 $S^{(2)}$:

$$s'' \prec S^{(2)} \prec S^{(1)},$$

且 S'' 与 $S^{(2)}$ 的对应分量相等者的个数至少有增加 1. 因分量个数有限, 故经有限步——例如 t 步——后, 所得向量与 S'' 重合:

$$S'' = S^{(t)} \prec S^{(t-1)} \prec \cdots \prec S^{(2)} \prec S^{(1)} \prec S^{(0)} := S'. \tag{5.4.15}$$

自然, 在(5.4.6)中, 可能有退化情形 $k = 0$ 出现, 此时在(5.4.15)中必有 $t = 0$. 这是因为, 由

$$s_i' \geqslant s_i''(1 \leqslant i \leqslant n),$$
$$\sum_{1 \leqslant i \leqslant n} s_t' = \sum_{1 \leqslant i \leqslant n} s_i'',$$

必有

$$s_t' = s_i''(1 \leqslant i \leqslant n).$$

也就是说, 前述过程进行 $t = 0$ 次即得 $S'' = S^{(0)} = S'$.

定义 5.4.4　由向量 S' 出发, 按上述步骤得到 S'' 的过程中出现的诸向量 $S^{(i)}$ 依

次组成的(5.4.15), 称为由 S' 到 S'' 的全链, 对适合条件(5.4.5)和(5.4.6)的向量 S'', S', 引进它们的 ω- 函数:

$$\omega(S'',\ S') := \begin{pmatrix} s_l' - s_{i_1}' \\ \min\left(s_l' - s_l'',\ s_{i_1}'' - s_{i_1}'\right) \end{pmatrix}.$$

于是有下面的

定理 5.4.3 (魏万迪[2])   在定理 5.4.2 中, 若条件(5.4.3)成立且 $\hat{S}$ 是 S 的诸分量依递降顺序重排而得的向量, 则

$$\left|\mathfrak{U}(R,S)\right| \geqslant \prod_{0 \leqslant i \leqslant t-1} \omega\left(\hat{S}, S^{(i)}\right) \geqslant 1. \tag{5.4.16}$$

这里诸 $S^{(i)}$ 是从向量 $\bar{S}$ 到 $\hat{S}$ 的全链中除 $S^{(t)}$ 以外的全部元.

证明   不失一般, 可设 S 是递降的.

设 $S'' \prec S'$ 是满足(6)的两个向量, 且设矩阵

$$A' = \left(a_{ij}'\right)$$

有列和向量 S' 和行和向量 R, B' 是 A' 的子阵:

$$B' = \begin{pmatrix} a_{1l}' & a_{1i_1}' \\ a_{2l}' & a_{2i_1}' \\ \vdots & \vdots \\ a_{ml}' & a_{mi_1}' \end{pmatrix}.$$

现在我们要通过交换 B' 中形如 $(1,0)$ 的某些行上的元素 1 和 0, 欲使所得的结果矩阵 B 的列和向量与向量 $\left(s_l'', s_{i_1}''\right)$ 至少有一个对应的分量相等.

在 B' 中至少有

$$s_l' - s_{i1}' \ (\geqslant 2) \tag{5.4.17}$$

个形如 $(1,0)$ 的行. 为了达到我们的目的, 当(5.4.7)成立时, 应该交换 B' 中形如 $(1,0)$ 的 $s_{i_1}'' - s_{i_1}'$ 个行上的元素 1 和 0; 当(5.4.9)成立时, 则应该交换 $s_l' - s_l''$ 个形如 $(1,0)$ 的行上的元素 1 和 0. 无论是(5.4.7)或(5.4.9)成立, 应该交换 B' 中形如 $(1,0)$ 的

$$\min(s'_l - s''_l, s''_{i_1} - s'_{i_1})$$

个行上的元素 1 和 0.

另一方面，由(5.4.6)，

$$s'_l - s'_{i_1} > s'_1 - s''_{i_1} \geqslant s'_l - s''_l ,\tag{5.4.18}$$

$$s'_l - s'_{i_1} > s''_l - s'_{i_1} \geqslant s''_{i_1} - s'_{i_1} .\tag{5.4.19}$$

所以，为了我们的目的，在 B' 中选取形如(1，0)的行的方法的个数至少有 $\omega(S'', S')$ 个. 按照在 B' 中交换元素的方式来交换 A' 的第 l 列和第 i_1 列上的相应元素，而保持其他元素不变. 这样得到的结果矩阵彼此不同，且这些矩阵的个数至少是 $\omega(S'', S')$.

把上述手续首先应用于 $S \prec \bar{S}$ 之间，然后应用于 $S \prec S^{(1)}$ 之间，如此继续下去，最后应用于 $S \prec S^{(t+1)}$ 之间. 在上述过程中，后一步并不改变前一步所得出的结果矩阵中其列和等于 S 中相应分量的列. 再者，这些列中至少一个，譬如说第 f 列，是前一步新出现的；因而在这一步，不同的结果矩阵在第 f 列上各不相同. 所以在整个过程中所得到的全体结果矩阵彼此不同. 于是，如果 S 是递降的，便有

$$|\mathfrak{U}(R,S)| \geqslant \prod_{0 \leqslant i \leqslant t-1} \omega(S, S^{(i)}) .$$

由(5.4.18)和(5.4.19)，知

$$\prod_{0 \leqslant i \leqslant t-1} \omega(S, S^{(i)}) \geqslant 1 .$$

因此，无论 S 是否递降，由此都得(5.4.16).

很自然，当 $t=0$ 时，(5.4.16)的中节为空积 1.

现在来看一个例子

设

$$R = (7,5,5,4,4,3,2,2,1),$$

$$S = (7,6,4,4,4,4,4).$$

由定理 5.4.1，得

$$\overline{S} = (9,8,6,5,3,1,1)\,.$$

容易验证

$$S \prec \overline{S}\,.$$

下面列出从 $\overline{S}$ 到 S 得全链,并在 $S^{(i)}$ 的右边注明 $\omega(S^{(i)}, S)$ 的值:

$$S^{(0)} = \overline{S} = (9,\ 8,\ 6,\ 5,\ 3,\ 1,\ 1),\quad \binom{2}{1}$$

$$S^{(1)} = \quad (9,\ 8,\ 6,\ 4,\ 4,\ 1,\ 1),\quad \binom{5}{2}$$

$$S^{(2)} = \quad (9,\ 8,\ 4,\ 4,\ 4,\ 3,\ 1),\quad \binom{5}{1}$$

$$S^{(3)} = \quad (9,\ 7,\ 4,\ 4,\ 4,\ 4,\ 1),\quad \binom{6}{1}$$

$$S^{(4)} = \quad (9,\ 6,\ 4,\ 4,\ 4,\ 4,\ 2),\quad \binom{7}{2}$$

$$S^{(5)} = S = (7,\ 6,\ 4,\ 4,\ 4,\ 4,\ 4).$$

由定理 5.4.3,得

$$|\mathfrak{U}(R,S)| \geqslant \binom{2}{1}\binom{5}{2}\binom{5}{1}\binom{6}{1}\binom{7}{2} = 12600\,.$$

定义 5.4.5 若把 $(0,1)$ 矩阵 A 的一个子阵

$$A_1 = \begin{pmatrix} 1 & 0 \\ 0 & 1 \end{pmatrix}$$

换为

$$A_2 = \begin{pmatrix} 0 & 1 \\ 1 & 0 \end{pmatrix},$$

或者把 A 的一个子阵 A_2 换成 A_1，而保持其他元素不变，这样的变换称为**互换**.

显然，经过互换后的矩阵与原矩阵具有相同的行和向量和相同的列和向量，这就是说，若 $A \in \mathfrak{U}(R,S)$，A' 是 A 经有限次互换得出的矩阵，则 $A' \in \mathfrak{U}(R,S)$. 重要的是其逆亦真.

定理 5.4.4 $\mathfrak{U}(R,S)$ 中任二矩阵可经有限次互换互相转化.

证明 设 A，$A' \in \mathfrak{U}(R,S)$. 不失一般，可设 R 是递降的，因为对 A, A' 同时施行相同的行换序，并不影响定理的结果. 再者，只需证明能把 A 化成 A' 即可.

今对 S 的维数施行数学归纳法，当 $n=1$ 时，定理的结论是平凡的. 今设定理对 $n-1(\geqslant 1)$ 成立，往证它对 n 也成立.

由 A 和 A' 的最后一列所组成的 $m \times 2$ 矩阵

$$C(A,A') := \begin{pmatrix} a_{1n} & a'_{1n} \\ a_{2n} & a'_{2n} \\ \vdots & \vdots \\ a_{mn} & a'_{mn} \end{pmatrix}$$

的行仅有以下四种类型：

$$(1,1),\ (0,0),\ (0,1),\ (1,0).$$

今证：可对 A 实行有限次互换使得结果矩阵 A'' 的最后一列与 A' 的最后一列相同，亦即 $C(A'',A')$ 的行仅有以下两种类型：

$$(1,1),\ (0,0).$$

因为 A 及 A' 的对应列和相等，故 $C(A,A')$ 中形如 $(0,1)$ 或 $(1,0)$ 的行是成对出现的. 因此，如果设有 $j(1 \leqslant j \leqslant m)$ 合

$$\left(a_{jn}, a'_{jn}\right) = (0,1), \tag{5.4.20}$$

则也没有 $h(1 \leqslant h \leqslant m)$ 合

$$\left(a_{hn}, a'_{hn}\right) = (1,0), \tag{5.4.21}$$

且反之亦然. 此时毋须施互换，A 本身就合要求.

如果不是这种情况，设 $j := J(A,A')$ 为合 (5.4.20) 或 (5.4.21) 的诸行标中之最小者，则 $j < m$. 为叙述方便起见，不妨假设 j 由 (5.4.20) 来达到，这并不影响一般性.

因为 $\left(a_{jn}, a'_{jn}\right) = (0,1)$，故

$$\sum_{1 \leqslant i \leqslant n-1} a_{ji} = r_i = \sum_{1 \leqslant i \leqslant n} a'_{ji} \geqslant a'_{jn} = 1,$$

因而诸 $a_{ji}(1 \leqslant i \leqslant n-1)$ 中至少有一个为 1. 记其中为 1 的全部元素为

$$a_{ji_1}, \cdots, a_{ji_k} (1 \leqslant i_1 < \cdots < i_k \leqslant n-1),$$

这里 $1 \leqslant k = r_j$. 由于 j 是合 (5.4.20) 和 (5.4.21) 的最小行标且由 (5.4.20) 来达到，故

$$\sum_{j+1 \leqslant i \leqslant m} a_{in} = \sum_{j \leqslant i \leqslant m} a^i_{in} \geqslant a'_{jn} = 1.$$

从而诸 $a_{in}(j+1 \leqslant i \leqslant m)$ 中至少有一个为 1，记其一个为 $a_{ln} = 1, j+1 \leqslant l \leqslant m$. 由于 R 的递降性，得

$$\sum_{1 \leqslant i \leqslant n} a_{li} = r_l \leqslant r_j = k,$$

故

$$\sum_{1 \leqslant i \leqslant n-1} a_{li} \leqslant k-1.$$

因此诸 $a_{li_p} (1 \leqslant p \leqslant k)$ 中至少有一个为 0，记其一个为 $a_{li_u} = 0$.
于是在 A 中有一个二阶子阵

$$\begin{pmatrix} a_{ji_u} & a_{jn} \\ a_{li_u} & a_{ln} \end{pmatrix} = \begin{pmatrix} 1 & 0 \\ 0 & 1 \end{pmatrix}.$$

把这个子矩阵换为 $\begin{pmatrix} 0 & 1 \\ 1 & 0 \end{pmatrix}$ 后，由 A 得到一个新阵 A'''，则有

$$J(A''', A') \geqslant j+1 = J(A, A')+1, \quad J(A, A') < m.$$

对 A''' 再作类似的处理且一直继续下去，由于 J 值每经一步至少提高 1，故经有限步后，就可使这样的 J 值不存在. 记此时的结果矩阵为 $A^{(\mathrm{IV})}$. 把 $A^{(\mathrm{IV})}$ 和 A' 的最后一列划去后所得出的二个 $m \times (n-1)$ 矩阵，由归纳法假设，是可以经过有限次互换互化的，从而由 A 化到 $A^{(\mathrm{IV})}$ 再化到 A' 也可经有限次互换来完成.
证毕.

5.5　规 范 类 $\mathfrak{U}(R, S)$

在对类 $\mathfrak{U}(R,S)$ 的研究中，若向量 R, S 中有若干个零分量，也就是说矩阵 $A \in \mathfrak{U}(R,S)$ 有若干零行、零列，这些零行、零列并不影响类 $\mathfrak{U}(R,S)$ 的基本性质，因此在下面的讨论中，把具有零分量的情形排除掉.

定义 5.5.1　若具整数分量的两个向量

$$R = (r_1,\cdots,r_m)\,, \quad S = (s_1,\cdots,s_n)$$

的分量合于

$$r_1 \geqslant r_2 \geqslant \cdots \geqslant r_m > 0\,, \quad s_1 \geqslant s_2 \geqslant \cdots \geqslant s_n > 0\,,$$

且

$$\mathfrak{U}(R,S) \neq \varnothing\,,$$

则称类 $\mathfrak{U}(R,S)$ 是规范的.

本节所讨论的类 $\mathfrak{U}(R,S)$，皆指规范类.

定义 5.5.2　若 $A = (a_{ij}) \in \mathfrak{U}(R,S)$，$a_{ef} = 1$，经任意有限次互换永不能把 a_{ef} 变为零，则称这样的 $a_{ef} = 1$ 为一个恒 1.

由定理 5.4.4，位于 e 行、j 列交口处的元为恒 1 这一性质，只要对类 $\mathfrak{U}$ 中一个矩阵成立，则对 $\mathfrak{U}$ 中所有矩阵都成立，从而它是整个类的性质. 因此，下面的定义是合理的.

定义 5.5.3　若类 $\mathfrak{U}$ 中有一个矩阵具恒 1，则称类 $\mathfrak{U}$ 有恒 1；反之，则称类 $\mathfrak{U}$ 无恒 1.

定理 5.5.1　类 $\mathfrak{U}(R,S)$ 有恒 1 的充要条件是 $\mathfrak{U}$ 中任一矩阵 A 都可写成如下的分块形状：

$$A = \begin{pmatrix} J & * \\ * & 0 \end{pmatrix} = (a_{ij})\,, \tag{5.5.1}$$

这里 J 为 $e \times f$ 的全 1 阵 $(0 < e \leqslant m; 0 < f \leqslant n)$，0 为零阵. 整数 e 和 f 不一定是唯一的，但它们由行和向量 R 和列和向量 S 决定，不依赖于 A 的具体选择.

证明　因为 (5.5.1) 的 J 中任一个 1 都是恒 1，故定理的条件是充分的. 下面证条件的必要性.

设 a_{ef} 是这样一个恒 1，它使 $e + f$ 有最大可能的值. 写

$$A = \begin{pmatrix} W & X \\ Y & Z \end{pmatrix}, \tag{5.5.2}$$

这里 W 是 $e \times f$ 矩阵. 若 W 的第 f 列有一个零:

$$a_{k_0 f} = 0 (1 \leqslant k_0 < e),$$

由 R 的递降性, 必有 A 中元

$$a_{k_0 t_0} = 1, a_{e t_0} = 0, t_0 \neq f$$

此即 A 中有子阵

$$\begin{pmatrix} a_{k_0 t_0} & a_{k_0 f} \\ a_{e t_0} & a_{ef} \end{pmatrix} = \begin{pmatrix} 1 & 0 \\ 0 & 1 \end{pmatrix}, \ 若 t_0 < f, \tag{5.5.3}$$

$$\begin{pmatrix} a_{k_0 f} & a_{k_0 t_0} \\ a_{ef} & a_{e t_0} \end{pmatrix} = \begin{pmatrix} 0 & 1 \\ 1 & 0 \end{pmatrix}, \ 若 t_0 > f. \tag{5.5.4}$$

无论何种情形, 经过一次互换就可把 $a_{ef} = 1$ 变为零, 这与 a_{ef} 是恒 1 相矛盾. 所以, W 的第 f 列不能有零. 同理, W 的第 e 行也不能有零. 若 W 中有一元

$$a_{k_1 t_1} = 0 (1 \leqslant k_1 < e, 1 \leqslant t_1 < f),$$

由于 W 的第 f 列全为 1 和 S 的递降性, 必有 Y 中二元

$$a_{l_1 t_1} = 1, a_{l_1 f} = 0 \ (e < l_1 \leqslant m).$$

于是, A 有子阵

$$\begin{pmatrix} a_{k_1 t_1} & a_{k_1 f} \\ a_{l_1 t_1} & a_{l_1 f} \end{pmatrix} = \begin{pmatrix} 0 & 1 \\ 1 & 0 \end{pmatrix}.$$

所以, 经一次互换可变 A 为 $A' = \begin{pmatrix} W' & X' \\ Y' & Z' \end{pmatrix}$, 其中 W' 是一个 $e \times f$ 矩阵, 最后一列有零. 上面已证这是不可能的. 至此已经证明: $W = J$, 而且不能经有限次对换把其中的 1 变为 0, 故 W 中每一个 1 都是 A 的恒 1.

现在用反证法来证明 $Z = 0$, 若 Z 中有元为 1, 设为

$$a_{t_2 k_2} = 1 (e < t_2 \leqslant m, f < k_2 \leqslant n).$$

由 $e+f$ 的最大性, 故可经有限次互换把 A 变为

$$A'' = \begin{pmatrix} J & X'' \\ Y'' & Z'' \end{pmatrix} = (a''_{ij}) ,$$

其中 X'' 的首列的末元为零.

现在分两种情形考虑. 第一种情形: 存在 t_3 合

$$a''_{t_3, f+1} = 1, e < t_3 \leqslant m .$$

若 Y'' 的 $t_3 - e$ 行有一个零, 设为 $a''_{t_3 q_0} = 0 (1 \leqslant q_0 \leqslant f)$, 则 A'' 有子阵

$$\begin{pmatrix} a''_{e q_0} & a''_{e, f+1} \\ a''_{t_3 q_0} & a''_{t_3, f+1} \end{pmatrix} = \begin{pmatrix} 1 & 0 \\ 0 & 1 \end{pmatrix} .$$

经一次互换就可把 A'' 的 J 中元 $a_{e q_0} = 1$ 化为零, 这与它是恒 1 相矛盾. 所以, Y'' 的第 $t_3 - e$ 行全为 1, 而且都是 A'' 的恒 1. 由 $a''_{t_3 f}$ 是 A'' 的恒 1 得出 $a_{t_3 f}$ 是 A 的恒 1, 从而得出:

$$t_3 + f > e + f ,$$

这与 $e+f$ 的最大性矛盾, 所以第一种情形是不可能的.

第二种情形: 对一切 $t \in [e+1, m]$, 都有 $a''_{t, f+1} = 0$. 此时经过把 A 变为 A'' 的互换(如果有的话)时, 总有 k 使 $a''_{t_2 k} = 1$. 由 S 的递降性推知, A'' 中必有二元

$$a''_{t_4, f+1} = 1, \quad a''_{t_4 k} = 0 \, (1 \leqslant t_4 < e) .$$

因而 A'' 有子阵

$$\begin{pmatrix} a''_{t_4, f+1} & a''_{t_4 k} \\ a''_{t_2, f+1} & a''_{t_2 k} \end{pmatrix} = \begin{pmatrix} 1 & 0 \\ 0 & 1 \end{pmatrix} .$$

所以, 经一次互换可把化 A'' 为

$$A''' = \begin{pmatrix} J & X''' \\ Y''' & Z''' \end{pmatrix} ,$$

其中 X''' 的首列的末元为零, Z''' 的首列中的第 t_2 个元为 1. 这就化成了第一种情形. 所以, 第二种情形也是不可能的.

综上所素述，必有 $Z=0$. **证毕**.

定义 5.5.4 类 $\mathfrak{U}(R,S)$ 中矩阵的项秩的最大者叫做类 $\mathfrak{U}(R,S)$ 的最大项秩，记为 $\bar{\rho}:=\bar{\rho}(R,S)$. 类似地定义最小项秩 $\tilde{\rho}:=\tilde{\rho}(R,S)$.

容易证明关于中间项秩的下列结果：

定理 5.5.2 设 ρ 为整数，合于

$$\tilde{\rho} \leqslant \rho \leqslant \bar{\rho},$$

则存在矩阵 $A_\rho \in \mathfrak{U}(R,S)$，其项秩为 ρ.

证明 设 $A_{\tilde{\rho}} \in \mathfrak{U}$，$A_{\tilde{\rho}}$ 的项秩为 $\tilde{\rho}$；$A_{\bar{\rho}} \in \mathfrak{U}$，$A_{\bar{\rho}}$ 的项秩为 $\bar{\rho}$. 由定理 5.4.4，存在有限次互换，逐次对 $A_{\tilde{\rho}}$ 施行后最后就得到 $A_{\bar{\rho}}$. 由于每施行一次互换改变项秩的值最多为 1，而项秩却由 $\tilde{\rho}$ 到达 $\bar{\rho}$. 所以，当施行这些互换时，项秩就经过 $\tilde{\rho}$ 与 $\bar{\rho}$ 之间的一切值. **证毕**.

5.6 (0,1)矩阵与拉丁矩

现在利用(0,1)矩阵来研究拉丁矩.

定义 5.6.1 若一个 $r \times s$ 矩阵 $A = (a_{ij})$ 满足：

(1) $a_{i1}a_{i2}\cdots a_{is} \in \mathrm{P}_s^n \ (1 \leqslant i \leqslant r)$,

(2) $a_{1j}a_{2j}\cdots a_{rj} \in \mathrm{P}_r^n \ (1 \leqslant j \leqslant s)$,

则称 A 为集 $[1,n]$ 上的一个 $r \times s$ 拉丁矩. 特别地，把 $r=s=n$ 时的拉丁矩叫做 n 阶拉丁方. 若由 A 可构造出一个 n 阶拉丁方

$$\begin{pmatrix} A & B \\ C & D \end{pmatrix}, \tag{5.6.1}$$

则称(5.6.1)是由 A 扩成的拉丁方，而称 A 是可扩的. 若一个 $r \times n$ 的拉丁矩的第一行为标准顺序 $1 \ 2 \ \cdots n$，则称此拉丁矩是行规范的. 若一个 $n \times s$ 的拉丁矩的第一列为标准顺序 $1 \ 2 \ \cdots n$，则称此拉丁矩为列规范的. 若一个拉丁方既是行规范的，又是列规范的，则称为规范的.

自然，可在上述定义中把集 $[1,n]$ 换为任一 n 元集，不过，这只在形式上显得广泛些，本质上都完全一样.

引进以下记号：

$L_n(r,s)$：$[1,n]$ 上的 $r \times s$ 拉丁矩的个数，

$K(r,n)$：$[1,n]$ 上的 $r \times n$ 行规范拉丁矩的个数，

$H(n,s)$：$[1,n]$ 上的 $n \times s$ 列规范拉丁矩的个数，

l_n：$[1,n]$ 上的规范拉丁方的个数，

容易得到：

$$L_n(r,s) = L_n(s,r) \ ,$$

$$L_n(r,n) = n!\,K(r,n) \ ,$$

$$K(r,n) = H(n,r) \ ,$$

$$L_n := L_n(n,n) = n!(n-1)!\,l_n \ ,$$

$$K(2,n) = D_n \ ,$$

这里 D_n 为 n 阶更列的个数. 至于 $K(3,n)$，将于 9.7 中论述.

寻求 $L_n(r,s)$，乃至较特殊的 l_n，仍是一个远未解决的问题. 关于它们的确值知道得甚少，有

n	1	2	3	4	5	6	7
l_n	1	1	1	4	56	9408	16942080

应用 (0，1) 矩阵的理论可以得出一个 $r \times s$ 拉丁矩是可扩的充要条件. 为此，需证一个关于 (0，1) 矩阵的分解定理.

定理 5.6.1 设 A 是一个 $m \times n$ 的 (0，1) 矩阵，$m \leqslant n$，A 的行和向量是 $R = (k,\cdots,k)$，列和向量是 $S = (s_1,\cdots,s_n)$，且有

$$k>0,$$

$$0 \leqslant k - s_i \leqslant n - m \ (1 \leqslant i \leqslant n) \ . \tag{5.6.2}$$

那么，

$$A = P_1 + \cdots + P_k \ , \tag{5.6.3}$$

这里诸 P_i 是置换矩阵.

证明 若 $m = n$，则定理 5.6.1 就化为定理 5.3.3，因为这时 (5.6.2) 给出

$$S = (k,\cdots,k) \ .$$

以下讨论 $m < n$ 的情形. 很明显, 若对 A 施行诸列换序的变动, 则不会改变 A 能否有(5.6.3)型的分解式这一性质. 所以可设 S 是递升的. 作向量

$$S' := (k - s_1, \ k - s_2, \cdots, k - s_n),$$

$$\overline{S} := (\underbrace{n - m, \cdots, n - m}_{k \uparrow}, \underbrace{0, \cdots, 0}_{n-k \uparrow}),$$

则 S' 和 $\overline{S}$ 都是递降的, 再由(5.6.2)得出

$$S' \prec \overline{S}.$$

由定理 5.4.2, 存在 $(n - m) \times n$ 的(0, 1)矩阵 A', 其行和向量为 R, 列和向量为 S'. 作矩阵

$$\hat{A} := \begin{pmatrix} A \\ A' \end{pmatrix},$$

则 $\hat{A}$ 是一个 n 阶(0, 1)矩阵, 其行和向量、列和向量都是 R. 由定理 5.3.3, 有

$$\hat{A} = \hat{P}_1 + \cdots + \hat{P}_k, \tag{5.6.4}$$

其中诸 $\hat{P}_i$ 均为 n 阶置换阵. 把(5.6.4)写成分块形式

$$\begin{pmatrix} A \\ A' \end{pmatrix} = \begin{pmatrix} P_1 \\ P_1' \end{pmatrix} + \cdots + \begin{pmatrix} P_k \\ P_k' \end{pmatrix}. \tag{5.6.5}$$

由于

$$I_n = \begin{pmatrix} P_i \\ P_i' \end{pmatrix} \begin{pmatrix} P_i \\ P_i' \end{pmatrix}^{\mathrm{T}} = \begin{pmatrix} P_i \\ P_i' \end{pmatrix} (P_i^{\mathrm{T}} \ P_i'^{\mathrm{T}})$$

$$= \begin{pmatrix} P_i P_i^{\mathrm{T}} & P_i P_i'^{\mathrm{T}} \\ P_i' P_i^{\mathrm{T}} & P_i' P_i'^{\mathrm{T}} \end{pmatrix},$$

故有

$$P_i P_i^{\mathrm{T}} = I_m,$$

因而诸 P_i 均为 $m \times n$ 的置换阵, 且由(5.6.5)得出

$$A = P_1 + \cdots + P_k.$$

证毕.

定理 5.6.2 设 A 是集 $[1, n]$ 上的 $r \times s$ 拉丁矩，用 $N(i)$ 表 i 在 A 中出现的次数，那么，A 是可扩的充要条件是

$$N(i) \geqslant r + s - n (1 \leqslant i \leqslant n). \tag{5.6.6}$$

证明 设 $A = (a_{ij})$. 记

$$U_p = \left\{ a_{p1}, a_{p2}, \cdots, a_{ps} \right\}, \quad (1 \leqslant p \leqslant r),$$

$$\bar{U}_p = [1, n] \backslash U_p \qquad (1 \leqslant p \leqslant r),$$

$$V_q = \left\{ a_{1q}, a_{2q}, \cdots, a_{rq} \right\} \qquad (1 \leqslant q \leqslant s),$$

以及

$$M(i) = \sum_{\substack{1 \leqslant p \leqslant r \\ i \in \bar{U}_r}} 1 \; (1 \leqslant i \leqslant n).$$

先证条件的必要性. 若 A 是可扩的，则存在矩阵 B，使

$$(A B) \tag{5.6.7}$$

是一个 $r \times n$ 的拉丁矩. 因 i 在 B 的每一列中最多出现一次，故 i 在 B 中最多出现 $n - s$ 次. 由 $M(i)$ 的定义式可知，i 在 B 中出现的次数等于 $M(i)$，故

$$M(i) \leqslant n - s.$$

因 $N(i)$ 是 i 在 A 中出现的次数，故 i 在矩阵(5.6.7)中出现的次数为 $N(i) + M(i)$，而这个数为 r，因而

$$N(i) = r - M(i) \geqslant r + s - n (1 \leqslant i \leqslant n).$$

条件的必要性得证，

现证条件的充分性. 设矩阵 $C = (c_{ij})$ 是集 $[1, n]$ 与其子集系 $\left\{ \bar{U}_p \right\}_{1 \leqslant p \leqslant r}$ 的关联矩阵：

$$c_{pq} = \begin{cases} 1, & \text{若} q \in \bar{U}_p, \\ 0, & \text{若} q \notin \bar{U}_p. \end{cases}$$

于是，C 是一个 $r \times n$ 的(0, 1)矩阵，其行和向量、列和向量分别是：

$$\overbrace{(n-s,n-s,\cdots,n-s)}^{r\text{个}},$$

$$\big(M(1),M(2),\cdots M(n)\big).$$

由(5.6.6)和 $N(i)+M(i)=r$，得

$$s \geqslant N(i) = r - M(i),$$

$$0 \leqslant n-s-M(i) \leqslant n-r(1 \leqslant i \leqslant n).$$

根据定理 5.6.1，C 有分解式

$$C - P_1 + P_2 + \cdots + P_{n-s}, \tag{5.6.8}$$

这里诸 P_i 是 $r \times n$ 的置换阵，一个 $r \times n$ 的置换阵 $P=\big(p_{ij}\big)$ 对应于 $[1,n]$ 的一个 r 无重排列 $a_1 a_2 \cdots a_r$：

$$p_{ij} = \begin{cases} 1, & \text{若 } j = a_i, \\ 0, & \text{若 } j \neq a_i. \end{cases}$$

把（5.6.8）中的诸 P_i 所对应的 $n-s$ 个 r 无重排列作为列附加到 A 之右侧，得出一个 $r \times n$ 矩阵 D，由（5.6.8），D 是一个 $r \times n$ 的拉丁矩.

把上述论断用于列，类似地可得：

$$\text{矩阵 } A \text{ 可扩为 } n \times s \text{ 的拉丁矩}. \tag{5.6.9}$$

因为 D 是一个 $r \times n$ 的拉丁矩，故 $i(1 \leqslant i \leqslant n)$ 在 D 中出现的次数

$$N'(i) = r = r + n - n,$$

这就是(5.6.6)当 $s=n$，且 "$\geqslant$" 换为 "$=$" 的情形，所以，由(5.6.9)知 D 可扩为一个 $n \times n$ 的拉丁方. **证毕.**

在上面的证明中，已经包含了下述结果：

系 任一 $r \times n$ 或 $n \times r$ 拉丁矩均是可扩的，这里 $r < n$.

定理 5.6.3

$$L_n(r,n) \geqslant n!(n-1)!\cdots(n-r+1)!, \tag{5.6.10}$$

$$L_n \geqslant n!(n-1)!\cdots 2!1!.$$

证明 设 $A=(a_{ij})$ 是集 $[1, n]$ 上的一个 $t \times n$ 的拉丁矩.

记

$$V_i = \{a_{1i}, a_{2i}, \cdots, a_{ti}\} \ (1 \leqslant i \leqslant n) ,$$

$$\overline{V}_i = [1, n] \setminus V_t \qquad (1 \leqslant i \leqslant n) ,$$

则有

$$|V_i| = t, |\overline{V}_i| = n - t \ (1 \leqslant i \leqslant n) .$$

现在来证明集系 $\{\overline{V}_i\}_{1 \leqslant i \leqslant n}$ 满足条件 H. 因为 A 是 $t \times n$ 的拉丁矩, 故任一 $i \in [1, n]$ 在 A 中恰恰出现 t 次, 所以 i 在集系 $\{\overline{V}_i\}$ 中恰恰出现 $n - t$ 次. 如果有

$$\left| \overline{V}_{i_1} \cup \overline{V}_{i_2} \cup \cdots \cup \overline{V}_{i_k} \right| \leqslant k - 1 (1 \leqslant i_1 < i_2 < \cdots < i_k \leqslant n) .$$

则 $\bigcup\limits_{1 \leqslant j \leqslant k} \overline{V}_{ij}$ 的全部元素在其中出现的全部次数不超过

$$(n - t)(k - 1) .$$

这与 $|\overline{V}_i| = n - t (1 \leqslant i \leqslant n)$ 相矛盾. 这就证明了集系 $\{\overline{V}_i\}$ 满足条件 H, 因而 $\{\overline{V}_i\}$ 有 SDR. 对于 $\{\overline{V}_i\}$ 的每一个 SDR, 附加于 A 的最后一行之后都产生一个 $(t+1) \times n$ 的拉丁矩, 而且两个不同的 SDR, 产生的两个 $(t+1) \times n$ 拉丁矩也不同. 由定理 5.1.2,

$$N(\overline{V}_1, \overline{V}_2, \cdots, \overline{V}_n) \geqslant F_n(|\overline{V}_1|, \cdots, |\overline{V}_n|)$$
$$= \prod_{0 \leqslant i < n} (|\overline{V}_{i+1}| - i)_* = (n - t)! .$$

这样一来, 由任一固定的 $t \times n$ 拉丁矩至少可扩为 $(n - t)!$ 个不同的 $(t+1) \times n$ 拉丁矩 $(t < n)$. 自然, 由不同的 $t \times n$ 拉丁矩用上法扩成的 $(t+1) \times n$ 拉丁矩也不同. 令 $t = 0, 1, 2, \cdots, r - 1$, 便得 (5.6.10). 在 (5.6.10) 中取 $r = n$ 便得 (5.6.11). **证毕**

可以把定理 5.6.2 中的问题提得非常一般化: 设 $S = [1, n] \cup \{x\}$, 这里 x 表不定元, S 上的 n 阶矩阵满足何种条件时就可以将其中的 x 用集 $[1, n]$ 中的适当的元替换, 使得结果矩阵是一个 n 阶拉丁方? 定理 5.6.2 只是这个问题的很特殊的情形. 一般情形尚未能得到成功的处理.

第六章　置换群中的一些组合问题

本章介绍置换群中满足一定条件的元素个数的求法. 这里的一些问题和结果, 不仅在第十章中会发挥作用, 而且它们本身也有其独立的组合兴趣.

下面首先讨论任一置换类的势(6.1); 然后计算对称群中具有固定轮换个数的置换的个数(6.2), 具有指定的轮换长度的置换的个数(6.3); 最后处理全体奇置换中或交错中的类似的计数问题(6.4).

6.1　置　换　类

关于群和对称群的基本知识, 假定读者已经熟知(例如, 可参考 van der Waerden[1]).

记集$[1, n]$上的n次对称群为$\mathfrak{S}_n$. $\mathfrak{S}_n$中一个长为l的轮换简称为l-轮换. 若$\pi \in \mathfrak{S}_n$, 则π可唯一地分解为互无公共元素, 因而彼此可易的若干个轮换之积:

$$\pi = c_{l_1} c_{l_2} \cdots c_{l_s}, \tag{6.1.1}$$

这里c_l表l-轮换. (6.1.1)中恰有k_i个i-轮换$(1 \leqslant i \leqslant n)$, 则称$\pi$是一个$1^{k_1} 2^{k_2} \cdots n^{k_n}$置换. $\mathfrak{S}_n$中全体$1^{k_1} 2^{k_2} \cdots n^{k_n}$置换构成的集称为$1^{k_1} 2^{k_2} \cdots n^{k_n}$置换类, 记为

$$\mathfrak{S}_{k_1, k_2, \cdots, k_n}. \tag{6.1.2}$$

这里诸k_i自然符合条件

$$k_1 + 2k_2 + \cdots + nk_n = n, k_i \geqslant 0 \ (1 \leqslant i \leqslant n) \tag{6.1.3}$$

若(6.1.1)成立, 又说π具有s个轮换. 自然, 若$\pi \in \mathfrak{S}_{k_1, k_2, \cdots, k_n}$且$\pi$有分解式(6.1.1), 则

$$s = k_1 + k_2 + \cdots + k_n.$$

首先证明一个简单而具有基本意义的结果.

定理 6.1.1

$$\left| \mathfrak{S}_{k_1, k_2, \cdots, k_n} \right| = \frac{n!}{1^{k_1} k_1! 2^{k_2} k_2! \cdots n^{k_n} k_n!}. \tag{6.1.4}$$

证明　在类(6.1.2)中任选一个置换π, 作形如(6.1.1)的分解. 若把π中的n个数码任意换位而保留分解式中各轮换之间的括号线不变, 这样就得出了$n!$个

$1^{k_1}2^{k_2}\cdots n^{k_n}$ 置换，包括了类(6.1.2)的全部置换. 但是，这样产生的 $n!$ 个置换并不都是相异的. 这是因为，第一，如果"数码的换位"正好把 π 的 k_i 个 i 轮换换一个排法，而不改变每个轮换中的数码及顺序，这样得到的置换是彼此相同的；第二，如果"数码的换位"只把 π 的轮换——作为圆形序列——中的元的绝对顺序改变了，而不改变这些元的相对顺序，则这样得到的置换也是彼此相同的. 除这两种"数码的换位"以外的其他"数码的换位"都得到不同的置换. 由于第一个原因. 每一个置换都产生 $\prod\limits_{1\leqslant i\leqslant n} k_i!$ 个相同的；由于第二个原因，每一个置换又产生 $\prod\limits_{1\leqslant i\leqslant n} i^{k_i}$ 个相同的，这是因为一个 l 轮换恰有 l 个不同的写法的缘故. 在 $n!$ 个置换中去掉这些重复，考虑到这两个原因所产生的置换中并没有相同，便得到(6.1.4). **证毕**.

今以一例来说明.

例 6.1.1 当 $n=4$ 时，适合

$$k_1 + 2k_2 + 3k_3 + 4k_4 = 4$$

的全部解是 $(k_1,k_2,k_3,k_4)=(0,0,0,1),(1,0,1,0)(0,2,0,0)(2,1,0,0)(4,0,0,0)$. 从而有表 6.1.1.

若从(12)(34)出发，把四个数码任意置换，则得三组置换. 第一组是

$$
\begin{aligned}
&(12)(34),\ (34)(12),\\
&(21)(34),\ (34)(21),\\
&(12)(43),\ (43)(12),\\
&(21)(43),\ (43)(21).
\end{aligned}
\tag{6.1.5}
$$

表 6.1.1

编号	置换类	类中的置换	类中的元素个数
1	$\mathfrak{S}_{0,0,0,1}$	(1234), (1243), (1324), (13, 42), (1423), (1432)	$\dfrac{4!}{4}=6$
2	$\mathfrak{S}_{1,0,1,0}$	(1)(234), (134)(2), (124)(3), (123)(4), (1)(234), (143)(2), (142)(3), (132)(4)	$\dfrac{4!}{3}=8$
3	$\mathfrak{S}_{0,2,0,0}$	(12)(34), (13)(24), (14)(23)	$\dfrac{4!}{2^2 2!}=3$
4	$\mathfrak{S}_{2,1,0,0}$	(1)(2)(34), (1)(3)(24),(1)(4)(23), (2)(3)(14),(2)(4)(13),(3)(4)(12)	$\dfrac{4!}{2!2}=6$
5	$\mathfrak{S}_{4,0,0,0}$	(1)(2)(3)(4)	$\dfrac{4!}{4!}=1$

其中第二列是在第一列的相应置换中交换两个轮换的位置而得到的；从第二行开

始的每一行都是在第一行的置换的一个或两个轮换中交换数码的位置而得到的.
以下两组的构造与此类似. 第二组是

$$
\begin{array}{l}
(13)(24),\ (24)(13),\\
(31)(24),\ (24)(31),\\
(13)(42),\ (42)(13),\\
(31)(42),\ (42)(31).
\end{array}
\tag{6.1.6}
$$

其中第一行第一列交口处的置换是由 $(12)(34)$ 中数码 2 和 3 互换位置得到的. 第三组是

$$
\begin{array}{l}
(14)(23),\ (23)(14),\\
(41)(23),\ (23)(41),\\
(14)(32),\ (32)(14),\\
(41)(32),\ (32)(41).
\end{array}
\tag{6.1.7}
$$

其中第一行第一列交口处的置换是由 $(12)(34)$ 中数码 $2, 3$ 和 4 轮换位得到的. 由每组的第一列变为第二列, 同一置换重复了 $2! = 2$ 次; 第一行变为其他行时, 同一置换重复了 $2^2 = 4$ 次; 所以每一置换重复了 8 次. 这就是为什么 $(6.1.5)$, $(6.1.6)$ 和 $(6.1.7)$ 的每一组都只是同一置换重复写出八次的原因. 这三组已穷尽了由 $(12)(34)$ 通过数码的任意换位而不改变各轮换之间的括号线所能产生的一切 $1^0 2^2 3^0 4^0$ 置换.

作为定理 6.1.1 的特款, 有

系

$$
\left|\mathfrak{C}_{\underbrace{0,\cdots,0,1}_{n-1\text{个}}}\right| = (n-1)!,
\tag{6.1.8}
$$

$$
\left|\mathfrak{C}_{\underbrace{n,0,\cdots,0}_{n-1\text{个}}}\right| = 1.
\tag{6.1.9}
$$

自然, 这两个结果也可直接得到. 因为 $\mathfrak{C}_{0,\cdots,0,1}$ 中的任一置换都是 $1^0 \cdots\cdots (n-1)^0 n^1$ – 置换, 即 n – 轮换. 任一 n – 轮换均可把 1 写为首元, 其余 $n-1$ 个元共有 $(n-1)!$ 个不同的排法, 对应于不同的轮换. 这就得到了 $(6.1.8)$. 再者, 类 $\mathfrak{C}_{n,0\cdots,0}$ 中的置换是 n 个 1–轮换之积, 故该类中只有一个置换 $(1)(2)\cdots(n)$. 这就得到了 $(6.1.9)$.

把 n 元数列 $\left(\left|\mathfrak{C}_{k_1,k_2,\cdots,k_n}\right|\right)_{k_1 \geqslant 0,\cdots,k_n \geqslant 0}$ 的 n 元普母函数记为

$$
\begin{aligned}
C_n\left(t_1, t_2, \cdots, t_n\right) &:= \sum_{\substack{k_i \geqslant 0 \\ (1 \leqslant i \leqslant n)}} \left|\mathfrak{C}_{k_1,k_2,\cdots,k_n}\right| t_1^{k_1} t_2^{k_2} \cdots t_n^{k_n} \\
&= \sum_{\substack{k_1 + 2k_2 + \cdots + nk_n = n \\ k_i \geqslant 0 (1 \leqslant i \leqslant n)}} \left|\mathfrak{C}_{k_1,k_2,\cdots,k_n}\right| t_1^{k_1} t_2^{k_2} \cdots t_n^{k_n}.
\end{aligned}
\tag{6.1.10}
$$

今后凡写出"$k_1 + 2k_2 + \cdots + nk_n = n$"时均指带有附加条件"$k_i \geqslant 0 (1 \leqslant i \leqslant n)$",否则将做特殊的说明.

因为

$$\mathfrak{C}_{k_1, k_2, \cdots, k_n} = \phi \ , \ 若\, k_1 + 2k_2 + \cdots + nk_n \neq n \ ,$$

故有

$$\left| \mathfrak{C}_{k_1, k_2, \cdots, k_n} \right| = 0 \ , \ 若\, k_1 + 2k_2 + \cdots + nk_n \neq n \ . \tag{6.1.11}$$

n 元函数 $\dfrac{1}{n!} C_n (t_1, \cdots, t_n)$ 又称为对称群 $\mathfrak{C}_n$ 的轮换示式. 在第十章中还将介绍任意置换群的轮换示式及其功用.

$\mathfrak{C}_n$ 的前九个轮换示式组成表 6.1.2.

表 6.1.2

$C_1 = t_1,$

$2!C_2 = t_1^2 + t_2,$

$3!C_3 = t_1^3 + 3t_1 t_2 + 2t_3,$

$4!C_4 = t_1^4 + 6t_1^2 t_2 + 3t_2^2 + 8t_1 t_3 + 6t_4,$

$5!C_5 = t_1^5 + 10t_1^3 t_2 + 15t_1 t_2^2 + 20t_1^2 t_3 + 20t_2 t_3 + 30t_1 t_4 + 20t_5,$

$6!C_6 = t_1^6 + 15t_1^4 t_2 + 45t_1^2 t_2^2 + 40t_1^3 t_3 + 15t_2^3 + 120t_1 t_2 t_3 + 90t_1^2 t_4 + 40t_3^2$
　　　　　$+ 90t_2 t_4 + 144t_1 t_5 + 120t_6,$

$7!C_7 = t_1^7 + 21t_1^5 t_2 + 105t_1^3 t_2^2 + 70t_1^4 t_3 + 105t_1 t_2^3 + 420t_1^2 t_2 t_3 + 210t_1^3 t_4 + 210t_2^2 t_3$
　　　　　$+ 280t_1 t_3^2 + 630t_1 t_2 t_4 + 504t_1^2 t_5 + 420t_3 t_4 + 504t_2 t_5 + 840t_1 t_6 + 720t_7,$

$8!C_8 = t_1^8 + 28t_1^6 t_2 + 210t_1^4 t_2^2 + 112t_1^5 t_3 + 420t_1^2 t_2^3 + 1120t_1^3 t_2 t_3 + 420t_1^4 t_4$
　　　　　$+ 105t_2^4 + 1680t_1 t_2^2 t_3 + 1120t_1^2 t_3^2 + 2520t_1^2 t_2 t_4 + 1344t_1^3 t_5 + 1120t_2 t_3^2$
　　　　　$+ 1260t_2^2 t_4 + 3360t_1 t_3 t_4 + 4032t_1 t_2 t_5 + 3360t_1^2 t_6 + 1260t_4^2 + 2688t_3 t_5$
　　　　　$+ 3360t_2 t_6 + 5760t_1 t_7 + 5040t_8,$

$9!C_9 = t_1^9 + 36t_1^7 t_2 + 378t_1^5 t_2^2 + 168t_1^6 t_3 + 1260t_1^3 t_2^3 + 2520t_1^4 t_2 t_3 + 756t_1^5 t_4$
　　　　　$+ 945t_1 t_2^4 + 7560t_1^2 t_2^2 t_3 + 3360t_1^3 t_3^2 + 7560t_1^3 t_2 t_4 + 3024t_1^4 t_5 + 2520t_2^3 t_3$
　　　　　$+ 10080t_1 t_2 t_3^2 + 11340t_1 t_2^2 t_4 + 15120t_1^2 t_3 t_4 + 18144t_1^2 t_2 t_5 + 10080t_1^3 t_6$
　　　　　$+ 2240t_3^3 + 15120t_2 t_3 t_4 + 9072t_2^2 t_5 + 11340t_1 t_4^2 + 24192t_1 t_3 t_5 + 30240t_1 t_2 t_6$
　　　　　$+ 25920t_2 t_7 + 18144t_1 t_4 t_5 + 20160t_3 t_6 + 25920t_2 t_7 + 45360t_1 t_8 + 40320t_9.$

为方便计, 今后记 $C_0 = 1$.

定理 6.1.2 有

$$C_n(t_1, t_2, \cdots, t_n) = \sum_{k_1+2k_2+\cdots+nk_n=n} \frac{n!}{k_1!\,k_2!\cdots k_n!} \times \left(\frac{t_1}{1}\right)^{k_1}\left(\frac{t_2}{2}\right)^{k_2}\cdots\left(\frac{t_n}{n}\right)^{k_n} \tag{6.1.12}$$

$$= A_n(1; t_1, t_2, 2!\,t_3, \cdots, (n-1)!\,t_n) \tag{6.1.13}$$

$$= Y_n(t_1, t_2, 2!\,t_3, \cdots, (n-1)!\,t_n), \tag{6.1.14}$$

而且，函数列 $(C_n(t_1, \cdots, t_n))_{n \geqslant 0}$ 的指母函数为

$$e^{uC} = e^{ut_1+u^2\frac{t_2}{2}+u^3\frac{t_3}{3}} \tag{6.1.15}$$

$$C^n := C_n := C_n(t_1, \cdots, t_n).$$

证明 把(6.1.4)代入(6.1.10)即得(6.1.12). 由(2.6.9)得(6.1.13)和(6.1.14)，由(2.6.8)得(6.1.15). **证毕.**

系 1

$$\sum_{k_1+2k_2+\cdots+nk_n=n} \frac{1}{1^{k_1}k_1!\,2^{k_2}k_2!\cdots n^{k_n}k_n!} = 1. \tag{6.1.16}$$

证明 在(6.1.15)中取 $t_1 = t_2 = \cdots = 1$，其右节化为

$$e^{u+\frac{u^2}{2}+\frac{u^3}{3}+\cdots} = e^{-\log(1-u)}$$

$$= \frac{1}{1-u} = 1 + u + u^2 + \cdots + u^n + \cdots,$$

其左节化为

$$C_0 + C_1(1)\frac{u}{1!} + C_2(1,1)\frac{u^2}{2!} + \cdots + C_n(1,\cdots,1)\frac{u^n}{n!} + \cdots.$$

比较两节 u^n 的系数，得

$$C_n(1,1,\cdots,1) = n!.$$

此即(6.1.16).

(6.1.16)还可由定理 6.1.1 推出. 因 $|\mathfrak{C}_n| = n!$，且

$$\mathfrak{C}_n = \bigcup_{\substack{k_i \geqslant 0 \\ (1 \leqslant i \leqslant n)}} \mathfrak{C}_{k_1,k_2,\cdots,k_n},$$

$$\mathfrak{C}_{k_1,\cdots,k_n} \cap \mathfrak{C}_{k_1',\cdots,k_n'} = \varnothing, \quad 若 (k_1,\cdots,k_n) \neq (k_1',\cdots,k_n'),$$

故有

$$\sum_{k_1+2k_2+\cdots+nk_n=n}\left|\mathfrak{C}_{k_1,\cdots,k_n}\right|=n!\,.$$

把(6.1.4)代入上式，便得(6.1.16). **证毕**.

系 2.

$$C_{n+1}=\sum_{0\leqslant k\leqslant n}(n)_{k^t}{}_{k+1}\,C_{n-k},\tag{6.1.17}$$

$$r\frac{dC_n}{dt_r}=(n)_r\,C_{n-r}.\tag{6.1.18}$$

证明 (6.1.17)可由(6.1.15)两节对 u 微商，然后比较 $\dfrac{u^n}{n!}$ 的系数即得；也可由 (2.6.7)推出. (6.1.18)可由(6.1.15)两节对 t_r 微商来得出. **证毕**.

可以利用递归关系(6.1.17)逐个地求出轮换示式，也可以利用(6.1.17)式 (6.1.18)来检验所求得的轮换示式的正确性.

6.2 具有固定的轮换个数的置换

本节讨论 $\mathfrak{S}_n$ 中具有固定的轮换个数的置换在某些限制条件下的计数问题.

首先讨论

问题 6.2.1 若 k 是一个固定的正整数 $(1\leqslant k\leqslant n)$，求 $\mathfrak{S}_n$ 中恰具 k 个轮换的置换的个数.

记这个数为 $c(n,k)$. 若在(6.1.10)中令 $t_1=t_2=\cdots=t_n=t$，则 t^k 的系数就是 $c(n,k)$. 所以，数列 $\big(c(n,k)\big)_{k\geqslant 0}$ 的普母函数是

$$c_n(t)=C_n(t,t,\cdots,i)\,.$$

由(6.1.15)，有

$$e^{uc(t)}=e^{t\left(u+\frac{u}{2}+\frac{u}{3}+\cdots\right)}=e^{-t\log(1-u)}=\frac{1}{(1-u)^t}$$

$$=1+\sum_{1\leqslant n<\infty}t(t+1)\cdots(t+n-1)\frac{u^n}{n!},$$

$$c^n(t):=c_n(t).\tag{6.2.1}$$

因而得

$$c_0(t)=1\,,$$

$$c_n(t)=t(t+1)\cdots(t+n-1)\tag{6.2.2}$$

$$= (t + n - 1)_n, \quad n \geqslant 1. \tag{6.2.3}$$

由第一类 Stirling 数的定义和(6.2.2)知

$$
\begin{aligned}
c(n, k) &= |s(n, k)| \\
&= (-1)^{k+n} s(n, k), \, n \geqslant 0, \, k \geqslant 0.
\end{aligned}
\tag{6.2.4}
$$

由(6.2.3)中令 $x = t + n - 1$，得

$$
\begin{aligned}
c_n(x - n + 1) &= x(x-1)\cdots(x-n+1) \\
&= (x)_n \\
&= \sum_{0 \leqslant k \leqslant n} s(n, k) x^k.
\end{aligned}
$$

所以，

$$
\begin{aligned}
c_n(t) &= \sum_{0 \leqslant k \leqslant n} s(n, k)(t + n - 1)^k \\
&= \sum_{0 \leqslant k \leqslant n} s(n, k) \sum_{0 \leqslant j \leqslant k} \binom{k}{j} t^j (n-1)^{k-j} \\
&= \sum_{0 \leqslant j \leqslant n} t^j \sum_{j \leqslant k \leqslant n} \binom{k}{j} s(n, k)(n-1)^{k-j}.
\end{aligned}
$$

由此，得出第一类 Stirling 数的又一个性质：

$$(1 - (-1)^{n+j}) s(n, j) + \sum_{j+1 \leqslant k \leqslant n} \binom{k}{j} s(n, k)(n-1)^{k-j} = 0, \tag{6.2.5}$$

这又可写为数 $c(n, k)$ 间的关系式：

$$\left((-1)^n - (-1)^j\right) c(n, j) + \sum_{j+1 \leqslant k \leqslant n} (-1)^k \binom{k}{j} c(n, k)(n-1)^{k-j} = 0. \tag{6.2.6}$$

由(6.2.2)，有

$$
\begin{aligned}
c_n(t) &= (t + n - 1) c_{n-1}(t) \\
&= t c_{n-1}(t) + (n-1) c_{n-1}(t).
\end{aligned}
\tag{6.2.7}
$$

由此可得 $c(n, k)$ 的一个递归关系

$$c(n, k) = c(n-1, k-1) + (n-1) c(n-1, k). \tag{6.2.8}$$

由(6.2.8)，可得与 Stirling 数的计算表格(2.5.2)相类似的计算 $c(n, k)$ 的表格.

(6.2.8)也可用下面的方法得到：把 $c(n, k)$ 个恰具 k 个轮换的置换按元 n 的所属情况分成两类：第一类，元 n 属于一个 1 轮换；第二类，元 n 不属于任何一个 1 轮

换. 第一类置换的个数为 $c(n-1,k-1)$. 第二类置换的个数为 $(n-1)c(n-1,k)$，因为在 $\mathfrak{S}_{n-1}$ 的 $c(n-1,k)$ 个恰具 k 个轮换的置换的每一个轮换中，可随意地插入 n 就得到 $\mathfrak{S}_n$ 的恰具 k 个轮换的全部置换；而一个 r 轮换有 r 个位可插入新元构成不同的 $(r+1)$ 轮换，所以对每一个确定的置换，上述插入法的总数是 $n-1$. 这就又证明了 (6.2.8).

(6.2.8) 的母函数关系即 (6.2.7)，再由 $c_1(t)=t$ 就得 (6.2.2). 这就给出了 (6.2.2) 的另一个证明.

可以把上面的结果总结为

定理 6.2.1 $\mathfrak{S}_n$ 中恰具 k 个轮换的置换的个数 $c(n,k)$ 由 (6.2.4) 给出. 它们满足递归关系 (6.2.8) 和关系式 (6.2.6). 数列 $\big(c(n,k)\big)_{k\geqslant 0}$ 的普母函数是 (6.2.2).

由定理 6.2.1 可以推得母函数 $c_n(t)$ 的一些数论性质.

定理 6.2.2 对任意的非负整数 m，n，有

$$c_{n+m}(t) \equiv c_n(t)c_m(t)(\bmod n). \tag{6.2.9}$$

若 p 为素数，则

$$c_p(t) \equiv t^p - t(\bmod p). \tag{6.2.10}$$

证明 因为

$$\begin{aligned}
c_{n+m}(t) &= t(t+1)\cdots(t+n-1)\cdot(t+n)(t+1+n)\cdots(t+m-1+n) \\
&\equiv t(t+1)\cdots(t+n-1)\cdot t(t+1)\cdots(t+m-1)(\bmod n) \\
&\equiv c_n(t)c_m(t)(\bmod n),
\end{aligned}$$

故有 (6.2.9).

又因

$$c_p(t) = t(t+1)\cdots(t+(p-1))$$

在 $\bmod p$ 的剩余类域 $\mathbb{Z}_p$ 中恰有 p 个零点 $0,1,\cdots,p-1$，故在 $\mathbb{Z}_p$ 上 $c_p(t)$ 与 t^p-t 一致，此即 (6.2.10). **证毕**.

系 $$p \,|\, s(p,k), 1<k<p. \tag{6.2.11}$$

证明 在 $\mathbb{Z}_p$ 中比较 (6.2.10) 两节的系数即得. **证毕**.

现在转而讨论数列 $\big(c(n,k)\big)_{k\geqslant 0}$ 的概率性质.

对于固定的正整数 n，数 $\dfrac{c(n,k)}{n!}$ 是在 $\mathfrak{S}_n$ 中随机地选取一个置换时，选中恰

具 k 个轮换的置换的概率. 这样一来, 此概率列的普母函数是

$$\frac{c_n(t)}{n!}. \tag{6.2.12}$$

因而由 2.4, 此概率列的二项矩普母函数和阶乘矩指母函数都是

$$B(t) = \frac{c_n(1+t)}{n!},$$

常矩指母函数是

$$\frac{c_n\left(e^t\right)}{n!}. \tag{6.2.13}$$

因为

$$c_n(1+t) = \frac{c_{n+1}(t)}{t},$$

故

$$(m)_k = k!B_k = \frac{k!c(n+1,k+1)}{n!}.$$

其头两个值是

$$m_0 = B_0 = \frac{c(n+1,1)}{n!} = 1,$$
$$m_1 = B_1 = \frac{c(n+1,2)}{n!}$$
$$= 1 + \frac{1}{2} + \cdots + \frac{1}{n} \sim \log n.$$

这就是说, $\mathfrak{S}_n$ 的置换的诸轮换因子的个数的中值 m_1 当 n 充分大时, 近似地为 $\log n$; 因而诸轮换因子的长度的中值近似地为

$$\frac{n}{\log n}.$$

为了强调 $B(t)$ 对 n 的依赖性, 记

$$B(t,n) := B(t) =: \sum B_k(n)t^k.$$

于是

$$B(t,n) = \left(1 + \frac{t}{n}\right) B(t, n-1),$$

因而有递归关系

$$B_k(n) = B_k(n-1) + \frac{1}{n} B_{k-1}(n-1). \tag{6.2.14}$$

因为

$$B_0(n) = 1 \,(n \geqslant 1),$$
$$B_1(1) = 1,$$

故

$$
\begin{aligned}
B_1(n) &= B_1(n-1) + \frac{1}{n} \\
&= B_1(n-2) + \frac{1}{n-1} + \frac{1}{n} \\
&= \cdots \\
&= 1 + \frac{1}{2} + \cdots + \frac{1}{n}.
\end{aligned}
$$

所以(6.2.14)对 k 可以逐个地解出.

对于方差

$$V(n) = 2B_2(n) + B_1(n) - B_1^2(n),$$

则有

$$
\begin{aligned}
V(n) &= V(n-1) + \frac{2}{n} B_1(n-1) + \big(B_1(n) - B_1(n-1)\big) \\
&\quad + \big(B_1(n-1) - B_1(n)\big)\big(B_1(n-1) + B_1(n)\big) \\
&= V(n-1) + \frac{2}{n} B_1(n-1) + \frac{1}{n}\left(1 - 2B_1(n-1) - \frac{1}{n}\right) \\
&= V(n-1) + \frac{n-1}{n^2} \\
&= \cdots \\
&= \frac{1}{4} + \frac{2}{9} + \cdots + \frac{n-1}{n^2} \sim \log n.
\end{aligned}
$$

自然，上述诸结果也可用概率方法来得到(参看 W.Feller[1]).

现在来讨论

问题 6.2.2　求 $\mathfrak{S}_n$ 中恰具 k 个轮换但无 1 轮换的置换的个数.

记这个数为 $d(n,k)$. 数列 $\left(d(n,k)\right)_{k\geqslant 0}$ 的普母函数 $d_n(t)$ 为

$$d_n(t) = C_n(0,t,\cdots,t)$$

故由(6.1.15)，得

$$
\begin{aligned}
e^{ud(t)} &= e^{t\left(\frac{u^-}{2}+\frac{u^-}{3}+\cdots\right)} \\
&= (1-u)^{-t}e^{-tu} \\
&= e^{uc(t)}e^{-tu}, \quad d^n(t) := d_n(t), \\
&\qquad\qquad c^n(t) := c_n(t),
\end{aligned}
\tag{6.2.15}
$$

因而有

$$
\begin{aligned}
d_n(t) &= \left(c(t)-t\right)^n, \quad c^n(t) := c_n(t) \\
&= \sum_{0\leqslant k\leqslant n}\binom{n}{k}c_{n-k}(t)(-t)^k
\end{aligned}
\tag{6.2.16}
$$

和

$$
\begin{aligned}
c_n(t) &= \left(d(t)+t\right)^n, \quad d^n(t) := d_n(t) \\
&= \sum_{0\leqslant k\leqslant n}\binom{n}{k}d_{n-k}(t)t^k.
\end{aligned}
\tag{6.2.17}
$$

若记

$$d_n(t) := \sum_{k\geqslant 0}d(n,k)t^k,$$

则由(6.2.16)可得通过第一类 Stirling 数来计算 $d(n,k)$ 的公式：

$$
\begin{aligned}
d(n,k) &= \sum_{0\leqslant j\leqslant k}(-1)^j\binom{n}{j}\left|s(n-j,k-j)\right| \\
&= (-1)^{n+k}\sum_{0\leqslant j\leqslant k}(-1)^j\binom{n}{j}s(n-j,k-j).
\end{aligned}
\tag{6.2.18}
$$

正由于这个原因，诸数 $d(n,k)$ 叫做第一类 Stirling 伴数.

由(6.2.17)可得

$$c(n,k) = \sum_{0\leqslant j\leqslant k}\binom{n}{j}d(n-j,k-j),\tag{6.2.19}$$

即

$$s(n,k) = (-1)^{n+k} \sum_{0 \leqslant j \leqslant k} \binom{n}{j} d(n-j, k-j), \tag{6.2.20}$$

这是关系式(6.2.18)的逆.

在 $C_n(0, t, \cdots, t)$ 中代入 $t = 1$，则得

$$D_n = C_n(0, 1, \cdots, 1) = \sum_{0 \leqslant k \leqslant n} d(n, k),$$

这是 n 阶更列数 D_n 与诸 $d(n, k)$ 之间的关系式.

下面给出第一类 Stirling 伴数的数值表，以备查用.

表 6.2.1　第一类 Stirling 伴数表

$d(n,~k)$　n ＼ k	0	1	2	3	4	5
0	1					
1	0	0				
2	0	1				
3	0	2				
4	0	6	3			
5	0	24	20			
6	0	120	130	15		
7	0	720	924	210		
8	0	5040	7308	2380	105	
9	0	40320	64224	26432	2520	
10	0	362880	623376	303660	44100	945

由(6.2.15)两节对 u 微商，得

$$\begin{aligned} d(t)e^{ud(t)} &= -te^{ud(t)} + \frac{t}{1-u}e^{ud(t)} \\ &= \frac{tu}{1-u}e^{ud(t)}, \end{aligned} \tag{6.2.21}$$

即

$$(1-u)d(t)e^{ud(t)} = tue^{ud(t)}.$$

由此得出

$$d_{n+1}(t) = nd_n(t) + ntd_{n-1}(t).\tag{6.2.22}$$

因而有 $d(n,k)$ 的递归关系：

$$d(n+1,k) = nd(n,k) + nd(n-1,k-1).\tag{6.2.23}$$

利用(6.2.23)来造表 6.2.1 时，可以采取类似于造 Stirling 数表的办法.

递归关系(6.2.23)也可以直接得出. $\mathfrak{S}_{n+1}$ 的恰具 k 个轮换但无 1 轮换的置换 π_{n+1} 中，数码 $n+1$ 可能出现在某个 2 轮换中，或者不出现在任何一个 2 轮换中. 若前一情形发生，则 π_{n+1} 为 $[1,n]$ 的 $n-1$ 个数码 $a_1, a_2, \cdots, a_{n-1}$ 所产生的 $k-1$ 个轮换 (无1轮换) 再乘一个 2 轮换得出，这个 2 轮换的一个元为 $n+1$，另一元为 $[1,n] \setminus \{a_1, a_2, \cdots, a_{n-1}\}$ 中者，记为 a_n. 因为 $a_1, a_2, \cdots, a_{n-1}$ 有 $\binom{n}{n-1} = n$ 种选取办法，故这种 π_{n+1} 的个数为 $nd(n-1, k-1)$. 若后一情形发生，则 π_{n+1} 可由 $\mathfrak{S}_n$ 的恰具 k 个轮换但无 1 轮换的置换的任一轮换因子的任一位置插入数码 $n+1$ 来得到. $\mathfrak{S}_n$ 中这种置换的个数为 $d(n,k)$，插入法为 n，故这样的 π_{n+1} 的个数为 $nd(n,k)$. 这就证明了(6.2.23).

与 $c_n(t)$ 的情况类似，由(6.2.23)可推出(6.2.22)，再由(6.2.22)推出(6.2.21)，积分(6.2.21)，利用初始值 $d_0(t) = c_0(t) = 1$，就得(6.2.15).

可以把上述结果总结为

定理 6.2.3 数 $d(n,k)$ 满足递归关系(6.2.23)，与第一类 Stirling 数有关系式 (6.2.18). 数列 $\big(d(n,k)\big)_{k \geqslant 0}$ 的普母函数 $d_n(t)$ 合(6.2.15)，因而可表为(6.2.16)，且满足递归关系(6.2.22).

下面讨论函数 $d_n(t)$ 的数论性质.

定理 6.2.4 对非负整数 m, n，有

$$d_{n+m}(t) \equiv d_n(t)d_m(t) \pmod{n}.\tag{6.2.24}$$

对素数 p 有

$$d_p(t) \equiv -t \pmod{p}.\tag{6.2.25}$$

证明 今对 m 用数学归纳法来证明(6.2.24).

由 $d_0(t) = 1$ 知(6.2.24)对 $m = 0$ 成立. 因 $d_1(t) = 0$，故由(6.2.22)知(6.2.24)对 $m = 1$ 成立. 设(6.2.24)对 $m-1$ 和 $m-2$ 成立，今往证它对 m 也成立. 由(6.2.22)

和归纳法假设, 有

$$
\begin{aligned}
d_{n+m}\left(t\right) &= \left(n+m-1\right)d_{n+m-1}\left(t\right)+\left(n+m-1\right)td_{n+m-2}\left(t\right)\\
&\equiv d_n\left(t\right)\left[\left(m-1\right)d_{m-1}\left(t\right)+\left(m-1\right)td_{m-2}\left(t\right)\right]\\
&\equiv d_n\left(t\right)d_m\left(t\right)\left(\mathrm{mod}\, n\right).
\end{aligned}
$$

这就证明了(6.2.24).

由(6.2.16), 对素数 p, 有

$$
\begin{aligned}
d_p\left(t\right) &= \sum_{0\leqslant k\leqslant n}\binom{p}{k}c_{p-k}\left(t\right)\left(-t\right)^k\\
&\equiv c_p\left(t\right)+\left(-t\right)^p\\
&\equiv t^p-t+\left(-t\right)^p\\
&\equiv -t\left(\mathrm{mod}\, p\right).
\end{aligned}
$$

这就是(6.2.25). **证毕**.

6.3 具有指定轮换长度的置换

本节考虑下述问题:

问题 6.3.1 求 $\mathfrak{S}_n$ 中恰具 k 个 r 轮换为其因子的置换的个数. 这里 $r\in[1,n]$.
用 $g\left(n;r,k\right)$ 记这个数, 其普母函数记为

$$
g_n\left(r,t\right):=\sum_{k\geqslant 0}g\left(n;r,k\right)t^k.
$$

于是, 有

$$
g_n\left(r,t\right)=C_n\left(\underbrace{1,\cdots,1}_{r},t,1,\cdots,1\right).
$$

由(6.1.15), 函数列 $\left(g_n\left(r,t\right)\right)_{n\geqslant 0}$ 的指母函数为

$$
\begin{aligned}
e^{ug(r,t)} &= e^{u+\frac{u^2}{2}+\cdots+\frac{u^{r-1}}{r-1}+t\frac{u^r}{r}+\frac{u^{r+1}}{r+1}+\cdots}\\
&= \left(1-u\right)^{-1}e^{\frac{t-1}{r}u^r},\quad g^n\left(r,t\right):=g_n\left(r,t\right),
\end{aligned}
$$

此即

$$(1-u)e^{mg(r,t)} = e^{\frac{t-1}{r}u^r}, g^n(r,t) := g_n(r,t). \tag{6.3.1}$$

比较两节 $\dfrac{u^n}{n!}$ 的系数，得

$$g_n(r,t) - ng_{n-1}(r,t) = \begin{cases} \left(\dfrac{t-1}{r}\right)^{\frac{n}{r}} \dfrac{n!}{\left(\dfrac{n}{r}\right)!}, & \text{若 } r \mid n, \\ 0, & \text{若 } r \nmid n. \end{cases} \tag{6.3.2}$$

为了更好地利用(6.3.2)，今定义 $\overline{g}_s(r,t)$ 如下式中者：

$$g_{sr}(r,t) = \frac{(sr)!}{r^s s!}\overline{g}_s(r,t). \tag{6.3.3}$$

在(6.3.2)中代入 $n = rs - 1$，并重复应用 $r-1$ 次，便得

$$\begin{aligned} g_{sr-1}(r,t) &= (sr-1)g_{sr-2}(r,t) \\ &= (sr-1)(sr-2)g_{sr-3}(r,t) \\ &= \cdots \\ &= (sr-1)_{r-1}\, g_{(s-1)r}(r,t). \end{aligned} \tag{6.3.4}$$

把(6.3.4)代入(6.3.2)，化简得

$$\overline{g}_s(r,t) = sr\overline{g}_{s-1}(r,t) + (t-1)^s. \tag{6.3.5}$$

由于 $g_0(r,t) = C_0 = 1$，故由(6.3.5)和数学归纳法得

$$\begin{aligned} \overline{g}_s(r,t) &= \sum_{0 \leqslant j \leqslant s} \binom{s}{j} r^j j! (t-1)^{s-j} \\ &= (\gamma(r)+t-1)^s, \gamma^j(r) := \gamma_j(r) := \gamma^j j!, \end{aligned} \tag{6.3.6}$$

或写为

$$\begin{aligned} \overline{g}_s(r,t) &= ((\gamma(r)-1)+t)^s \\ &= (\overline{g}(r,0)+t)^s, \overline{g}^j(r,0) := \overline{g}_j(r,0). \end{aligned} \tag{6.3.7}$$

若 $n = sr + w, 0 < w < r$，则(6.3.2)给出

$$
\begin{aligned}
g_n\left(r,t\right) &= n g_{n-1}\left(r,t\right) \\
&= n\left(n-1\right) g_{n-2}\left(r,t\right) \\
&= \cdots \\
&= \left(n\right)_w g_{n-w}\left(r,t\right) \\
&= \left(n\right)_w g_{sr}\left(r,t\right) \\
&= \sum_{0\leqslant j\leqslant s} \frac{\left(n\right)_w \left(sr\right)!}{r^s s!}\binom{s}{j} r^j j!\left(t-1\right)^{s-j} \\
&= \sum_{0\leqslant j\leqslant s} \frac{n!}{r^{s-j}\left(s-j\right)!}\left(t-1\right)^{s-j},
\end{aligned}
$$

此即

$$
g_n\left(r,t\right) = \sum_{0\leqslant j\leqslant s} \frac{n!}{r^j j!}\left(t-1\right)^j,\quad s=\left[\frac{n}{r}\right]. \tag{6.3.8}
$$

由此可得

定理 6.3.1 数列 $\left(g\left(n;r,k\right)\right)_{k\geqslant 0}$ 的普母函数由(6.3.8)给出，从而

$$
g\left(n;r,k\right)=\begin{cases} \dfrac{n!}{k!}\displaystyle\sum_{k\leqslant j\leqslant s}\left(-1\right)^{j-k}\dfrac{1}{\left(j-k\right)!r^j}, & \text{若}\quad 0\leqslant k\leqslant s, \\[2mm] 0, & \text{若}\quad k<0 \text{ 或 } k>s. \end{cases} \tag{6.3.9}
$$

这里 $s=\left[\dfrac{n}{r}\right]$。

证明 由(6.3.8)得

$$
\begin{aligned}
g_n\left(r,t\right) &= \sum_{0\leqslant j\leqslant s}\frac{n!}{r^j j!}\sum_{0\leqslant k\leqslant j}\binom{j}{k}t^k\left(-1\right)^{j-k} \\
&= \sum_{0\leqslant k\leqslant s}t^k\sum_{k\leqslant j\leqslant s}\left(-1\right)^{j-k}\frac{n!}{r^j j!}\binom{j}{k},
\end{aligned}
$$

比较两节 t^k 的系数即得(6.3.9). **证毕**.

由递归公式(6.3.5)还可得出另一个递归公式. 根据(6.3.5)，有

$$
\left(t-1\right)^{s-1}=\overline{g}_{s-1}\left(r,t\right)-\left(s-1\right)rg_{s-2}\left(r,t\right),
$$

将此式代入(6.3.5)，得

$$
\begin{aligned}
\overline{g}_s\left(r,t\right) &= sr\overline{g}_{s-1}\left(r,t\right)+\left(t-1\right)\left[\overline{g}_{s-1}\left(r,t\right)-\left(s-1\right)r\overline{g}_{s-2}\left(r,t\right)\right] \\
&= \left(sr-1+t\right)\overline{g}_{s-1}\left(r,t\right)+\left(1-t\right)\left(s-1\right)r\overline{g}_{s-2}\left(r,t\right).
\end{aligned} \tag{6.3.10}
$$

由(6.3.5)两节同乘以 $\dfrac{u^s}{s!}$，然后对 $s \geqslant 1$ 求和，注意到

$$\overline{g}_0(r,t) = (t-1)^0 = 1,$$

便得

$$e^{u\overline{g}(r,t)} = rue^{u\overline{g}(r,t)} + e^{u(t-1)}, \overline{g}^n(r,t) := \overline{g}_n(r,t). \tag{6.3.11}$$

(6.3.11)可改写为

$$e^{u[g(r,t)+1-t]} = rue^{u[\overline{g}(r,t)+1-t]} + 1. \tag{6.3.12}$$

迭代(6.3.12)，得

$$\begin{aligned} e^{u[\overline{g}(r,t)+1-t]} &= 1 + ru + (ru)^2 + \cdots \\ &= \frac{1}{1-ru}. \end{aligned} \tag{6.3.13}$$

比较(6.3.13)两节 u^n 的系数，便得(6.3.6)的逆关系:

$$\left[\overline{g}(r,t)+1-t\right]^n = r^n n! = \gamma_n(r). \tag{6.3.14}$$

自然，(6.3.14)也可直接从(6.3.6)推出，(6.3.6)也可直接从(6.3.14)推出.

在(6.3.14)中代 $n = p$ (素数)，并展开左节，便得

$$\overline{g}_p(r,t)+1-t^p \equiv 0 \pmod{p}, \tag{6.3.15}$$

还可对 k 用数学归纳法证明

$$\overline{g}_{p+k}(r,t)+(1-t)^p \overline{g}_k(r,t) \equiv 0 \pmod{p}. \tag{6.3.16}$$

(6.3.15)就是 $k = 0$ 的情形，由(6.3.6)，有

$$\overline{g}_1(r,\ t) = t+r-1,$$

再由(6.3.5)，得

$$\begin{aligned} \overline{g}_{p+1}(r,t) &= (p+1)r\overline{g}_p(r,t)+(t-1)^{p+1} \\ &\equiv r(t^p-1)+(t^p-1)(t-1) \\ &\equiv (t^p-1)(t+r-1) \\ &\equiv \overline{g}_1(r,t)(t+r-1) \pmod{p}. \end{aligned}$$

这就是说(6.3.15)对 $k=1$ 也成立. 在此基础上, 用递归关系(6.3.10)和归纳法假设, 可得

$$\begin{aligned}
\overline{g}_{p+k}(r,t) &= \big((p+k)r-1+t\big)\overline{g}_{p+k-1}(r,t)+(1-t)(k-1)r\overline{g}_{p+k-2}(r,t) \\
&\equiv (kr-1+t)\big(t^p-1\big)\overline{g}_{k-1}(r,t)+(1-t)(k-1)r\big(t^p-1\big)\overline{g}_{k-2}(r,t) \\
&\equiv \big(t^p-1\big)\overline{g}_k(r,t)(\mathrm{mod}\,p).
\end{aligned}$$

这就证明了(6.3.16)对任意非负整数 k 成立.

迭代(6.3.16), 得

$$\begin{aligned}
\overline{g}_{lp+k}(r,t) &\equiv \overline{g}_{p+((l-1)p+k)}(r,t) \\
&\equiv \big(t^p-1\big)\overline{g}_{(l-1)p+k}(r,t) \\
&\equiv \cdots \\
&\equiv \big(t^p-1\big)^l \overline{g}_k(r,t)(\mathrm{mod}\,p).
\end{aligned} \tag{6.3.17}$$

在同余式(6.3.17)中代 $t=0$, 便得

$$\overline{g}_{lp+k}(r,0) \equiv (-1)^l \overline{g}_k(r,0)(\mathrm{mod}\,p);$$

代 $t=1$ 便得

$$\overline{g}_{lp+k}(r,1) \equiv 0(\mathrm{mod}\,p).$$

上述结果可总结为

定理 6.3.2 函数 $\overline{g}_n(r,t)$ 满足同余式:

$$\overline{g}_n(r,t) \equiv \overline{g}_k(r,t)\big(t^p-1\big)^l(\mathrm{mod}\,p),$$

这里

$$l \geqslant 0, \quad k \geqslant 0, \quad n=k+lp.$$

6.4 有关奇、偶置换的一些计数问题

上面的各种计数问题是就 $\mathfrak{S}_n$ 中的全体置换来进行的. 如果单在全体偶置换, 即所谓交错群 $\mathfrak{A}_n$ 中进行计数, 或单在全体奇置换 $\mathfrak{S}_n \setminus \mathfrak{A}_n$ 中进行计数, 情况将发生怎样的变化呢? 现在就来讨论这一问题.

因为一个 r 轮换是偶置换的充要条件是 $2 \nmid r$, 亦即一个 r 轮换是奇置换的

充要条件是 $2 \nmid r$，所以，对有分解式(6.1.1)的置换 π，它是偶置换的充要条件是诸轮换 c_t 中，奇轮换——长度是偶数的轮换——恰有偶数个；π 是奇置换的充要条件是诸 c_t 中，奇轮换恰有奇数个. 如果定义 $\mathfrak{U}_n$ 的轮换示式为

$\dfrac{1}{|\mathfrak{U}_n|} C_n^{(e)}\ (t_1, t_2, \cdots, t_n)$，这里

$$C_n^{(e)}(t_1, t_2, \cdots, t_n) := \sum_{k_1 + 2k_2 + \cdots + nk_n = n} \left| \mathfrak{S}_{k_1, \cdots, k_n}^{(e)} \right| t_1^{k_1} \cdots t_n^{k_n},$$

而

$$\mathfrak{S}_{k_1, k_2, \cdots, k_n}^{(e)} = \mathfrak{S}_{k_1, k_2, \cdots, k_n} \cap \mathfrak{U}_n,$$

则有

$$C_n^{(e)}(t_1, \cdots, t_n) = \frac{1}{2}\Big(C_n(t_1, t_2, \cdots, t_n) + C_n(t_1, -t_2, \cdots, (-1)^{n-1} t_n) \Big). \qquad (6.4.1)$$

这是因为

$$C_n(t_1, \cdots, t_n) + C_n\left(t_1, \cdots, (-1)^{i-1} t_i, \cdots, (-1)^{n-1} t_n\right)$$

$$= \sum_{k_1 + 2k_2 + \cdots + nk_n = n} \frac{n!}{1^{k_1} k_1! \cdots n^{k_n} k_n!} \left(1 + (-1)^{k_2 + k_4 + \cdots}\right) t_1^{k_1} \cdots t_n^{k_n}$$

$$= 2 \sum_{\substack{k_1 + k_2 + \cdots + nk_n = n \\ 2 | k_2 + k_4 + \cdots}} \frac{n!}{1^{k_1} k_1! \cdots n^{k_n} k_n!} t_1^{k_1} \cdots t_n^{k_n}$$

$$= 2 \sum_{k_1 + 2k_2 + \cdots + nk_n = n} \left| \mathfrak{S}_{k_1, \cdots, k_n}^{(e)} \right| t_1^{k_1} \cdots t_n^{k_n}.$$

类似地，可定义集 $\mathfrak{S}_n \setminus \mathfrak{U}_n$ 的轮换示式为 $\dfrac{1}{|\mathfrak{S}_n \setminus \mathfrak{U}_n|} C_n^{(0)}(t_1, \cdots, t_n)$，这里

$$C_n^{(0)}(t_1, \cdots, t_n) = \sum_{k_1 + 2k_2 + \cdots + nk_n = n} \left| \mathfrak{S}_{k_1, k_2, \cdots, k_n}^{(0)} \right| t_1^{k_1} \cdots t_n^{k_n},$$

而

$$\mathfrak{S}_{k_1, k_2, \cdots, k_n}^{(0)} = \mathfrak{S}_{k_1, \cdots, k_n} \cap (\mathfrak{S}_n \setminus \mathfrak{U}_n),$$

则有

$$C_n^{(0)}(t_1, \cdots, t_n) = \frac{1}{2}\Big(C_n(t_1, \cdots, t_n) - C_n(t_1, -t_2, \cdots, (-1)^{n-1} t_n) \Big). \qquad (6.4.2)$$

根据(6.5.1)和(6.5.2)，立刻得出它们的前几个为：

$$C_1^{(e)} = t, \quad C_2^{(e)} = t_1^2, \quad C_3^{(e)} = t_1^3 + 2t_3, \quad C_4^{(e)} = t_1^4 + 3t_2^2 + 8t_1 t_3,$$

$$C_1^{(0)} = 0, \quad C_2^{(0)} = t_2, \quad C_3^{(0)} = 3t_1 t_2, \quad C_4^{(0)} = 6t_1^2 t_2 + 6t_4.$$

上述结果就是

定理 6.4.1 $C_n^{(e)}(t_1, \cdots, t_n)$ 由(6.4.1)给出，$C_n^{(0)}(t_1, \cdots, t_n)$ 由(6.4.2)给出.

与 $c(n, k)$ 相类似地，定义 $c^{(e)}(n, k)$ 为 $\mathfrak{U}_n$ 中恰具 k 个轮换的全部置换的个数，$c^{(0)}(n, k)$ 为 $\mathfrak{S}_n \setminus \mathfrak{U}_n$ 中恰具 k 个轮换的全部置换的个数，$C_n^{(e)}(t)$，$C_n^{(0)}(t)$ 分别为它们的普母函数. 于是有

$$C_n^{(e)}(t) = C_n^{(e)}(t, \cdots, t),$$
$$C_n^{(0)}(t) = C_n^{(0)}(t, \cdots, t).$$

再由定理 6.4.1，得

$$
\begin{aligned}
e^{uc^{(e)}(t)} &= \frac{1}{2} \sum \frac{u^n}{n!} \Big(C_n(t, \cdots, t) + C_n\big(t, -t, \cdots, (-1)^{n-1} t\big) \Big) \\
&= \frac{1}{2} \left[(1-u)^{-t} + e^{t\left(u - \frac{u^2}{2} + \frac{u^3}{3} - \cdots\right)} \right] \\
&= \frac{1}{2} \left[(1-u)^{-t} + (1+u)^t \right], \left(C^{(e)}(t) \right)^n := C_n^{(e)}(t).
\end{aligned}
\tag{6.4.3}
$$

类似地，有

$$
e^{uc^{(0)}(t)} = \frac{1}{2} \left[(1-u)^{-t} - (1+u)^t \right],
$$
$$
\left(C^{(0)}(t) \right)^n := C_n^{(0)}(t),
\tag{6.4.4}
$$

由此可得

$$C_n^{(e)}(t) = \frac{1}{2} \big[t(t+1) \cdots (t+n-1) + t(t-1) \cdots (t-n+1) \big], \tag{6.4.5}$$

$$C_n^{(0)}(t) = \frac{1}{2} \big[t(t+1) \cdots (t+n-1) - t(t-1) \cdots (t-n+1) \big]. \tag{6.4.6}$$

因此有

$$C^{(e)}(n,k) = \frac{1}{2}\Big[|s(n,k)| + s(n,k)\Big]$$

$$= \frac{1}{2}s(n,k)\Big(1+(-1)^{n+k}\Big)$$

$$= \begin{cases} s(n,k) = |s(n,k)| = c(n,k), & \text{若} 2\,|\,n+k, \\ 0, & \text{若} 2\nmid n+k, \end{cases} \tag{6.4.7}$$

和

$$C^{(0)}(n,k) = \begin{cases} -s(n,k) = |s(n,k)| = c(n,k), & \text{若} 2\nmid n+k, \\ 0, & \text{若} 2\,|\,n+k. \end{cases} \tag{6.4.8}$$

(6.4.7)和(6.4.8)是意料中的结果. 因为可以由直接考虑它们与 $c(n,k)$ 的关系来得出. 事实上, 如果 π 是一个 $1^{k_1}2^{k_2}\cdots n^{k_n-}$ 置换, 且恰具 k 个轮换, 则

$$k_1 + 2k_2 + \cdots + nk_n = n,$$
$$k_1 + k_2 + \cdots + k_n = k,$$

因而

$$k_2 + k_4 + \cdots \equiv n + k \,(\text{mod}\, 2).$$

这就是说, $n+k$ 为偶数的充要条件是 π 为偶置换, 亦即 $n+k$ 为奇数的充要条件是 π 为奇置换. 因此, $\mathfrak{S}_n$ 中的 $c(n,k)$ 个恰具 k 个轮换的置换, 当 $2\,|\,n+k$ 时就全部落入 $\mathfrak{U}_n$ 中, 当 $2\nmid n+k$ 时就全部落入 $\mathfrak{S}_n \setminus \mathfrak{U}_n$ 中. 这就给出了(6.4.7)和(6.4.8)又一个证明.

由(6.4.5), 有

$$C_{n+1}^{(e)}(t) = \frac{1}{2}\Big[t(t+1)\cdots(t+n) + t(t-1)\cdots(t-n)\Big]$$

$$= \frac{1}{2}\Big[t\big(t(t+1)\cdots(t+n-1) + t(t-1)\cdots(t-n+1)\big)$$
$$+ n\big(t(t+1)\cdots(t+n-1) - t(t-1)\cdots(t-n+1)\big)\Big]$$

$$= tC_n^{(e)}(t) + nC_n^{(0)}(t). \tag{6.4.9}$$

类似地, 由(6.4.6)有

$$C_{n+1}^{(0)}(t) = nC_n^{(e)}(t) + tC_n^{(0)}(t). \tag{6.4.10}$$

在(6.4.9)和(6.4.10)的任一个中互换 "0" 和 "e" 的位置, 则得到另一个. 因此可以猜想两个函数可能满足同一递归关系. 这将为下面的推导所证实.

改写(6.4.9)和(6.4.10)为

$$nC_n^{(0)}(t) = C_{n+1}^{(e)}(t) - tC_n^{(e)}(t), \tag{6.4.11}$$

$$nC_n^{(e)}(t) = C_{n+1}^{(0)}(t) - tC_n^{(0)}(t). \tag{6.4.12}$$

把(6.4.12)及其换 n 为 $n+1$ 后的式子代入(6.4.11), 则得

$$nC_{n+2}^{(0)}(t) - (2n+1)tC_{n+1}^{(0)}(t) + (n+1)(t^2 - n^2)C_n^{(0)}(t) = 0.$$

这就是说, $C_n^{(0)}(t)$ 满足递归关系

$$nx_{n+2} - (2n+1)tx_{n+1} + (n+1)(t^2 - n^2)x_n = 0. \tag{6.4.13}$$

类似地可以证明 $C_n^{(e)}(t)$ 也满足(6.4.13).

由(6.4.3)两节对 u 微商, 得

$$
\begin{aligned}
c^{(e)}(t)e^{uc^{(e)}(t)} &= \frac{t}{2}\Big[(1-u)^{-t-1} + (1+u)^{t-1}\Big] \\
&= \frac{1}{2} \cdot \frac{t}{(1-u^2)}\Big[(1-u)^{-t} + (1+u)^t + u\big((1-u)^{-t} - (1+u)^t\big)\Big] \\
&= \frac{t}{1-u^2}\Big(e^{uc^{(e)}(t)} + ue^{uc^{(0)}(t)}\Big),
\end{aligned}
$$

因而有

$$(1-u^2)c^{(e)}(t)e^{uc^{(e)}(t)} = te^{uc^{(e)}(t)} + tue^{uc^{(0)}(t)}, \tag{6.4.14}$$

类似地, 有

$$(1-u^2)c^{(0)}(t)e^{uc^{(0)}(t)} = tue^{uc^{(e)}(t)} + te^{uc^{(0)}(t)}. \tag{6.4.15}$$

在(6.4.14)和(6.4.15)中分别消去 $e^{uc^{(e)}(t)}$ 和 $e^{uc^{(0)}(t)}$, 得

$$te^{uc^{(e)}(t)} = c^{(e)}(t)e^{uc^{(e)}(t)} - uc^{(0)}(t)e^{uc^{(0)}(t)}, \tag{6.4.16}$$

$$te^{uc^{(0)}(t)} = -uc^{(e)}(t)e^{uc^{(e)}(t)} + c^{(0)}(t)e^{uc^{(0)}(t)}. \tag{6.4.17}$$

比较 $\dfrac{u^n}{n!}$ 的系数也导出(6.4.9)和(6.4.10).

可以类似地从 $d(n,k)$ 出发来定义 $d^{(e)}(n,k)$ 和 $d^{(0)}(n,k)$, 从 $d_n(t)$ 出发来定义 $d_n^{(e)}(t)$ 和 $d_n^{(0)}(t)$, 于是, 由定理 6.4.1, 可得

$$d_n^{(e)}(t) = \frac{1}{2}\Big[C_n\left(0, t, \cdots, t\right) + C_n\left(0, -t, \cdots, (-1)^{n-1}t\right)\Big], \tag{6.4.18}$$

$$d_n^{(0)}(t) = \frac{1}{2}\Big[C_n\left(0, t, \cdots, t\right) - C_n\left(0, -t, \cdots, (-1)^{n-1}t\right)\Big]. \tag{6.4.19}$$

再由 (6.1.15)，有

$$
\begin{aligned}
e^{ud^{(e)}(t)} &= \frac{1}{2} \sum_{n \geqslant 0} \frac{u^n}{n!}\Big(C_n(0, t, \cdots, t) + C_n(0, -t, \cdots, (-1)^{n-1}t_n) \Big) \\
&= \frac{1}{2}\Big[(1-u)^{-t} + (1+u)^t \Big] e^{-tu} \\
&= e^{uc^{(e)}(t)} e^{-tu}, \quad \left(d^{(e)}(t)\right)^n := d_n^{(e)}(t), \\
&\qquad\qquad\qquad \left(c^{(e)}(t)\right)^n := c_n^{(e)}(t).
\end{aligned}
\tag{6.4.20}
$$

故可通过诸 $c_i^{(e)}(t)$ 来表出 $d_n^{(e)}(t)$：

$$
\begin{aligned}
d_n^{(e)}(t) &= \Big[c^{(e)}(t) - t \Big]^n, \quad \left(c^{(e)}(t)\right)^n := c_n^{(e)}(t) \\
&= \sum_{0 \leqslant j \leqslant n} (-1)^j \binom{n}{j} t^j c_{n-j}^{(e)}(t).
\end{aligned}
\tag{6.4.21}
$$

或通过诸 $d_i^{(e)}(t)$ 来表出 $c_n^{(e)}(t)$：

$$
\begin{aligned}
c_n^{(e)}(t) &= \Big[d^{(e)}(t) + t \Big]^n, \quad \left(d^{(e)}(t)\right)^n := d_n^{(e)}(t) \\
&= \sum_{0 \leqslant j \leqslant n} (-1)^j \binom{n}{j} t^j d_{n-j}^{(e)}(t).
\end{aligned}
\tag{6.4.22}
$$

(6.4.21) 的系数关系为

$$
d^{(e)}(n, k) = \begin{cases} \displaystyle\sum_{0 \leqslant j \leqslant k} (-1)^j \binom{n}{j} \big| s(n-j, k-j) \big|, & \text{若 } 2 | n+k, \\ 0, & \text{若 } 2 \nmid n+k. \end{cases}
\tag{6.4.23}
$$

完全类似地，对 $\mathfrak{S}_n \setminus \mathfrak{U}_n$ 的情形，有

$$
\begin{aligned}
e^{ud^{(0)}(t)} &= \frac{1}{2}\Big[(1-u)^{-t} - (1+u)^t \Big] e^{-tu} \\
&= e^{ud^{(0)}(t)} e^{-tu}, \quad \left(d^{(0)}(t)\right)^n := d_n^{(0)}(t), \\
&\qquad\qquad\qquad \left(c^{(0)}(t)\right)^n := c_n^{(0)}(t).
\end{aligned}
\tag{6.4.24}
$$

$$d_n^{(0)}(t) = \left[c^{(0)}(t) - t\right]^n, \left(c^{(0)}(t)\right)^n : = c_n^{(0)}(t),$$

$$= \sum_{0 \leqslant j \leqslant n} (-1)^j \binom{n}{j} t^j c_{n-j}^{(0)}, \tag{6.4.25}$$

$$d^{(0)}(n,k) = \begin{cases} \displaystyle\sum_{0 \leqslant j \leqslant k} (-1)^j \binom{n}{j} \left| s(n-j, k-j) \right|, & \text{若 } 2 \mid n+k, \\ 0, & \text{若 } 2 \nmid n+k. \end{cases} \tag{6.4.26}$$

第七章 分　　配

所谓分配问题，粗略的说，就是把一些球放入一些盒中的放法问题. 这是古典组合论的重要课题之一. 它与古典概率论有着极密切的关系，又是第一章所介绍的排列组合问题的一种自然拓广.

这里首先建立起分配问题与通常的排列组合问题的联系，而且依据球、箱是否可辨以及箱是否为内有序的来把问题分为六个主要的类别(7.1)，然后逐一地解决这些类型的分配问题(7.2~7.6).

7.1　概　　论

记已给 n 个球，m 个盒. 今考虑把这 n 个球放入这 m 个盒中的放法问题. 很自然地会产生以下的区分: 球是可辨的或不可辨的或具一般的规格，盒是可辨的或不可辨的，其容量有限制或无限制，盒是内无序的或内有序的等等. 这里，"盒是内无序的"一语，意指盒内的球的放置与这些球的顺序无关，也就是说，仅只顺序不同的放置被认为是同一放法. 类似地理解"盒是内有序的"一语. 上述各种情形组合起来就产生了多种多样的分配问题，主要类型有:

I 型: 球是可辨的，盒是可辨的且是内无序的;

II 型: 球是不可辨的，盒是可辨的且是内无序的;

III 型: 球是一般规格的，盒是可辨的且是内无序的;

IV 型: 球是一般规格的，盒是可辨的且是内有序的;

V 型: 球是可辨的，盒是不可辨的;

VI 型: 球是不可辨的，盒是不可辨的.

当然，球的一般规格包括可辨或不可辨作为其特款，因而从本质上说，III 型分配问题已包括了 I、II 两型在内. 但是，由于一般情形 III 的求解要借助于特殊情形 I、II 的解的已知结果，所以仍将它们列出，而且介绍的顺序也是先特殊而后一般.

在分配问题中，主要关心的不是具体的分配方法本身，而是分配方法的总个数. 因经常提到它，故简称为分配数，I 型分配数，II 型分配数，…. 又，分配数的数列简称为分配数列. 把 n 个球对 m 个盒的 Z 型分配数记为 $d_n^{(Z)}(m, A)$，分配数列 $(d_n^{(Z)}(m, A))_{n \geqslant 0}$ 的指母函数记为 $e^{d^{(Z)}(m, A)t}$，普母函数记为 $d^{(Z)}(t; m, A)$，这里

Z 代罗马数字 I，II，…，VI，而 A 表示对盒容量的限制条件.

有时把可辨的球叫做不同的球，不可辨的球叫做相同的球. 这种称呼对盒也适用. 所谓球的规格是 $1^{k_1}2^{k_2}\cdots n^{k_n}$，正如 1.3 中所界定的，指的是，若把这 n 个球中的相同者归为一类，则有 k_1 个一元类，k_2 个二元类，…，k_n 个 n 元类.

把一个球 a 分配在一个盒 A 中，有时又说球 a 占据了盒 A，或说盒 A 被球 a 占了位. 不同的说法用于不同的场合会带来一些方便.

某些分配问题和第一章中介绍的排列组合问题本质上是同一问题，只不过换了一种叙述的语言而已. 另一些问题则是后者的一种推广. 现在来看看前一种情形.

对 I 型分配问题，可设不同的 m 个盒为 $c_1,c_2,\cdots,c_m$，不同的 n 个球为 $b_1,b_2,\cdots,b_n$. 如果建立下面的对应：

$$\text{球 } b_i \text{ 占据盒 } c_j \Leftrightarrow \text{数码 } j \text{ 在第 } i \text{ 个位置}, \tag{7.1.1}$$

则这 n 个球对盒 $c_1,\cdots,c_m$ 的一个分配法，就对应于集 $[1,m]$ 的一个 n 可重排列：

$$\text{排列 } \begin{array}{c} j_1 j_2 \cdots j_n \\ (j_i \in [1,m]) \end{array} \Leftrightarrow \begin{cases} \text{球 } b_1 \text{ 放入盒 } c_{j_1}, \\ \text{球 } b_2 \text{ 放入盒 } c_{j_2}, \\ \cdots\cdots \\ \text{球 } b_n \text{ 放入盒 } c_{j_n}, \end{cases} \tag{7.1.2}$$

因为一个球不能同时放入二个盒，这与排列中一个位不能同时容许两个数相一致，故对应(7.1.1)是合理的，易知，对应(7.1.2)是 $(1-1)$ 的. 这样一来，I 型分配问题就是集 $[1,m]$ 的 n 可重排列问题. 如果对诸盒的容量不加限制，则(7.1.2)左节的排列是任意的可重排列. 如果对诸盒的容量有一定的限制，则(7.1.2)左节的排列就是带有一定限制的可重排列. 例如，如果限制盒 c_1 的容量只能由若干非负整数所组成的集 A_1 中的数充任，那么，(7.1.2)中的排列 $j_1,j_2\cdots j_n$ 中，1 的重复次数 $\in A_1$.

对 II 型分配问题，如果建立下面的对应：

$$\text{恰有 } k_j \text{ 个球占据 } c_j \Leftrightarrow \text{数码 } j \text{ 被选中 } k_j \text{ 次}, \tag{7.1.3}$$

则这 n 个球对盒 $c_1,c_2,\cdots,c_m$ 的一个分配法，就对应于集 $[1,m]$ 的一个 n 可重组合：
组合

$$\underbrace{\{1,\cdots,1,}_{k_1\text{个}}\cdots,\underbrace{i,\cdots,i,}_{k_i\text{个}}\cdots,\underbrace{n,\cdots,n\}}_{k_n\text{个}} \Leftrightarrow \begin{cases} \text{恰有 } k_1 \text{ 个球占据盒 } c_1, \\ \cdots\cdots \\ \text{恰有 } k_i \text{ 个球占据盒 } c_i, \\ \cdots\cdots \\ \text{恰有 } k_n \text{ 个球占据盒 } c_n, \end{cases} \tag{7.1.4}$$

这里，诸 k_i 合

$$\sum_{1\leqslant i\leqslant n} k_i = n, \ k_i \geqslant 0 \ (1 \leqslant i \leqslant n).$$

因为 n 个球都是相同的，所以盒 c_j 被占位的情形与哪些个具体的球无关，只与球的个数有关. 因而对应(7.1.3)的右节只记次数是合理的，故(7.1.4)的左节就与诸 j 的相互位置无关，只与 j 的出现次数有关，所以是一个 n 可重组合. 易知,对应(7.1.4)是(1-1)的. 这样一来，II 型分配问题就是集 $[1, m]$ 的 n 可重组合问题. 如果对诸盒的容量不加限制，则(7.1.4)的左节的组合是任意的可重组合. 如果对诸盒的容量有一定的限制，则(7.1.4)的左节的组合就是带有一定限制的组合. 例如，如果限制盒 c_1 的容量只能是集 A_1 中的数，那么，(7.1.4)的组合 $j_1, j_2, \cdots, j_n$ 中，数码 1 的重复次数 $\in A_1$.

其他类型的分配问题就不能简单地归结为第一章出现过的排列组合问题了，而要复杂得多. 这在 7.3 及其以后诸节中皆可看到.

7.2 I型分配问题

由前节所建立的对应关系，I 型分配问题由第一章的结果就可得到原则上的解决. 下面就把那里的主要结果用分配问题的语言重新叙述出来，并就一些重要的具体情形给出完全的解答. 因为有前几章，特别是第二张作为准备，这里的处理比第一章开展得多，结果也丰富得多.

如果没有特别指明球数和盒数，就分别认为是 m 和 n.

定理 7.2.1 对 I 型分配问题，如果限制盒 c_i 的容量取自由某些非负整数所组成的集 $A_i (1 \leqslant i \leqslant m)$，则分配数列 $d_n^{(\mathrm{I})}\big(m, (A_1, \cdots, A_m)\big)_{n\geqslant 0}$ 的指母函数是

$$e^{d(\mathrm{I})(m,(A_1,\cdots,A_m))^t} = \prod_{1\leqslant i\leqslant m} \sum_{l_i \in A_i} \frac{t^{l_i}}{l_i!}, \tag{7.2.1}$$
$$\big(d^{(\mathrm{I})}\big(m, (A_1, \cdots, A_m)\big)\big)^n := d_n^{(\mathrm{I})}\big(m, (A_1, \cdots, A_m)\big).$$

这是定理 1.5.1 的转述.

由定理 7.2.1 可以推演出许多重要的特殊情形的完全解答,这是因为对这些情形能很成功地处理母函数(7.2.1)之故. 然而,一般情形却是很难处理的.

系 1　如果对诸盒 c_i 的容量没有限制,即 $A_1 = A_2 = \cdots = A_m = \mathbb{N}°$,则分配数列 $\left(d_n^{(\mathrm{I})}\left(m, \mathbb{N}° \right) \right)_{n \geqslant 0}$ 的指母函数是

$$e^{d^{(\mathrm{I})}\left(m, \mathbb{N}° \right) t} = e^{mt}, \left(d^{(\mathrm{I})}\left(m, \mathbb{N}° \right) \right)^n := d_n^{(\mathrm{I})}\left(m, \mathbb{N}° \right),$$

因而有

$$d_n^{(\mathrm{I})}\left(m, \mathbb{N}° \right) = m^n. \tag{7.2.2}$$

这可由(1.2.3),也可由(7.2.1)推出.

系 2　如果限制诸盒非空,即 $A_1 = \cdots = A_m = \mathbb{N}$,则分配数为

$$d_n^{(\mathrm{I})}\left(m, \mathbb{N} \right) = \Delta^m 0^n = m! S\left(n, m \right), \tag{7.2.3}$$

这里 $S(n,m)$ 是第二类 Stirling 数.

这是定理 1.5.2 的转述,也可用(7.2.1)重复定理 1.5.2 的证明过程来得出. 还可以另证如下: 因为

$$d_n^{(\mathrm{I})}\left(m, \mathbb{N}° \right) = \sum_{0 \leqslant k \leqslant m} \binom{m}{k} d_n^{(\mathrm{I})}\left(m - k, \mathbb{N} \right),$$

即

$$\left(d_n^{(\mathrm{I})}\left(, \mathbb{N} \right) + 1 \right)^m = m^n = E^m 0^n,$$

$$\left(d_n^{(\mathrm{I})}\left(, \mathbb{N} \right) \right)^k := d_n^{(\mathrm{I})}\left(k, \mathbb{N} \right),$$

故此关系之逆也真:

$$d_n^{(\mathrm{I})}\left(m, \mathbb{N} \right) = \left(E - 1 \right)^m 0^n = \Delta^m 0^n.$$

系 3　如果要求分配符合条件: 恰有 p 个盒非空,则分配数是

$$\left(m \right)_p S\left(n, p \right). \tag{7.2.4}$$

证明　由(7.2.1),此时的指母函数是

$$\binom{m}{p} \left(e^t - 1 \right)^p = \left(m \right)_p \sum_{n \geqslant 0} S\left(n, p \right) \frac{t^n}{n!},$$

故有(7.2.4)

(7.2.4)还可推证如下: 在 m 个盒中选出 p 个的选法数是 $\binom{m}{p}$, 对每一组选定的 p 个盒, 使其非空的分配数是 $p!\,S(n,p)$, 因而系中的分配数是

$$\binom{m}{p} p!\,S(n,p) = (m)_p\, S(n,p).$$

证毕.

系 4 如果限制盒 c_i 的容量为 $n_i\,(1\leqslant i\leqslant m)$, $n_1+\cdots+n_m=n$, 则分配数是

$$\frac{n!}{n_1!\cdots n_m!}. \tag{7.2.5}$$

证明 此时(7.2.1)化为

$$\prod_{1\leqslant i\leqslant m}\frac{t^{n_i}}{n_i!} = \frac{n!}{n_1!\cdots n_m!}\frac{t^n}{n!},$$

故有(7.2.5). **证毕.**

系 5 如果对盒容量的限制条件是 $A_1=\cdots=A_m=[0,s]$, 则分配数列 $\left(d_n^{(\mathrm{I})}\left(m,[0,s]\right)\right)_{n\geqslant 0}$ 的指母函数是

$$e^{d^{(\mathrm{I})}(m,[0,s])t} = \left(\sum_{0\leqslant i\leqslant s}\frac{t^i}{i!}\right)^m, \left(d^{(\mathrm{I})}\left(m,[0,s]\right)\right)^n = d_n^{(\mathrm{I})}\left(m,[0,s]\right), \tag{7.2.6}$$

因而有递归关系

$$d_n^{(\mathrm{I})}\left(m,[0,s]\right) = \sum_{0\leqslant i\leqslant s}\binom{n}{i}d_{n-i}^{(\mathrm{I})}\left(m-1,[0,s]\right), \tag{7.2.7}$$

$$d_{n+1}^{(\mathrm{I})}\left(m,[0,s]\right) = md_n^{(\mathrm{I})}\left(m,[0,s]\right) - m\binom{n}{s}d_{n-s}^{(\mathrm{I})}\left(m-1,[0,s]\right). \tag{7.2.8}$$

特别地, 当 $s>1$ 时, 有

$$d_n^{(\mathrm{I})}\left(m,[0,s]\right) = m^n\ (n\leqslant s)\,, \tag{7.2.9}$$

$$d_{s+1}^{(\mathrm{I})}\left(m,[0,s]\right) = m^{s+1}-m, \tag{7.2.10}$$

$$d_{s+2}^{(\mathrm{I})}\left(m,[0,s]\right) = m^{s+2}-m-(m)_2\,(s+2), \tag{7.2.11}$$

$$d_{s+3}^{(\mathrm{I})}\left(m,[0,s]\right) = m^{s+3} - m - (m)_2 \binom{s+4}{2} - (m)_3 \binom{s+3}{2}. \tag{7.2.12}$$

证明　(7.2.6)是定理 7.2.1 的直接推论. 由(7.2.6), 有

$$e^{d(\mathrm{I})(m,[0,s])t} = \sum_{0 \leqslant i \leqslant s} \frac{t^i}{i!} e^{d^{(\mathrm{I})}(m-1,[0,s])t},$$

比较两节中 $\dfrac{t^n}{n!}$ 的系数即得(7.2.7).

(7.2.6)的两节对 t 微商, 得

$$
\begin{aligned}
d^{(\mathrm{I})}\left(m,[0,s]\right) e^{d(\mathrm{I})(m,[0,s])t} &= m \sum_{0 \leqslant i \leqslant s-1} \frac{t^i}{i!} \left(\sum_{0 \leqslant i \leqslant s} \frac{t^i}{i!} \right)^{m-1} \\
&= m \left(\sum_{0 \leqslant i < t} \frac{t^i}{i!} - \frac{t^s}{s!} \right) \left(\sum_{0 \leqslant i \leqslant s} \frac{t^i}{i!} \right)^{m-1} \\
&= m e^{d^{(\mathrm{I})}(m,[0,s])t} - \frac{t^s}{s!} m e^{d^{(\mathrm{I})}(m-1,[0,t])t},
\end{aligned}
$$

比较两节中 $\dfrac{t^n}{n!}$ 得系数即得(7.2.8).

当 $n \leqslant s$ 时, 有限制条件 $A_1 = \cdots = A_m = [0,s]$ 与没有限制条件一样, 故由系 1 得(7.2.9). 由(7.2.8)和(7.2.9)便得(7.2.10)—(7.2.12). **证毕.**

对另外一些重要情形, 由于设法对母函数(7.2.1)作了妥当的处理, 就能得出问题的完全解答, 构成下面几个定理(魏万迪[3]).

定理 7.2.2　如果对盒容量的限制条件是

$$A_1 = \cdots = A_m = \{0,2,4,\cdots\} =: B'$$

为全体非负偶数所组成的集, 则分配数列 $\left(d_n^{(\mathrm{I})}\left(m,B'\right) \right)_{n \geqslant 0}$ 的指母函数是

$$e^{d^{(\mathrm{I})}(m,B')t} = \left(\frac{e^t + e^{-t}}{2} \right)^m, \left(d^{(\mathrm{I})}\left(m,B'\right) \right)^n := d_n^{(\mathrm{I})}\left(m,B'\right), \tag{7.2.13}$$

因而有递归关系

$$d_n^{(\mathrm{I})}\left(m,B'\right) = m^2 d_{n-2}^{(\mathrm{I})}\left(m,B'\right) - (m)_2\, d_{n-2}^{(\mathrm{I})}\left(m-2,B'\right), \tag{7.2.14}$$

和计数公式 $(m \geqslant 1)$

$$
d_n^{(\mathrm{I})}\left(m,B'\right)=\begin{cases}\displaystyle\sum_{0\leqslant i<\frac{n}{2}}(-1)^i\,(m)_{2i}\displaystyle\sum_{j_0+j_1+\cdots+j_i=\frac{n}{2}-i}m^{2j_0}(m-2)^{2j_1}\cdots(m-2i)^{2j_i}\,,\text{若}2\mid n\,,\\[6mm]0\,,\hspace{6cm}\text{若}2\nmid n.\end{cases}
$$

$$
\text{(7.2.15)}
$$

$$
=\begin{cases}\displaystyle\sum_{0\leqslant i<\frac{n}{2}}(-1)^i\,\frac{(m)_{2i}}{\left(\frac{n}{2}-i\right)!}Y_{\frac{n}{2}-i}\left(s_{1i},s_{2i},2s_{3i},\cdots,\left(\frac{n}{2}-i-1\right)!s_{\frac{n}{2}-i,i}\right),&\text{若}2\mid n\,,\\[6mm]0\,,&\text{若}2\nmid n.\end{cases}
$$

$$
\text{(7.2.16)}
$$

这里 s_{ji} 是 $m^2,(m-2)^2,\cdots,(m-2i)^2$ 的 j 次等幂和, Y 为 Bell 多项式.

证明 在这个定理和以下几个定理的证明中, $d^{(\mathrm{I})}$ 的上标 (I) 常被略去. 由定理 7.2.1, 有

$$
\begin{aligned}
e^{d(m)t}&=\left(1+\frac{t^2}{2!}+\frac{t^4}{4!}+\cdots\right)^m\\[2mm]
&=\left(\frac{e^t+e^{-t}}{2}\right)^m,\,\left(d(m)\right)^n:=d_n(m):=d_n^{(\mathrm{I})}\left(m,B'\right),
\end{aligned}
$$

此即 (7.2.13).

由 (7.2.13) 的两节对 t 求微商两次, 得

$$
\begin{aligned}
\left(d(m)\right)^2 e^{d(m)t}&=(m)_2\left(\frac{e^t+e^{-t}}{2}\right)^{m-2}\left(\frac{e^t-e^{-t}}{2}\right)^2+m\left(\frac{e^t+e^{-t}}{2}\right)^m\\[2mm]
&=(m)_2\left(\frac{e^t+e^{-t}}{2}\right)^{m-2}\left[\left(\frac{e^t+e^{-t}}{2}\right)^2-1\right]+m\left(\frac{e^t+e^{-t}}{2}\right)^m\\[2mm]
&=m^2 e^{d(m)t}-(m)_2\,e^{d(m-2)t}.
\end{aligned}
$$

比较上式两节中 $\dfrac{t^{n-2}}{(n-2)!}$ 的系数便得 (7.2.14).

当 $2\nmid n$ 时, 由 $d_n(m)$ 的组合意义知其为零.

今对 s 用数学归纳法证明

$$d_n(m) = \sum_{0 \leqslant i \leqslant s} (-1)^i (m)_{2i} \sum_{j_0+j_1+\cdots+j_i=s-i} m^{2j_0}(m-2)^{2j_1}\cdots(m-2i)^{2j_i} d_{n-2s}(m-2i)$$
$$(n \geqslant 2s > 0),$$

$$(7.2.17)$$

当 $s=0$ 时，(7.2.17)是平凡的，今设(7.2.17)对 $s(s<n)$ 成立，往证它对 $s+1$ 成立. 由归纳法假设和(7.2.14)，有

$$d_n(m) = \sum_{0\leqslant i\leqslant s}(-1)^i(m)_{2i}\sum_{j_0+j_1+\cdots+j_i=s-i}m^{2j_0}(m-2)^{2j_1}\cdots(m-2i)^{2j_i}$$
$$\times\left[(m-2i)^2 d_{n-2(s+1)}(m-2i)-(m-2i)_2 d_{n-2(s+1)}(m-2(i+1))\right]$$
$$= \sum_{0\leqslant i\leqslant s}(-1)^i(m)_{2i}\sum_{j_0+j_1+\cdots+j_i=s-i}m^{2j_0}(m-2)^{2j_1}\cdots(m-2i)^{2(j_i+1)} d_{n-2(s+1)}(m-2i)$$
$$+ \sum_{0\leqslant i\leqslant s}(-1)^{i+1}(m)_{2(i+1)}\sum_{j_0+j_1+\cdots+j_i=s-i}m^{2j_0}(m-2)^{2j_1}\cdots(m-2i)^{2j_i}$$
$$d_{n-2(s+1)}(m-2(i+1))$$
$$= \sum_{0\leqslant i\leqslant s}(-1)^i(m)_{2i}\sum_{j_0+j_1+\cdots+(j_i+1)=(s+1)-i}m^{2j_0}(m-2)^{2j_1}\cdots(m-2i)^{2(j_i+1)}d_{n-2(s+1)}(m-2i)$$
$$+ \sum_{1\leqslant i\leqslant s+1}(-1)^i(m)_{2i}\sum_{j_0+j_1+\cdots+j_{i-1}=(s+1)-i}m^{2j_0}(m-2)^{2j_1}\cdots(m-2(i-1))^{2j_{i-1}}d_{n-2(s+1)}(m-2)$$
$$= m^{2(s+1)}d_{n-2(s+1)}(m)+\sum_{1\leqslant i\leqslant s}(-1)^i(m)_{2i}\sum_{j_0+j_1+\cdots+j_i=(s+1)-i}m^{2j_0}(m-2)^{2j_1}\cdots(m-2i)^{2j_i}$$
$$\times d_{n-2(s+1)}(m-2i)+(-1)^{s+1}(m)_{2(s+1)}d_{n-2(s+1)}(m-2(s+1))$$
$$= \sum_{0\leqslant i\leqslant s+1}(-1)^i(m)_{2i}\sum_{j_0+j_1+\cdots+j_i=(s+1)-i}m^{2j_0}(m-2)^{2j_1}\cdots(m-2i)^{2j_i}d_{n-2(s+1)}(m-2i),$$

此即(7.2.17)中换 s 为 $s+1$ 的情形.

在(7.2.17)中，因为第二个和号前有因子 $(m)_{2i}$，故当 $m<2i$ 时，第一个和号中相应于这种指标 i 的项自动消失，因而不必担心出现项

$$d_l(-k), l \geqslant 0, k > 0;$$

自然也可简单地定义为

$$d_l(-k) = 0, \text{ 若 } l \geqslant 0, k > 0.$$

当 $2|n$ 时在(7.2.17)中代 $s=\dfrac{n}{2}$，由 $d_n(m)$ 的组合意义知

$$d_0(k) = 1, \text{ 若 } k \geqslant 0,$$

故(7.2.17)化为(7.2.15).

(7.2.16)可由(2.6.23)和(7.2.15)推出. 证毕.

定理 7.2.3 如果对盒容量的限制条件是

$$A_1 = \cdots = A_m = \{1, 3, 5, \cdots\} =: A$$

为全体正奇数所组成的集，则分配数列 $\left(d_n^{(I)}(m, A)\right)_{n \geqslant 0}$ 的指母函数是

$$e^{d^{(\mathrm{I})}(m,A)t} = \left(\frac{e^t - e^{-t}}{2}\right)^m, \quad \left(d^{(\mathrm{I})}(m, A)\right)^n := d_n^{(\mathrm{I})}(m, A), \tag{7.2.18}$$

因而有递归关系

$$d_n^{(I)}(m, A) = m^2 d_{n-2}^{(I)}(m, A) + (m)_2\, d_{n-2}^{(I)}(m - 2, A) \tag{7.2.19}$$

和计数公式$(m \geqslant 1)$

$$d_n^{(\mathrm{I})}(m, A) = \begin{cases} \dfrac{3 + (-1)^m}{2} (m)_{2\left[\frac{m-1}{2}\right]} \displaystyle\sum_{j_0 + j_1 + \cdots + j\left[\frac{m-1}{2}\right] = \frac{n-m}{2}} m^{2j_0} (m-2)^{2j_1} \cdots \\[1em] \qquad\qquad \left(m - 2\left[\dfrac{m-1}{2}\right]\right)^{2j\left[\frac{m-1}{2}\right]}, \ \text{若}\,2 \mid n-m, \\[2em] 0, \qquad\qquad\qquad\qquad \text{若}\,2 \nmid n-m, \end{cases} \tag{7.2.20}$$

$$= \begin{cases} \dfrac{3 + (-1)^m}{2} \dfrac{(m)_{2\left[\frac{m-1}{2}\right]}}{\left(\frac{n-m}{2}\right)!} Y_{\frac{n-m}{2}}\left(s_1, s_2, 2s_3, \cdots, \left(\left[\dfrac{n-m}{2}\right] - 1\right)! s_{\left[\frac{n-m}{2}\right]}\right), \\[1.5em] \qquad\qquad\qquad \text{若}\,2 \mid n-m, \\[0.5em] 0, \qquad\qquad\qquad \text{若}\,2 \nmid n-m, \end{cases}$$

$$\tag{7.2.21}$$

这里 $\boldsymbol{Y}$ 为 Bell 多项式，诸 s_i 为

$$m^2, (m-2)^2, \cdots, \left(m - 2\left[\dfrac{m-1}{2}\right]\right)^2$$

的 i 项等幂和.

证明 这里的思路和办法与定理 7.2.2 雷同，简述如下.

由定理 7.2.1，有

$$e^{d(m)t} = \left(t + \frac{t^3}{3!} + \frac{t^5}{5!} + \cdots \right)^m \left(d\left(m \right) \right)^n := d_n^{(\mathrm{I})} \left(m, A \right),$$

$$= \left(\frac{e^t - e^{-t}}{2} \right)^m,$$

故有(7.2.18).

由(7.2.18)的两节对 t 微商二次, 有

$$\left(d\left(m \right) \right)^2 e^{d(m)t} = m^2 e^{d(m)t} + (m)_2 \, e^{d(m)t},$$

比较两节中 $\dfrac{t^{n-2}}{(n-2)!}$ 的系数便得(7.2.19).

与(7.2.17)相类似地, 对 s 用数学归纳法可以证明:

$$d_n \left(m \right) = \sum_{0 \leqslant i \leqslant s} (m)_{2i} \sum_{j_0 + j_1 + \cdots + j_i = s-i} m^{2j_0} \left(m - 2 \right)^{2j_1} \cdots \tag{7.2.22}$$

$$\left(m - 2i \right)^{2j_i} d_{n-2s} \left(m - 2i \right) \left(n \geqslant 2s \geqslant 0 \right).$$

由 $d_n \left(m \right)$ 的组合意义知

$$d_2 \left(m \right) = \begin{cases} 2, & \text{若 } m = 2, \\ 1, & \text{若 } m = 0, \\ 0, & \text{其他}; \end{cases} \tag{7.2.23}$$

$$d_1 \left(m \right) = \begin{cases} 1, & \text{若 } m = 1 \text{ 或 } 0, \\ 0, & \text{其他} \end{cases} \tag{7.2.24}$$

和

$$d_n \left(m \right) = 0, \text{ 若 } n < m.$$

当 $2 | n$ 时, 在(7.2.22)中取 $s = \dfrac{n}{2} - 1$, 则由(7.2.23)得

$$d_n \left(m \right) = \sum_{0 \leqslant i \leqslant \frac{n}{2}-1} (m)_{2i} \sum_{j_0 + j_1 + \cdots + j_i = \frac{n}{2}-1-i} m^{2j_0} \left(m - 2 \right)^{2j_1} \cdots \left(m - 2i \right)^{2j_i} d_2 \left(m - 2i \right)$$

$$= \begin{cases} m! \displaystyle\sum_{j_0 + j_1 + \cdots + j_{\frac{m}{2}-1} = \frac{n-m}{2}} m^{2j_0} \left(m - 2 \right)^{2j_1} \cdots 2^{\frac{2j_{\frac{m}{2}}}{2}-1}, & \text{若 } 2 | m, \\[4mm] 0, & \text{若 } 2 \nmid m, \end{cases}$$

$$= \begin{cases} \dfrac{m!}{\left(\dfrac{n-m}{2}\right)!} Y_{\frac{n-m}{2}}\left(s_1, s_2, 2s_3, \cdots, \left(\dfrac{n-m}{2}-1\right)! s_{\frac{n-m}{2}}\right), & 若\ 2\,|\,m, \\ 0, & 若\ 2\nmid m, \end{cases}$$

这里，Y 为 Bell 多项式，诸 s_i 为 $m^2, (m-2)^2, \cdots, 2^2$ 的 i 项等幂和.

当 $2\nmid n$ 时，在 (7.2.22) 中取 $s = \dfrac{n-1}{2}$，则由 (7.2.24) 得

$$d_n(m) = \sum_{0 \leqslant i \leqslant \frac{n-1}{2}} (m)_{2i} \sum_{j_0 + j_1 + \cdots + j_i = \frac{n-1}{2} - i} m^{2j_0} (m-2)^{2j_1} \cdots (m-2i)^{2j_i} d_1(m-2i)$$

$$= \begin{cases} (m)_{m-1} \displaystyle\sum_{j_0 + j_1 + \cdots + j_{\frac{m-1}{2}} = \frac{n-m}{2}} m^{2j_0} (m-2)^{2j_1} \cdots 3^{\frac{2j_{m-3}}{2}} \cdot 1^{\frac{2j_{m-1}}{2}}, & 若\ 2\nmid m, \\ 0, & 若\ 2\,|\,m, \end{cases}$$

$$= \begin{cases} \dfrac{m!}{\left(\dfrac{n-m}{2}\right)!} Y_{\frac{n-m}{2}}\left(s_1, s_2, 2s_3, \cdots, \left(\dfrac{n-m}{2}-1\right)! s_{\frac{n-m}{2}}\right), & 若\ 2\nmid m, \\ 0, & 若\ 2\,|\,m, \end{cases}$$

这里 Y 为 Bell 多项式，诸 s_i 为 $m^2, (m-2)^2, \cdots, 3^2, 1^2$ 的 i 次等幂和.

上面诸式可以统一地写为 (7.2.20) 和 (7.2.21). **证毕.**

定理 7.2.4 如果对盒容量的限制条件是

$$A_1 = A_2 = \cdots = A_m = \{2, 4, 6, \cdots\} =: B$$

为全体正偶数所组成的集，则分配数列 $\left(d_n^{(\mathrm{I})}(m, B)\right)_{n \geqslant 0}$ 的指母函数是

$$e^{d^{(\mathrm{I})}(m,B)t} = 2^m \left(\frac{e^{\frac{t}{2}} - e^{-\frac{t}{2}}}{2}\right)^{2m}. \tag{7.2.25}$$

还有递归关系:

$$d_n^{(\mathrm{I})}(m, B) = m^2 d_{n-2}^{(\mathrm{I})}(m, B) + m(2m-1) d_{n-2}^{(\mathrm{I})}(m-1, B) \tag{7.2.26}$$

和计数公式 ($m \geqslant 1$):

$$
d_n^{(\mathrm{I})}(m,B) = \begin{cases} 1, & \text{若} 2\,|\,n \text{ 且} m=1, \\[2mm] m!(2m-1)!! \displaystyle\sum_{j_0+j_1+\cdots+j_{m-2}\leqslant \frac{n}{2}-m} m^{2j_0}(m-1)^{2j_1}\cdots 2^{2j_{m-2}}, & \text{若} 2\,|\,n \text{ 且} m>1, \\[3mm] 0, & \text{若} 2\nmid n, \end{cases}
$$

$$(7.2.27)$$

$$
= \begin{cases} \dfrac{m!(2m-1)!!}{\left(\dfrac{n}{2}-m\right)!} Y_{\frac{n}{2}-m}\left(s_1,s_2,2s_3,\cdots,\left(\dfrac{n}{2}-m-1\right)!\,s_{\frac{n}{2}-m}\right), & \text{若} 2\,|\,n \\[4mm] 0, & \text{若} 2\nmid n, \end{cases}
$$

$$(7.2.28)$$

这里 $\boldsymbol{Y}$ 是 Bell 多项式, 诸 s_i 为 $m^2,(m-1)^2,\cdots,2^2,1^2$ 的 i 次等幂和. 此外, $d_n^{(\mathrm{I})}(m,B)$ 和定理 7.2.3 中的分配数有下面的关系:

$$d_n^{(\mathrm{I})}(m,B) = 2^{m-n} d_n^{(\mathrm{I})}(2m,A). \tag{7.2.29}$$

证明 由定理 7.2.1, 有

$$
e^{d(m)t} = \left(\frac{t^2}{2!}+\frac{t^4}{4!}+\cdots\right)^m = \left(\frac{e^t+e^{-t}}{2}-1\right)^m
$$

$$
= \left(\frac{\left(e^{\frac{t}{2}}-e^{-\frac{t}{2}}\right)^2}{2}\right)^m, \quad (d(m))^n := d_n^{(\mathrm{I})}(m,B),
$$

由此立得 (7.2.25).

由 (7.2.25) 和 (7.2.18), 得

$$
e^{d^{(\mathrm{I})}(m,B)t} = 2^m e^{d^{(\mathrm{I})}(2m,A)\frac{t}{2}},
$$

在两节的幂级数展式中比较 $\dfrac{t^n}{n!}$ 的系数便得 (7.2.29).

由 (7.2.20), 有

$$
d_n(2m, A) = \begin{cases} (2m)! \displaystyle\sum_{j_0+j_1+\cdots+j_{m-1}=\frac{n}{2}-m} (2m)^{2j_0} (2m-2)^{2j_1} \cdots \big(2m-2(m-1)\big)^{2j_{m-1}}, & \text{若} 2\mid n, \\[3em] 0, & \text{若} 2\nmid n, \end{cases}
$$

$$
= \begin{cases} 1 & \text{若} 2\mid n \text{ 且 } m=1, \\[1em] 2^{n-m} m!(2m-1)!! \displaystyle\sum_{j_0+j_1+\cdots+j_{m-2}\leqslant\frac{n}{2}-m} m^{2j_0} \times (m-1)^{2j_1} \cdots 2^{2j_{m-2}}, & \text{若} 2\mid n \text{且} m>1, \\[2em] 0, & \text{若} 2\nmid n, \end{cases}
$$

$$
= \begin{cases} \dfrac{2^{\frac{n}{2}} m!(2m-1)!!}{(n-2m)!!} Y_{\frac{n}{2}-m}\left(s_1, s_2, 2s_3, \cdots, \left(\dfrac{n}{2}-m-1\right)s_{\frac{n}{2}-m}\right), & \text{若} 2\mid n, \\[2em] 0, & \text{若} 2\nmid n, \end{cases}
$$

$$(7.2.30)$$

这里 s_i 是 $m^2, (m-1)^2, \cdots, 2^2, 1^2$ 的 i 次等幂和.

将(7.2.30)代入(7.2.29)便得(7.2.27)和(7.2.28).

由(7.2.29), 有

$$d_n^{(\mathrm{I})}(2m, A) = 2^{n-m} d_n^{(\mathrm{I})}(m, B),$$

将此式代入(7.2.19)便得(7.2.26). **证毕**.

由(7.2.25), 有

$$
\sum_{0\leqslant k\leqslant m} \binom{m}{k} e^{d^{(\mathrm{I})}(k,B)t} = \sum_{0\leqslant k\leqslant m} \binom{m}{k} \left(\frac{e^t+e^{-t}}{2} - 1\right)^k
$$

$$
= \left(\frac{e^t+e^{-t}}{2}\right)^m = e^{d^{(\mathrm{I})}(m,B')t}.
$$

这是很自然的, 因为由 $d_n^{(\mathrm{I})}(k, B)$ 和 $d_n^{(\mathrm{I})}(k, B')$ 的组合意义, 知

$$d_n^{(\mathrm{I})}(m, B') = \sum_{0 \leqslant k \leqslant m} \binom{m}{k} d_n^{(\mathrm{I})}(k, B).$$

所以定理 7.2.4 可有

系 1　当 $n \geqslant 1, m \geqslant 1$ 时,

$$d_n^{(\mathrm{I})}(m, B') = \begin{cases} m + \sum\limits_{2 \leqslant k \leqslant m} (m)_k (2k-1)!! \sum\limits_{j_0 + j_1 + \cdots + j_{k-2} \leqslant \frac{n}{2} - k} k^{2j_0} (k-1)^{2j_1} \cdots 2^{2j_{k-2}}, & \text{若} 2 | n, \\[4mm] 0, & \text{若} 2 \nmid n, \end{cases}$$

$$\tag{7.2.31}$$

$$= \begin{cases} \sum\limits_{0 \leqslant k \leqslant m} \dfrac{(m)_k (2k-1)!!}{\left(\dfrac{n}{2} - k\right)!} Y_{\frac{n}{2}-k}\left(s_1, s_2, 2s_3, \cdots, \left(\dfrac{n}{2} - k - 1\right)! s_{\frac{n}{2}-k}\right), & \text{若} 2 | n, \\[6mm] 0, & \text{若} 2 \nmid n. \end{cases}$$

系 2　当 $n \geqslant 1$ 且 $2 | n$ 时, 有组合恒等式:

$$m + \sum_{2 \leqslant k \leqslant m} (m)_k (2k-1)!! \sum_{j_0 + j_1 + \cdots + j_{k-2} \leqslant \frac{n}{2} - k} k^{2j_0} (k-1)^{2j_1} \cdots 2^{2j_{k-2}}$$

$$= \sum_{0 \leqslant i < \frac{n}{2}} (-1)^i (m)_{2i} \sum_{j_0 + j_1 + \cdots + j_i = \frac{n}{2} - i} m^{2j_0} (m-2)^{2j_1} \cdots (m-2i)^{2j_i}.$$

当 $m = 0$ 时, 由下列数的广义的组合意义, 有

$$d_n^{(\mathrm{I})}(0, A) = d_n^{(\mathrm{I})}(0, B) = d_n^{(\mathrm{I})}(0, B') = 1, \ n \geqslant 0,$$

因而不为上述诸定理所包含. 而当 $n = 0$ 时, 有

$$d_n^{(\mathrm{I})}(m, A) = d_0^{(\mathrm{I})}(m, B) = 0, \ m \geqslant 1,$$

$$d_n^{(\mathrm{I})}(m, B') = 1, \qquad\qquad m \geqslant 1,$$

故为上述诸定理所包含.

现在来看一个例子.

例 7.2.1　当 $n = 6, m = 3$ 时, 由 (7.2.31), 有

$$d_6^{(\mathrm{I})}(3, B') = 3 + \sum_{2 \leqslant k \leqslant 3} \binom{3}{k} k!(2k-1)!! \sum_{j_0 + \cdots + j_{k-2} \leqslant 3-k} k^{2j_0}(k-1)^{2j_1} \cdots 2^{2j_{k-2}}$$
$$= 3 + 3 \cdot 2 \cdot 3(1+4) + 3!5!!$$
$$= 3 + 90 + 90 = 183.$$

其中第一项的 3, 等于把 6 个互异的球放入 3 个互异的盒, 盒容量的集是 B', 恰使一个盒非空的放法数; 第二项的 90 等于把 6 个互异的球放入 3 个互异的盒, 盒容量的集是 B', 恰使二个盒非空的放法数; 第三项的 90 等于把 6 个互异的球放入 3 个互异的盒, 盒容量的集是 B 的放法数.

由 (7.2.15), 也有

$$d_6^{(\mathrm{I})}(3, B') = \sum_{0 \leqslant i \leqslant 3} (-1)^i (3)_{2i} \sum_{j_0 + j_1 \cdots + j_i = 3-i} 3^{2j_0} \cdots (3-2i)^{2j_i}$$
$$= \sum_{0 \leqslant i \leqslant 1} (-1)^i (3)_{2i} \sum_{j_0 + \cdots + j_i = 3-i} 3^{2j_0}$$
$$= 3^6 - 3 \cdot 2 \left(3^4 + 1 + 3^2 \right)$$
$$= 183.$$

7.3   II 型分配问题

由 7.1 所建立的对应关系, II 型分配问题也可由第一章的结果得到原则上的解决. 自然, 这里的内容比第一章要开展得多, 丰富得多.

类似于定理 7.2.1, 有

定理 7.3.1   对 II 型分配问题, 如果限制盒 c_i 的容量取自由某些非负整数所组成的集 $A_i (1 \leqslant i \leqslant m)$, 则分配数列 $\left(d_n^{(\mathrm{II})}(m, (A_1, \cdots, A_m)) \right)_{n \geqslant 0}$ 的普母函数是

$$\prod_{1 \leqslant i \leqslant m} \sum_{l_i \in A_i} t^{l_i}. \tag{7.3.1}$$

这是定理 1.4.2 的转述.

由定理 7.3.1 可以推演出许多重要的特殊情形的完全解答.

定理 7.3.2   如果对盒容量的限制条件是

$$A_i = [p_i, \infty), p_i \geqslant 0, 1 \leqslant i \leqslant m,$$

则分配数列 $\left(d_n^{(\mathrm{II})}(m, (p_1, \cdots, p_m)) \right)_{n \geqslant 0}$ 的普母函数是

$$d^{(\mathrm{II})}\left(t;m,(p_1,\cdots,p_m)\right) = t^{p_1+\cdots+p_m}\left(1-t\right)^{-m}, \tag{7.3.2}$$

因而有

$$d_n^{(\mathrm{II})}\left(m,(p_1,\cdots,p_m)\right) = \binom{n+m-(p_1+\cdots+p_m)-1}{m-1}. \tag{7.3.3}$$

证明   由(7.3.1)，有

$$d^{(\mathrm{II})}\left(t;m,(p_1,\cdots,p_m)\right) = \prod_{1\leqslant i\leqslant m}\sum_{j\geqslant 0}t^{p_i+j} = \prod_{1\leqslant i\leqslant m}\left(t^{p_i}\sum_{j\geqslant 0}t^j\right),$$

故有(7.3.2).

在(7.3.2)两节的幂级数展式中比较 t^n 的系数便得(7.3.3). **证毕**.

系 1   如果对诸盒的容量没有限制，则分配数列 $\left(d_n^{(\mathrm{II})}\left(m,[0,\infty)\right)\right)_{n\geqslant 0}$ 的普母函数是

$$d\left(t;m,[0,\infty)\right) = \left(1-t\right)^{-m},$$

且有

$$d_n^{(\mathrm{II})}\left(m,[0,\infty)\right) = \binom{n+m-1}{m-1}.$$

系 2   如果限制诸盒非空，则分配数列 $\left(d_n^{(\mathrm{II})}\left(m,[1,\infty)\right)\right)_{n\geqslant 0}$ 的普母函数是

$$d^{(\mathrm{II})}\left(t;m,[1,\infty)\right) = \left(\frac{t}{1-t}\right)^m,$$

且有

$$d_n^{(\mathrm{II})}\left(m,[1,\infty)\right) = \binom{n-1}{m-1}.$$

定理 7.3.3   如果对盒容量的限制条件是

$$A_i = \left[p_i,\ p_i+q-1\right],\ p_i \geqslant 0, q \geqslant 1\ (1\leqslant i \leqslant m),$$

则分配数列 $\left(d_n^{(\mathrm{II})}\left(m,(p_1,\cdots,p_m),q\right)\right)_{n\geqslant 0}$ 的普母函数是

$$d^{(\mathrm{II})}\left(t; m,(p_1,\cdots,p_m),q\right) = t^{p_1+\cdots+p_m}\left(1-t^q\right)^m\left(1-t\right)^{-m}, \qquad (7.3.4)$$

因而有

$$d_n^{(\mathrm{II})}\left(m,(p_1,\cdots,p_m),q\right) = \sum_{0\leqslant i\leqslant m}(-1)^i\binom{m}{i}\binom{m+n-\left(p_1+\cdots+p_m+q^i\right)^{-1}}{m-1}. \qquad (7.3.5)$$

证明　由(7.3.1)可得

$$d^{(\mathrm{II})}(t; m,(p_{1,}\cdots,p_n),q) = \prod_{1\leqslant i\leqslant m}\sum_{0\leqslant j\leqslant q-1}t^{p_i+j}$$

$$= \prod_{1\leqslant i\leqslant m}\left(t^{p_i}\sum_{0\leqslant j\leqslant q-1}t^j\right),$$

故有(7.3.4).

在(7.3.4)两节的幂级数展式中，比较 t^n 的系数便得(7.3.5).**证毕**.

由此定理立得

系1　如果对盒容量的限制条件是

$$A_1 = \cdots = A_m = [1,s],$$

则分配数列 $\left(d_n^{(\mathrm{II})}\left(m,[1,s]\right)\right)_{n\geqslant 0}$ 的普母函数是

$$d^{(\mathrm{II})}\left(t; m,[1,s]\right) = \left(\frac{t\left(1-t^s\right)}{1-t}\right)^m, \qquad (7.3.6)$$

且有

$$d_n^{(\mathrm{II})}\left(m,[1,s]\right) = \sum_{0\leqslant j\leqslant m}(-1)^j\binom{m}{j}\binom{n-sj-1}{m-1}, \qquad (7.3.7)$$

还有递归关系:

$$(1-t)d^{(\mathrm{II})}\left(t; m,[1,s]\right) = t\left(1-t^s\right)d^{(\mathrm{II})}\left(t; m-1,[1,s]\right), \qquad (7.3.8)$$

$$d_n^{(\mathrm{II})}\left(m,[1,s]\right) = d_{n-1}^{(\mathrm{II})}\left(m,[1,s]\right) + d_{n-1}^{(\mathrm{II})}\left(m-1,[1,s]\right) - d_{n-s-1}^{(\mathrm{II})}\left(m-1,[1,s]\right), \qquad (7.3.9)$$

$$d^{(\mathrm{II})}\left(t;m,[1,s]\right)=\sum_{0\leqslant j\leqslant m}\binom{m}{j}t^{sj}d\left(t;m-j,[1,s-1]\right),\qquad(7.3.10)$$

$$d_n^{(\mathrm{II})}\left(m,[1,s]\right)=\sum_{0\leqslant j\leqslant m}\binom{m}{j}d_{n-sj}^{(\mathrm{II})}\left(m-j,[1,s-1]\right).\qquad(7.3.11)$$

证明　(7.3.6)和(7.3.7)是(7.3.4)和(7.3.5)的直接推论. 由(7.3.6)得

$$d^{(\mathrm{II})}\left(t;m,[1,s]\right)=t\,\frac{1-t^s}{1-t}\,d^{(\mathrm{II})}\left(t;m-1,[1,s]\right),$$

由此立得(7.3.8), (7.3.9).

再由(7.3.6), 有

$$\begin{aligned}
d^{(\mathrm{II})}\left(t;m,[1,s]\right)&=\left(t\,\frac{1-t^{s-1}}{1-t}+t^s\right)^m\\
&=\sum_{0\leqslant j\leqslant m}\binom{m}{j}t^{sj}\left(t\,\frac{1-t^{s-1}}{1-t}\right)^{m-j}\\
&=\sum_{0\leqslant j\leqslant m}\binom{m}{j}t^{sj}d^{(\mathrm{II})}\left(t;m-j,s-1\right),
\end{aligned}$$

此即(7.3.10).由此立得(7.3.11).**证毕**.

这样一来, 递归关系(7.3.8)和(7.3.10)有解(7.3.6). 而递归关系(7.3.9)和(7.3.11)有解(7.3.7).

类似地, 有

系 2　如果对诸盒容量的限制条件是

$$A_1=A_2=\cdots=A_k=[0,s],$$

则分配数列 $\left(d_n^{(\mathrm{II})}\left(m,[0,s]\right)\right)_{n\geqslant0}$ 的普母函数是

$$d^{(\mathrm{II})}\left(t;m,[0,s]\right)=\left(\frac{1-t^{s+1}}{1-t}\right)^m,$$

且有

$$d_n^{(\mathrm{II})}\left(m,[0,s]\right)=\sum_{0\leqslant j\leqslant m}(-1)^j\binom{m}{j}\binom{m+n-(s+1)j-1}{m-1},$$

且有递归关系

$$(1-t)d^{(\mathrm{II})}\left(t;m,[0,s]\right)=\left(1-t^{s+1}\right)d^{(\mathrm{II})}\left(t;m-1,[0,s]\right),$$

$$d_n^{(\mathrm{II})}\left(m,[0,s]\right)=d_{n-1}\left(m,[0,s]\right)+d_n\left(m-1,[0,s]\right)-d_{n-s-1}\left(m-1,[0,s]\right).$$

定理 7.3.4　如果对诸盒容量的限制条件是

$$A_i=\left\{2p_i,2p_i+2,\cdots\right\}=:E_i,p_i\geqslant 0\ (1\leqslant i\leqslant m)$$

为由 $2p_i$ 起的全体偶数所组成的集, 则分配数列 $\left(d_n^{(\mathrm{II})}\left(m,(E_1,\cdots,E_m)\right)\right)_{n\geqslant 0}$ 的普母函数是

$$d^{(\mathrm{II})}\left(t;m,(E_1,\cdots,E_m)\right)=t^{2(p_1+\cdots+p_m)}\left(1-t^2\right)^{-m},\qquad(7.3.12)$$

因而

$$d_n^{(\mathrm{II})}\left(m,(E_1,\cdots,E_m)\right)=\begin{cases}\dbinom{m+\dfrac{n}{2}-p_1-\cdots-p_m-1}{m-1},\ \text{若}2|n,\\[4mm]0,\qquad\qquad\qquad\qquad\qquad\quad\ \text{若}2\nmid n.\end{cases}\qquad(7.3.13)$$

证明　由(7.3.1), 有

$$d^{(\mathrm{II})}\left(t;m,(E_1,\cdots,E_m)\right)=\prod_{1\leqslant i\leqslant m}\sum_{j\geqslant 0}t^{2(p_i+j)}$$

$$=\prod_{1\leqslant i\leqslant m}\left(t^{2p_i}\sum_{j\geqslant 0}t^{2j}\right),$$

故有(7.3.12).

在(7.3.12)两节的幂级数展式中比较 t^n 的系数便得(7.3.13).**证毕.**

由此定理立得

系 1　如果对诸盒容量的限制条件是

$$B=A_1=A_2=\cdots=A_m=\{2,4,6,\cdots\}$$

为全体正偶数所组成的集, 则分配数列 $\left(d_n^{(\mathrm{II})}\left(m,B\right)\right)_{n\geqslant 0}$ 的普母函数是

$$d^{(\mathrm{II})}\left(t; m, B\right) = \left(\frac{t^2}{1-t^2}\right)^m,$$

因而

$$d^{(\mathrm{II})}\left(m, B\right) = \begin{cases} \dbinom{\dfrac{n}{2}-1}{m-1}, & \text{若}2 \mid n, \\[4mm] 0, & \text{若}2 \nmid n. \end{cases}$$

系 2 如果对诸盒容量的限制条件是

$$B' = A_1 = A_2 = \cdots = A_m = \{0, 2, 4, \cdots\}$$

为全体非负偶数所成的集. 则分配数列 $\left(d_n^{(\mathrm{II})}\left(m, B'\right)\right)_{n \geqslant 0}$ 的普母函数是

$$d^{(\mathrm{II})}\left(t; m, B'\right) = \left(\frac{1}{1-t^2}\right)^m,$$

因而

$$d_n^{(\mathrm{II})}\left(m, B'\right) = \begin{cases} \dbinom{m+\dfrac{n}{2}-1}{m-1}, & \text{若}2 \mid n, \\[4mm] 0, & \text{若}2 \nmid n. \end{cases}$$

定理 7.3.5 如果对诸盒容量的限制条件是

$$A_i = \{2p_i, 2p_i + 2, \cdots, 2p_i + 2q - 2\} =: E_i',$$
$$p_i \geqslant 0, q \geqslant 1 (1 \leqslant i \leqslant m)$$

对 $2p_i$ 起至 $2p_i + 2q - 2$ 止的全体偶数所成的集，则分配数列 $\left(d_n^{(\mathrm{II})}\left(m, \left(E_1', \cdots, E_m'\right)\right)\right)_{n \geqslant 0}$ 的普母函数是

$$d^{(\mathrm{II})}\left(t; m, \left(E_1', \cdots, E_m'\right)\right) = t^{2(p_1+\cdots+p_m)}\left(1-t^{2q}\right)^m\left(1-t^2\right)^{-m}, \qquad (7.3.14)$$

因而有

$$d_n^{(\mathrm{II})}\left(m, \left(E_1', \cdots, E_m'\right)\right)$$

$$= \begin{cases} \displaystyle\sum_{0 \leqslant i \leqslant m} (-1)^i \binom{m}{i} \binom{m + \dfrac{n}{2} - (p_1 + \cdots + p_m) - q^{i-1}}{m-1}, & \text{若} 2 \mid n, \\[4mm] 0, & \text{若} 2 \nmid n. \end{cases} \qquad (7.3.15)$$

证明　由(7.3.1)得

$$d^{(\mathrm{II})}\left(t; m, (E_1', \cdots, E_m')\right) = \prod_{1 \leqslant i \leqslant m} \sum_{0 \leqslant j \leqslant q-1} t^{2(p_i + j)}$$

$$= \prod_{1 \leqslant i \leqslant m} \left(t^{2p_i} \sum_{0 \leqslant j \leqslant q-1} \left(t^2\right)^j \right),$$

故有(7.3.14).

在(7.3.14)两节的幂级数展式中比较 t^n 的系数便得(7.3.15). **证毕.**

由此定理立得

系 1　如果对诸盒容量的限制条件是

$$A_1 = A_2 = \cdots = A_m = \{2, 4, \cdots, 2s\} =: D$$

为前 s 个正偶数的集, 则分配数列 $\left(d_n^{(\mathrm{II})}(m, D)\right)_{n \geqslant 0}$ 的普母函数是

$$d(t; m, D) = t^{2m} \left(\frac{1 - t^{2s}}{1 - t^2} \right)^m,$$

且有

$$d_n^{(\mathrm{II})}(m, D) = \begin{cases} \displaystyle\sum_{0 \leqslant i \leqslant m} (-1)^i \binom{m}{i} \binom{\dfrac{n}{2} - si - 1}{m-1}, & \text{若} 2 \mid n, \\[4mm] 0, & \text{若} 2 \nmid n. \end{cases} \qquad (7.3.16)$$

和递归关系:

$$\left(1 - t^2\right) d^{(\mathrm{II})}(t; m, D) = t^2 \left(1 - t^{2s}\right) d^{(\mathrm{II})}(t; m-1, D),$$

$$d_n^{(\mathrm{II})}(m, D) = d_{n-1}^{(\mathrm{II})}(m, D) + d_{n-2}^{(\mathrm{II})}(m-1, D) - d_{n-2s-2}^{(\mathrm{II})}(m-1, D). \qquad (7.3.17)$$

由此可知, 递归关系(7.3.17)有解(7.3.16).

系 2　如果对诸盒容量的限制条件是

$$A_1 = \cdots = A_m = \{0, 2, 4, \cdots, 2s\} =: D'$$

为前 $s+1$ 个非负偶数的集, 则分配数列 $\left(d_n^{(\mathrm{II})}\left(m,D'\right)\right)_{n\geqslant 0}$ 的普母函数是

$$d^{(\mathrm{II})}\left(t;m,D'\right)=\left(\frac{1-t^{2s+2}}{1-t^2}\right)^m,$$

且有

$$d_n^{(\mathrm{II})}\left(m,D'\right)=\begin{cases}\displaystyle\sum_{0\leqslant i\leqslant m}(-1)^i\binom{m}{i}\binom{\frac{n}{2}+m-(s+1)i-1}{m-1}, & \text{若}2|n,\\ 0, & \text{若}2\nmid n.\end{cases}\quad(7.3.18)$$

和递归关系:

$$\left(1-t^2\right)d^{(\mathrm{II})}\left(t;m,D'\right)=\left(1-t^{2s+2}\right)d^{(\mathrm{II})}\left(t;m-1,D'\right),$$

$$d_n^{(\mathrm{II})}\left(m,D'\right)=d_{n-2}^{(\mathrm{II})}\left(m,D'\right)+d_n^{(\mathrm{II})}\left(m-1,D'\right)-d_{n-2s-2}^{(\mathrm{II})}\left(m-1,D'\right).\quad(7.3.19)$$

由此可知, 递归关系(7.3.19)有解(7.3.18).

定理 7.3.6 如果对诸盒容量的限制条件是

$$A_i=\{2p_i+1,2p_i+3,\cdots\}=:O_i,p_i\geqslant 0(1\leqslant i\leqslant m)$$

为从 $2p_i+1$ 起的全体奇数的集, 则分配数列 $\left(d_n^{(\mathrm{II})}\left(m,(O_1,\cdots,O_m)\right)\right)_{n\geqslant 0}$ 的普母函数是

$$d^{(\mathrm{II})}\left(t;m,(O_1,\cdots,O_m)\right)=t^{2(p_1+\cdots+p_m)+m}\left(1-t^2\right)^{-m},\quad(7.3.20)$$

且有

$$d_n^{(\mathrm{II})}\left(m,(O_1,\cdots,O_m)\right)=\begin{cases}\binom{\frac{n+m}{2}-(p_1+\cdots+p_m)-1}{m-1}, & \text{若}2|n-m,\\ 0, & \text{若}2\nmid n-m.\end{cases}\quad(7.3.21)$$

母函数(7.3.20)与定理 7.3.4 中的母函数有下面的关系:

$$d^{(\mathrm{II})}\left(t;m,(O_1,\cdots,O_m)\right)=t^m d^{(\mathrm{II})}\left(t;m,(E_1,\cdots,E_m)\right).\quad(7.3.22)$$

证明 完全仿照定理 7.3.4 的证明过程, 或用定理 7.3.4 的结果. 均可得出本定理.现在来说明后一方法.

可以在定理 7.3.4 的分配方法与定理 7.3.6 的分配方法之内建立如下的对应：

盒 盒中的球数 分配方法	C_1	C_2	$\cdots$	C_m
定理 7.3.4 中 n 个球的分配方法	$2j_1$	$2j_2$		$2j_m$
定理 7.3.6 中 $n+m$ 个球的分配方法	$2j_1+1$	$2j_2+1$		$2j_m+1$

易知，这是一个 $(1-1)$ 对应，因而二种分配方法的个数相同：

$$d_{n+m}^{(\mathrm{II})}\left(m,(O_1,\cdots,O_m)\right)=d_n^{(\mathrm{II})}\left(m,(E_1,\cdots,E_m)\right),$$

亦即

$$d_n^{(\mathrm{II})}\left(m,(O_1,\cdots,O_m)\right)=d_{n-m}^{(\mathrm{II})}\left(m,(E_1,\cdots,E_m)\right).$$

再由 (7.3.12) 便得 (7.3.22).

由 (7.3.22) 便得 (7.3.20) 和 (7.3.21). **证毕.**

由此定理立得

系　如果对诸盒容量的限制条件是

$$A_1=\cdots=A_m=\{1,3,5,\cdots\}=:A$$

为全体正奇数所成的集. 则分配数列 $\left(d_n^{(\mathrm{II})}(m,A)\right)_{n\geqslant 0}$ 的普母函数是

$$d_n^{(\mathrm{II})}\left(t;m,A\right)=\left(\frac{t}{1-t^2}\right)^m,$$

有且

$$d_n^{(\mathrm{II})}(m,A)=\begin{cases}\dbinom{\dfrac{m+n}{2}-1}{m-1},&\text{若}2\,|\,n-m,\\[4mm]0,&\text{若}2\nmid n-m.\end{cases}$$

定理 7.3.7　如果对诸盒容量的限制条件是

$$A_i=\{2p_i+1,2p_i+3,\cdots,2p_i+2q-1\}=:O_i',$$
$$p_i\geqslant 0\,,q\geqslant 1\,(1\leqslant i\leqslant m)$$

为从 $2p_i+1$ 起至 $2p_i+2q-1$ 止的奇数所组成的集. 则分配数列 $\left(d_n^{(\mathrm{II})}\left(m,\left(O_1',\cdots,O_m'\right)\right)\right)_{n\geqslant 0}$ 的普母函数是

$$d^{(\mathrm{II})}\left(t;m,\left(O_1',\cdots,O_m'\right)\right)=t^{2(p_1+\cdots+p_m)+m}\left(1-t^{2q}\right)^m\left(1-t^2\right)^{-m},$$

且有

$$
d_n^{(\mathrm{II})}\left(m;\left(O_1',\cdots,O_m'\right)\right)
$$
$$
=\begin{cases}\displaystyle\sum_{0\leqslant i\leqslant m}\ (-1)^i\binom{m}{i}\binom{\dfrac{n+m}{2}-(p_1+\cdots+p_m)-q^{i-1}}{m-1}, & \text{若}2|n-m,\\[4mm]0, & \text{若}2\nmid n-m.\end{cases}\tag{7.3.23}
$$

这里的母函数与定理 7.3.5 中的母函数之间有下面的关系:

$$d^{(\mathrm{II})}\left(t;m,\left(O_1',\cdots,O_m'\right)\right)=t^m d^{(\mathrm{II})}\left(t;m,\left(E_1',\cdots,E_m'\right)\right).$$

证明　与定理 7.3.6 的情况类似, 既可用定理 3.7.5 的证明过程, 又可用定理 7.3.5 的结果. 故从略. **证毕.**

由此定理立得

系　如果对诸盒容量的限制条件是

$$A_1=\cdots=A_m=\{1,3,\cdots,2s-1\}:=C$$

为前 s 个正奇数的集, 则分配数列 $\left(d_n^{(\mathrm{II})}(m,C)\right)_{n\geqslant 0}$ 的普母函数是

$$d^{(\mathrm{II})}(t;m,C)=\left(\frac{t\left(1-t^{2s}\right)}{1-t^2}\right)^m,$$

因而

$$
d_n^{(\mathrm{II})}(m,C)=\begin{cases}\displaystyle\sum_{0\leqslant i\leqslant m}\ (-1)^i\binom{m}{i}\binom{\dfrac{n+m}{2}-si-1}{m-1}, & \text{若}2|n-m,\\[4mm]0, & \text{若}2\nmid n-m.\end{cases}\tag{7.3.24}
$$

还有递归关系:

$$\left(1-t^2\right)d^{(\mathrm{II})}(d;m,C)=t\left(1-t^{2s}\right)d^{(\mathrm{II})}(t;m-1,C),$$

$$d_n^{(\mathrm{II})}(m,C) = d_{n-1}^{(\mathrm{II})}(m-1,C) + d_{n-2}(m,C) - d_{n-2s-1}(m-1,C). \quad (7.3.25)$$

由此可知, 递归关系(7.3.25)有解(7.3.24).

下面叙述一个一般性的结果. 它虽然简单, 但很有用. 在一些文献 (例如 Riordan[6]) 中是单独处理各别情况的, 这儿作统一的处理.

设已给一个 II 型分配问题 P: 诸盒容量取自数集 A. 把这个分配数列记为 $\left(d_n^{(\mathrm{II})}(m,P)\right)_{n\geqslant 0}$, 其普母函数记为 $d^{(\mathrm{II})}(t;m,P)$. 由问题 P 可引出两个 II 型分配问题:

问题 P': 固定 k 个盒, 它们的容量分别是 $s_1, s_2, \cdots, s_k$, 其余的盒容量仍取自 A;

问题 P'': 有 k 个盒的容量都是 $s_1 =: s$, 其余的盒容量仍取自 A.

须注意, 这里的诸 s_i 不必一定属于 A.

分别记这两个问题中的分配数列为 $\left(d_n^{(\mathrm{II})}(m,P')\right)_{n\geqslant 0}$ 和 $\left(d_n^{(\mathrm{II})}(m,P'')\right)_{n\geqslant 0}$, 其普母函数分别记为 $d^{(\mathrm{II})}(t;m,P')$ 和 $d^{(\mathrm{II})}(t;m,P'')$. 于是, 有

定理 7.3.8

$$d^{(\mathrm{II})}(t;m,P') = t^{s_1+\cdots+s_k} d^{(\mathrm{II})}(t;m-k,P), \quad (7.3.26)$$

$$d^{(\mathrm{II})}(t;m,P'') = \binom{m}{k} t^{ks} d^{(\mathrm{II})}(t;m-k,P), \quad (7.3.27)$$

$$d_n^{(\mathrm{II})}(m,P') = d_{n-s_1-\cdots-s_k}^{(\mathrm{II})}(m-k,P), \quad (7.3.28)$$

$$d_n^{(\mathrm{II})}(m,P') = \binom{m}{k} d_{n-k_s}^{(\mathrm{II})}(m-k,P). \quad (7.3.29)$$

证明 (7.3.26)是定理 7.3.1 的直接推论. 因为由 m 个盒中选出 k 个盒来固定为同一个容量 s 的选法数有 $\binom{m}{k}$ 个, 故有(7.3.27). (7.3.28)和(7.3.29)分别是(7.3.26)和(7.3.27)的直接推论. **证毕.**

这个定理有多种多样的应用.

例如, 如果对诸盒容量的限制条件是:第 i 个盒的容量是 s_i ($1 \leqslant i \leqslant k \leqslant m$, 这里 k 是一个定数), 其他盒非空, 则由定理 7.3.8, 此时的分配数列 $\left(d_n^{(\mathrm{II})}(m,(s_1,\cdots,s_k))\right)_{n\geqslant 0}$ 的普母函数是

$$d^{(\text{II})}\left(t;m,(s_1,\cdots,s_k)\right)=t^{s_1+\cdots+s_k}d^{(\text{II})}\left(t,m-k,[1,\infty)\right)$$

$$=t^{s_1+\cdots+s_k+m-k}\left(1-t\right)^{-m+k},$$

且有

$$d_n^{(\text{II})}\left(m,(s_1,\cdots,s_k)\right)=d_{n-s_1-\cdots-s_k}^{(\text{II})}\left(m-k,[1,\infty)\right)$$

$$=\binom{n-s_1-\cdots-s_k-1}{m-k-1}.$$

又如, 如果对诸盒容量的限制条件是: m 个盒中有 k 个盒的容量都是 s 且其他盒非空, 则此时的分配数列 $\left(d_n^{(\text{II})}\left(m,s\right)\right)_{n\geqslant 0}$ 的普母函数是

$$d^{(\text{II})}\left(t;m,s\right)=\binom{m}{k}t^{ks}d^{(\text{II})}\left(t;m,[1,\infty)\right)$$

$$=\binom{m}{k}t^{ks+m-k}\left(1-t\right)^{-m+k},$$

且有

$$d_n^{(\text{II})}\left(m,s\right)=\binom{m}{k}\binom{m-ks-1}{m-k-1}.$$

再如, 如果对诸盒容量的限制条件是: 第 i 个盒的容量是 $s_i\,(1\leqslant i\leqslant k\leqslant m$. 这里 k 是一个定数), 其他盒的容量不限. 则此时的分配数列 $\left(d_n^{(\text{II})}(m,(s_1,\cdots,s_k)')\right)_{n\geqslant 0}$ 的普母函数是

$$d^{(\text{II})}\left(t;m,(s_1,\cdots,s_k)'\right)=t^{s_1+\cdots+s_k}d^{(\text{II})}\left(t;m-k,[0,\infty)\right)$$

$$=t^{s_1+\cdots+s_k}\left(1-t\right)^{-m+k},$$

且有

$$d_n^{(\text{II})}\left(m,(s_1,\cdots,s_k)'\right)=d_{n-s_1-\cdots-s_k}^{(\text{II})}\left(m-k,[0,\infty)\right)$$

$$=\binom{n+m-s_1-\cdots-s_k-k-1}{m-k-1}.$$

其他情形就不一一列举了, 需要的时候可以套用.

7.4 III 型分配问题

利用 7.2 和 7.3 的结果可以求出 III 型分配问题的解.

定理 7.4.1 设 n 个球的规格是

$$1^{k_1} 2^{k_2} \cdots n^{k_n}, k_1 + 2k_2 + \cdots + nk_n = n.$$

那么, 对不限容量的 m 个不同的盒的 III 型分配数是

$$d^{(\mathrm{III})}\left(m, \mathbb{N}^\circ\right) := d^{(\mathrm{III})}_{1^{k_1} 2^{k_2} \cdots n^{k_n}}\left(m, \mathbb{N}^\circ\right) = m^{k_1} \binom{m+1}{2}^{k_2} \binom{m+2}{3}^{k_3} \cdots \binom{m+n-1}{n}^{k_n}. \quad (7.4.1)$$

证明 首先证明: 规格为 $p^1 q^1$ 的 $p + q$ 个球对无容量限制的 m 个不同的盒的分配数是

$$\binom{m+p-1}{p}\binom{m+q-1}{q}. \quad (7.4.2)$$

这是因为, 对前 p 个球的任意一种分配法, 不影响对后 q 个球的分配法, 所以由计数的积则和定理 7.3.2 的系 1 便得(7.4.2). 重复应用(7.4.2)或用数学归纳法便得 (7.4.1).**证毕**.

定理 7.4.2 若要求规格为 $1^{k_1} 2^{k_2} \cdots n^{k_n}$ 的 n 个球对 m 个不同的盒的分配合乎条件: 每个盒都不空, 则这样的的分配数为

$$
\begin{aligned}
d^{(\mathrm{III})}\left(m, \mathbb{N}\right) &:= d^{(\mathrm{III})}_{1^{k_1} \cdots n^{k_n}}\left(m, \mathbb{N}\right) \\
&= (d^{(\mathrm{III})}(, \mathbb{N}^\circ) - 1)^m (d^{(\mathrm{III})}(, \mathbb{N}^\circ))^k : \\
&= d^{(\mathrm{III})}(k, \mathbb{N}^\circ), \\
&= \sum_{0 \leqslant k \leqslant m} (-1)^k \binom{m}{k} d^{(\mathrm{III})}_{1^{k_1} \cdots n^{k_n}}(m-k, \mathbb{N}^\circ),
\end{aligned} \quad (7.4.3)
$$

而且适合递归关系:

$$
\begin{aligned}
d^{(\mathrm{III})}_{1^{k_1} \cdots n^{k_n}}\left(m, \mathbb{N}\right) &= \sum_{j \geqslant 0} \binom{m+q-j-1}{q-j}\binom{m}{j} \\
&\times d^{(\mathrm{III})}_{1^{k_1} \cdots (q-1)^{k_{q-1}} q^{k_q} (q+1)^{k_{q+1}} \cdots n^{k_n}}\left(m-j, \mathbb{N}\right)(k_q \geqslant 1). \quad (7.4.4)
\end{aligned}
$$

证明 把定理 7.4.1 中的 $d^{(\mathrm{III})}_{1^{k_1} \cdots n^{k_n}}\left(m, \mathbb{N}^\circ\right)$ 个分配方法如此分类: 使得恰有 k 个

盒子是空的这些分配方法属于一类, 由于这 k 个空盒的选择法有 $\binom{m}{k}$ 个, 故

$$d^{(\mathrm{III})}\left(m, \mathbb{N}^\circ\right) = \sum_{0 \leqslant k \leqslant m} \binom{m}{k} d^{(\mathrm{III})}(k, \mathbb{N})$$

$$= \left(d^{(\mathrm{III})}(, \mathbb{N}) + 1\right)^m, \left(d^{(\mathrm{III})}(, \mathbb{N})\right)^k :$$

$$= d^{(\mathrm{III})}(k, \mathbb{N}).$$

其逆关系就是(7.4.3).

在恒等式

$$(1-t)^{-(m-k)} = (1-t)^{-m}(1-t)^k, \quad m \geqslant k \tag{7.4.5}$$

的右节先展开然后相乘, 再比较两节中 t^q 的系数, 得

$$\binom{m-k+q-1}{q} = \sum_{j \geqslant 0}(-1)^j \binom{m+q-j-1}{q-j}\binom{k}{j}, \quad m \geqslant k. \tag{7.4.6}$$

再者, 当 $k_q \geqslant 1$ 时, 由定理 7.4.1,

$$d^{(\mathrm{III})}_{1^{k_1}\ldots n^{k_n}}\left(m, \mathbb{N}^\circ\right) = \binom{m+q-1}{q} \cdot d^{(\mathrm{III})}_{1^{k_1}\ldots(q-1)^{k_q-1}q^{k_q}(q+1)^{k_q+1}n^{k_n}}\left(m, \mathbb{N}^\circ\right). \tag{7.4.7}$$

把(7.4.7)代入(7.4.3), 利用(7.4.6), 得

$$d^{(\mathrm{III})}_{1^{k_1}\ldots q^{k_q}\ldots n^{k_n}}\left(m, \mathbb{N}^\circ\right)$$

$$= \sum_{0 \leqslant k \leqslant m}(-1)^k \binom{m}{k}\binom{m-k+q-1}{q} d^{(\mathrm{III})}_{1^{k_1}\ldots q^{k_q}\ldots n^{k_n}}\left(m-k, \mathbb{N}^\circ\right)$$

$$= \sum_{0 \leqslant k \leqslant m}(-1)^k \binom{m}{k} \sum_{k \geqslant j \geqslant 0}(-1)^j \binom{m+q-j-1}{q-j}$$

$$\times \binom{k}{j} d^{(\mathrm{III})}_{1^{k_1}\ldots q^{k_q-1}\ldots n^{k_n}}\left(m-k, \mathbb{N}^\circ\right)$$

$$= \sum_{j \geqslant 0}\binom{m+q-j-1}{q-j}\binom{m}{j} \sum_{k \geqslant j}(-1)^{k-j}\binom{m-j}{k-j}$$

$$\times d^{(\mathrm{III})}_{1^{k_1}\ldots q^{k_q-1}\ldots n^{k_n}}\left((m-j)-(k-j), \mathbb{N}^\circ\right)$$

$$= \sum_{j \geqslant 0}\binom{m+q-j-1}{q-j}\binom{m}{j} d^{(\mathrm{III})}_{1^{k_1}\ldots q^{k_q-1}\ldots n^{k_n}}$$

$$\times \left(m - j, \mathbb{N}^{\circ} \right) \left(k_q \geqslant 1 \right).$$

这就是(7.4.4). **证毕.**

另一类递归关系由下面的定理给出.

定理 7.4.3 当 $k_{q+1} \geqslant 1$ 时, 有

$$d^{(\mathrm{III})}_{1^{k_1} \cdots q^{k_q} (q+1)^{k_{q+1}} (q+2)^{k_{q+2}} \cdots n^{k_n}} \left(m, \mathbb{N}^{\circ} \right)$$

$$= \frac{q+m}{q+1} d^{(\mathrm{III})}_{1^{k_1} \cdots q^{k_q+1} (q+1)^{k_{q+1}-1} (q+2)^{k_{q+2}} \cdots n^{k_n}} \left(m, \mathbb{N}^{\circ} \right), \tag{7.4.8}$$

和

$$d^{(\mathrm{III})}_{1^{k_1} \cdots q^{k_q} (q+1)^{k_{q+1}} (q+2)^{k_{q+2}} \cdots n^{k_n}} \left(m, \mathbb{N} \right)$$

$$= \frac{1}{q+1} \Big[(q+m) d^{(\mathrm{III})}_{1^{k_1} \cdots q^{k_q+1} (q+1)^{k_{q+1}-1} (q+2)^{k_{q+2}} \cdots n^{k_n}} \left(m, \mathbb{N}^{\circ} \right) \tag{7.4.9}$$

$$+ m d^{(\mathrm{III})}_{1^{k_1} \cdots q^{k_q+1} (q+1)^{k_{q+1}-1} (q+2)^{k_{q+2}} \cdots n^{k_n}} \left(m-1, \mathbb{N}^{\circ} \right) \Big].$$

证明 由定理 7.4.1, 有

$$d^{(\mathrm{III})}_{1^{k_1} \cdots q^{k_q} (q+1)^{k_{q+1}} (q+2)^{k_{q+2}} \cdots n^{k_n}} \left(m, \mathbb{N}^{\circ} \right)$$

$$= \binom{m+q}{q+1} d^{(\mathrm{III})}_{1^{k_1} \cdots q^{k_q} (q+1)^{k_{q+1}-1} (q+2)^{k_{q+2}} \cdots n^{k_n}} \left(m, \mathbb{N}^{\circ} \right)$$

$$= \left(\frac{q+m}{q+1} \right) \binom{q+m-1}{q} d^{(\mathrm{III})}_{1^{k_1} \cdots (q+1)^{k_{q+1}-1} \cdots n^{k_n}} \left(m, \mathbb{N}^{\circ} \right)$$

$$= \frac{q+m}{q+1} d^{(\mathrm{III})}_{1^{k_1} \cdots q^{k_q+1} (q+1)^{k_{q+1}-1} \cdots n^{k_n}} \left(m, \mathbb{N}^{\circ} \right),$$

此即(7.4.8).

应用(7.4.8)于(7.4.3), 得

$$d^{(\mathrm{III})}_{1^{k_1} \cdots q^{k_q} (q+1)^{k_{q+1}} \cdots n^{k_n}} \left(m, \mathbb{N} \right)$$

$$= \sum_{k \geqslant 0} (-1)^k \binom{m}{k} d^{(\mathrm{III})}_{1^{k_1} \cdots q^{k_q} (q+1)^{k_{q+1}} \cdots n^{k_n}} \left(m-k, \mathbb{N}^{\circ} \right)$$

$$= \sum_{k \geqslant 0} (-1)^k \binom{m}{k} \frac{q+m-k}{q+1} d^{(\mathrm{III})}_{1^{k_1} \cdots q^{k_q+1} (q+1)^{k_{q+1}-1} \cdots n^{k_n}} \left(m-k, \mathbb{N}^{\circ} \right)$$

$$= \frac{1}{q+1}\left[(q+m)\,d^{(\mathrm{III})}_{1^{k_1}\cdots q^{k_q+1}(q+1)^{k_{q+1}-1}\cdots n^{k_n}}\,(m,\mathbb{N}) + m\sum_{k\geqslant 1}\,(-1)^{k-1}\binom{m-1}{k-1}\right.$$

$$\left. d^{(\mathrm{III})}_{1^{k_1}\cdots q^{k_q+1}(q+1)^{k_{q+1}-1}\cdots n^{k_n}}\,\big((m-1)-(k-1),\mathbb{N}^\circ\big)\right]$$

$$= \frac{1}{q+1}\left[(q+m)\,d^{(\mathrm{III})}_{1^{k_1}\cdots q^{k_q+1}(q+1)^{k_{q+1}-1}\cdots n^{k_n}}\,(m,\mathbb{N})\right.$$

$$\left. + m\,d^{(\mathrm{III})}_{1^{k_1}\cdots q^{k_q+1}(q+1)^{k_{q+1}-1}\cdots n^{k_n}}\,(m-1,\mathbb{N})\right],$$

此即(7.4.9). **证毕.**

递归关系(7.4.4)对小 q 有较简的形式. 例如, 当 $q=1$ 时, 有

$$d^{(\mathrm{III})}_{1^{k_1}\cdots n^{k_n}}\,(m,\mathbb{N})$$
$$= m\,d^{(\mathrm{III})}_{1^{k_1-1}2^{k_2}\cdots n^{k_n}}\,(m,\mathbb{N}) + m\,d^{(\mathrm{III})}_{1^{k_1-1}2^{k_2}\cdots n^{k_n}}\,(m-1,\mathbb{N})\,(k\geqslant 1);$$

当 $q=2$ 时, 有

$$d^{(\mathrm{III})}_{1^{k_1}2^{k_2}\cdots n^{k_n}}\,(m,\mathbb{N})$$
$$= \binom{m+1}{2}d^{(\mathrm{III})}_{1^{k_1}2^{k_2-1}\cdots n^{k_n}}\,(m,\mathbb{N}) + m^2\,d^{(\mathrm{III})}_{1^{k_1}2^{k_2-1}\cdots n^{k_n}}\,(m-1,\mathbb{N})$$
$$+ \binom{m}{2}d^{(\mathrm{III})}_{1^{k_1}2^{k_2-1}\cdots n^{k_n}}\,(m-2,\mathbb{N}).$$

现在来看一个例子.

例 7.4.1 规格为 $p^1 1^{n-p}$ 的 n 个球 m 个不同的盒的 III 型分配问题. 若对各盒的容量不加限制, 记其分配数为 $d^{(\mathrm{III})}_n\left(m,\mathbb{N}^\circ\right)$; 若限制各盒非空, 记其分配数为 $d^{(\mathrm{III})}_n\left(m,\mathbb{N}\right)$. 于是, 有

$$\sum_{p\geqslant 0}\sum_{n\geqslant p} d^{(\mathrm{III})}_{p1^{n-p}}\left(m,\mathbb{N}^\circ\right)\frac{t^p u^{n-p}}{(n-p)!} = \left(\frac{e^u}{(1-t)}\right)^m, \tag{7.4.10}$$

$$\sum_{p\geqslant 0}\sum_{n\geqslant p} d^{(\mathrm{III})}_{p1^{n-p}}\left(m,\mathbb{N}\right)\frac{t^p u^{n-p}}{(n-p)!} = \left(\frac{e^u}{1-t}-1\right)^m, \tag{7.4.11}$$

因而有

$$d_{p1^{n-p}}^{(\mathrm{III})}(m,\mathbb{N}) = \sum_{0\leqslant k\leqslant m} \binom{m}{k}\binom{p+k-1}{m-1}\Delta^k 0^{n-p}, \tag{7.4.12}$$

$$d_{p1^{n-p}}^{(\mathrm{III})}(m,\mathbb{N}) = \sum_{0\leqslant k\leqslant m} (-1)^{m-k} k^{n-p}\binom{m}{k}\binom{k+p-1}{k-1}, \tag{7.4.13}$$

$$d_{p1^{n-p}}^{(\mathrm{III})}(m,\mathbb{N}) = \sum_{0\leqslant k\leqslant m} \binom{m}{k}\binom{m+p-k-1}{m-1}(m-k)^{n-p}. \tag{7.4.14}$$

解 由定理 7.4.1 的证明过程可知

$$d_{p1^{n-p}}^{(\mathrm{III})}(m,\mathbb{N}^\circ) = d_p^{(\mathrm{III})}(m,\mathbb{N}^\circ)d_{1^{n-p}}^{(\mathrm{III})}(m,\mathbb{N}^\circ)$$
$$- d_p^{(\mathrm{II})}(m,\mathbb{N}^\circ)d_{n-p}^{(\mathrm{I})}(m,\mathbb{N}^\circ).$$

故由 7.2 和 7.3 的结果可得

$$\sum_{p\geqslant 0} d_p^{(\mathrm{II})}(m,\mathbb{N}^\circ)\left(\sum_{n\geqslant p} d_{n-p}^{(\mathrm{I})}(m,\mathbb{N}^\circ)\frac{u^{n-p}}{(n-p)!}\right)t^p$$
$$= \sum_{p\geqslant 0} d_p^{(\mathrm{III})}(m,\mathbb{N}^\circ)e^{mu}t^p$$
$$= e^{mu}(1-t)^{-m},$$

此即(7.4.10)

由 $d_{p1^{n-p}}^{(\mathrm{III})}(m,\mathbb{N})$ 的组合意义, 有

$$d_{p1^{n-p}}^{(\mathrm{III})}(m,\mathbb{N}) = \sum_{0\leqslant k\leqslant m} \binom{m}{k}d_{n-p}^{(\mathrm{I})}(m-k,\mathbb{N})d_{p-k}^{(\mathrm{II})}(m,\mathbb{N}^\circ). \tag{7.4.15}$$

这是因为, 若对 $n-p$ 个相异的球的I型分配, m 个盒中恰有 k 个盒空的分配数, 由定理 7.3.8, 是 $\binom{m}{k}d_{n-p}^{(\mathrm{I})}(m-k,\mathbb{N})$, 而这 k 个空盒对 p 个相同的球的 II 型分配就不能再空了, 故可从这 p 个球中取出 k 个, 使这些空盒中先每盒放入一个球, 就化为 $p-k$ 个相同的球对无容量限制的 m 个盒的 II 型分配问题, 这个分配数是 $d_{p-k}^{(\mathrm{II})}(m,\mathbb{N}^\circ)$, 故有(7.4.15).

由(7.4.15)可得

$$\sum_{p \geqslant 0} \sum_{n \geqslant p} d_{p1^{n-p}}^{(\mathrm{III})}(m, \mathbb{N}) \frac{t^p u^{n-p}}{(n-p)!}$$

$$= \sum_{0 \leqslant k \leqslant m} \binom{m}{k} t^k \sum_{p \geqslant 0} d_{n-p}^{(\mathrm{I})}(m-k, \mathbb{N}) \frac{u^{n-p}}{(n-p)!} \times \sum_{n \geqslant p} d_{p-k}^{(\mathrm{II})}(m, \mathbb{N}^{\circ}) t^{p-k}$$

$$= \sum_{0 \leqslant k \leqslant m} \binom{m}{k} t^k (e^u - 1)^{m-k} (1-t)^{-m}$$

$$= (1-t)^{-m} (e^u - 1 + t)^m,$$

立得(7.4.11).

因为

$$\left(\frac{e^u}{1-t} - 1\right)^m = \sum_{0 \leqslant k \leqslant m} (-1)^{m-k} \binom{m}{k} e^{ku} (1-t)^{-k}$$

$$= \sum_{0 \leqslant k \leqslant m} (-1)^{m-k} \binom{m}{k} \sum_{n \geqslant p} \frac{k^{n-p} u^{n-p}}{(n-p)!} \sum_{p \geqslant 0} \binom{k+p-1}{k-1} t^p,$$

其中 $\dfrac{t^p u^{n-p}}{(n-p)!}$ 的系数即(7.4.13)的右节.

又因为

$$\left(\frac{e^u}{1-t} - 1\right)^m = \left(\frac{e^u - 1}{1-t} + \frac{t}{1-t}\right)^m$$

$$= \sum_{0 \leqslant k \leqslant m} \binom{m}{k} (e^u - 1)^k (1-t)^{-m} t^{m-k}$$

$$= \sum_{0 \leqslant k \leqslant m} \binom{m}{k} \sum_{n \geqslant p} \frac{u^{n-p}}{(n-p)!} \Delta^k 0^{n-p} \sum_{j \geqslant 0} \binom{m+j-1}{m-1} t^{j+m-k},$$

其中 $\dfrac{t^p u^{n-p}}{(n-p)!}$ 的系数即(7.4.12)的右节.

把 7.2 和 7.3 的相应结果代入(7.4.15)便得(7.4.14), **解毕.**

(7.4.12)—(7.4.14)三个等式的右节用等号联接起来, 便得一个组合恒等式.

7.5 IV 型分配问题

今设 n 个球的规格是

$$1^{k_1} 2^{k_2} \cdots n^{k_n}, k_1 + 2k_2 + \cdots + nk_n = n, \tag{7.5.1}$$

m 个不同的"内有序"的盒是 $c_1, c_2, \cdots, c_m$，且设有一个 IV 型分配问题 $P^{(\text{IV})}$ 待解. 如果当这 m 个盒都是内无序的且 n 个球都相同时，与问题 $P^{(\text{IV})}$ 的盒容量限制条件相同的分配问题记为 P，P 的分配数记为 $d_n(m, P)$. 于是，对问题 P 的每一个分配法，把 n 个球的位置随意交换就可得出 $P^{(\text{IV})}$ 的全部分配. 这样的置换共有 $n!$ 个，但是其中可能有相同的分配方法重复出现. 因为对 q 个相同的球，它们之间的任一置换所产生的那些分配都是相同的. 让 q 从 1 到 n，便得到总的重复次数是

$$(1!)^{k_1} (2!)^{k_2} \cdots (n!)^{k_n}.$$

因此分配问题 $P^{(\text{IV})}$ 的分配数是

$$d^{(\text{IV})}_{1^{k_1} \cdots n^{k_n}} (m) = \frac{n!}{(1!)^{k_1} (2!)^{k_2} \cdots (n!)^{k_n}} d_n(m, P). \tag{7.5.2}$$

有时，把球的规格(7.5.1)也记为

$$(n_1, n_2, \cdots, n_l), \tag{7.5.3}$$

指的是这 n 个球分成 l 类，第 i 类中有 n_i 个相同的球，不同类中的球不同 $(1 \leqslant i \leqslant l)$. 用记号(7.5.3)时，结果(7.5.2)就化为

$$d^{(\text{IV})}_{n_1, \cdots, n_l} (m) = \frac{n!}{n_1! n_2! \cdots n_l!} d_n(m, P), \tag{7.5.4}$$

这里自然有

$$n_1 + n_2 + \cdots + n_l = n.$$

上述结果可以总结为

定理 7.5.1 规格为(7.5.1)的 n 个球对 m 个不同的内有序的盒的分配数可以通过盒是内无序时分配数来定出，有如(7.5.2)所示. 若这 n 个球的规格为(7.5.3)，则有公式(7.5.4).

例如，在 7.3 中已知把 n 个相同的球放入 m 个不同的盒的分配数是

$$\binom{n+m-1}{n},$$

故若这 m 个盒都是内有序的且球的规格为(7.5.3)时的分配数，亦即分配 n 个规格为(7.5.3)的球于 m 个内有序的不同的盒的分配数是

$$\frac{n!}{n_1!\,n_2!\cdots n_l!}\binom{n+m-1}{n}. \tag{7.5.5}$$

又若球的规格为 1^n, 就是说 n 个球是互异时, 分配 n 个不同的球于 m 个内有序的不同的盒的分配数是

$$n!\binom{n+m-1}{n}=(n+m-1)_n. \tag{7.5.6}$$

如果要求每个盒非空, 那么对应于(7.5.5)和(7.5.6)的分配数分别是

$$\frac{n!}{n_1!\,n_2!\cdots n_l!}\binom{n-1}{m-1}$$

和

$$n!\binom{n-1}{m-1}.$$

7.6　Ⅴ、Ⅵ 型分配问题

当 m 个盒都相同时的分配问题是很复杂的, 这里只介绍一些简单的结果, 而把有些问题的解决放到下章去.

定理 7.6.1　n 个不同的球分配于 m 个相同的盒, 每盒非空, 这样的分配数是第二类 Stirling 数

$$S(n,m), \tag{7.6.1}$$

如果去掉 "每盒非空" 的限制, 则分配数是

$$\sum_{1\leqslant j\leqslant m} S(n,j). \tag{7.6.2}$$

证明　若每盒非空, 则这 m 个盒异时的分配数是当这 m 个盒相同时相应的分配数的 $m!$ 倍. 这是因为, 对任一固定的分配方法, 令球的位置不变, 而把 m 个盒任意换位, 那么当盒各不相同时得到 $m!$ 个分配方法, 当各盒相同时只得到一个分配方法. 于是由(7.2.3)便得(7.6.1).

(7.6.2)是(7.6.1)的直接推论. **证毕**.

这个定理有下面的应用. 设正整数 a 是 n 个不同的素因数之积:

$$a = p_1 \cdots p_n, \tag{7.6.3}$$

则 a 分解成 m 个因子之积的方法有 $S(n,m)$ 个.

只要把(7.6.3)中的每个素因数 p_i 当作第 i 个球, 把 a 的 m 个因子的每一个看作盒即得上述结果. 自然, 这就给 Stirling 数以一个数论的解释.

定理 7.6.2　把 n 个相同的球分配于 m 个相同的盒, 每盒非空, 这样的分配数就是把正整数 n 分拆成 m 个项之和, 每项皆正, 这样的分拆的个数, 今后把这个数记为 $p_n(m)$. 如果去掉"每盒非空"的限制, 则分配数是

$$\sum_{1\leqslant j\leqslant m} p_n(j).$$

这个定理的结论是自明的. 它并没有给出这个问题的解答, 只是把它化成与之等价的另一个问题——"分拆". "分析"非常有用, 然而它的求解并非易事. 下面将用整个一章的篇幅来讨论它.

第八章 分 拆

在第二章和第六章中已经看到，某些重要的和式的求和范围和"分拆"有着很密切的联系；在第七章中又指出过，有一类分配问题实质上就是一个"分拆"问题；此外，在第十章中还将再一次同它遇面. 不仅如此，"分拆"问题本身还是组合论的重要内容之一. 所以有必要系统地介绍有关它的理论. 这就是本章的任务.

下面首先介绍分拆的一般概念和它的 Ferrers 图(8.1). 然后把有序分拆问题化为分配问题，从而利用第七章的有关结果使之得到解决(8.2). 最后讨论了无序分拆的问题：它的母函数(8.3)和 Ferrers 图(8.4)，分拆数的性质(8.7, 8.8). 此外，对一些重要的特殊分拆也作了适当的介绍(8.5, 8.6).

8.1 概 论

定义 8.1.1 正整数 n 的一个分拆，是把 n 表成正整数的和

$$n = n_1 + n_2 + \cdots + n_k, n_i > 0 \ (1 \leqslant i \leqslant k), k \geqslant 1 \tag{8.1.1}$$

的一种表示法. 如果表示式(8.1.1)是无序的，也就是说，对诸 n_i 的任意换位后的表示法都仅只视为一种表示法，这样的分拆叫做一个无序分拆，或简称为分拆. 反之，如果表示式(8.1.1)是有序的，或说(8.1.1)的右节是一个有序和，即它不仅与各项的数值有关，而且与各项的次序有关，不同的次序认为是不同的表示法，这样的分拆叫做一个有序分析. (8.1.1)的每一项 n_i 叫做一个分部，分部的个数叫做分部数，一个分部的数值叫做这个分部的容量，简称为分部量. 分部量为 n_i 的分部又叫做 n_i 分部. n 的分拆的个数叫做 n 的分拆数，分拆数的数列叫做分拆数列.

定义 8.1.2 对 n 的一个分拆(8.1.1)，若对分部数和分部量没有任何限制，则称为一个无限制分拆. n 的无限制分拆数记为 p_n. 若对分部量有限制条件，且把这些限制条件的集记为 $\mathring{A}$，则称这样的分拆是一个 $\mathring{A}$ 分拆，其个数记为 $p_n^{(A)}$ 或 $p_{n,(A)}$. 如果集 $\mathring{A}$ 分解成两个互不相交的集的并：$\mathring{A} = A_1 \bigcup A_2$，$A_1 \bigcap A_2 = \varnothing$，$\mathring{A}$ 分拆数还可记为 $p_{n,(A_1)}^{(A_2)}$. 今约定，除特别声明外，均有 $p_0^{(A)} = 1$.

例如，常见的限制条件有

$$\text{分部数} = k, \tag{8.1.2}$$

$$\text{分部数} \leqslant k, \tag{8.1.3}$$

$$\text{分部量} \leqslant k, \tag{8.1.4}$$

$$\text{最大分部量} = k, \tag{8.1.5}$$

$$\text{各分部量为奇数} \tag{8.1.6}$$

$$\text{各分部量为偶数} \tag{8.1.7}$$

$$\text{各分部量相异,} \tag{8.1.8}$$

以及它们的一些组合.

对于分部量的限制条件的一般形式是

$$\text{分部量} \in \mathring{B}, \tag{8.1.9}$$

这里 $\mathring{B}$ 是某些正整数所组成的集. 自然, (8.1.4), (8.1.6)和(8.1.7)都是(8.1.9)的特款. (8.1.5)和(8.1.8)同(8.1.9)也有着极密切的联系.

对于上述限制条件, n 的分拆数和分拆数列的普母函数今后将采用以下记号

$$\text{没有限制条件:} \quad p_n, \qquad p(t);$$

$$\text{对应于 } (8.1.9): \quad p_n^{(\mathring{B})}, \qquad p^{(\mathring{B})}(t);$$

$$\text{对应于 } (8.1.2): \quad p_{n,(k)}, \qquad p_{(k)}(t);$$

$$\text{对应于 } (8.1.3): \quad p_{n,(\leqslant k)}, \qquad p_{(\leqslant k)}(t);$$

$$\text{对应于 } (8.1.4): \quad p_n^{(\leqslant k)}, \qquad p^{(\leqslant k)}(t);$$

$$\text{对应于 } (8.1.5): \quad p_n^{(k)}, \qquad p^{(k)}(t);$$

$$\text{对应于 } (8.1.6): \quad p_n^{(o)}, \qquad p^{(o)}(t);$$

$$\text{对应于 } (8.1.7): \quad p_{n,}^{(e)}, \qquad p^{(e)}(t);$$

$$\text{对应于 } (8.1.8): \quad p_n^{(\neq)}, \qquad p^{(\neq)}(t);$$

在上述记号中, 有关分部量的限制条件记在右上角的括号内, 有关分部数的限制条件记在右下角的括号内, 如果右下角有 n, 则放在 n 之后. 类似地记那些限制条件为(8.1.2)—(8.1.9)的某些组合时的情形. 譬如, 在限制条件(8.1.4)和(8.1.8)下, n 的分拆数和分拆数列的普母函数就分别是

$$p_n^{(\leqslant k, \neq)} \text{和} p^{(\leqslant k, \neq)}(t).$$

前者表示限制分部量不超过 k, 且各分部量互异时 n 的分拆数;后者表示分拆数列 $\left(p_n^{(\leqslant k, \neq)} \right)_{n \geqslant 0}$ 的普母函数. 又如, 在限制条件(8.1.3)和(8.1.6)下, n 的分拆数和分拆数列的普母函数就分别是

$$p_{n,(\leqslant k)}^{(o)} \text{和} \ p_{(\leqslant k)}^{(o)}(t).$$

前者表示分部量皆为奇数, 且分部数不超过 k 时, n 的分拆数; 后者表示分拆数列 $\left(p_{n,(\leqslant k)}^{(o)}\right)_{n\geqslant 0}$ 的普母函数.

分拆问题与第七章的某些分配问题有着极密切的联系. 有序分拆等价于 II 型分配问题, 所以利用 7.3 的结果就可得到解决, 这将是 8.2 的内容. 无序分拆等价于 VI 型分配问题, 这已于 7.5 中得出. 然而那里并未解决这个问题, 却把它留在本章处理. 所以, 从 8.3 以后都在处理无序分拆问题. 这里再一次指出, 如定义 8.1.1 所述, 无序分拆常简称为分拆.

下面列出 $n\in[1,8]$, 分部数 $k\in[1,8]$ 时全部分拆的表(表 8.1.1), 以供引用和对分拆建立一个直观的了解. 表中采用分拆的另一记法: 在(8.1.1)中若有 k_i 个项为 $i(1\leqslant i\leqslant n)$, $k_i\geqslant 0$, 则把这样的一个分拆记为

$$1^{k_1}2^{k_2}\cdots n^{k_n}. \tag{8.1.10}$$

有时也把分拆(8.1.1)记为

$$(n_1,n_2,\cdots,n_k).$$

对应于(8.1.10), 方程(8.1.1)又可写为

$$k_1+2k_2+\cdots+nk_n=n, k_i\geqslant 0. \tag{8.1.11}$$

这一形式在 2.6 关于复合函数的高阶微商的公式中, 在第六章关于置换群的各种计数问题中已经屡次出现. 方程(8.1.1)及其解数的问题在 1.3 中也已用到.

表 8.1.1 分拆表

n \ k	1	2	3	4	5	6	7	8
1	1							
2	2	1^2						
3	3	21	1^3					
4	4	$31,2^2$	21^2	1^4				
5	5	$41,32$	$31^2,2^21$	21^3	1^5			
6	6	$51,42$	$41^2,321$	31^3	21^4	1^6		
		3^2	2^3	2^21^2				
7	7	$61,52$	$51^2,421$	41^3	31^4	21^5	1^7	
		43	$3^31,32^2$	321^2	2^21^3			
				3^21				

续表

k n	1	2	3	4	5	6	7	8
8	8	$71,62$ $53,4^2$	$61^2,521$ $431,42^2$ 3^22	51^3 421^2 3^21^2 32^21 2^4	41^4 321^3 2^31^2	31^5 2^21^4	21^6	1^8

除了用方程(8.1.1)或(8.1.11)来表示分拆外, 还经常用所谓 Ferrers 图来表示. 对无序分拆, 不失一般, 可设方程(8.1.1)中有

$$n_1 \geqslant n_2 \geqslant \cdots \geqslant n_k \geqslant 1. \tag{8.1.12}$$

在一条水平直线上描下 n_1 个点, 在其下面一条水平直线上描下 n_2 个点, 且这两条线上的第一个点同在一条竖直直线上, 其他点依次与上行的点相对, 依此类推, 最后在第 k 条水平直线上描下 n_k 个点, 第一个点与前面各行的第一个点均在同一竖直直线上, 其他点依次与上行的点相对. 这样得出的点阵图就叫做 n 的分拆 (8.1.1)的 Ferrers 图. 例如, 11 的分拆

$$11 = 6 + 4 + 1 \tag{8.1.13}$$

的 Ferrers 图就是

$$
\begin{array}{l}
\bullet\ \bullet\ \bullet\ \bullet\ \bullet\ \bullet \\
\bullet\ \bullet\ \bullet\ \bullet \\
\bullet
\end{array} \tag{8.1.14}
$$

反过来, 对于一个 Ferrers 图, 又可按上述规则对应于 n 的唯一的一个分拆. 所以, n 的一个分拆同它的 Ferrers 图之间是(1-1)对应的. 把一个 Ferrers 图的各行改作各列, 但其相对位置不变, 这样又得出一个 Ferrers 图, 叫做原 Ferrers 图的共轭图或共轭. 例如, 图(8.1.14)的共轭是

$$
\begin{array}{l}
\bullet\ \bullet\ \bullet \\
\bullet\ \bullet \\
\bullet\ \bullet \\
\bullet\ \bullet \\
\bullet \\
\bullet
\end{array} \tag{8.1.15}
$$

共轭的 Ferrers 图所对应的分拆叫做原分拆的共轭分拆或共轭. (8.1.15)所对应的分拆是

$$11 = 3 + 2 + 2 + 2 + 1 + 1,$$

这就是分拆(6.1.13)的共轭.

由共轭分拆的定义可知, 一个分拆的共轭就是把此分拆的 Ferrers 图依列"读出" 的结果, 而且共轭的共轭就是自身.

现在约定, 今后谈到无序分拆(8.1.1)时均暗含它合条件(8.1.12).

分拆(8.1.1)的 Ferrers 图对应于一个 $k \times n_1$ 的(0,1)极左矩阵 P: 点代表 1, 空位代表零. 例如, (8.1.4)所对应的 3×6 的(0,1)极左矩阵是

$$\begin{pmatrix} 1 & 1 & 1 & 1 & 1 & 1 \\ 1 & 1 & 1 & 1 & 0 & 0 \\ 1 & 0 & 0 & 0 & 0 & 0 \end{pmatrix}.$$

以这个 $k \times n_1$ 矩阵 P 的诸行和为分部的分拆就是(8.1.1), 以它的诸列和为分部的分拆就是(8.1.1)的共轭分拆. 所以, 由定理 5.4.1, 立得

定理 8.1.1 分拆(8.1.1)的共轭分拆的诸分部量是

$$d_j = \sum_{0 \leqslant i \leqslant k} \mathrm{sgn}\big[\max(n_i - j + 1, 0)\big] (1 \leqslant j \leqslant n_1).$$

一个分拆若与其共轭相同, 则称它是自共轭的. 例如, 分拆

$$12 = 5 + 3 + 2 + 1 + 1$$

就是一个自共轭分拆.

8.2 有 序 分 拆

今考虑正整数 n 恰具 k 个分部的有序分拆:

$$n = n_1 + n_2 + \cdots + n_k, n_i \geqslant 1 (1 \leqslant i \leqslant k). \tag{8.2.1}$$

与此相应的, 是把 n 个相同的球放入 k 个不同的盒, 第 i 个盒装入 n_i 个球 $(1 \leqslant i \leqslant k)$ 的一个分配. 反过来, 这样的一个分配就对应于形如(8.2.1)的一个有序分拆. 易知, 这是一个(1-1)对应. 因此, 形如(8.2.1)的全体有序分拆本质上就是把 n 个相同的球放入 k 个不同的盒, 使得每盒非空这样的分配的全体. 所以, 可以把 7.3 中关于 II 型分配问题的结果用有序分拆的语言重新叙述出来. 值得注意的是, 分拆(8.2.1)中有条件 $n_i \geqslant 1 (1 \leqslant i \leqslant k)$. 因而, 对分拆而言, "分部量不加限制" 意指分部量是任意正整数均可; 然而对分配而言, 盒容量不加限制却指盒容量为非负整数.

本节首先把 7.3 中的主要结果用分拆的语言转述出来, 再在此基础上建立些新结果.

关于有序分拆数和有序分拆数列的普母函数, 采用 8.1 的符号, 只是改写其中的 "p" 为 "$\overline{p}$", 以便于无序分拆的记号相区别.

定理 8.2.1 恰具 k 个分部的有序分拆, 第 i 个分量取自某些正整数所组成的集 $A_i(1 \leqslant i \leqslant k)$, 其分拆数列 $\left(\overline{p}_{n,(k)}^{(A_1,\cdots,A_k)}\right)_{n \geqslant 0}$ 的普母函数是

$$\prod_{1 \leqslant i \leqslant k} \sum_{l_i \in A_i} t_i i. \tag{8.2.2}$$

这里约定

$$\overline{p}_{0,(k)}^{(A_1,\cdots,A_k)} = 0 \quad (k \geqslant 1).$$

这是定理 7.3.1 的转述.

定理 8.2.2 恰具 k 个分部的有序分拆, 如果对分部量的限制条件是

$$A_i = [p_i, \infty), \quad p_i \geqslant 1(1 \leqslant i \leqslant k),$$

则此时的分拆数列 $\left(\overline{p}_{n,(k)}^{(p_1,\cdots,p_k)}\right)_{n \geqslant 0}$ 的普母函数是

$$\overline{p}_{(k)}^{(p_1,\cdots,p_k)}(t) = t^{p_1+\cdots+p_k}(1-t)^{-k}, \tag{8.2.3}$$

因而

$$\overline{p}_{n,(k)}^{(p_1,\cdots,p_k)} = \binom{n+k-(p_1+\cdots+p_k)-1}{k-1}. \tag{8.2.4}$$

这是定理 7.3.2 的转述.

系 如果对各分部量没有限制, 即

$$A_1 = A_2 = \cdots = A_k = [1, \infty) = \mathbb{N},$$

则此时的分拆数列 $\left(\overline{p}_{n,(k)}^{(\mathbb{N})}\right)_{n \geqslant 0}$ 的普母函数是

$$\overline{p}_{(k)}^{(\mathbb{N})}(t) = \left(\frac{t}{1-t}\right)^k, \tag{8.2.5}$$

且有

$$\overline{p}_{n,(k)}^{(\mathbb{N})} = \binom{n-1}{k-1}. \tag{8.2.6}$$

这是定理 7.3.2 的系 2 的转述.

定理 8.2.3　恰具 k 个分部的有序分拆, 如果对分部量的限制条件是

$$A_i = [p_i, p_i + q - 1], p_i \geqslant 1, q \geqslant 1 (1 \leqslant i \leqslant k),$$

则此时的分拆数列 $\left(\overline{p}_{n,(k)}^{((p_1,\cdots,p_k),q)} \right)_{n \geqslant 0}$ 的普母函数是

$$\overline{p}_{(k)}^{((p_1,\cdots,p_k),q)}(t) = t^{p_1 + \cdots + p_k} \left(\frac{1-t^q}{1-t} \right)^k, \tag{8.2.7}$$

且有

$$\overline{p}_{n,(k)}^{((p_1,\cdots,p_k),q)} = \sum_{0 \leqslant i \leqslant k} (-1)^i \binom{k}{i} \binom{k + n - (p_1 + \cdots + p_k + q^i) - 1}{k-1}. \tag{8.2.8}$$

这是定理 7.3.3 的转述.

系　如果对诸分部量的限制条件是

$$A_1 = \cdots = A_k = [1, s],$$

则此时的分拆数列 $\left(\overline{p}_{n,(k)}^{([1,s])} \right)_{n \geqslant 0}$ 的普母函数是

$$\overline{p}_{(k)}^{([1,s])}(t) = \left(\frac{t(1-t^s)}{1-t} \right)^k, \tag{8.2.9}$$

且有

$$\overline{p}_{n,(k)}^{([1,s])} = \sum_{0 \leqslant j \leqslant k} (-1)^j \binom{k}{j} \binom{n - sj - 1}{k-1}. \tag{8.2.10}$$

这是定理 7.3.3 系 1 的转述.

定理 8.2.4　恰具 k 个分部量的有序分拆, 如果对各分部量的限制条件是

$$A_i = \{2p_i, 2p_i + 2, \cdots\} := E_i, p_i \geqslant 1 (1 \leqslant i \leqslant k)$$

为从 $2p_i$ 起的全体偶数所组成的集, 则此时分拆数列 $\left(\overline{p}_{n,(k)}^{(E_1,\cdots,E_k)} \right)_{n \geqslant 0}$ 的普母函数是

$$\overline{p}_{(k)}^{(E_1,\cdots,E_k)}(t) = t^{2(p_1+\cdots+p_m)}\left(1-t^2\right)^{-m}, \tag{8.2.11}$$

且有

$$\overline{p}_{n,(k)}^{(E_1,\cdots,E_k)} = \begin{cases} \begin{pmatrix} k + \dfrac{n}{2} - (p_1+\cdots+p_k)-1 \\ k-1 \end{pmatrix}, & \text{若}2|n, \\ 0, & \text{若}2\nmid n. \end{cases} \tag{8.2.12}$$

这是定理 7.3.4 的转述.

系　如果对诸分部量的限制条件是

$$A_1 = \cdots = A_k = \{2,4,6,\cdots\} := B$$

为全体正偶数集, 则此时的分拆数列 $\left(\overline{p}_{n,(k)}^{(B)}\right)_{n\geqslant 0}$ 的普母函数是

$$\overline{p}_{(k)}^{(B)}(t) = \left(\dfrac{t^2}{1-t^2}\right)^k, \tag{8.2.13}$$

且有

$$\overline{p}_{n,(k)}^{(B)} = \begin{cases} \begin{pmatrix} \dfrac{n}{2} - 1 \\ k-1 \end{pmatrix}, & \text{若}2|n, \\ 0, & \text{若}2\nmid n. \end{cases} \tag{8.2.14}$$

这是定理 7.3.4 系 1 的转述.

定理 8.2.5　恰具 k 个分部的有序分拆, 如果对分部量的限制条件是

$$A_i = \{2p_i, 2p_i+2, \cdots, 2p_i+2q-2\} =: E_i',$$

$$p_i \geqslant 1, q \geqslant 1(1 \leqslant i \leqslant k),$$

为从 $2p_i$ 起至 $2p_i+2q-2$ 止的全部偶数, 则此时的分拆数列 $\left(\overline{p}_{n,(k)}^{(E_1',\cdots,E_k')}\right)_{n\geqslant 0}$ 的普母函数是

$$\overline{p}_{(k)}^{(E_1',\cdots,E_k')}(t) = t^{2(p_1+\cdots+p_k)}\left(\dfrac{1-t^{2q}}{1-t^2}\right)^k, \tag{8.2.15}$$

且有

$$\overline{p}_{n,(k)}{}^{(E_1^i,\cdots,E_k^i)} = \begin{cases} \displaystyle\sum_{0\leqslant i\leqslant k} (-1)^i \binom{R}{i}\binom{k+\dfrac{n}{2}-(p_1+\cdots+p_k)^{-q^{i-1}}}{k-1}, & \text{若}2\,|\,n, \\ 0, & \text{若}2\nmid n. \end{cases} \tag{8.2.16}$$

这是定理 7.3.5 的转述.

系　如果对诸分部量的限制条件是

$$A_1 = \cdots = A_k = \{2,4,\cdots,2s\} =: D$$

为前 s 个正偶数所组成的集, 则此时的分拆数列 $\left(\overline{p}_{n,(k)}^{(D)}\right)_{n\geqslant 0}$ 的普母函数是

$$\overline{p}_{(k)}^{(D)}(t) = \left(\dfrac{t^2\left(1-t^{2s}\right)}{1-t^2}\right)^k, \tag{8.2.17}$$

且有

$$\overline{p}_{n,(k)}^{(D)} = \begin{cases} \displaystyle\sum_{0\leqslant i\leqslant k} (-1)^i \binom{k}{i}\binom{\dfrac{n}{2}-si-1}{k-1}, & \text{若}2\,|\,n, \\ 0, & \text{若}2\nmid n. \end{cases} \tag{8.2.18}$$

这是定理 7.3.5 的系 1 的转述.

定理 8.2.6　恰具 k 个分部的有序分拆, 如果对分部量的限制条件是

$$A_i = \{2p_i+1, 2p_i+3, \cdots\} =: O_i, p_i \geqslant 0 (1\leqslant i\leqslant k),$$

为从 $2p_i+1$ 起的正奇数所组成的集, 则此时的分拆数的数列 $\left(\overline{p}_{n,(k)}^{(O_1,\cdots,O_k)}\right)_{n\geqslant 0}$ 的普母函数是

$$\overline{p}_{(k)}^{(O_1,\cdots,O_k)}(t) = t^{2(p_1+\cdots+p_k)+k}\left(1-t^2\right)^{-k}, \tag{8.2.19}$$

且有

$$\overline{p}_{n,(k)}^{(O_1,\cdots,O_k)} = \begin{cases} \binom{\dfrac{n+k}{2}-(p_1+\cdots+p_k)-1}{k-1}, & \text{若}2\,|\,n-k, \\ 0, & \text{若}2\nmid n-k. \end{cases} \tag{8.2.20}$$

这是定理 7.3.6 的转述.

系 如果对分部量的限制条件是

$$A_1 = \cdots = A_k = \{1, 3, 5, \cdots\} =: A$$

为全体正奇数所组成的集, 则此时的分拆数的数列 $\left(\overline{p}_{n,(k)}^{(A)}\right)_{n \geqslant 0}$ 的普母函数是

$$\overline{p}_{(k)}^{(A)}(t) = \left(\frac{t}{1 - t^2}\right)^k, \tag{8.2.21}$$

且有

$$\overline{p}_{n,(k)}^{(A)} = \begin{cases} \dbinom{\dfrac{n+k}{2} - 1}{k - 1}, & \text{若} 2 \mid n - k, \\ 0, & \text{若} 2 \nmid n - k. \end{cases} \tag{8.2.22}$$

这是定理 7.3.6 的系的转述.

定理 8.2.7 恰具 k 个分部的有序分拆, 如果对分部量的限制条件是

$$A_i = \{2p_i + 1, 2p_i + 3, \cdots, 2p_i + 2q - 1\} =: O_i', p_i \geqslant 0, q \geqslant 1 \ (1 \leqslant i \leqslant k)$$

为从 $2p_i + 1$ 起到 $2p_i + 2q - 1$ 止的全部奇数, 则此时的分拆数列 $\left(\overline{p}_{n,(k)^{(O_1', \cdots, O_k')}}\right)_{n \geqslant 0}$ 的普母函数是

$$\overline{p}_{(k)^{(O_1', \cdots, O_k')}}(t) = t^{2(p_1 + \cdots + p_k) + k} \left(\frac{1 - t^{2q}}{1 - t^2}\right)^k, \tag{8.2.23}$$

且有

$$\overline{p}_{n,(k)^{(O_1', \cdots, O_k')}}$$

$$= \begin{cases} \displaystyle\sum_{0 \leqslant i \leqslant k} (-1)^i \binom{k}{i} \binom{\dfrac{n+k}{2} - (p_1 + \cdots + p_k) - q^i - 1}{k - 1}, & \text{若} 2 \mid n - k, \\ 0, & \text{若} 2 \nmid n - k. \end{cases} \tag{8.2.24}$$

这是定理 7.3.7 的转述.

系 如果对分部量的限制条件是

$$A_1 = \cdots = A_k = \{1, 3, \cdots, 2s - 1\} =: C$$

为前 s 个正奇数的集, 则此时的分拆数列 $\left(\overline{p}_{n,(k)}^{(C)}\right)_{n\geqslant 0}$ 的普母函数是

$$\overline{p}_{(k)}^{(C)}\left(t\right)=\left(\frac{t\left(1-t^{2s}\right)}{1-t^2}\right)^k, \tag{8.2.25}$$

且有

$$\overline{p}_{n,(k)}^{(C)}=\begin{cases}\displaystyle\sum_{0\leqslant i\leqslant k}\ (-1)^i\binom{k}{i}\binom{\dfrac{n+k}{2}-si-1}{k-1}, & \text{若}2|n-k,\\[2ex] 0, & \text{若}2\nmid n-k.\end{cases} \tag{8.2.26}$$

这是定理 7.3.7 的系的转述.

设已有一个有序分拆问题 P:

$$n=n_1+n_2+\cdots+n_k, n_i\in A, 0\notin A\,(1\leqslant i\leqslant k),$$

其分拆数记为 $\overline{p}_{n,(k)}^{(P)}$, 分拆数列 $\left(\overline{p}_{n,(k)}^{(P)}\right)_{n\geqslant 0}$ 的普母函数记为 $\overline{p}_{(k)}^{(P)}\left(t\right)$. 由问题 P 可以引出有两个有序分拆问题:

P': 固定某 l 个分部量分别为 $s_1,s_2,\cdots,s_l$, 其余的分布量仍取自集 A;

P'': 有 l 个分部量都为 $s:=s_1$, 其余的分布量仍取自集 A.

分别记这两个有序分拆问题的分拆数为 $\overline{p}_{n,(k)}^{(P')}$ 和 $\overline{p}_{n,(k)}^{(P'')}$, 分拆数列 $\left(\overline{p}_{n,(k)}^{(P')}\right)_{n\geqslant 0}$ 和 $\left(\overline{p}_{n,(k)}^{(P'')}\right)_{n\geqslant 0}$ 的普母函数为 $\overline{p}_{(k)}^{(P')}\left(t\right)$ 和 $\overline{p}_{(k)}^{(P'')}\left(t\right)$. 那么, 有

定理 8.2.8

$$\overline{p}_{(k)}^{(P')}\left(t\right)=t^{s_1+\cdots+s_l}\,\overline{p}_{(k-l)}^{(P)}\left(t\right), \tag{8.2.27}$$

$$\overline{p}_{(k)}^{(P'')}\left(t\right)=\binom{k}{l}t^{ls}\,\overline{p}_{(k)}^{(P)}\left(t\right), \tag{8.2.28}$$

$$\overline{p}_{n,(k)}^{(P')}=\overline{p}_{n-s_1-\cdots-s_l,(k-l)}^{(P)}, \tag{8.2.29}$$

$$\overline{p}_{n,(k)}^{(P'')}=\binom{k}{l}\overline{p}_{n-ls,(k-l)}^{(P)}. \tag{8.2.30}$$

这是定理 7.3.8 的转述.

由上述诸定理和系可以得出分部数介于 h 与 l 之间, 或分部数不少于 l 的各种有序分拆数和有序分拆数列的普母函数. 今将常用者列于后.

定理 8.2.9 如果对各分部量没有限制, 则不少于 l 个分部的有序分拆数列 $\left(\overline{p}_{n,(\geqslant l)}^{(\mathbb{N})}\right)_{n\geqslant 0}$ 的普母函数是

$$\overline{p}_{(\geqslant l)}^{(\mathbb{N})}(t)=\frac{t^l}{(1-2t)(1-t)^{l-1}},l\geqslant 1,\tag{8.2.31}$$

因而有

$$\begin{aligned}\overline{p}_{n,(\geqslant l)}^{(\mathbb{N})}&=\sum_{0\leqslant i\leqslant n-l}2^i\binom{n-2-i}{l-2}\\&=\sum_{i\geqslant l}\binom{n-1}{i-1}.\end{aligned}\tag{8.2.32}$$

分部数在 $[h,l)$ 之中的有序分拆数列 $\left(\overline{p}_{n,([h,l))}^{(\mathbb{N})}\right)_{n\geqslant 0}$ 的普母函数是

$$p_{([h,l))}^{(\mathbb{N})}(t)=\frac{1}{1-2t}\left[\frac{t^h}{(1-t)^{h-1}}-\frac{t^l}{(1-t)^{l-1}}\right],\tag{8.2.33}$$

因而有

$$p_{n,([h,l))}^{(\mathbb{N})}=\sum_{0\leqslant i\leqslant n-h}2^i\binom{n-2-i}{h-2}-\sum_{0\leqslant i\leqslant n-l}2^i\binom{n-2-i}{l-2}.\tag{8.2.34}$$

证明 由 (8.2.5), 有

$$\begin{aligned}\overline{p}_{(\geqslant l)}^{(\mathbb{N})}(t)&=\sum_{n\geqslant 0}\sum_{k\geqslant l}\overline{p}_{n,(k)}^{(\mathbb{N})}t^n=\sum_{k\geqslant l}\overline{p}_{(k)}^{(\mathbb{N})}(t)\\&=\sum_{k\geqslant l}t^k(1-t)^{-k}=\frac{t^l}{(1-2t)(1-t)^{l-1}},\end{aligned}$$

此即 (8.2.31).

展开 (8.3.31) 的右节, 有

$$\begin{aligned}\frac{t^l}{(1-2t)(1-t)^{l-1}}&=t^l\sum_{i\geqslant 0}2^it^i\sum_{j\geqslant 0}\binom{l-2+j}{l-2}t^j\\&=\sum_{n\geqslant l}\sum_{0\leqslant i\leqslant n-l}2^i\binom{n-2-i}{l-2}t^n,\end{aligned}$$

故有(8.2.32)的第一式. 由(8.2.6)求和则得(8.2.32)的第二式.

由

$$\overline{p}_{n,([h,l))}^{(\mathbb{N})} = \overline{p}_{n,(\geq h)}^{(\mathbb{N})} - \overline{p}_{n,(\geq l)}^{(\mathbb{N})},$$

以及(8.2.31)和(8.2.32), 立得(8.2.33)和(8.2.34). **证毕.**

系

$$\overline{p}_{(\geq 1)}^{(\mathbb{N})}(t) = \frac{t}{1 - 2t}, \tag{8.2.35}$$

$$\overline{p}_{n,(\geq 1)}^{(\mathbb{N})} = 2^{n-1}, \tag{8.2.36}$$

$$\overline{p}_{(<l)}^{(\mathbb{N})}(t) = \frac{t}{1 - 2t}\left(1 - \frac{t^l}{(1-t)^{l-1}}\right), \tag{8.2.37}$$

$$\overline{p}_{n,(<l)}^{(\mathbb{N})} = 2^{n-1} - \sum_{0 \leq i \leq n-l} 2^i \binom{n-2-i}{l-2}. \tag{8.2.38}$$

由定理 8.2.3 的系, 可以类似地证明

定理 8.2.10 如果各分部量取自集 $[1,s]$, 则不少于 l 个分部的有序分拆数列 $\left(\overline{p}_{n,(\geq l)}^{([1,s])}\right)_{n \geq 0}$ 的普母函数是

$$\overline{p}_{(\geq l)}^{([1,s])}(t) = \frac{\left(t(1-t^s)\right)^s}{(1-t)^{l-1}\left(1 - 2t + t^{s+1}\right)},$$

且有

$$\overline{p}_{n,(\geq l)}^{([1,s])} = \sum_{k \geq l} \sum_{0 \leq j \leq k} (-1)^j \binom{k}{j}\binom{n-sj-1}{k-1}. \tag{8.2.39}$$

自然, (8.2.39)中的和实际上是有限和.

由定理 8.2.4 的系可得

定理 8.2.11 如果各分部量取自正偶数集 $B = \{2,4,6,\cdots\}$, 则不少于 l 个分部的有序分拆数列 $\left(\overline{p}_{n,(\geq l)}^{(B)}\right)_{n \geq 0}$ 的普母函数是

$$\overline{p}_{(\geq l)}^{(B)}(t) = \frac{t^{2l}}{(1-t^2)^{l-1}(1-2t^2)},$$

且有

$$\overline{p}_{n,(\geqslant l)}^{(B)} = \begin{cases} \displaystyle\sum_{0\leqslant i\leqslant \frac{n}{2}} 2^i \begin{pmatrix} \dfrac{n}{2}-i-2 \\ l-2 \end{pmatrix}, & \text{若}2\mid n, \\ 0, & \text{若}2\nmid n, \end{cases}$$

$$= \begin{cases} \displaystyle\sum_{k\leqslant l} \begin{pmatrix} \dfrac{n}{2}-1 \\ k-1 \end{pmatrix}, & \text{若}2\mid n, \\ 0, & \text{若}2\nmid n. \end{cases}$$

由定理 8.2.5 的系可得

定理 8.2.12 如果各分布量取自前 s 个正偶数集 $D=\{2,4,\cdots,2s\}$，则不少于 l 个分部的有序分拆数列 $\left(\overline{p}_{n,(\geqslant l)}^{(D)}\right)_{n\geqslant 0}$ 的普母函数是

$$\overline{p}_{(\geqslant l)}^{(D)}(t) = \frac{\left(t^2\left(1-t^{2s}\right)\right)^l}{\left(1-t^2\right)^{l-1}\left(1-2t^2+t^{2(s+1)}\right)},$$

且有

$$\overline{p}_{n,(\geqslant l)}^{(D)} = \begin{cases} \displaystyle\sum_{k\geqslant l}\sum_{0\leqslant i\leqslant k} (-1)^i \begin{pmatrix} k \\ i \end{pmatrix}\begin{pmatrix} \dfrac{n}{2}-si-1 \\ k-1 \end{pmatrix}, & \text{若}2\mid n, \\ 0, & \text{若}2\nmid n. \end{cases} \tag{8.2.40}$$

自然, (8.2.40)中的和实际上是有限和.

由定理 8.2.6 的系可得

定理 8.2.13 如果各分布量取自正奇数集 $A=\{1,3,\cdots\}$，则不少于 l 个分部的有序分拆数列 $\left(\overline{p}_{n,(\geqslant l)}^{(A)}\right)_{n\geqslant 0}$ 的普母函数是

$$\overline{p}_{(\geqslant l)}^{(A)}(t) = \frac{t^l}{\left(1-t^2\right)^{l-1}\left(1-t-t^2\right)},$$

且有

$$\overline{p}_{n,(\geqslant l)}^{(A)}(t) = \begin{cases} \displaystyle\sum_{n\geqslant k\geqslant l} \begin{pmatrix} \dfrac{n+k}{2}-1 \\ k-1 \end{pmatrix}, & \text{若}2\mid n-k, \\ 0, & \text{若}2\nmid n-k. \end{cases}$$

由定理 8.2.7 的系可得

定理 8.2.14   如果各分部量取自前 s 个正奇数的集 $C = \{1, 3, \cdots, 2s-1\}$，则不少于 l 个分部的有序分拆数列 $\left(\overline{p}_{n,(\geqslant l)}^{(C)}\right)_{n \geqslant 0}$ 的普母函数是

$$\overline{p}_{(\geqslant l)}^{(C)} = \frac{(t(1-t^{2s}))^l}{(1-t^2)^{l-1}(1-t-t^2+t^{2s+1})},$$

且有

$$\overline{p}_{n,(\geqslant l)}^{(C)} = \begin{cases} \displaystyle\sum_{k \geqslant l} \sum_{0 \leqslant i \leqslant k} (-1)^i \binom{k}{i} \binom{\dfrac{n+k}{2} - si - 1}{k-1}, & \text{若} 2 \mid n-k, \\ 0, & \text{若} 2 \nmid n-k \end{cases}$$

8.3   分拆的母函数

仍用 8.1 中的记号

定理 8.3.1

$$p^{(\mathring{B})}(t) = \prod_{i \in \mathring{B}} \frac{1}{1-t^i}. \tag{8.3.1}$$

证明   展开 (8.3.1) 的右节，有

$$\prod_{i \in \mathring{B}} \frac{1}{1-t^i} = \prod_{i \in \mathring{B}} \sum_{j \geqslant 0} t^{ji}$$

$$= \sum_{j_1, j_2, \cdots \geqslant 0} t^{j_1 i_1 + j_2 i_2 + j_3 i_3 + \cdots}, \text{若} \mathring{B} = \{i_1, i_2, i_3, \cdots\}$$

$$= 1 + \sum_{n \geqslant 1} \left(\sum_{j_1 i_1 + j_2 i_2 + j_3 i_3 + \cdots = n} 1 \right) t^n,$$

其中 t^n 的系数正好是方程

$$j_1 i_1 + j_2 i_2 + j_3 i_3 + \cdots = n, i_1, i_2, \cdots \in \mathring{B}, n \geqslant 1$$

在 $\mathring{B}$ 中的无序解 $(j_1, j_2, \cdots)$：

$$\underbrace{i_1,\cdots,i_1}_{j_1\text{个}},\underbrace{i_2,\cdots,i_2}_{j_2\text{个}},\cdots$$

的个数, 因而是分拆的各分部量取自集 $\overset{\circ}{B}$ 的、n 的分拆数. 当 $n=0$ 时, 按约定有 $p_0^{(\overset{\circ}{B})}=1$, 而(8.3.1)右节展式中常数项也为 1. **证毕.**

定理 8.3.2 函数列 $\left(p_{(k)}^{(\overset{\circ}{B})}(t)\right)_{k\geqslant 0}$ 的普母函数是

$$p^{(\overset{\circ}{B})}(t,u)=\prod_{i\in \overset{\circ}{B}}\frac{1}{1-t^iu}. \tag{8.3.2}$$

证明 把(8.3.2)的右节展开, 得

$$\prod_{i\in \overset{\circ}{B}}\frac{1}{1-t^iu}=\prod_{i\in \overset{\circ}{B}}\sum_{j\geqslant 0}t^{ji}u^i$$

$$=\sum_{k\geqslant 0}\left(\sum_{j_1+j_2+\cdots=k}t^{j_1i_1+j_2i_2+\cdots}\right)u^k,$$

这里为方便计, 写

$$\overset{\circ}{B}=\{i_1,i_2,\cdots\}.$$

注意到 $0\notin \overset{\circ}{B}$, 便由上式得

$$\prod_{i\in \overset{\circ}{B}}\frac{1}{1-t^iu}=1+\sum_{k\geqslant 1}\left(\sum_{n\geqslant 1}\left(\sum_{\substack{j_1+j_2+\cdots=k\\j_1i_1+j_2i_2+\cdots=n}}1\right)t^n\right)u^k,$$

其中 u^k 的系数正好是 $p_{(k)}^{(\overset{\circ}{B})}(t)$, **证毕.**

定理 8.3.1 和定理 8.3.2 的内容是如此广泛, 使得许多重要的结论都是它们的特款. 这有如下面的定理所示.

定理 8.3.3

$$p(t)=\frac{1}{(1-t)(1-t^2)\cdots}, \tag{8.3.3}$$

$$p^{(\leqslant k)}(t) = \frac{1}{(1-t)(1-t^2)\cdots(1-t^k)}, \tag{8.3.4}$$

$$p^{(o)}(t) = \frac{1}{(1-t)(1-t^3)(1-t^5)\cdots}, \tag{8.3.5}$$

$$p^{(e)}(t) = \frac{1}{(1-t^2)(1-t^4)(1-t^6)\cdots}, \tag{8.3.6}$$

$$p^{(o,\leqslant 2k-1)}(t) = \frac{1}{(1-t)(1-t^3)\cdots(1-t^{2k-1})}, \tag{8.3.7}$$

$$p^{(e,\leqslant 2k)}(t) = \frac{1}{(1-t^2)(1-t^4)\cdots(1-t^{2k})}, \tag{8.3.8}$$

$$p^{(\neq)}(t) = (1+t)(1+t^2)(1+t^3)\cdots, \tag{8.3.9}$$

$$p^{(\neq,\leqslant k)}(t) = (1+t)(1+t^2)\cdots(1+t^k). \tag{8.3.10}$$

证明　(8.3.3)—(8.3.8)是(8.3.1)的直接推论.

(8.3.9)的右节的展式是

$$(1+t)(1+t^2)(1+t^3)\cdots = \sum_{i_1 < i_2 < \cdots} t^{i_1+i_2+\cdots}$$

$$= 1 + \sum_{n \geqslant 1} \left(\sum_{\substack{i_1+i_2+\cdots=n \\ i_1 < i_2 < \cdots}} 1 \right) t^n.$$

其中 t^n 的系数就是 $p_n^{(\neq)}$, 故有(8.3.9).

(8.3.10)的证明与(8.3.9)的证明是类似的, 从略. **证毕.**

系1　对正整数 n, 各分部量为奇数的分拆数与各分部量相异的分拆数相等:

$$p_n^{(o)} = p_n^{(\neq)}.$$

证明　由(8.3.9)有

$$p^{(\neq)}(t) \cdot (1-t)(1-t^2)(1-t^3)\cdots = (1-t^2)(1-t^4)(1-t^6)\cdots,$$

故有

$$p^{(\neq)}(t) = \frac{1}{(1-t)(1-t^3)(1-t^5)\cdots}$$

$$= p^{(o)}(t).$$

故得系 1. **证毕.**

例如, 各分部量相异, 数 5 的分拆共有

$$5, 41, 32$$

等三个, 各分部量为奇数, 数 5 的分拆共有

$$5, 31^2, 1^5$$

等三个.

系 2 当 $k \geqslant 1$ 时约定 $p_0^{(k)} = 0$, 则有

$$p^{(k)}(t) = \frac{t^k}{(1-t)(1-t^2)\cdots(1-t^k)}, k \geqslant 1. \tag{8.3.11}$$

证明 因为

$$p^{(k)}(t) = p^{(\leqslant k)}(t) - p^{(\leqslant k-1)}(t), k \geqslant 2$$

$$= \frac{1}{(1-t)(1-t^2)\cdots(1-t^k)}$$

$$- \frac{1}{(1-t)(1-t^2)\cdots(1-t^{k-1})}$$

$$= \frac{t^k}{(1-t)(1-t^2)\cdots(1-t^k)},$$

因而 (8.3.11) 当 $k \geqslant 2$ 成立, 至于 $k = 1$ 的结果是直接的, **证毕.**

系 3 对正整数 n, 分部量不超过 k 的分拆数等于, 对正整数 $n+k$, 最大分部量为 k 的分拆数:

$$p_n^{(\leqslant k)} = p_{n+k}^{(k)}. \tag{8.3.12}$$

证明 由 (8.3.11) 可得

$$p^{(k)}(t) = t^k p^{(\leqslant k)}(t),$$

由此比较两节中 t^{n+k} 的系数便得 (8.3.12).

下面介绍一个更为直观的证明. 易知, 以下两个分拆

$$n = n_1 + n_2 + \cdots + n_l, 1 \leqslant n_i \leqslant k \ (1 \leqslant i \leqslant l), \tag{8.3.13}$$

$$n + k = n_1 + n_2 + \cdots + n_l + n_{l+1}, n_{l+1} = k,$$
$$\max_{1 \leqslant i \leqslant l+1} (n_i) = k \tag{8.3.14}$$

之间可建立一个(1–1)对应, 故两种分拆数相同. 分拆(8.3.13)的各分部量不超过 k, 分拆(8.3.14)的最大分布量为 k, 因而系 3 成立. **证毕.**

例如, 当 $n = 6, k = 2$ 时, 分部量不超过 2, 数 6 的分拆共四个:

$$2^3, 2^2 1^2, 21^4, 1^6; \tag{8.3.15}$$

最大分部量为 2, 数 6+2=8 的分拆也是四个:

$$2^{3+1} = 2^4, 2^{2+1} 1^2 = 2^3 1^2, 2^{1+1} 1^4 = 2^2 1^4, 2^{0+1} 1^6 = 21^6. \tag{8.3.16}$$

(8.3.16)表明, 它的每一个分拆是由(8.3.15)的分拆增加一个 2 分部得来. 或者反过来说, (8.3.15)的每一个分拆是由(8.3.16)的分拆删去一个 2 分部得来.

系 4

$$n p_n = \sum_{lk \leqslant n} l p_{n-lk}.$$

证明 由(8.3.3), 有

$$\frac{\dfrac{d}{dt} p(t)}{p(t)} = \sum_{l \geqslant 1} \frac{lt^{l-1}}{1 - t^l}$$

$$= \frac{1}{t} \sum_{l \geqslant 1} l \left(t^l + t^{2l} + t^{3l} + \cdots \right),$$

因而

$$\sum_{n \geqslant 1} n p_n t^n = t \frac{d}{dt} p(t) = p(t) \sum_{\substack{l \geqslant 1 \\ k \geqslant 1}} lt^{lk}$$

$$= \left(1 + \sum_{i \geqslant 1} p_i t^i \right) \sum_{\substack{l \geqslant 1 \\ k \geqslant 1}} lt^{lk}.$$

比较两节中 t^n 的系数, 便得系 4. **证毕.**

由定理 8.3.2 和定理 8.3.3 立得

定理 8.3.4 函数列 $\left(p_{(l)}(t) \right)_{l \geqslant 0}, \left(p_{(l)}^{(\leqslant k)}(t) \right)_{l \geqslant 0}, \ \left(p_{(l)}^{(o)}(t) \right)_{l \geqslant 0}, \left(p_{(l)}^{(e)}(t) \right)_{l \geqslant 0},$

$\left(p_{(l)}^{(o,\leqslant 2k-1)}(t)\right)_{l\geqslant 0}$, $\left(p_{(l)}^{(e,\leqslant 2k)}(t)\right)_{l\geqslant 0}$, $\left(p_{(l)}^{(\ne)}(t)\right)_{l\geqslant 0}$, $\left(p_{(l)}^{(\ne,\leqslant k)}(t)\right)_{l\geqslant 0}$ 的普母函数分别是

$$p(t,u) = \frac{1}{(1-ut)(1-ut^2)(1-ut^3)\cdots}, \tag{8.3.17}$$

$$p^{(\leqslant k)}(t,u) = \frac{1}{(1-ut)(1-ut^2)\cdots(1-ut^k)}, \tag{8.3.18}$$

$$p^{(o)}(t,u) = \frac{1}{(1-ut)(1-ut^3)(1-ut^5)\cdots}, \tag{8.3.19}$$

$$p^{(e)}(t,u) = \frac{1}{(1-ut^2)(1-ut^4)(1-ut^6)\cdots}, \tag{8.3.20}$$

$$p^{(o,\leqslant 2k-1)}(t,u) = \frac{1}{(1-ut)(1-ut^3)\cdots(1-ut^{2k-1})}, \tag{8.3.21}$$

$$p^{(e,\leqslant 2k)}(t,u) = \frac{1}{(1-ut^2)(1-ut^4)\cdots(1-ut^{2k})}, \tag{8.3.22}$$

$$p^{(\ne)}(t,u) = (1+ut)(1+ut^2)(1+ut^3)\cdots, \tag{8.3.23}$$

$$p^{(\ne,\leqslant k)}(t,u) = (1+ut)(1+ut^2)\cdots(1+ut^k). \tag{8.3.24}$$

这里约定, 对上述诸式所对应的分部量限制条件 $\overset{\circ}{B}$, 都有

$$p_{(0)}^{(\overset{\circ}{B})}(l) = 1.$$

系 设 $l \geqslant 1$ 且约定 $p_{0,(l)} = 0$, 则

$$p_{(l)}(t) = t^l / (1-t)(1-t^2)\cdots(1-t^l). \tag{8.3.25}$$

证明 由(8.3.17), 有

$$(1-ut)p(t,u) = p(t,tu),$$

即

$$(1-ut)\sum_{l\geqslant 0} p_{(l)}(t)u^l = \sum_{l\geqslant 0} p_{(l)}(t)t^l u^l.$$

比较两节 u^l 的系数, 得

$$p_{(l)}(t) = \frac{t}{1-t^l} p_{(l=1)}(t).$$

如此继续迭代 l 次, 得

$$p_{(l)}(t) = \frac{t}{1-t^l} \cdot \frac{t}{1-t^{l-1}} \cdots \frac{t}{1-t} p_{(0)}(t)$$

$$= \frac{t^l}{(1-t^l)(1-t^{l-1})\cdots(1-t)},$$

此即(8.3.25). **证毕.**

比较(8.3.11), (8.3.12)和(8.3.25), 立得

系 2

$$p^{(k)}(t) = p_{(k)}(t) = t^k p^{(\leqslant k)}(t).$$

或者换为分拆数的语言, 就是: 对正整数 n, 最大分部量为 k 的分拆数, 等于分部数为 k 的分部数, 也等于对正整数 $n-k$, 各分部量不超过 k 的分拆数.

系 2 的前一等式也可由分拆与其共轭分拆之间有(1-1). 对应关系来得出. 最大分部量为 k 的分拆的共轭正好是分部数为 k 的分拆.

通过 Ferrers 图, 可以直观地把上述对应表示出来.

例如, 当 $n=6, k=3$ 时, 有下面的表:

最大分部量为 k 的分拆	31^3	321	3^2
上列分拆的 Ferrers 图			
上列图的共轭			
上列共轭图的分拆	41^2	321	2^3
对 $6-3=3$, 各分部量不超过 3 的分拆	3	21	1^3

今对表中最后一列解释如下: 如果在最大分布量为 k 的分拆中, 把每个分布量减少 1, 则得分布量不超过 k 的, 正整数 $n-k$ 的一个分拆. 让这样的两个分拆相对应, 易知, 这样建立的对应是(1-1)的, 因而二者的个数相等. 这就是系 2 的后一等式的直观证明.

系 3 设 $k \geqslant 1$ 且约定 $p_{0,(k)}^{(\neq)} = 0$, 则

$$p_{(k)}^{(\neq)}(t) = \frac{t^{\binom{k+1}{2}}}{(1-t)(1-t^2)\cdots(1-t^k)}. \tag{8.3.26}$$

或者换为分拆数的语言, 就是: 对正整数 n, 分布量不超过 k 的分拆数, 对于对正整数 $n + \binom{k+1}{2}$, 分部数为 k 且各分部两两相异的分拆数; 对正整数 n, 分部数为 k 的分拆数, 等于对正整数 $n + \binom{k}{2}$, 分部数为 k 且各分部两两相异的分拆数.

证明 由 (8.3.23), 有

$$p^{(\neq)}(t,u) = (1+ut)\, p^{(\neq)}(t,ut),$$

此即

$$\sum_{l\geqslant 0} p_{(l)}^{(\neq)}(t)u^l = (1-ut)\sum_{l\geqslant 0} p_{(l)}^{(\neq)}(t)(ut)^l.$$

比较两节中 u^l 的系数, 得

$$p_{(l)}^{(\neq)}(t) = \frac{t^l}{1-t^l}\, p_{(l-1)}^{(\neq)}(t).$$

继续迭代下去, 最后得

$$p_{(l)}^{(\neq)}(t) = \frac{t^l}{1-t^l}\cdot\frac{t^{l-1}}{1-t^{l-1}}\cdots\frac{t}{1-t}\, p_{(0)}^{(\neq)}(t).$$

由于 $p_{(0)}^{(\neq)}(t) = 1$, 故有 (8.3.26).

由 (8.3.26) 和 (8.3.4), 有

$$p_{(k)1^{k_1}}^{(\neq)}(t) = t^{\binom{k+1}{2}} p^{(\leqslant k)}(t).$$

比较两节中 $t^{n+\binom{k}{2}}$ 的系数便得系中关于分拆数的第一个论断.

由 (8.3.26) 和 (8.3.11), 有

$$p_{(k)}^{(\neq)}(t) = t^{\binom{k}{2}} p^{(k)}(t).$$

比较两节中 $t^{n+\binom{k+1}{2}}$ 的系数便得系中关于分拆数的第二个论断. **证毕.**

自然, 关于分拆数的上述两个论断, 因而公式(8.3.26)也可由直接法得出. 今简述如下.

分部量不超过 k, 数 n 的任一分拆

$$n = n_1 + \cdots + n_l, \ 1 \leqslant n_i \leqslant k \,(1 \leqslant i \leqslant l)$$

的共轭分拆, 就是分部数不超过 k 的一个分拆:

$$n = n_1' + \cdots + n'_l, \ n_i' \geqslant n_2' \geqslant \cdots \geqslant n_l',$$

这里 l' 是集 $[1,k]$ 中的某一定数, 此共轭分拆可与数

$$n + \binom{k+1}{2}$$

的下列分拆

$$n + \binom{k+1}{2} = \left(n_1' + k\right) + \left(n'_2 + (k-1)\right) + \cdots$$
$$+ \left(n_{l'}' + (k - l' + 1)\right) + (k - l') + \cdots + 2 + 1$$
$$=: n_1'' + n_2'' + \cdots + n_{k'}'', n_1'' > n_2'' > \cdots > n_{k'}'' \geqslant 1$$

相对应、易知上述对应是(1-1)的, 所以, 关于分拆数的第一个论断成立.

分部数为 k, 数 n 的任一分拆

$$n = n_1 + \cdots + n_k, n_1 \geqslant n_2 \geqslant \cdots \geqslant n_1 \geqslant 1,$$

可与数 $n + \binom{k}{2}$ 的下列分拆

$$n + \binom{k}{2} = \left(n_1 + (k-1)\right) + \left(n_2 + (k-2)\right) + \cdots + \left(n_{k-1} + 1\right) + n_k$$

$$=: n_1' + n_2 + \cdots + n_k', n'_1 > n_2' > \cdots > n_k' \geqslant 1$$

相对应. 易知上述对应是(1-1)的, 所以, 关于分拆数的第二个论断成立.

上述推理也可由 Ferrers 图直观地表示出来. 例如, 当 $n = 6, k = 2$ 时, 相应于第一个推理, 有以下的演化表:

分布量 ≤ 2，数 6 的分拆
的 Ferrers 图

上述 Ferrers 图的共轭

数 $6 + \dbinom{2}{2} = 7$ 的相应分
拆的 Ferrers 图

相应于第二个推理，有以下演化表：

分布数为 2，数 6 的分拆的
Ferrers 图

数 $6 + \dbinom{2}{2} = 7$ 的相应分拆的
Ferrers 图

上面两个表中的小圆圈"○"表示附加于原来分拆上的新点.

系 4 设 $l \geqslant 1$ 且约定 $p_{0,(l)}^{(o)} = 0$，则

$$p_{(l)}^{(o)}(t) = \frac{t^l}{\left(1 - t^2\right)\left(1 - t^4\right) \cdots \left(1 - t^{2l}\right)}. \tag{8.3.27}$$

或者换为分拆数的语言，就是：对正整数 n，各分布量为奇数，且分部数为 l 的分拆数，等于对正整数 $n - l$，各分布量为不超过 $2l$ 的、各分部为偶数的分拆数.

证明 由 (8.3.19)，有

$$p^{(o)}(t, u) = \frac{1}{1 - ut} p^{(o)}\left(t, ut^2\right),$$

此即

$$(1 - ut) \sum_{l \geqslant 0} p_{(l)}^{(o)}(t) u^l = \sum_{l \geqslant 0} p_{(l)}^{(o)}(t) u^l t^{2l},$$

比较两节中 u^l 的系数，得

$$p_l^{(o)}(t) = \frac{t}{1-t^{2l}} p_{(l-1)}^{(o)}(t),$$

由此式继续迭代下去, 最后可得

$$p_{(l)}^{(o)}(t) = \frac{t}{1-t^{2l}} \cdot \frac{t}{1-t^{2(l-1)}} \cdots \frac{t}{1-t^2} p_{(0)}^{(o)}(t).$$

由于 $p_{(0)}^{(o)}(t) = 1$, 立得(8.3.27).

由(3.3.27)和(3.3.8), 得

$$p_{(l)}^{(o)}(t) = t^l p^{(e,\leqslant 2l)}(t).$$

故关于分拆数的论断成立. **证毕**.

关于分拆数的论断也可直接得出. 今在以下三种分拆之间建立对应:

$$n = n_1 + \cdots + n_l, n_1 \geqslant \cdots \geqslant n_l \geqslant 1,\ 2 \nmid n_i\ (1 \leqslant i \leqslant l),$$
$$\Updownarrow$$
$$n - l = (n_1 - 1) + \cdots + (n_l - 1)$$
$$= \frac{n_1 - 1}{2} + \frac{n_1 - 1}{2} + \cdots + \frac{n_{l'} - 1}{2} + \frac{n_{l'} - 1}{2},$$
$$\Updownarrow \qquad\qquad\qquad l' = \min_{n_k > 1}\{k\},$$

$$n - l = m_1 + \cdots + m_s \text{ 为上述分拆的共轭, 故有}$$

$$2 \mid m_i \text{ 且 } m_i \leqslant 2l\ (1 \leqslant i \leqslant s).$$

易知上述对应是(1-1)的, 故有系 4.

例如, 当 $2 \nmid n - l$ 时, 上述两种分拆数均为零. 当 $n = 8, l = 2$ 时, 对正整数 8, 各分布量为奇数且分部数为 2 的分拆共有两个: 71 和 53; 按上述对应所得的, 对正整数 $8 - 2 = 6$, 各分部为不超过 4 的偶数的分拆分别是 2^3 和 42.

系 5 设 $l \geqslant 1$ 且 约定 $p_{0,(l)}^{(e)} = 0$, 则

$$p_{(l)}^{(e)}(t) = \frac{t^{2l}}{(1-t^2)(1-t^4)\cdots(1-t^{2l})}. \tag{8.3.28}$$

或者, 换为分拆数的语言就是: 对正整数 n, 各分布量为偶数且分部数为 l 的分拆数, 等于对正整数 $n - 2l$, 各分布量为偶数且分部数 $\leqslant l$ 的分拆数.

证明 由(8.3.20), 有

$$p^{(e)}(t,u) = \frac{1}{1-ut^2}\, p^{(e)}\left(t, ut^2\right),$$

此即

$$\left(1-ut^2\right)\sum_{l\geqslant 0} p^{(e)}_{(l)}(t)\, u^l = \sum_{l\geqslant 0} p^{(e)}_{(l)}(t)\left(ut^2\right)^l.$$

比较上式两节中 u^l 的系数, 得

$$p^{(e)}_{(l)}(t) = \frac{t^2}{1-t^{2l}}\, p^{(e)}_{(l-1)}(t).$$

继续迭代下去, 最后得

$$p^{(e)}_{(l)}(t) = \frac{t^2}{1-t^{2l}} \cdot \frac{t^2}{1-t^{2(l-1)}} \cdots \frac{t^2}{1-t^2}\, p^{(e)}_{(0)}(t).$$

故有(8.3.28).

由(8.3.28)和(8.3.8), 有

$$p^{(e)}_{(l)}(t) = t^{2l} p^{(e,\leqslant 2l)}(t).$$

比较两节 t^n 的系数便得关于分拆数的论断. **证毕.**

系5的后一论断, 因而前一论断, 也可用直接法得出, 这只需建立以下对应即可:

$$n = 2n_1 + \cdots + 2n_l \Leftrightarrow n - 2l = 2\left(n_1 - 1\right) + \cdots + 2\left(n_{l'} - 1\right),$$
$$n_1 \geqslant 1 \cdots \geqslant n_l \geqslant 1, \quad l' = \lim_{n_k > 1}\{k\}.$$

例如, 当 n 为奇数时, 上述两种分拆数都为零. 当 $n=10, l=3$ 时, 对正整数 10, 各分部量为偶数且分部数为 3 的分拆共有二个: $62^2, 4^2 2$;对正整数 $n-2l=4$, 各分部量为偶数, 与上述分拆相对应的分拆分别是 $4, 2^2$.

系 6 有递归关系式

$$p^{(k)}_{(l)}(t) = t^l p^{(\leqslant k-1)}_{(l)}(t) + t p^{(\leqslant k)}_{(l-1)}(t), \tag{8.3.29}$$

$$p^{(\leqslant k)}_{n,(l)} = p^{(\leqslant k-1)}_{n-l,(l)} + p^{(\leqslant k)}_{n-1,(l-1)}. \tag{8.3.30}$$

证明 由(8.3.18), 得

$$p^{(\leqslant k)}\left(t,u\right)=\frac{1}{1-ut}\,p^{(\leqslant k-1)}\left(t,ut\right),$$

此即

$$(1-ut)\sum_{l\geqslant 0}\,p_{(l)}^{(\leqslant k)}\left(t\right)u^{l}=\sum_{l\geqslant 0}\,p_{(l)}^{(\leqslant k-1)}\left(t\right)(ut)^{l}.$$

比较 u^l 的系数便得(8.3.29)、(8.3.30)是(8.3.29)的直接推论. **证毕.**

系 7 有递归关系式

$$p_{(l)}^{(o,\leqslant 2k-1)}\left(t\right)=tp_{(l-1)}^{(o,\leqslant 2k-1)}\left(t\right)+t^{2l}p_{(l)}^{(o,\leqslant 2k-3)},\tag{8.3.31}$$

$$p_{n,(l)}^{(o,\leqslant 2k-1)}=p_{n-1,(l-1)}^{(o,\leqslant 2k-1)}+p_{n-2l,(l-1)}^{(o,\leqslant 2k-3)}.\tag{8.3.32}$$

证明 由(8.3.20), 有

$$p^{(o,\leqslant 2k-1)}\left(t,u\right)=\frac{1}{1-ut}\,p^{(0,\leqslant 2k-3)}\left(t,ut^{2}\right).$$

由此, 与系 6 相类似地得到(8.3.31)和(8.3.32). **证毕.**

系 8 有递归关系

$$p_{(l)}^{(e,\leqslant 2k)}\left(t\right)=t^{2}p_{(l-1)}^{(e,\leqslant 2k)}\left(t\right)+t^{2l}p_{(l)}^{(e,\leqslant 2k-2)},$$

$$p_{n,(l)}^{(e,\leqslant 2k)}=p_{n-2,(l-1)}^{(e,\leqslant 2k)}+p_{n-2l,(l)}^{(e,\leqslant 2k-2)}.$$

证明 由(8.3.22), 出发, 与系 6 的证明类似. **证毕.**

系 9 有递归关系

$$p_{(l)}^{(\neq,k)}\left(t\right)=p_{(l)}^{(\neq,k-1)}\left(t\right)+t^{k}p_{(l-1)}^{(\neq,\leqslant k-1)}\left(t\right),$$

$$p_{n,(l)}^{(\neq,\leqslant k)}=p_{n,(l)}^{(\neq,\leqslant k-1)}+p_{n-k,(l-1)}^{(\neq,\leqslant k-1)}.$$

证明 由(8.3.24)出发, 与系 6 的证明类似. **证毕.**

8.4 分拆的 Ferrers 图

在 8.1 中已经介绍了分拆的 Ferrers 图及其共轭的概念, 在 8.3 中证明某些有关分拆的性质时又用到它. 本节专门讨论分拆的 Ferrers 图, 并导出一些有趣的结果.

如果正整数 n 有一个自共轭的分拆

$$n = n_1 + n_2 + \cdots + n_k, n_1 \geqslant n_2 \geqslant \cdots \geqslant n_k \geqslant 1. \tag{8.4.1}$$

记

$$m = \max_{n_j \geqslant i}\{i\},$$

则 (8.4.1) 的 Ferrers 图的左上角是一个边长为 m 的正方形, 叫做这个分拆的 (或这个分拆的 Ferrers 图的) Durfee 方, 这里 "边长" 指边上的点数. 把此 Durfee 方抹去后剩下两个相似的 "尾部", 每一个都是某个数的某一分拆; 其一的行、列对换而保持相对位置不变, 则得另一; 每一个中的点数是 $\dfrac{n-m^2}{2}$, 且其分部数不超过 m. 反过来, 对于正整数 $\dfrac{n-m^2}{2}$, 分部数不超过 m 的任一分拆, 都可在其 Ferrers 图的前面添加一个具 m^2 个点的正方形, 在此正方形的下面再添加上所给分拆的共轭 Ferrers 图, 使得这样得到的全图是一个分拆的 Ferrers 图, 亦即在添加时, 第一水平线对齐, 第一竖直线也对齐. 那么, 它就是一个自共轭的 Ferrers 图, 而所给的分拆就是此自共轭 Ferrers 图的一个 "尾部". 因此, 如果 m, n 合于条件

$$2 \mid n - m^2 > 0,$$

则可在数 $\dfrac{n-m^2}{2}$ 的一个其分部量不超过 m 的, 与数 n 的一个自共轭分拆之间建立一个如上所述的对应. 易知, 这个对应是 $(1-1)$ 的, 当 $2 \nmid n - m^2$ 时, 上面那两种分拆都不存在, 所以, 对固定的正整数 n, m, 自共轭分拆数就是

$$\frac{1}{(1-t)(1-t^2)\cdots(1-t^m)}$$

的幂级数展式中, $t^{\frac{n-m^2}{2}}$ 的系数, 亦即

$$\frac{1}{(1-x^2)(1-x^4)\cdots(1-x^{2m})}$$

的幂级数展式中, x^{n-m^2} 的系数, 亦即

$$\frac{x^{m^2}}{(1-x^2)(1-x^4)\cdots(1-x^{2m})} \tag{8.4.2}$$

的幂级数展式中, x^n 的系数. 用 $f\langle m, n\rangle$ 记具有边长为 m 的 Durfee 方的, 数 n 的

自共轭分拆数. 那么, 由上面的结果可知, (8.4.2) 就是数列 $\left(f\langle m,n\rangle\right)_{n\geqslant 0}$ 的普母函数, 这里约定 $f\langle 0,0\rangle=1,f\langle m,0\rangle=1\,(m>0)$. 因而二元数列 $\left(f\langle m,n\rangle\right)_{m\geqslant 0,n\geqslant 0}$ 的二元普母函数就是

$$\sum_{m\geqslant 0}t^m\frac{x^{m^2}}{\left(1-x^2\right)\left(1-x^4\right)\cdots\left(1-x^{2m}\right)}.\tag{8.4.3}$$

在 (8.4.3) 中令 $t=1$, 就得到自共轭分拆数列的普母函数是

$$\sum_{m\geqslant 0}\frac{x^{m^2}}{\left(1-x^2\right)\left(1-x^4\right)\cdots\left(1-x^{2m}\right)}.\tag{8.4.4}$$

另一方面, 对每一个自共轭的 Ferrers 图, 如果其 Durfee 方的边长为 m, 则可以作出 m 个直角形, 其顶点在 Durfee 方的主对角线上, 二条直角边分别是水平边和竖直边. 每个直角形边上的点数称为该直角形的 "读数". 把这些直角形从左上到右下依次用 $[1,m]$ 中的数来编号, 且记第 i 个直角形的读数为 l_i. 于是, 当按这些直角形读出时, 就得到 n 的一个分拆:

$$\begin{aligned}n=l_1+l_2+\cdots+l_m,\quad &l_1>l_2>\cdots>l_m\geqslant 1,\\ &2\nmid l_i(1\leqslant i\leqslant m).\end{aligned}\tag{8.4.5}$$

这有如下例所示: 由 Ferrers 图

得到的分拆是

$$10=7+3.$$

分拆 (8.4.5) 的分部数为 m, 因而形如 (8.4.5) 的分拆数列的母函数是

$$\prod_{i\geqslant 1}\left(1+tx^{2i-1}\right).\tag{8.4.6}$$

比较 (8.4.3) 和 (8.4.6) 便得

定理 8.4.1　有恒等式

$$\prod_{i\geqslant 1}\left(1+tx^{2i-1}\right)=\sum_{m\geqslant 0}t^m\frac{x^{m^2}}{\left(1-x^2\right)\left(1-x^4\right)\cdots\left(1-x^{2m}\right)}.\tag{8.4.7}$$

在(8.4.7)中令 $t=1$，得

系　有恒等式

$$\prod_{i\geqslant 1}\left(1+x^{2i-1}\right)=\sum_{m\geqslant 0}\frac{x^{m^2}}{\left(1-x^2\right)\left(1-x^4\right)\cdots\left(1-x^{2m}\right)}.\tag{8.4.8}$$

利用 Ferrers 图还可证明另一个有趣的结果.

定理 8.4.2　有恒等式

$$\prod_{i\geqslant 1}\left(1-x^i\right)=1+\sum_{k\geqslant 1}\left(-1\right)^k\left(x^{\frac{3k^2-k}{2}}+x^{\frac{3k^2+k}{2}}\right)\tag{8.4.9}$$

$$=\sum_{-\infty<k<\infty}\left(-1\right)^k x^{\frac{1}{2}\left(3k^2+k\right)}.$$

证明　今有

$$\prod_{i\geqslant 1}\left(1-x^i\right)=1+\sum_{n\geqslant 1}\sum_{\substack{i_1+\cdots+i_k=n\\i_j\geqslant 1(1\leqslant j\leqslant k)}}\left(-x^{i_1}\right)\cdots\left(-x^{i_k}\right)$$

$$=1+\sum_{n\geqslant 1}\left(\sum_{\substack{i_1+\cdots+i_k=n\\i_j\geqslant 1(1\leqslant j\leqslant k)\\2|k}}1-\sum_{\substack{i_1+\cdots+i_k=n\\i_j\geqslant 1(1\leqslant j\leqslant k)\\2\nmid k}}1\right)x^n$$

$$=:1+\sum_{n\geqslant 1}\left(p_{n,(l)}-p_{n,(o)}\right)x^n$$

$$=:1+\sum_{n\geqslant 1}c_n x^n.\tag{8.4.10}$$

这里，$p_{n,(l)}$ 表 n 的分拆数，其分部数为偶者；$p_{n,(o)}$ 表 n 的分拆数，其分部数为奇者.

下面的证明依赖于(8.4.10)中的系数 c_n 的组合性质. 设有分拆

$$n=n_1+n_2+\cdots+n_l,\ n_1>n_2>\cdots>n_l\geqslant 1.$$

把这个分拆的 Ferrers 图中最低的一条水平线段叫做该图的基线 b，从右上角的点 C 引一条斜率为 1 且通过该图的点的最长线段，叫做该图的斜线 s. 因为 $n_1>n_2>\cdots>n_l$，所以 s 的右边不再有该图中的点(自然，b,s 可能只含一个点). 如下图所示:

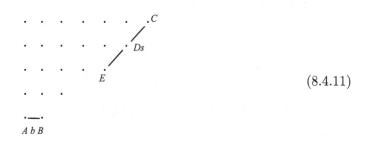

$$(8.4.11)$$

今用 $b=2, s=3$ 表示基线 b 上恰有二点,斜线 s 上恰有三个点. 一般的, 就用 b,s 分别表示基线 b 和斜线 s 上的点数. 现在来讨论 Ferrers 图上的两种移动.

移动 α 如果以下二种情况之一发生:

(1) b 和 s 没有公共点, 且 $b \leqslant s$;

(2) b 和 s 相交, 且 $b \leqslant s-1$,

则将 b 移到 s 的右侧且与 s 平行. 这样所得的图仍然对应于一个具有两两互异的分部量的分拆. 这时就说可施行移动 α. 例如, 对 $(8.4.11)$, 经移动 α 后得出

$$(8.4.12)$$

移动 β 如果以下两种情况之一发生:

(1) b 和 s 没有公共点, 且 $b > s$;

(2) b 和 s 相交, 且 $b \geqslant s+2$,

则把 s 移到 b 的下面作为新的基线. 这样所得的图仍然对应于一个具有两两互异的分部量的分拆. 这时就说可施行移动 β.

当 b 和 s 没有公共点时, 移动 α 要求 $b \leqslant s$, 而移动 β 要求 $b > s$; 当 b 和 s 相交时, 移动 α 要求 $b \leqslant s-1$, 而移动 β 要求 $b \geqslant s+2$, 所以, 对任何一个具有两两互异的分部量的 Ferrers 图, 只有以下几种可能:

(1) 可施行 α, 不可施行 β;

(2) 可施行 β, 不可施行 α;

(3) 既不可施行 α, 又不可施行 β.

再者, 如果一个 Ferrers 图 D 可施行 α, 且施行 α 后得出图 D', 则对图 D' 可施行 β, 且施行 β 后就得到 D, 同样, 若对图 D 可施行 β, 且施行 β 后得出图 D'', 则对图 D'' 可施行 α, 且施行 α 后得出 D. 所以, 在情形 (1) 和 (2) 时, 具有奇分部数的分

拆与具偶分部数的分拆之间能建立(1-1)对应关系, 故二者的数目相等.

情形(3)出现的充要条件是

$$b和s相交且 b = s =: k \tag{8.4.13}$$

或

$$b\ 和\ s\ 相交且 b - 1 = s =: k. \tag{8.4.14}$$

对(8.4.13), 有

$$n = k + (k+1) + \cdots + (2k-1) = \frac{3k^2 - k}{2}; \tag{8.4.15}$$

对(8.4.14), 有

$$n = (k+1) + (k+2) + \cdots + 2k = \frac{3k^2 + k}{2}. \tag{8.4.16}$$

所以, 当 n 不是形如(8.4.15)或(8.4.16)右节的数时, 有

$$p_{n,(e)} = p_{n,(o)};$$

当 n 是形如(8.4.15)右节的数时, 适合条件(8.4.13)的分拆只有一个, 就是(8.4.15)的中节; 当 n 是形如(8.4.16)右节的数时, 适合条件(8.4.14)的分拆也只有一个, 就是(8.4.16)的中节. 这两种分拆的分部数都是 k.

综上所述, 可得

$$c_n = p_{n,(e)} - p_{n,(o)} = \begin{cases} (-1)^k, & 若n = \frac{3k^2 \pm k}{2}, \\ 0, & 其他. \end{cases}$$

由(8.4.10)可知上式与(8.4.9)等价. **证毕.**

应用定理 8.4.2 可得关于 p_n 的一个递归关系.

系 有递归关系

$$p_n = p_{n-1} + p_{n-2} - p_{n-5} - p_{n-7} + \cdots + (-1)^{k-1} p_{n-\frac{3k^2-k}{2}}$$
$$+ (-1)^{k-1} p_{n-\frac{3k^2+k}{2}} + \cdots \quad (n \geqslant 1), \tag{8.4.17}$$

这里 $p_{-l} = 0 (l > 0)$.

证明 由定理 8.4.2, 有

$$\left(1 + \sum_{k \geqslant 1} (-1)^k \left(x^{\frac{3k^2-k}{2}} + x^{\frac{3k^2+k}{2}}\right)\right) \sum_{n \geqslant 0} p_n x^n = 1. \tag{8.4.18}$$

(8.4.18)左节中 x^n $(n \geqslant 1)$ 的系数应为零, 故得(8.4.17). **证毕.**

可用(8.4.17)来递归地计算 p_n 的值. 对 $n < 100$, 有下面的表

表 8.4.1　p_n 的值表$(n=10k+m)$

m \ k	0	1	2	3	4	5	6	7	8	9
0		42	627	5604	37338	204226	966467	4087968	15796476	56634173
1	1	56	792	6842	44583	239943	1121505	4697205	18004327	64112359
2	2	77	1002	8349	53174	281589	1300156	5392783	20506255	72533807
3	3	101	1255	10143	63261	329931	1505499	6185689	23338469	82010177
4	5	135	1575	12310	75175	386155	1741630	7089500	26543660	92669720
5	7	176	1958	14883	89134	451276	2012558	8118264	30167357	104651419
6	11	231	2436	17977	105558	526823	2323520	9289091	34262962	118114304
7	15	297	3010	21637	124754	614154	2679689	10619863	38887673	133230930
8	22	385	3718	26015	147273	715220	3087735	12134164	44108109	150198136
9	30	490	4565	31185	173525	831820	3554345	13848650	49995925	169229875

8.5　完　全　分　拆

定义 8.5.1　如果正整数 n 的一个分拆

$$n = k_1 i_1 + k_2 i_2 + \cdots + k_s i_s, \quad 1 \leqslant i_1 < i_2 < \cdots < i_s, \\ k_1 \geqslant 1, \cdots, k_s \geqslant 1 \tag{8.5.1}$$

具有性质: 对任一正整数 $m < n$, 都有且只有一个形如

$$m = l_{jr} i_{j1} + \cdots + l_{jr} i_{jr}, 1 \leqslant j_1 < \cdots < j_r \leqslant s, \\ k_{j1} \geqslant l_{j1} \geqslant 1, \cdots, k_{jr} \geqslant l_{jr} \geqslant 1 \tag{8.5.2}$$

的分拆, 则称(8.5.1)是一个完全分拆.

例如, n 的分拆 1^n, 即

$$n = \underbrace{1 + \cdots + 1}_{n \text{ 项}} = n \cdot 1, \quad s = 1, \quad i_1 = 1, \quad k_1 = n$$

就是一个完全分拆, 又如, 当 $n = 7$ 时, 分拆 $41^3, 421, 2^31$ 和 1^7 都是完全分拆. 以 41^3 为例, 有

$$7 = 3 \cdot 1 + 1 \cdot 4, \quad i_1 = 1, i_2 = 4, k_1 = 3, k_2 = 1,$$
$$6 = 2 \cdot 1 + 1 \cdot 4, \quad l_1 = 2, l_2 = 1,$$
$$5 = 1 \cdot 1 + 1 \cdot 4, \quad l_1 = 1, l_2 = 1,$$
$$4 = 1 \cdot 4, \quad\quad\quad l_2 = 1,$$
$$3 = 3 \cdot 1 \quad\quad\quad l_1 = 3,$$
$$2 = 2 \cdot 1 \quad\quad\quad l_1 = 2,$$
$$1 = 1 \cdot 1 \quad\quad\quad l_1 = 1,$$

而且形如(8.5.2)的上述表法都是唯一的.

要想分拆(8.5.1)是一个完全分拆, 必须至少有一个1分部, 否则1就不能表成 (8.5.2). 故有 $i_1 = 1$. 如果有 $q_1 - 1$ 个1分部, 那么, 无小于 q_1 的非1分部存在是小于 q_1 的正整数的形如(8.5.2)的表法唯一的充要条件. 如果这一条件满足, 则分拆必须至少有一个 q_1 分部, 否则 q_1 就不能表成(8.5.2). 故有 $i_2 = q_1$. 如果有 $q_2 - 1$ 个 q_1 分部, 那么, 无小于 $q_1 q_2$ 的非 1 且非 q_1 的分部存在是小于 $q_1 q_2$ 的正整数的形如 (8.5.2)的表法唯一的充要条件. 但是 $q_1 q_2$ 不能经前面的分部表出, 因为前面的分部量的总和是

$$q_1(q_2 - 1) + (q_1 - 1) = q_1 q_2 - 1.$$

所以 $i_3 = q_1 q_2$. 继续这种推理, 必得 n 的分拆是

$$1^{q_1-1} q_1{}^{q_2-1} (q_1 q_2)^{q_3-1} \cdots (q_1 q_2 \cdots q_{k-1})^{q_k-1}, \quad q_1 \geqslant 2, \cdots, q_k \geqslant 2. \tag{8.5.3}$$

因而

$$\begin{aligned} n &= (q_1 - 1) + q_1(q_2 - 1) + q_1 q_2(q_3 - 1) + \cdots + (q_1 \cdots q_{k-1})(q_k - 1) \\ &= q_1 \cdots q_k - 1, \quad q_1 \geqslant 2, \cdots, q_k \geqslant 2. \end{aligned} \tag{8.5.4}$$

反之, 如果 n 是形如(8.5.4)的数, 则分拆(8.5.3)是一个完全分拆. 这就证明了

定理 8.5.1 正整数 $n+1$ 的有序因子分解

$$n + 1 = q_1 q_2 \cdots q_k, \quad q_1 \geqslant 2, \cdots, q_k \geqslant 2$$

与数 n 的完全分拆

$$1^{q_1-1} q_1{}^{q_2-1} (q_1 q_2)^{q_3-1} \cdots (q_1 q_2 \cdots q_{k-1})^{q_k-1}$$

之间的对应是(1-1)的, 因而二者的个数相同.

例如, 本节之首的例中有 $n=7$, 而 $n+1=8$ 的全部有序因子分解共有以下四种:

$$8 = 4 \cdot 2 = 2 \cdot 4$$
$$= 2 \cdot 2 \cdot 2,$$

与这些分解相对应的, 7 的完全分拆是

$$1^{8-1} = 1^7, \qquad 1^{4-1}4^{2-1} = 1^3 4,$$
$$1^{2-1}2^{4-1} = 1 2^3, 1^{2-1}2^{2-1}(2.2)^{2-1} = 124.$$

对于 n 的完全分拆(8.5.3), 当 $m < n$ 时, m 的形如(8.5.2)的表达式是不难求得的. 因为

$$1 < q_1 < q_1 q_2 < \cdots < q_1 \cdots q_k = n+1,$$

故有 l 合

$$q_1 \cdots q_l \leqslant m < q_1 \cdots q_l q_{l+1}, \quad l \geqslant 0,$$

因而有 b_1 合

$$m = (q_1 \cdots q_l) b_1 + m_1, 0 \leqslant m_1 < q_1 \cdots q_l.$$

如果 $m_1 = 0$, 则 m 的形如(8.5.2)的分拆就是 $(q_1 \cdots q_l)^{b_1}$. 如果 $m_1 > 0$, 则有 l_1 合

$$q_1 \cdots q_{l_1} \leqslant m_1 < q_1 \cdots q_{l_1} q_{l_1+1}, 0 \leqslant l_1 < l.$$

因而有 b_2 合

$$m_1 = (q_1 \cdots q_{l_1}) b_2 + m_2, 0 \leqslant m_2 < q_1 \cdots q_{l_1}.$$

如果 $m_2 = 0$, 则 m 的形如(8.5.2)的分拆就是 $(q_1 \cdots q_l)^{b_1}(q_1 \cdots q_{l_1})^{b_2}$. 如果 $m_2 > 0$, 则有 l_2 合

$$q_1 \cdots q_{l_2} \leqslant m_2 < q_1 \cdots q_{l_2} q_{l_2+1}, 0 \leqslant l_2 < l_1.$$

依此类推, 因 $0 \leqslant l_2 < l_1 < l$, 故经有限步后, 最后得出

$$m_a = (q_1 \cdots q_{l_a}) b_{a+1},$$

因而 m 的形如(8.5.2)的分拆是

$$(q_1 \cdots q_l)^{b_1}(q_1 \cdots q_{l_1})^{b_2} \cdots (q_1 \cdots q_{l_a})^{b_{a+1}}.$$

8.6 集 $\overset{\circ}{B}=\{a_1,a_2,\cdots,a_k\}$ 的情形

本节讨论, 当集 $\overset{\circ}{B}$ 是

$$\overset{\circ}{B}=\{a_1,a_2,\cdots,a_k\},1\leqslant a_1<\cdots<a_k \tag{8.6.1}$$

的情形.

此时, $p_n^{(\overset{\circ}{B})}$ 就是方程

$$a_1x_1+a_2x_2+\cdots+a_kx_k=n$$

的无序整解的个数.

由定理 8.3.1, 数列 $(p_n^{(\overset{\circ}{B})})_{n\geqslant 0}$ 的普母函数是

$$p^{(\overset{\circ}{B})}(t)=\frac{1}{\left(1-t^{a_1}\right)\left(1-t^{a_2}\right)\cdots\left(1-t^ak\right)}. \tag{8.6.2}$$

特别地, 当

$$\overset{\circ}{B}=\{1,2,\cdots,k\}$$

时, (8.6.2)化为

$$p^{(\leqslant k)}(t)=\frac{1}{\left(1-t\right)\left(1-t^2\right)\cdots\left(1-t^k\right)}. \tag{8.6.3}$$

由此可得

$$\left(1-t^k\right)p^{(\leqslant k)}(t)=p^{(\leqslant k-1)}(t),$$

故有递归关系

$$p_n^{(\leqslant k)}=p_{n-k}^{(\leqslant k)}+p_n^{(\leqslant k-1)}. \tag{8.6.4}$$

由此递归关系和初始值 $p_n^{(1)}=1(n\geqslant 1)$, 就可逐个地求出任意的 $p_n^{(\leqslant k)}$ 的值. 这是 Euler 的方法.

对任意固定的 n, 选择 $k>n$, 则

$$p_n^{(\leqslant k)} = p_n, \quad \text{若} k > n.$$

因而, 对分部量无限制的分拆, 仍可使用 Euler 的方法来求 p_n 的值.

应用递归关系(8.6.4)很麻烦, Caylay 改用部分分式的方法, 例如, 由部分分式

$$\frac{1}{(1-t)(1-t^2)} = \frac{1}{2(1-t^2)} + \frac{1}{4(1-t)} + \frac{1}{4(1+t)},$$

$$\frac{1}{(1-t)(1-t^2)(1-t^3)} = \frac{1}{6(1-t)^3} + \frac{1}{4(1-t)^2}$$
$$+ \frac{17}{72(1-t)} + \frac{1}{8(1+t)} + \frac{2+t}{9(1+t+t^2)},$$

就可得出了

$$4p_n^{(\leqslant 2)} = 2n + 3 + (1,-1)\mathrm{pcr}2_n, \tag{8.6.5}$$

$$72p_n^{(\leqslant 3)} = 6n^2 + 36n + 47 + 9(1,-1)\mathrm{pcr}2_n + 8(2,-1,-1)\mathrm{pcr}3_n. \tag{8.6.6}$$

这里出现了循环式:

$$(c_1, c_2)\mathrm{pcr}2_n = \begin{cases} c_1, & \text{若}2|n, \\ c_2, & \text{若}2 \nmid n, \end{cases}$$

$$(c_1, c_2, \ c_3)\mathrm{pcr}3_n = \begin{cases} c_1, & \text{若}n \equiv 0 \pmod 3, \\ c_2, & \text{若}n \equiv 1 \pmod 3, \\ c_3, & \text{若}n \equiv 2 \pmod 3. \end{cases}$$

MacMahon 用另外的方法得到(8.6.3)的展开式. 设 $a_1, a_2, \cdots$ 是变元, h_i 是它们的齐次对称函数, s_i 是它们的 i 次等幂和. 那么, 如果取 $a_i = t^{i-1} (i \geqslant 1)$, 则由 2.6 的结果可得

$$1 + h_1 x + h_2 x^2 + \cdots = \frac{1}{(1-x)(1-tx)(1-t^2 x)\cdots},$$

故有

$$h_k = p^{(\leqslant k)}(t) = \frac{1}{(1-t)(1-t^2)\cdots(1-t^k)}. \tag{8.6.7}$$

此时还有

$$\begin{aligned} s_i &= 1+t^i+t^{2i}+\cdots \\ &= \frac{1}{1-t^i}, \end{aligned} \tag{8.6.8}$$

故由(2.6.23), 得

$$\begin{aligned} k!h_k &= Y_k(s_1,s_2,2!s_3,\cdots,(k-1)!s_k) \\ &= C_k(s_1,s_2,\cdots,s_k). \end{aligned} \tag{8.6.9}$$

这里 Y_k 为 Bell 多项式, C_k 是对称群 $\mathfrak{S}_n$ 的轮换示式.

把(8.6.8)代入(8.6.9)便得到(8.6.7)的展开式. 例如, 由

$$\begin{aligned} 2h_2 &= s_1^2 + s_2, \\ 6h_3 &= s_1^3 + 3s_1 s_2 + 2s_3, \end{aligned}$$

可得

$$\frac{2}{(1-t)(1-t^2)} = \frac{1}{(1-t)^2} + \frac{1}{1-t^2},$$

$$\begin{aligned} \frac{6}{(1-t)(1-t^2)(1-t^3)} &= \frac{1}{(1-t)^3} + \frac{3}{(1-t)(1-t^2)} + \frac{2}{1-t^3} \\ &= \frac{1}{(1-t)^3} + \frac{3}{2(1-t)^2} + \frac{3}{2(1-t^2)} + \frac{2}{1-t^3}. \end{aligned}$$

由此得出

$$2p_n^{(\leqslant 2)} = n+1+(1,0)\mathrm{pcr2}_n, \tag{8.6.10}$$

$$12p_n^{(\leqslant 3)} = (n+1)(n+5)+3(1,0)\,\mathrm{pcr2}_n+4(1,0,0)\,\mathrm{pcr3}_n,$$

这比(8.6.5)和(8.6.6)要简单一些.

如果注意到 $(n+1)(n+5)=n^2+6n+5$ 和上面最后一式的循环式给出,

0,3,4,7 四个值之一, 则得 De-Morgen 的结果: $p_n^{(\leqslant 3)}$ 是离 $\dfrac{(n+3)^2}{12}$ 最近的整数.

由定理 8.3.4 的系 2, 有

$$p_n^{(k)} = p_{n,(k)}, p_n^{(\leqslant k)} = p_{n,(\leqslant k)}.$$

因而讨论 $p_{n,(k)}$ 和 $p_{n,(\leqslant k)}$ 对了解 $p_n^{(k)}$ 和 $p_n^{(\leqslant k)}$ 是直接有益的.

对固定的 k, 方程

$$n = x_1 + x_2 + \cdots + x_k, x_1 \geqslant x_2 \geqslant \cdots \geqslant x_k \geqslant 1 \tag{8.6.11}$$

与方程

$$n - k = y_1 + y_2 + \cdots + y_k, y_1 \geqslant \cdots \geqslant y_k \geqslant 0 \tag{8.6.12}$$

是等价的. 方程(8.6.12)可以分解成以下 k 个方程

$$n - k = y_1 + \cdots + y_s, y_1 \geqslant \cdots \geqslant y_s \geqslant 1, (k \geqslant s \geqslant 1). \tag{8.6.13}$$

对一个固定的 s, (8.6.13)的解数是 $p_{n-k,(s)}$, 所以方程(8.6.11)的解数 $p_{n,(k)}$ 为

$$p_{n,(k)} = \sum_{1 \leqslant s \leqslant k} p_{n-k,(s)}. \tag{8.6.14}$$

初始值是容易确定的:

$$p_{n,(k)} = \begin{cases} 0, & 若 1 \leqslant n < k, \\ 1, & 若 1 \leqslant n = k. \end{cases} \tag{8.6.15}$$

由(8.6.14)和(8.6.15), 可以逐个地得出任意的 $p_{n,(k)}$, 其前几个值见表 8.6.1.

表 8.6.1　$P_{n,(k)}$ 的数值表

k \ n	1	2	3	4	5	6	7
1	1	1	1	1	1	1	1
2		1	1	2	2	3	3
3			1	1	2	3	4
4				1	1	2	3
5					1	1	2
6						1	1
7							1

其中空格处皆为零.

对于小 k, 还可用(8.6.14)和(8.6.15)求出 $p_{n,(k)}$ 的直接计算公式.

因为

$$p_{n,(1)}=1,\ \text{若} n \geqslant 1, \tag{8.6.16}$$

故由(8.6.14), 当 $n>2$ 时, 有

$$p_{n,(2)}=p_{n-2,(2)}+p_{n-2,(1)}$$
$$=p_{n-2,(2)}+1.$$

当 $n>4$ 时, 再继续用(8.6.14), 可得

$$p_{n,(2)}=p_{n-2,(2)}+1$$
$$=p_{n-4,(2)}+p_{n-4,(1)}+1$$
$$=p_{n-4,(2)}+2.$$

如此继续下去, 用数学归纳法可得

$$p_{n,(2)}=p_{n-2\left[\frac{n}{2}\right],(2)}+\left[\frac{n}{2}\right]$$
$$=\begin{cases}\dfrac{n}{2}, & \text{若} 2\,|\,n,\\[2mm]\dfrac{n-1}{2}, & \text{若} 2\nmid n\end{cases}\quad (n \geqslant 1). \tag{8.6.17}$$

该式对 $1 \leqslant n \leqslant 2$ 的正确性, 是容易直接验证的.

当 $k=3$ 时, 如果 $n>3$, 由(8.6.14)和(8.6.17), 有

$$p_{n,(3)}=p_{n-3,(3)}+p_{n-3,(2)}+p_{n-3,(1)}$$
$$=p_{n-3,(3)}+\left[\frac{n-3}{2}\right]+1.$$

如果 $n>6$, 再用(8.6.14)和(8.6.17), 则得

$$p_{n,(3)}=p_{n-6,(3)}+\left[\frac{n-6}{2}\right]+\left[\frac{n-3}{2}\right]+2.$$

如此继续下去, 用数学归纳法可得

$$p_{n,(3)} = p_{n-3\left[\frac{n}{3}\right],(3)} + \left[\frac{n-3\left[\frac{n}{3}\right]}{2}\right] + \left[\frac{n-3\left(\left[\frac{n}{3}\right]-1\right)}{2}\right] + \cdots + \left[\frac{n-3}{2}\right] + \left[\frac{n}{3}\right]$$

$$= \sum_{1 \leqslant i \leqslant \left[\frac{n}{3}\right]} \left(\left[\frac{n-3i}{2}\right]+1\right).$$

由于

$$\sum_{1 \leqslant i \leqslant 2m} \left[\frac{3i}{2}\right] = -3m^2 - 2m,$$

故有

$$p_{6n_1,(3)} = \sum_{1 \leqslant i \leqslant 2n_1} \left(\left[\frac{6n_1-3i}{2}\right]+1\right)$$

$$= \sum_{1 \leqslant i \leqslant 2n_1} (3n_1+1) + \sum_{1 \leqslant i \leqslant 2n_1} \left[-\frac{3i}{2}\right] \qquad (8.6.18)$$

$$= 3n_1^2.$$

又由于

$$\sum_{1 \leqslant i \leqslant 2m} \left[\frac{1-3i}{2}\right] = -3m^2 - m,$$

故有

$$p_{6n_1+1,(3)} = \sum_{1 \leqslant i \leqslant 2n_1} \left(\left[\frac{6n_1+1-3i}{2}\right]+1\right) \qquad (8.6.19)$$

$$= 3n_1^2 + n_1.$$

同理, 有

$$p_{6n_1+2,(3)} = \sum_{1 \leqslant i \leqslant 2n_1} \left(\left[\frac{6n_1+2-3i}{2}\right]+1\right) \qquad (8.6.20)$$

$$= 3n_1^2 + 2n_1.$$

$$p_{6n_1+3,(3)} = \sum_{1 \leqslant i \leqslant 2n_1+1} \left(\left[\frac{6n_1+3-3i}{2}\right]+1\right) \qquad (8.6.21)$$

$$= 3n_1^2 + 3n_1 + 1$$

$$p_{6n_1+4,(3)} = \sum_{1\leqslant i\leqslant 2n_1+1}\left(\left[\frac{6n_1+4-3i}{2}\right]+1\right) \tag{8.6.22}$$
$$= 3n_1^2+4n_1+1$$

$$p_{6n_1+5,(3)} = \sum_{1\leqslant i\leqslant 2n_1+1}\left(\left[\frac{6n_1+5-3i}{2}\right]+1\right) \tag{8.6.23}$$
$$= 3n_1^2+5n_1+2.$$

把(8.6.18)—(8.6.23)诸式改写为

$$p_{n,(3)} = \begin{cases} \dfrac{n^2}{12}, & \text{若} n\equiv 0\,(\mathrm{mod}\,6), \\[2mm] \dfrac{n^2}{12}-\dfrac{1}{12}, & \text{若} n\equiv 1\,(\mathrm{mod}\,6), \\[2mm] \dfrac{n^2}{12}-\dfrac{1}{3}, & \text{若} n\equiv 2\,(\mathrm{mod}\,6), \\[2mm] \dfrac{n^2}{12}+\dfrac{1}{4}, & \text{若} n\equiv 3\,(\mathrm{mod}\,6), \\[2mm] \dfrac{n^2}{12}-\dfrac{1}{3}, & \text{若} n\equiv 4\,(\mathrm{mod}\,6), \\[2mm] \dfrac{n^2}{12}-\dfrac{1}{12}, & \text{若} n\equiv 5\,(\mathrm{mod}\,6) \end{cases} \tag{8.6.24}$$

$$= \left\langle \frac{n^2}{12}\right\rangle, \tag{8.6.25}$$

这里 $\langle \beta\rangle$ 表离 β 最近的整数.

由(8.6.16)和(8.6.17)—(8.6.23), 可得

$$p_{6n_1,(\leqslant 3)}=p_{6n_1,(3)}+p_{6n_1,(2)}+p_{6n_1,(1)}=3n_1^2+3n_1+1,$$
$$p_{6n_1+1,(\leqslant 3)}=3n_1^2+4n_1+1,$$
$$p_{6n_1+2,(\leqslant 3)}=3n_1^2+5n_1+2,$$
$$p_{6n_1+3,(\leqslant 3)}=3n_1^2+6n_1+3, \tag{8.6.26}$$
$$p_{6n_1+4,(\leqslant 3)}=3n_1^2+7n_1+4,$$
$$p_{6n_1+5,(\leqslant 3)}=3n_1^2+8n_1+5.$$

由(8.6.26)可得下面的

定理 8.6.1 $p_n^{(\leqslant 3)} = p_{n,(\leqslant 3)}$ 是 n 的二次三项式:

$$p_n^{(\leqslant 3)} = c_2 n^2 + c_1 n + c_0, \tag{8.6.27}$$

其中常数项 c_0 只与 $n(\mathrm{mod}\,6)$ 的最小非负剩余的值有关, 与 n 的具体数值无关, 系数 c_1, c_2 对一切 n 都分别是 $1/12$ 和 $1/2$. 具体言之, c_0 的值表为

i	0	1	2	3	4	5
c_0	1	$\frac{5}{12}$	$\frac{2}{3}$	$\frac{3}{4}$	$\frac{2}{3}$	$\frac{5}{12}$

$$\tag{8.6.28}$$

其中 i 为 $n(\mathrm{mod}6)$ 的最小非负剩余.

证明 由 (8.6.26), 注意 n 与 n_1 的关系即得. 自然, 也可由 (8.6.16), (8.6.17) 和 (8.6.24) 得出. **证毕.**

这个定理给出了关于 $p_n^{(\leqslant 3)}$ 的完全而彻底的解答.

对于一般的 $p_{n,(k)} = p_n^{(k)}$, 有下述

定理 8.6.2 数 $p_n^{(k)}$ 是 n 的 $k-1$ 次多项式, 其首项系数是

$$\frac{1}{(k-1)!\,k!} : \frac{n^{k-1}}{(k-1)!\,k!} + c_{k-2}n^{k-2} + \cdots + c_1 n + c_0, \tag{8.6.29}$$

其他诸系数与 $n(\mathrm{mod}\,k!)$ 的最小非负剩余有关, 与 n 的具体数值无关.

证明 今对 k 用数学归纳法, $k = 1, 2, 3$ 时, 由 (8.6.16), (8.6.17) 和 (8.6.24) 知定理为真, 设定理对不超过 $k-1$ 的值为真, 往证对 k 也真.

设 $n(\mathrm{mod}\,k!)$ 的最小非负剩余为 n_0, $n(\mathrm{mod}\,(k-i)!)$ 的最小非负剩余为 $n_i\,(1 \leqslant i \leqslant k-1)$, 则诸 n_i 完全由 n_0 而定. 由归纳法假设, $p_{n-k}^{(i)}$ 是 $(n-k)$ 的 $i-1$ 次多项式, 因而也是 n 的 $i-1$ 次多项式. 再由 (8.6.14). 到

$$p_{n,(k)} - p_{n-k,(k)} = \sum_{1 \leqslant i \leqslant k-1} p_{n-k,(i)}$$
$$= \frac{n^{k-2}}{(k-2)!\,(k-1)!} - R_{k-3}(n). \tag{8.6.30}$$

其中 $R_{k-3}(n)$ 是一个次数不超过 $k-3$ 的, 变元 n 的多项式, 且 $R_{k-3}(n)$ 的诸系数只依赖于 $n_i\,(1 \leqslant i \leqslant k-1)$, 故最终只依赖于 n_0.

易知, 多项式

$$\frac{n^{k-1}}{(k-1)!\,k!} + R_{k-2}(n)$$

是差分方程(8.6.30)的一个解, 这里 $R_{k-2}(n)$ 是次数不超过 $k-2$ 的, 以 n 为变元的多项式, 其系数只依赖于 $R_{k-3}(n)$ 的系数, 因而最终只依赖于 n_0. 如果 $f_1(n)$ 和 $f_2(n)$ 都是差分方程(8.6.30)的解, 则它们只相差一个常数. 因而,

$$\frac{n^{k-1}}{(k-1)!\,k!}+R_{k-2}(n)+c \tag{8.6.31}$$

是(8.6.30)的通解, 这里 c 为任意常数. 在(8.6.31)中代入 $n=n_0$, 得

$$c=p_{n_0,(k)}-\frac{n_0^{\,k-1}}{(k-1)!\,k!}-R_{k-2}(n_0),$$

故 c 也只依赖于 n_0, 因而可把 c 吸收到 $R_{k-2}(n)$ 中去, 仍保持新的 $R_{k-2}(n)$ 的系数只与 n_0 有关这一性质. **证毕.**

由此定理便可得出关于 $p_n^{(\leqslant k)}$ 的类似性质.

系　$p_n^{(\leqslant k)}$ 是 n 的 $k-1$ 次多项式, 首项系数是

$$\frac{1}{(k-1)!\,k!},$$

其他诸系数只与 $n(\bmod k!)$ 的最小非负剩余有关, 与 n 的具体数值无关.

证明　由(8.6.29), 有

$$\begin{aligned}
p_n^{(\leqslant k)} &= p_{n,(\leqslant k)} \\
&= p_{n,(k)}+\sum_{1\leqslant i\leqslant k-1}p_{n,(i)} \\
&= \frac{n^{k-1}}{(k-1)!\,k!}+P_{k-2}(n).
\end{aligned}$$

这里 $p_{k-2}(n)$ 是次数不超过 $k-2$ 的、以 n 为变元的多项式, 其系数只依赖于形如(8.6.29)的多项式, 因而只依赖于 $n(\bmod k!)$ 的最小非负剩余, 而不依赖于 n 的具体数值. **证毕.**

这里自然会提出一个问题: 对一般的集 $\overset{\circ}{B}$, 有无类似的结果呢? 答案是肯定的, 只是结果较弱.

定理 8.6.3　若 a 是 $a_1,a_2,\cdots,a_k$ 为最小公倍数, 则

$$p_{a_n+b}^{(\overset{\circ}{B})}=c_{k-1}n^{k-1}+\cdots+c_1n+c_0,\quad c_{k-1}\neq 0,0\leqslant b\leqslant a-1 \tag{8.6.32}$$

其中诸系数 c_i 只依赖于 b 而不依赖于 n.

证明 设 α 是一个本原的 a 次单位根. 那么, 如果 $a_j > 1$, 则存在最小正整数 s_j 使 α^{s_j} 是一个本原的 a_j 次单位根. 把

$$\left\{ \alpha^{s_j t_j} \,\middle|\, 1 \leqslant t_j \leqslant a_j - 1\, (1 \leqslant j \leqslant k) \right\}$$

中不同的数记为 $\beta_1, \beta_2, \cdots, \beta_q$, 在其中出现的次数分别为 $r_1, r_2, \cdots, r_q$. 由(8.6.2), 有

$$\sum_{n \geqslant 0} p_n^{(\mathring{B})} t^n = \prod_{1 \leqslant j \leqslant k} \left(1 - t^{a_j} \right)^{-1}$$

$$= (1-t)^{-k} \left(t - \beta_1 \right)^{-r_1} \left(t - \beta_2 \right)^{-r_2} \cdots \left(t - \beta_q \right)^{-r_q}. \tag{8.6.33}$$

因为 $1 - t^{a_j}$ 没有重根, 而(8.6.33)的中节正好有 k 个因子, 所以

$$r_i \leqslant k\, (1 \leqslant i \leqslant q). \tag{8.6.34}$$

把(8.6.33)的右节展成部分分式, 由于(8.6.34), 可得

$$l_1 (1-t)^{-1} + l_2 (1-t)^{-2} + \cdots + l_k (1-t)^{-k}$$
$$-l_{11}(t-\beta_1)^{-1} + l_{12}(t-\beta_1)^{-2} + \cdots + (-1)^k l_{1k}(t-\beta_1)^{-k}$$
$$-l_{21}(t-\beta_2)^{-1} + l_{22}(t-\beta_2)^{-2} + \cdots + (-1)^k l_{2k}(t-\beta_2)^{-k}$$
$$\cdots\cdots$$
$$-l_{q1}(t-\beta_q)^{-1} + l_{q2}(t-\beta_q)^{-2} + \cdots + (-1)^k l_{qk}(t-\beta_q)^{-k}, \tag{8.6.35}$$

这里诸 l_i, l_{ij} 都是常数. 因为

$$(1-t)^{-i} = \sum_{n \geqslant 0} \binom{i+n-1}{n} t^n = \sum_{n \geqslant 0} \binom{i+n-1}{i-1} t^n, \tag{8.6.36}$$

$$(1-t)^i \left(t - \beta_j \right)^{-i} = \beta_j^{-i} \left[1 - \beta_j^{-1} t \right]^{-i}$$

$$= \sum_{n \geqslant 0} \binom{i+n-1}{i-1} \beta_j^{-n-i} t^n, \tag{8.6.37}$$

故代入(8.6.35)便得 t^n 的系数为

$$p_n^{(\mathring{B})} = \sum_{1 \leqslant i \leqslant k} \binom{i+n-1}{i-1} \left(l_i + \sum_{1 \leqslant j \leqslant q} l_{ji} \beta_j^{-n-i} \right).$$

因而有

$$p_{a_n+b}^{(\overset{\circ}{B})} = \sum_{1\leqslant i\leqslant k} \binom{i+an+b-1}{i-1} k_i, \tag{8.6.38}$$

这里

$$k_i = l_i + \sum_{1\leqslant j\leqslant q} l_{ji}\beta_j^{-an-b-i}$$

$$= l_i + \sum_{1\leqslant j\leqslant q} l_{ji}\beta_j^{-b-i},$$

依赖于 b, 而不依赖于 n 的数值. (8.6.38)即合所求. **证毕.**

由于(8.6.32)中的多项式的次数是 $k-1$, 故若已知任意 k 个 $p_{a_n+b}^{(\overset{\circ}{B})}$ 的值, 譬如 已知 $p_{a_{n_1}+b}^{(\overset{\circ}{B})}, p_{a_{n_i}+b}^{(\overset{\circ}{B})}, \cdots, p_{a_{n_b}+b}^{(\overset{\circ}{B})}$, 便可用 Lagrange 内插公式求得

$$p_{a_n+b}^{(\overset{\circ}{B})} = \sum_{1\leqslant j\leqslant k} \frac{F_j(n)}{F_j(n_j)} p_{a_{n_j}+b}^{(\overset{\circ}{B})}, \tag{8.6.39}$$

这里

$$F(x) = (x-n_1)(x-n_2)\cdots(x-n_k),$$

$$F_j(x) = \frac{F(x)}{x-n_j} (1\leqslant j\leqslant k).$$

如果选取 $n_j=j(1\leqslant j\leqslant k)$, 则(8.6.39)可取比较简单的形式:

$$p_{a_n+b}^{(\overset{\circ}{B})} = \binom{n-1}{k} \sum_{1\leqslant j\leqslant k} (-1)^{k-j}\binom{k}{j}\frac{j}{n-j} p_{a_j+b}^{(\overset{\circ}{B})}. \tag{8.6.40}$$

若要对一切 b 求出全部多项式 $p_{a_n+b}^{(\overset{\circ}{B})}$, 只要知道 ak 个 $p_{a_n+b}^{(\overset{\circ}{B})}$ 的值就行了, 其中 k 个 $p_{a_n}^{(\overset{\circ}{B})}$ 的值, k 个 $p_{a_n+1}^{(\overset{\circ}{B})}$ 的值, $\cdots$, k 个 $p_{a_n+a-1}^{(\overset{\circ}{B})}$ 的值.

特别地, 当 $\overset{\circ}{B}=\{a_1,a_2,a_3\}$ 时, (8.6.40)化为

$$2p_{a_n+b}^{(\overset{\circ}{B})} = (n-2)(n-3)p_{a+b}^{(\overset{\circ}{B})} - 2(n-1)(n-3)$$

$$\times p_{2a+b}^{(\overset{\circ}{B})} + (n-1)(n-2)p_{3a+b}^{(\overset{\circ}{B})}.$$

8.7 p_n 的估值

由前几节的内容已知, 对大数 n, 求 p_n 的值是件很麻烦的工作. 好在有些问题并不需要 p_n 的确值, 只需了解 p_n 的范围或近似值就够了, 本节先证明一个粗略的估计, 然后证明一个较精细的渐近式.

定理 8.7.1　当 $n > 2$ 时, 有

$$2^{\left[\sqrt{n}\right]} < p_n < n^{3\left[\sqrt{n}\right]}. \tag{8.7.1}$$

证明　在

$$1, 2, \cdots, \left[\sqrt{n}\right]$$

中任取 r 个数 $a_1, a_2, \cdots, a_r$, 则

$$n = a_1 + \cdots + a_r + (n - a_1 - a_2 - \cdots - a_r) \tag{8.7.2}$$

是 n 的一个分拆. 这是因为当 $n > 2$ 时, 有

$$a_1 + \cdots + a_r \leqslant 1 + 2 + \cdots + \left[\sqrt{n}\right] < \left[\sqrt{n}\right]^2 \leqslant n.$$

形如 (8.7.2) 的分拆的总数是

$$1 + \binom{\left[\sqrt{n}\right]}{1} + \binom{\left[\sqrt{n}\right]}{2} + \cdots + \binom{\left[\sqrt{n}\right]}{r} + \cdots = 2^{\left[\sqrt{n}\right]}.$$

由此立得 (8.7.1) 的左节.

今讨论 n 的分拆的 Ferrers 图. 例如, 分拆 $16 = 6 + 5 + 3 + 1 + 1$ 的图:

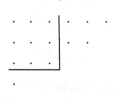

设图中左上角最大正方形的边长为 r (例中 $r=3$), 则图中右上角的诸行对应于一个不大于 $n - r^2$ 的整数的分拆, 左下角亦然.

对固定的数 r, 右上角可能出现的图形的总数不超过 n^r, 右下角亦然, 因

$r \leqslant \left[\sqrt{n}\right]$，故有

$$p_n \leqslant \sum_{1 \leqslant r \leqslant \left[\sqrt{n}\right]} n^{2r} < \sqrt{n} \cdot n^{2\left[\sqrt{n}\right]} < n^{3\left[\sqrt{n}\right]}.$$

因而(8.7.1)的右节成立. **证毕.**

可以证明 p_n 的一个较精细的渐近式：

定理 8.7.2

$$\lim_{n\to\infty} \frac{\log p_n}{\sqrt{n}} = \pi\sqrt{\frac{2}{3}}.$$

对此定理的证明有兴趣的读者，可以参考华罗庚[1].

8.8 p_n的数论性质

首先建立一个很有用的恒等式.

定理 8.8.1 若 $|q| < 1, z \neq 0$，则

$$\prod_{n\geqslant 1}\left[\left(1+q^{2n}\right)\left(1+q^{2n-1}z\right)\left(1+q^{2n-1}z^{-1}\right)\right]$$

$$= 1 + \sum_{n\geqslant 1} q^{n^2}\left(z^n + z^{-n}\right)$$

$$= \sum_{-\infty < n < \infty} q^{n^2}z^n. \tag{8.8.1}$$

证明 记

$$\varphi_m(z) := \prod_{1\leqslant n \leqslant m}\left[\left(1+q^{2n-1}z\right)\left(1+q^{2n-1}z^{-1}\right)\right]$$

$$=: X_0 + X_1\left(z+z^{-1}\right) + X_2\left(z^2+z^{-2}\right) + \cdots + X_m\left(z^m+z^{-m}\right), \tag{8.8.2}$$

这里诸 X_i 与 z 无关. 因为在(8.8.2)的中节中，z 和 z^{-1} 的地位完全平等，故右节中 z^i 和 z^{-i} 的系数相同，且末项系数 X_m 是

$$X_m = q^{1+3+\cdots+(2m-1)}$$

$$= q^{m^2}. \tag{8.8.3}$$

于是有

$$\varphi_m\left(q^2 z\right) = \prod_{1 \leqslant n \leqslant m} \left[\left(1 + q^{2n+1} z\right)\left(1 + q^{2n-3} z^{-1}\right)\right]$$

$$= \frac{1 + q^{-1} z^{-1}}{1 + qz} \cdot \frac{1 + q^{2m+1} z}{1 + q^{2m-1} z^{-1}} \varphi_m\left(z\right)$$

$$= \frac{1 + q^{2m+1} z}{qz + q^{2m}} \varphi_m\left(z\right),$$

亦即

$$\left(qz + q^{2m}\right) \varphi_m\left(q^2 z\right) = \left(1 + q^{2m+1} z\right) \varphi_m\left(z\right). \tag{8.8.4}$$

将(8.8.2)代入(8.8.4), 且比较 z^{-n} 的系数, 有

$$X_n = \frac{q^{2n-1}\left(1 - q^{2m-2n+2}\right)}{1 - q^{2m+2n}} X_{n-1}, n \leqslant m. \tag{8.8.5}$$

重复应用(8.8.5), 最后得

$$X_n = q^{n^2} \frac{\left(1 - q^{2m-2n+2}\right)\left(1 - q^{2m-2n+4}\right)\cdots\left(1 - q^{2m}\right)}{\left(1 - q^{2m+2n}\right)\left(1 - q^{2m+2n-2}\right)\cdots\left(1 - q^{2m+2}\right)} X_0. \tag{8.8.6}$$

把(8.8.3)代入(8.8.6)中换 n 为 m 后的等式, 得

$$X_0 = \frac{\left(1 - q^{4m}\right)\left(1 - q^{4m-2}\right)\cdots\left(1 - q^{2m+2}\right)}{\left(1 - q^2\right)\left(1 - q^4\right)\cdots\left(1 - q^{2m}\right)}. \tag{8.8.7}$$

把(8.8.7)代入(8.8.6), 得

$$X_n = \frac{q^{n^2}}{\left(1 - q^2\right)\left(1 - q^4\right)\cdots\left(1 - q^{2m}\right)} X_n', n \leqslant m, \tag{8.8.8}$$

这里

$$X_n = \frac{\left(1 - q^{2m-2n+2}\right)\left(1 - q^{2m-2n+4}\right)\cdots\left(1 - q^{2m}\right)}{\left(1 - q^{2m+2n}\right)\left(1 - q^{2m+2n-2}\right)\cdots\left(1 - q^{2m+2}\right)}\left(1 - q^{2m+2}\right)\cdots\left(1 - q^{4m}\right)$$

$$= \left(1 - q^{2m-2n+2}\right)\cdots\left(1 - q^{2m}\right) \cdot \left(1 - q^{2m+2n+2}\right)\cdots\left(1 - q^{4m}\right). \tag{8.8.9}$$

把(8.8.8)代入(8.8.2), 得

$$
\left(1-q^2\right)\left(1-q^4\right)\cdots\left(1-q^{2m}\right)\varphi_m\left(z\right)
$$

$$
= X_0' + \sum_{1\leqslant n\leqslant m} q^{n^2}(z^n + z^{-n})X_n'. \tag{8.8.10}
$$

由(8.8.9)知 $\lim\limits_{m\to\infty} X_n' = 1$. 故若能证明当(8.8.10)两节取极限时, 其右节的极限可在和号下进行, 就可得定理. 下面来证明这一点.

记

$$
u_{0,m} = X_0,
$$

$$
u_{n,m} = \begin{cases} \dfrac{q^{n^2}}{\left(1-q^2\right)\left(1-q^4\right)\cdots\left(1-q^{2m}\right)} X_n'(z^n + z^{-n}), & \text{若} l\leqslant n\leqslant m, \\ 0, & \text{若} n > m, \end{cases}
$$

$$
u_0 = \dfrac{1}{\left(1-q^2\right)\left(1-q^4\right)\cdots},
$$

$$
u_n = \dfrac{q^{n^2}(z^n + z^{-n})}{\left(1-q^2\right)\left(1-q^4\right)\cdots}, \quad n > 0,
$$

则有

$$
\varphi_m\left(z\right) = \sum_{n\geqslant 0} u_{n,m}, \tag{8.8.11}
$$

和

$$
\lim_{m\to\infty} u_{n,m} = u_n.
$$

因为

$$
|X_n'| < \prod_{k\geqslant 1}\left(1+|q|^{2k}\right) =: K_1,
$$

$$
\left|\dfrac{1}{\left(1-q^2\right)\left(1-q^4\right)\cdots\left(1-q^{2m}\right)}\right| < \prod_{k\geqslant 1} \dfrac{1}{1-|q|^{2k}} =: K_2,
$$

故有

$$
\left|u_{n,m}\right| \leqslant K_1 K_2 |q|^{n^2}\left(|z|^n + |z|^{-n}\right) =: v_n.
$$

而 v_n 与 m 无关, 且

$$\frac{v_{n+1}}{v_n} = |q|^{2n+1} \frac{|z|^{n+1} + |z|^{-(n+1)}}{|z|^n + |z|^{-n}} < |q|^{2n+1} \left(|z| + |z|^{-1} \right) \to 0 \, (n \to \infty),$$

因而 $\sum v_n$ 是收敛的, 所以 (8.8.11) 是一致收敛的. **证毕**.

定理 8.8.1 如此广泛, 包含了众多的恒等式为其特款.

分别取 $z = 1, z = -1$ 和 $z = q$, 便得

$$\prod_{n \geqslant 1} \left(1 - q^{2n} \right) \prod_{n \geqslant 1} \left(1 + q^{2n-1} \right)^2 = \sum_{-\infty < n < \infty} q^{n^2},$$

$$\prod_{n \geqslant 1} \left(1 - q^{2n} \right) \prod_{n \geqslant 1} \left(1 - q^{2n-1} \right)^2 = \sum_{-\infty < n < \infty} (-1)^n q^{n^2},$$

$$\prod_{n \geqslant 1} \left(1 - q^{2n} \right) \prod_{n \geqslant 1} \left(1 + q^{2n} \right)^2 = \sum_{n \geqslant 0} q^{n^2 + n}.$$

以 $-q^{\frac{3}{2}}$ 代替 q, 取 $z = q^{\frac{1}{2}}$, 则得

$$\prod_{n \geqslant 1} \left(1 - q^{3n} \right)(1 - q^{3n-1})(1 - q^{3n-2}) = \sum_{-\infty < n < \infty} \left(-q^{\frac{3}{2}} \right)^{n^2} q^{\frac{n}{2}},$$

$$= \sum_{-\infty < n < \infty} (-1)^n q^{\frac{1}{2}(3n^2 + n)}.$$

这就是 (8.4.9).

以 $q^{\frac{1}{2}}$ 代替 q, 取 $z = q^{\frac{1}{2}}$, 得

$$\prod_{n \geqslant 1} \left[\left(1 - q^n \right) \left(1 + q^n \right) \left(1 + q^{n-1} \right) \right] = \sum_{-\infty < n < \infty} q^{\frac{1}{2}(n^2 + n)},$$

亦即

$$\prod_{n \geqslant 1} \left[\left(1 - q^{2n} \right) \left(1 + q^{n-1} \right) \right] = 2 \sum_{n \geqslant 0} q^{\frac{1}{2}n(n+1)}.$$

用定理 8.8.1　还可证明下面的重要恒等式.

定理 8.8.2 若 $|q| < 1$, 则

$$\prod_{n \geqslant 1} \left(1 - q^n\right)^3 = \sum_{-\infty < n < \infty} (-1)^n \, n q^{\frac{1}{2}n(n+1)}$$

$$= \sum_{n \geqslant 0} (-1)^n (2n+1) q^{\frac{1}{2}n(n+1)}$$

$$= 1 - 3q + 5q^2 - 7q^6 + \cdots. \tag{8.8.12}$$

证明 易知(8.8.12)中的两个和式是相等的.

在定理 8.8.1 中以 $q^{\frac{1}{2}}$ 代替 q, 且令 $z = q^{\frac{1}{2}}\zeta$, 则

$$\prod_{n \geqslant 1} \left[\left(1 - q^n\right)\left(1 + q^n \zeta\right)\left(1 + q^{n-1}\zeta^{-1}\right)\right] = \sum_{-\infty < n < \infty} q^{\frac{1}{2}n(n+1)} \zeta^n,$$

此即

$$\frac{\zeta + 1}{\zeta} \prod_{n \geqslant 1} \left[\left(1 - q^n\right)\left(1 + q^n \zeta\right)\left(1 + q^n \zeta^{-1}\right)\right] = \sum_{-\infty < n < \infty} q^{\frac{1}{2}n(n+1)} \zeta^n. \tag{8.8.13}$$

因为

$$\sum_{-\infty < n < \infty} (-1)^n q^{\frac{1}{2}n(n+1)} = \sum_{n \geqslant 0} (-1)^n q^{\frac{1}{2}n(n+1)} + \sum_{-\infty < n < 0} (-1)^n q^{\frac{1}{2}n(n+1)}$$

$$= \sum_{n \geqslant 0} (-1)^n q^{\frac{1}{2}n(n+1)} + \sum_{m \geqslant 0} (-1)^{m+1} q^{\frac{1}{2}(m+1)m}$$

$$= 0,$$

故有

$$\frac{\zeta}{\zeta + 1} \sum_{-\infty < n < \infty} q^{\frac{1}{2}n(n+1)} \zeta^n = \frac{\zeta}{\zeta + 1} \sum_{-\infty < n < \infty} q^{\frac{1}{2}n(n+1)} \left(\zeta^n - (-1)^n\right)$$

$$= \sum_{-\infty < n < \infty} q^{\frac{1}{2}n(n+1)} \frac{\zeta\left(\zeta^n - (-1)^n\right)}{\zeta + 1}.$$

再者,

$$\lim_{\zeta \to -1} \frac{\zeta^n - (-1)^n}{\zeta + 1} = n(-1)^{n-1},$$

$$\prod_{n \geqslant 1} \lim_{\zeta \to -1} \left[(1 - q^n)(1 + q^n\zeta)(1 + q^n\zeta^{-1}) \right] = \prod_{n \geqslant 1} (1 - q^n)^3.$$

由(8.8.13), 有

$$\prod_{n \geqslant 1} \left[(1 - q^n)(1 + q^n\zeta)(1 + q^n\zeta^{-1}) \right]$$

$$= \sum_{-\infty < n < \infty} q^{\frac{1}{2}n(n+1)} \zeta \frac{\zeta^n - (-1)^n}{\zeta + 1}.$$

所以, 若能证明在上式中当 $\zeta \to -1$ 时取极限的过程可分别在积号、和号下进行, 则定理就全部证明. 这一点不难用一致收敛来证明, 这里从略, **证毕**.

现在来证明 p_n 的两个数论性质.

定理 8.8.3 对任意的非负整数 m, 有

$$p_{5m+4} \equiv 0 \,(\mathrm{mod}\, 5), \tag{8.8.14}$$

$$p_{7m+5} \equiv 0 \,(\mathrm{mod}\, 7). \tag{8.8.15}$$

证明 由(8.4.9)和(8.8.12), 有

$$q \prod_{n \geqslant 1} (1 - q^n)^4 = q \prod_{n \geqslant 1} (1 - q^n) \cdot \prod_{n \geqslant 1} (1 - q^n)^3$$

$$= q \sum_{-\infty < r < \infty} (-1)^r q^{\frac{1}{2}(3r^2 + r)} \sum_{s \geqslant 0} (-1)^s (2s + 1) q^{\frac{1}{2}s(s+1)}$$

$$= \sum_{\substack{-\infty < r < \infty \\ s \geqslant 0}} (-1)^{r+s} (2s + 1) q^{E(r,s)}, \tag{8.8.16}$$

这里

$$E(r,s) = 1 + \frac{1}{2}r(3r + 1) + \frac{1}{2}s(s + 1). \tag{8.8.17}$$

以下二式是等价的:

$$E(r,s) \equiv 0 \,(\mathrm{mod}\, 5), \tag{8.8.18}$$

$$2(r+1)^2 + (2s+1)^2 \equiv 0 \,(\text{mod}\,5). \qquad (8.8.19)$$

这是因为,

$$2(r+1)^2 + (2s+1)^2 = 8E(r,s) - 10r^2 - s,$$

而

$$2(r+1)^2 \equiv 0,2,3 \,(\text{mod}\,5),$$

$$(2s+1)^2 \equiv 0,1,4 \,(\text{mod}\,5),$$

因而(8.8.18)成立的充要条件是

$$r+1 \equiv 2s+1 \equiv 0 \,(\text{mod}\,5), \qquad (8.8.20)$$

这样一来, 在

$$q\prod_{n\geqslant 1}\left(1-q^n\right)^4 \qquad (8.8.21)$$

中, q^{5m+5} 的系数是 5 的倍数.

因为

$$(1-q)^{-5} = \sum_{i\geqslant 0}\binom{4+i}{4}q^i,$$

而

$$\binom{4+i}{4} \not\equiv 0 \,(\text{mod}\,5)$$

成立的充要条件是

$$(4+i)(3+i)(2+i)(1+i) \not\equiv 0 \,(\text{mod}\,5).$$

亦即

$$i \equiv 0 \,(\text{mod}\,5). \qquad (8.8.22)$$

当(8.8.22)成立时, 有

$$\binom{4+i}{4} \equiv 1 \,(\text{mod}\,5).$$

上述事实可以表为

$$\frac{1}{(1-q)^5} \equiv \frac{1}{1-q^5} \pmod 5,$$

亦即

$$\frac{1-q^5}{(1-q)^5} \equiv 1 \pmod 5. \tag{8.8.23}$$

这里, 两个幂级数同余意指对应系数两两同余.

由(8.8.23)得

$$q\frac{\left(1-q^5\right)\left(1-q^{10}\right)\cdots}{(1-q)\left(1-q^2\right)\cdots} \equiv q\frac{\left[(1-q)\left(1-q^2\right)\cdots\right]^4\left[\left(1-q^5\right)\left(1-q^{10}\right)\cdots\right]}{\left[(1-q)\left(1-q^2\right)\cdots\right]^5}$$

$$\equiv q\prod_{n\geqslant 1}\left(1-q^n\right)^4.$$

由(8.8.21), 知

$$q\frac{\left(1-q^5\right)\left(1-q^{10}\right)\cdots}{(1-q)\left(1-q^2\right)\cdots}$$

中 q^{5m+5} 的系数是 5 的倍数, 亦即

$$\frac{q}{(1-q)\left(1-q^2\right)\cdots}$$

中 q^{5m+5} 的系数是 5 的倍数. 这就是结论(8.8.14).(8.8.5)的证明是类似的, 只是要用到(8.8.12)的平方. 详情从略. **证毕.**

$(p_n)_{n\geqslant 0}$ 的普母函数 $p(t)$ 与除数函数

$$\sigma(n) = \sum_{d|n} d$$

之间可以通过下面的式子联系起来:

$$\frac{t\dfrac{d}{dt}p(t)}{p(t)} = \sum_{n\geqslant 1}\sigma(n)t^n. \tag{8.8.24}$$

这是因为由定理 8.3.3 的系 4 的证明过程可知

$$\frac{\frac{d}{dt}p(t)}{p(t)} = \frac{1}{t}\sum_{\substack{l\geqslant 1 \\ k\geqslant 1}} lt^{lk} = \frac{1}{t}\sum_{n\geqslant 1}\left(\sum_{l\mid n} l\right)t^n.$$

第九章 限 位 排 列

第一章讨论了简单的排列问题，第三章讨论了较复杂的一些排列，在这些排列中，对数码出现的位置加上了一定的限制．本章沿着这一方向深入地研究在一般的限制条件下的排列，即所谓限位排列问题，采用的工具主要是 $(0,1)$ 矩阵和棋阵多项式．

下面首先建立限位排列问题与其关联矩阵和棋阵的联系(9.1)；然后研究关联矩阵和棋阵的性质(9.2，9.3，9.5)；最后对一些重要类型的棋阵作更细致的讨论，从而得出所对应的限位排列问题的解答(9.4，9.6，9.7).

9.1　概　　论

在例 3.2.1 中已经遇到了更列问题．更列是集 $[1,n]$ 的一个 n 无重排列，要求数码 i 不出现在排列的第 i 个位置上，就是说对数码出现的位置加上了限制；于此等价地，也可以说是，对排列的第 i 个位置上所允许出现的数码加上了限制，$1 \leqslant i \leqslant n$．同样地，例 3.2.2 中遇到的既化 Ménage 问题却是求集 $[1,n]$ 上的加上另一些限制条件的 n 无重排列，这些限制条件是：码 i 不能出现在排列的第 $i-1$ 位或第 i 位($2 \leqslant i \leqslant n$)，数码 1 不能出现在第一位或第 n 位；与此等价地，也可以说是，排列的第 i 个位置不允许数码 i 和 $i+1$ 出现($1 \leqslant i \leqslant n-1$)，第 n 个位置不允许数码 1 和 n 出现．这就是限位排列问题的简单的例子．

今考虑一般情形．设 $A_1, A_2, \cdots, A_m$ 是集 $[1,n]$ 的 m 个给定的子集．如果 $[1,n]$ 的 m–无重排列 $a_1 a_2 \cdots a_m$ 合于条件

$$a_i \in A_i \, (1 \leqslant i \leqslant m), \tag{9.1.1}$$

则称该排列 $a_1 a_2 \cdots a_m$ 是一个 $(A_1, A_2, \cdots, A_m)$ 限位排列，简称为一个限位排列，其总个数称为 $(A_1, \cdots, A_m)$ 限位排列数，简称为限位排列数，记为 $N_0 := N_0(m,n) := N_0^{(A_1, \cdots, A_m)}(m,n)$．此外，还称 A_i 为第 i 位限元集，称 $\overline{A_i} := [1,n] \setminus A_i$ 为第 i 位禁元集．

根据诸 A_i 可定义出

$$B_j := \{ i \,|\, j \in A_i, 1 \leqslant i \leqslant m \} \, (1 \leqslant i \leqslant n), \tag{9.1.2}$$

于是 B_j 就是数码 j 可能出现的位置的号码的集合，称为元 j 的限位集，还称 $\overline{B_j} := [1,m] \setminus B_j$ 为元 1 的禁位集. 如果事先并未给出诸 A_i，相反地，已经给出元 j 的限位集 $B_j (1 \leqslant j \leqslant n)$，于是可根据诸 B_j 来定义

$$A_i := \{ j \,|\, i \in B_j, 1 \leqslant j \leqslant n \} (1 \leqslant i \leqslant m),$$

则 A_i 就是第 i 位限位集.

　　例如，对 n 阶更列问题，有 $m=n$ 且

$$A_i = B_i = [1,n] \setminus \{i\} (1 \leqslant i \leqslant n).$$

对 n 阶既化 Ménage 问题，有 $m=n$ 且

$$\begin{aligned}
A_i &= [1,n] \setminus \{i, i+1\} (1 \leqslant i \leqslant n-1), \\
A_n &= [1,n] \setminus \{1,n\}, \\
B_i &= [1,n] \setminus \{i-1, i\} (2 \leqslant i \leqslant n), \\
B_1 &= [1,n] \setminus [1,n].
\end{aligned}$$

　　如果记 $[1,n]$ 的子集系 $\{A_i\}_{1 \leqslant i \leqslant m}$ 对 $[1,n]$ 的关联矩阵为

$$A = (a_{ij}), a_{ij} = \begin{cases} 1, & \text{若} j \in A_i, \\ 0, & \text{若} j \notin A_i \end{cases} (1 \leqslant i \leqslant m; 1 \leqslant j \leqslant n), \tag{9.1.3}$$

则有

$$\begin{aligned}
A_i &= \{ j \,|\, a_{ij} = 1 \}, \\
B_j &= \{ i \,|\, a_{ij} = 1 \}.
\end{aligned} \tag{9.1.4}$$

常称矩阵(9.1.3)为其对应的限位排列问题的关联矩阵. 由集系及其关联矩阵的对应关系可知，限位排列问题的研究可化为它的关联矩阵的研究.

　　例如，n 阶更列问题的关联矩阵是

$$\begin{bmatrix} 0 & 1 & 1 & \cdots & 1 & 1 \\ 1 & 0 & 1 & \cdots & 1 & 1 \\ 1 & 1 & 0 & \cdots & 1 & 1 \\ \vdots & \vdots & \vdots & & \vdots & \vdots \\ 1 & 1 & 1 & \cdots & 1 & 0 \end{bmatrix} = J_n - I_n.$$

n 阶既化 Ménage 问题的关联矩阵是

$$\begin{pmatrix} 0 & 0 & 1 & 1 & \cdots & 1 & 1 \\ 1 & 0 & 0 & 1 & \cdots & 1 & 1 \\ 1 & 1 & 0 & 0 & \cdots & 1 & 1 \\ \vdots & \vdots & \vdots & \vdots & & \vdots & \vdots \\ 1 & 1 & 1 & 1 & \cdots & 0 & 0 \\ 0 & 1 & 1 & 1 & \cdots & 1 & 0 \end{pmatrix}.$$

一个 $m \times n$ 的 $(0,1)$ 矩阵 $B = (b_{ij})$ 的补矩阵，指的是 $(0,1)$ 矩阵

$$\overline{B} = (\overline{b}_{ij}), \overline{b}_{ij} = \begin{cases} 1, & \text{若 } b_{ij} = 0, \\ 0, & \text{若 } b_{ij} = 1 \end{cases} (1 \leqslant i \leqslant m; 1 \leqslant j \leqslant n). \tag{9.1.5}$$

因而

$$\overline{B} = J_{m \times n} - B.$$

关联矩阵 $(9.1.3)$ 的补是

$$\overline{A} = (\overline{a}_{ij}), \overline{a}_{ij} = \begin{cases} 1, & \text{若 } j \in \overline{A}_i, \\ 0, & \text{若 } j \notin \overline{A}_i. \end{cases} \tag{9.1.6}$$

对待矩阵 $(9.1.6)$ 可有两种观点. 第一, 可把 $(9.1.6)$ 看作某一个限位排列问题——称为原限位排列问题的补问题——的关联矩阵, 其限制条件正好是原限制条件的补:

元 j 的限位集为 $\overline{B}_j$, 禁位集为 B_j;

第 i 位的限元集为 $\overline{A}_i$, 禁元集为 A_i.

第二, 可以把 $(9.1.6)$ 看作一个棋阵, 它由一个 $m \times n$ 的矩形棋盘上的 mn 个格子组成, 每个格子要么是 1, 要么是零; 今后把有 1 的格子称为实格, 其他格子称为虚格.

如果约定, 在棋阵的实格处不允许放上棋子, 那么, $(A_1, \cdots, A_m)$ 限位排列问题就化为, 寻求在棋阵 $(9.1.6)$ 上放置 m 个互不相遇的棋子的放法的个数. 这里, 所谓二个棋子相遇, 意指它们在棋盘上的同一行或同一列.

例如, 更列问题的补问题的关联矩阵是

$$I = \begin{pmatrix} 1 & & & & 0 \\ & 1 & & & \\ & & \ddots & & \\ & & & 1 & \\ 0 & & & & 1 \end{pmatrix},$$

这也就是更列问题的棋阵；Ménage 问题的补问题的关联矩阵是

$$
\begin{pmatrix}
1 & 1 & 0 & \cdots & 0 & 0 \\
0 & 1 & 1 & \cdots & 0 & 0 \\
 & & \ddots & \ddots & & \\
 & & & \ddots & \ddots & \\
0 & 0 & 0 & \cdots & 1 & 1 \\
1 & 0 & 0 & \cdots & 0 & 1
\end{pmatrix},
\tag{9.1.7}
$$

也就是 Ménage 问题的棋阵.

上述两种看法，今后将并用.

形如(9.1.3)的矩阵共 2^{mn} 个，这是因为 mn 个 a_{ij} 之任一都可独立地取零和 1. 自然，这里把全 1 阵和零阵也计入在内，全 1 阵即无限制条件的 m 无重排列的关联矩阵. 易知，对关联矩阵的下面二种变化，并不影响限位排列问题的本质，最多只是对原来的限位排列问题换一种说法而已.

(1) 关联矩阵的转置. 此时只需把位和元的地位交换便得原限位排列问题；

(2) 关联矩阵的诸行互易位置,诸列互易位置. 此时仅只把位和元都分别重新编号而已.

例如，只有一个元为 1，其余元皆为零的 $m \times n$ 矩阵共 mn 个，而这 mn 个矩阵可视为同一个限位排列问题的关联矩阵，因为经变换(2)，可把这个 1 从一个位置变到其他任一指定的位置.

兴趣大些，结果也多些的棋阵有以下几类：

(1) 阶梯形棋阵

$$
\begin{pmatrix}
1 & \cdots & 1 & \cdots & 1 & & 0 \\
 & & 1 & \cdots & 1 & \cdots & 1 \\
 & 0 & & \ddots & & \ddots & & \ddots
\end{pmatrix},
$$

对角形棋阵

$$
\begin{pmatrix}
1 & & & 0 \\
 & 1 & & \\
 & & \ddots & \\
 & 0 & & 1
\end{pmatrix}
$$

和

$$\begin{pmatrix} 1 & 1 & & & 0 \\ & 1 & 1 & & \\ & & \ddots & \ddots & \\ 0 & & & 1 & 1 \end{pmatrix}$$

均为其特款.

(2) 矩形棋阵

$$\begin{pmatrix} 1 & \cdots & 1 \\ \vdots & & \vdots \\ 1 & \cdots & 1 \end{pmatrix},$$

(3) 梯形棋阵

$$\begin{pmatrix} 1 & \cdots & 1 & & & & & & 0 \\ 1 & \cdots & 1 & 1 & \cdots & 1 & & & \\ \vdots & & \vdots & \vdots & & \vdots & \vdots & & \vdots \\ 1 & \cdots & 1 & 1 & \cdots & 1 & 1 & \cdots & 1 \end{pmatrix},$$

三角形棋阵

$$\begin{pmatrix} 1 & & & 0 \\ 1 & 1 & & \\ \vdots & \vdots & & \vdots \\ 1 & 1 & \cdots & 1 \end{pmatrix}$$

为其特款.

上述几种特殊类型的棋阵与一些著名的组合问题有着密切的联系.

以下诸节首先就一般情况论述限位排列的关联矩阵和棋阵的性质, 然后对上述几种特殊的棋阵作较细致的讨论, 并导出它们的一些重要应用.

9.2 关联矩阵和棋阵

今考虑关联矩阵(9.1.3).

若 $m > n$, 由问题的组合意义, 集 $[1, n]$ 的 m 无重排列的个数为零. 以下假设 $m \leqslant n$. 集 $[1, n]$ 的一个 m 无重排列

$$a_1 a_2 \cdots a_m, \, a_i \in A_i \, (1 \leqslant i \leqslant m) \tag{9.2.1}$$

对应于集系 $\{A_i\}_{1\le i\le m}$ 的一个 SDR:

$$a_1,a_2,\cdots,a_m,a_i \in A_i\ (1\le i \le m), \tag{9.2.2}$$

且反之亦然. 易知上述对应是(1-1)的, 因此二者的个数应该相同. 因而从 5.2 中关于积和式与相异代表个数之间的关系立得

定理 9.2.1

$$N_0 = perA. \tag{9.2.3}$$

应用定理 5.2.3 就得到 N_0 的具体计算公式:

系

$$N_0 = \sum_{0\le j\le m-1} (-1)^j \binom{n-m+j}{j} \delta_{n-m+j}. \tag{9.2.4}$$

更一般地, 用 $N_j := N_j(m,n) := N_j^{(A_1,\cdots,A_m)}(m,n)$ 记集 $[1,n]$ 的无重排列 $a_1a_2\cdots a_m$, 恰有 $m-j$ 个 $a_{i_l} \in A_{i_l}(1\le l \le m-j)$,

$$1\le i_1 < i_2 < \cdots < i_{m-j} \le m \tag{9.2.5}$$

的个数. 排列(9.2.5)即排列

$$a_1a_2\cdots a_m, \quad 恰有 j 个 a_{i'_h} \not\in A_{i'_h}(1\le h \le j)$$

$$(1\le i'_1 < \cdots < i'_j \le m, \{i'_1,\cdots,i'_j\}\bigcup\{i_1,\cdots,i_{m-j}\} = [1,n]), \tag{9.2.6}$$

亦即排列

$$a_1a_2\cdots a_m, 恰有 j 个 a_{i'_h} \not\in A_{i'_h}(1\le h \le j), 且恰有$$

$$m-j 个 a_{i_l} \in A_{i_l}(1\le l \le m-j). \tag{9.2.7}$$

所以, N_j 是恰有 j 个数码在禁止位置的 m 无重排列的个数.

排列(9.2.7)亦即集系

$$\left\{\hat{A}_i\right\}_{1\le i\le m}, \quad 恰有 j 个 \hat{A}_{i'_n} = \overline{A}_{i'_n}(1\le l \le j),$$

$$且恰有 m-j 个 \hat{A}_{i_l} = A_{i_l}(1\le l \le m-j) \tag{9.2.8}$$

的 SDR. 对一组固定的足标 $1\le i'_1 < \cdots < i'_j \le m$, 集系(9.2.8)的 SDR 的个数为

$$perA_{(i_1', \cdots i_j')}, \tag{9.2.9}$$

这里，矩阵 $A_{(i_1', \cdots, i_j')}$ 表示在矩阵 A 中换第 i_h' 行为其补 $(1 \leqslant h \leqslant j)$，其余诸行不变而得到的矩阵. 因此，有

定理 9.2.2

$$N_j = \sum_{1 \leqslant l_1 < \cdots < l_j \leqslant m} perA_{(l_1, \cdots, l_j)} (0 \leqslant j \leqslant m). \tag{9.2.10}$$

当 $j = 0$ 时，公式 (9.2.10) 便化为 (9.2.3)，因而定理 9.2.1 是定理 9.2.2 的推论. 由 (9.2.10) 可得

$$N_j = \sum_{1 \leqslant l_1 < \cdots < l_j \leqslant m} \sum_{i_1 i_2 \cdots i_m \in P_m^n} a_{1i_1} \cdots \overline{a}_{l_1^i i_{l_1}} \cdots \overline{a}_{l_j^i i_{l_j}} \cdots a_{mi_m}$$

$$= \sum_{1 \leqslant l_1 < \cdots < l_j \leqslant m} \sum_{i_1 i_2 \cdots i_m \in P_m^n} \left(1 - \overline{a}_{l_1' i_{l_1'}}\right) \cdots \left(1 - \overline{a}_{l_{m-j}' i_{l_{m-j}'}}\right) \times \overline{a}_{l_1 i_{l_1}} \cdots \overline{a}_{l_j i_{l_j}},$$

这里

$$\left\{l_1', \cdots, l_{m-j}'\right\} \bigcup \left\{l_1, \cdots, l_j\right\} = [1, m].$$

因而

$$N_j = \sum_{1 \leqslant l_1 < \cdots < l_j \leqslant m} \sum_{i_1 i_2 \cdots i_m \in P_m^n} \sum_{p \geqslant 0} (-1)^p$$

$$\times \sum_{\substack{h_1 < \cdots < h_p \\ \{h_1, \cdots, h_p\} \subseteq \{l_1', \cdots, l_{m-j}'\}}} \overline{a}_{h_1 i_{h_1}} \cdots \overline{a}_{h_p i_{h_p}} \overline{a}_{L_1 i_{L_1}} \cdots \overline{a}_{l_j i_{l_j}}$$

$$= \sum_{p \geqslant 0} (-1)^p \sum_{i_1 \cdots i_m \in P_m^n} \sum_{1 \leqslant q_j < \cdots < q_{j+p} \leqslant m} \binom{j+p}{1} \overline{a}_{q_{j+p} i_{q_{j+p}}} \cdots \overline{a}_{q_{j+p} i_{q_{j+p}}}.$$

后一式成立的原因是，对同一组的 $j + p$ 个足标 $1 \leqslant q_1 < \cdots < q_{j+p} \leqslant m$，选去其中 j 个来作为 $l_1, \cdots, l_j$，有 $\binom{j+p}{j}$ 个选法. 于是，

$$N_j = \sum_{p \geqslant 0} (-1)^p \binom{j+p}{j} \sum_{\substack{1 \leqslant q_1 < \cdots < q_{j+p} \leqslant m \\ i_{q_1} \cdots i_{q_{j+p}} \in P_{j+p}^n}} \overline{a}_{q_1 i_{q_1}} \cdots \overline{a}_{q_{j+p} i_{q_{j+p}}} \sum_{\left\{i_{q_1'}, \cdots, i_{q_{m-j-p}'}\right\} \text{的全排列}} 1$$

$$\tag{9.2.11}$$

其中

$$\left\{iq'_1,\cdots,iq'_{m-j-p}\right\}\bigcup\left\{i_{q_1},\cdots,i_{q_{j+p}}\right\}\in C_m^n.$$

所以(9.2.11)的最后一个和号的值为 $(m-j-p)!$，中间一个和号的值为

$$\sum_{1\leqslant q_1<\cdots<q_{j+p}\leqslant m} per\overline{A}_{\{q_1,\cdots,q_{j+p}\}}, \tag{9.2.12}$$

这里 $\overline{A}_{\{q_1,\cdots,q_{j+p}\}}$ 表示由矩阵 $\overline{A}$ 的第 $q_1,\cdots,q_{j+p}$ 行依其在 $\overline{A}$ 中的顺序而删去其他的行所得到的矩阵.

定义 9.2.1 对任意的 $m\times n$ 矩阵 $B=(b_{ij})$，称

$$\begin{aligned}
per_kB_i &= \sum_{\substack{1\leqslant i_1<\cdots<i_k\leqslant m \\ j_1\cdots j_j\in P_k^n}} b_{i_1j_1}\cdots b_{i_{k_j}k} \\
&= \sum_{1\leqslant i_1<\cdots<i_k\leqslant m} perB_{\{i_1,\cdots,i_k\}}, k\geqslant 1, \\
per_0B &:= 1
\end{aligned} \tag{9.2.13}$$

为 B 的 k 积和式.

于是(9.2.12)就是

$$per_{j+p}\overline{A}.$$

因而有

定理 9.2.3

$$\begin{aligned}
N_j &= \sum_{p\geqslant 0}(-1)^p\binom{j+p}{j}(n-j-p)_{m-j-p} per_{j+p}\overline{A} \\
&= \sum_{k\geqslant j}(-1)^{k-j}\binom{k}{j}(n-k)_{m-k} per_k\overline{A}.
\end{aligned} \tag{9.4.14}$$

至于 k 积和式的计算，利用定义可化为 $\binom{m}{k}$ 个积和式的计算(设 B 是一个 $m\times n$ 的矩阵):

$$per_kB = \sum_{1\leqslant i_1<\cdots<i_k\leqslant m} perB_{\{i_1,\cdots,i_k\}}.$$

后者的计算又可利用定理 5.2.3. 详言之，若以 $B_{\{i_1,\cdots,i_k;i_1,\cdots,i_l\}}$ 表示由矩阵 B 中选出

其第 i_1 行，$\cdots$，第 i_k 行，然后删去其第 j_1 列，$\cdots$，第 j_l 列所得出的 $k \times (n-l)$ 的矩阵，以 $\sigma(B)$ 表矩阵 B 的诸行和之积，且记

$$\sigma_l^{(k)}(B) := \sum_{\substack{1 \leqslant i_1 < \cdots < i_k \leqslant m \\ 1 \leqslant j_1 < \cdots < j_l \leqslant n}} \sigma\left(B_{\{i_1,\cdots,i_k;j_1,\cdots,j_l\}}\right),$$

则有

定理 9.2.4

$$per_k B = \sum_{0 \leqslant j \leqslant k-1} (-1)^j \binom{n-k+j}{j} \sigma_{n-k+j}^{(k)}(B). \tag{9.2.15}$$

证明. 由定理 5.2.3，

$$per B_{\{i_1,\cdots,i_k\}} = \sum_{0 \leqslant j \leqslant k-1} (-1)^j \binom{n-k+j}{j} \sigma_{n-k+j}\left(B_{\{i_1,\cdots,i_k\}}\right),$$

所以

$$per_k B = \sum_{0 \leqslant j \leqslant k-1} (-1)^j \binom{n-k+j}{j} \sum_{1 \leqslant i_1 < \cdots < i_k \leqslant} \sigma_{n-k+j}\left(B_{\{i_1,\cdots,i_k\}}\right)$$

$$= \sum_{0 \leqslant j \leqslant k-1} (-1)^j \binom{n-k+j}{j} \sigma_{n-k+j}^k.$$

这就是(9.2.15). **证毕.**

如果以 $B_{\{i_1,\cdots,i_l;j_1,\cdots,j_k\}}$ 表示由矩阵 B 中选出其第 j_1 列，$\cdots$，第 j_k 列，然后删去其第 i_1 行，$\cdots$，第 i_l 行所得出的 $(m-l) \times k$ 的矩阵，以 $\pi(B)$ 表矩阵 B 的诸列和之积，且记

$$\pi_l^{(k)}(B) := \sum_{\substack{1 \leqslant j_1 < \cdots < j_k \leqslant n \\ 1 \leqslant i_1 < \cdots < i_l \leqslant m}} \pi\left(B_{\{i_1,\cdots,i_l;j_1,\cdots,j_k\}}\right),$$

则有

系

$$per_k B = \sum_{0 \leqslant j \leqslant k-1} (-1)^j \binom{m-k+j}{j} \pi_{m-k+j}^{(k)}(B). \tag{9.2.16}$$

这是下述定理的直接推论.

定理 9.2.5 一个矩阵 B 的 k 积和式及其转置矩阵的 k 积和式相等:

$$per_k B = per_k B^{\mathrm{T}}. \tag{9.2.17}$$

证明. 因为

$$
\begin{aligned}
per_k B &= \sum_{\substack{1\leqslant i_1<\cdots<i_k\leqslant m \\ j_1\cdots j_k\in P_k^n}} b_{i_1 j_1}\cdots b_{i_k j_k} \\
&= \sum_c perC \\
&= \sum_{\substack{1\leqslant j_1<\cdots<j_k\leqslant n \\ i_1\cdots i_k\in P_k^m}} b_{i_1 j_1}\cdots b_{i_k j_k},
\end{aligned}
$$

其中和式 $\sum\limits_c$ 的求和范围是过 B 的一切 k 阶子阵. 由上式即得(9.2.17). **证毕.**

对 B^{T} 应用定理 9.2.4 即得(9.2.16).

由 k 积和式的定义可知, 当 $k>\min(m,n)$ 时, 有空和

$$per_k B = 0.$$

(9.2.17)表明对 k 积和式, 矩阵的行、列的地位是平等的.

特别地, 当 $k=\min(m,n)=:b$ 时, B 的 b 积和式称为 B 的上积和式, 记为

$$per_\perp B = per_b B, b=\min(m,n). \tag{9.2.18}$$

公式(9.2.15)在一般情形仍不便于计算, 但在理论研究中或一些特殊情形时却很有用. 寻求积和式以及 k 积和式的简单而有效的算法, 仍是一个尚未获得满意解决的课题.

记数列 $\left(N_j\right)_{j\geqslant 0}$ 的普母函数为

$$
\begin{aligned}
N(t) &:= N_{m,n}(t): \\
&= N_{m,n}^{(A_r,\cdots,A_m)}(t): \\
&= \sum_{0\leqslant j\leqslant m} N_j t^j: \\
&= \sum_{0\leqslant j\leqslant m} N_j^{(A_1,\cdots,A_m)}(m,n)t^j, \tag{9.2.19}
\end{aligned}
$$

记数列 $\left(per_k \overline{A}\right)_{k\geqslant 0}$ 的普母函数为

$$R(x) := R_{m,n}(x):$$
$$= R_{m,n}^{(A_1,\cdots,A_m)}(x):$$
$$= \sum_{0 \leqslant k \leqslant n} per_k \overline{A} \cdot x^k$$
$$=: \sum_{k \geqslant 0} r_k x^k, r_k := per_k \overline{A}. \tag{9.2.20}$$

于是有

定理 9.2.6

$$N_{m,n}(t) = \sum_{k \geqslant 0} r_k (m-k)_{m-k}(t-1)^k$$
$$= \frac{1}{(n-m)!} R\big((t-1)E^{-1}\big)n!, m \leqslant n, \tag{9.2.21}$$

特别地, 当 $m = n$ 时有

$$N_{n,n}(t) = R\big((t-1)E^{-1}\big)n!.$$

证明　有(9.2.14), 有

$$N_{m,n}(t) = \sum_{j \geqslant 0} \sum_{k \geqslant j} (-1)^{k-j} \binom{k}{j} (n-k)_{m-k} \, per_k \overline{A} t^j$$

$$= \sum_{k \geqslant 0} r_k (n-k)_{m-k} \sum_{0 \leqslant j \leqslant k} (-1)^{k-j} \binom{k}{j} t^j$$

$$= \sum_{k \geqslant 0} r_k (n-k)!(t-1)^k \cdot \frac{1}{(n-m)!}$$

$$= \frac{1}{(n-m)!} \sum_{k \geqslant 0} r_k \big((t-1)E^{-1}\big)^k n!,$$

故有(9.2.21). **证毕.**

　　定义 9.2.2　多项式 $N_{m,n}(t)$ 称为它所对应的限位排列问题的击中多项式, 多项式 $R_{m,n}(x)$ 称为它所对应的限位排列问题的棋阵多项式. 如果在 $[1,n]$ 的无重排列 $a_1 a_2 \cdots a_m$ 中有一个元 $a_i \in \overline{A}_i$, 即元 a_i 在第 i 位禁元集里, 则说该排列有一次击中.

　　这样一来, 数 N_j 就是恰有 1 次击中的排列的个数.

　　有时利用棋阵多项式 $R_{m,n}(x)$ 的相伴多项式 $r_{m,n}(x)$ 更方便一些:

$$r_{m,n}(x) := \sum_{n \geqslant k \geqslant 0} (-1)^k r_k x^{n-k}$$

$$= x^n R_{m,n}\left(-\frac{1}{x}\right). \tag{9.2.22}$$

于是，(9.2.21)可以写为

$$N_{m,n}(t) = \frac{1}{(n-m)!}(1-t)^n r_{m,n}\left(E(1-t)^{-1}\right)0!. \tag{9.2.23}$$

由(9.2.22)，有

$$r_{m,n}^{(1)}(x) := \frac{d}{dx} r_{m,n}(x)$$

$$= \sum_{n-1 \geqslant k \geqslant 0} (-1)^k r_k (n-k) x^{n-k-1},$$

$$r_{m,n}^{(1)}\left(E(1-t)^{-1}\right)0! = \sum_{n-1 \geqslant k \geqslant 0} (-1)^k r_k (n-k)!(1-t)^{-(n-k-1)}.$$

因而得

$$\frac{1}{(n-m)!}(1-t)^{n-1} r_{m,n}^{(1)}\left(E(1-t)^{-1}\right)0! = \frac{1}{(n-m)!}\sum_{n-1 \geqslant k \geqslant 0} (-1)^k r_k (n-k)!(1-t)^k$$

$$= N_{m,n}(t) - r_n(t-1)^n \frac{1}{(n-m)!}$$

$$= N_{m,n}(t) - \frac{r_{m,n}(0)}{(n-m)!}(1-t)^n.$$

用数学归纳法可证一般性的公式

$$\frac{1}{(n-m)!}(1-t)^{n-k} r_{m,n}^{(k)}\left(E(1-t)^{-1}\right)0! = N_{m,n}(t) - \frac{r_{m,n}(0)}{(n-m)!}(1-t)^n - \frac{r_{m,n}^{(1)}(0)}{(n-m)!}$$

$$\times (1-t)^{n-1} - \cdots - \frac{r_{m,n}^{(k-1)}(0)}{(n-m)!}(1-t)^{n-k+1}$$

$$(0 \leqslant k \leqslant n).$$

$$\tag{9.2.24}$$

这里

$$r_{m,n}^{(j)}(x) = \frac{d^j}{dx^j} r_{m,n}(x),$$

而

$$r_{m,n}^{(j)}(0) = \left[\frac{d^j}{dx^j} r_{m,n}(x) \right]_{x=0}$$

是具体的数值.

现在来看两个简单的例子.

例 9.2.1 n 阶更列问题. 此时有 $m = n$ 且

$$A = \begin{pmatrix} 0 & 1 & \cdots & 1 & 1 \\ 1 & 0 & \cdots & 1 & 1 \\ \vdots & \vdots & & \vdots & \vdots \\ 1 & 1 & \cdots & 0 & 1 \\ 1 & 1 & \cdots & 1 & 0 \end{pmatrix}, \quad \overline{A} = I_n,$$

因而

$$r_k = per_k \overline{A} = \binom{n}{k}.$$

若记此时的 $N_{n,n}(t)$ 为 $D_n(t)$，则

$$\begin{aligned} D_n(t) &= \sum_{n \geqslant k \geqslant 0} \binom{n}{k}(n-k)!(t-1)^k \\ &= \left(1 + (t-1)E^{-1}\right)^n n! \\ &= (E - 1 + t)^n 0! \\ &= (\Delta + t)^n 0! \\ &= \sum_{n \geqslant k \geqslant 0} \binom{n}{k} \Delta^{n-k} 0! \, t^k \\ &= (D + t)^n, \, D^k := D_k := \Delta^k 0!. \end{aligned}$$

代 $t = 1$，则得

$$e^{(D+1)u} := \sum_{n \geqslant 0} (D+1)^n \frac{u^n}{n!} = \frac{1}{1-u}. \tag{9.2.25}$$

又因

$$r_n(x) = \sum_{n \geqslant k \geqslant 0} (-1)^k \binom{n}{k} x^{n-k}$$

$$= (x-1)^n,$$

故有

$$r_n^{(1)}(x) = n r_{n-1}(x).$$

但 $r_n(0) = (-1)^n$ ，故有

$$D_n(t) = n D_{n-1}(t) + (t-1)^n.$$

例 9.2.2　n 阶部分更列问题. 集 $[1,n]$ 的一个 n 无重排列 $a_1 a_2 \cdots a_n$ ，若只限制其中 $k(k \leqslant n)$ 个位合

$$a_{i_1} \nprec i_1, \cdots, a_{i_k} \nprec i_k,$$

其余 $n-k$ 个位没有限制，则称该排列是一个 $\{i_1, i_2, \cdots, i_k\}$ 部分更列.

对任一组固定的足标 $i_1, i_2, \cdots i_k$ ，不失一般，可设 $i_j = j (1 \leqslant j \leqslant k)$ ，则 $\{1, 2, \cdots, k\}$ 部分更列问题的棋阵是

$$\begin{pmatrix} I_{n-k} & 0 \\ 0 & 0 \end{pmatrix}_{n \times n},$$

故其棋阵多项式是

$$R_{n,n}(x) = \sum_{n \geqslant j \geqslant 0} \binom{k}{j} x^j = (1+x)^k,$$

它的相伴棋阵多项式是

$$r_{n,n}(x) = x^{n-k}(x-1)^k.$$

由定理 9.2.6，知击中多项式为

$$D_n(t, n-k) := \sum_{j \geq 0} \binom{k}{j}(n-j)!(t-1)^j$$

$$= \left(1 + (t-1)E^{-1}\right)^k n!$$

$$= \left(\Delta + t\right)^k (n-k)!$$

$$= (1-t)^n \left(E(1-t)^{-1}\right)^{n-k} \left(E(1-t)^{-1} - 1\right)^k 0!$$

$$= E^{n-k}(E-1+t)^k 0!$$

$$= \left(\Delta + 1\right)^{n-k} \left(\Delta + t\right)^k 0!$$

$$= \left(D + 1\right)^{n-k} \left(D + t\right)^k 0!,$$

$$D^j := D_j := \Delta^j 0!.$$

由此得递归关系

$$D_n(t, n-k) = D_n(t, n-k+1) + (t-1)D_{n-1}(t, n-k).$$

又因当 $n > k$ 时，$r_{n,n}(0, n-k) = 0$，所以

$$r_{n,n}^{(1)}(x, n-k) = (n-k)r_{n-1,n-1}(x, n-1-k) + kr_{n-1,n-1}(x, n-k),$$
$$D_n(t, n-k) = (n-k)D_{n-1}(t, n-1-k) + kD_{n-1}(t, n-k), n > k.$$

头几个击中多项式如下表所示：

$n-k$ \ n	1	2	3
0	t	$1+t^2$	$2+3t+t^3$
1	1	$1+t$	$3+2t+t^2$
2		2	$4+2t$
3			6

棋阵多项式和关联矩阵之间还有其他一些联系. 为了说起来方便起见，先引进一些名称.

定义 9.2.3 设 A 是某个限位排列问题的关联矩阵，则称 $(0,x)$ 矩阵 xA 为该限位排列问题的 $(0,x)$ 关联矩阵，即

$$xA = (a_{ij}x), a_{ij}x = \begin{cases} x, & \text{若} j \in A_i \\ 0, & \text{若} j \notin A_i \end{cases} (1 \leq i \leq m; 1 \leq j \leq n).$$

又称矩阵

$$A' = \left(a'_{ij}\right), a_{ij} = \begin{cases} 1, & 若 j \in A_i, \\ t, & 若 j \notin A_i \end{cases} (1 \leqslant i \leqslant m; 1 \leqslant j \leqslant n)$$

为该限位排列问题的 $(t,1)$ 关联矩阵.

定义 9.2.4　设 B 是一个任意的矩阵, 则称 B 的一切 k 积和式之和

$$per_{全}B = \sum_{k \geqslant 0} per_k B$$

为 B 的全-积和式. 这里 0 积和式 $per_0 B$ 理解为 1.

定理 9.2.7

$$R_{m,n}(x) = per_{全}\left(\overline{A}x\right), \tag{9.2.26}$$

$$r_{m,n}(x) = x^m per_{全}\left(\overline{A}\left(-\frac{1}{x}\right)\right), \tag{9.2.27}$$

$$N_{m,n}(t) = per_{全}A'. \tag{9.2.28}$$

证明　(9.2.26)和(9.2.27)分别是(9.2.20)和(9.2.22)的直接推论.

在 $per_{全}A'$ 中, t^j 的系数正好是在棋阵上放 m 个棋子, 使得其中 j 个棋子在实格, 其余 $m-k$ 个棋子在虚格, 且所有这 m 个棋子都互不相遇, 这样的放法数. 此数就是恰有 j 个数码在禁止位置的 m 无重排列的个数 N_j. 证毕.

易知 A, A' 和 $\overline{A}$ 之间有以下关系:

$$A' = A + t\overline{A}. \tag{9.2.29}$$

9.3　关联矩阵和棋阵的性质(I)

首先建立一些同 k 积和式和全积和式有关的性质.

定理 9.3.1　若用 B^{T} 记矩阵 B 的转置, 则

$$per_{全}B = per_{全}B^{\mathrm{T}}. \tag{9.3.1}$$

用 B_1 记由 B 经诸行交换顺序或诸列交换顺序所得出的矩阵, 则

$$per_k B_1 = per_k B, \tag{9.3.2}$$

$$per_\text{全} B_1 = per_\text{全} B. \tag{9.3.3}$$

若矩阵 B 是准对角形

$$B = \begin{pmatrix} C_1 & & & \\ & C_2 & & 0 \\ 0 & & \ddots & \\ & & & C_s \end{pmatrix}, \quad C_i 是 m_i \times n_i 矩阵, \tag{9.3.4}$$

则有

$$per_\text{全} B = \prod_{1 \le i \le s} per_\text{全} C_i. \tag{9.3.5}$$

证明 (9.3.1)和(9.3.2)可分别由定理 9.2.5 和积和式的定义直接推出. (9.3.3) 直接由(9.3.2)得出.

只需对 $s = 2$ 的情形来证明(9.3.5)即可, 因为用数学归纳法不难推广到任意的 s. 当 $s = 2$ 时, 设 $B = \begin{pmatrix} C_1 & 0 \\ 0 & C_2 \end{pmatrix}$, 于是

$$
\begin{aligned}
per_\text{全} B &= \sum_{k \ge 0} per_k B \\
&= \sum_{k \ge 0} \sum_{\substack{1 \le i_1 < \cdots < i_k \le m \\ j_{i_1} \cdots j_{i_k} \in P_k^n}} b_{i_1 j_{i_1}} \cdots b_{i_k j_{i_k}} \\
&= \sum_{k \ge 0} \sum_{p \ge 0} \sum_{\substack{1 \le i_1 < \cdots < i_p \le m_1 \\ j_{i_1} \cdots j_{i_p} \in P_p^{n_1}}} c_{i_1 j_{i_1}} \cdots c_{i_p j_{i_p}} \\
&\quad \times \sum_{\substack{m_1 + 1 \le i_{p+1} < \cdots < i_k \le m \\ j_{i_{p+1}} \cdots j_{i_k} \in P_k^{[n_1+1, n]}}} c_{i_{p+1} j_{i_{p+1}}} \cdots c_{i_k j_{i_k}} \\
&= \sum_{k \ge 0} \sum_{p \ge 0} per_p C_1 \cdot per_{k-p} C_2 \\
&= \sum_{p \ge 0} per_p C_1 \sum_{k \ge 0} per_{k-p} C_2 \\
&= \sum_{p \ge 0} per_p C_1 \sum_{i \ge 0} per_i C_2 \\
&= per_\text{全} C_1 \cdot per_\text{全} C_2.
\end{aligned}
$$

这就是(9.3.5)当 $s = 2$ 的情形. **证毕.**

系 若一个限位排列问题的棋阵 C 是准对角形：

$$C = \begin{pmatrix} C_1 & & & \\ & C_2 & & 0 \\ & & \ddots & \\ 0 & & & C_s \end{pmatrix},$$

则以 C 为棋阵的多项式 $R(x,C)$ 和以 C_i 为棋阵的多项式 $R(x,C_i)$ 之间有关系式：

$$R(x,C) = \prod_{1 \le i \le s} R(x,C_i).$$

这是定理 9.3.1 的直接推论.

定理 9.3.2 若用 B_{pq} 记由 $m \times n$ 矩阵 $B = (b_{ij})$ 中换元素 b_{pq} 为零，其他元素不变所得出的 $m \times n$ 矩阵，用 $B_{\{p;q\}}$ 记由矩阵 B 中删去第 p 行和第 q 列而余下的 $(m-1) \times (n-1)$ 矩阵，于是有

$$per_{全}B = b_{pq}per_{全}B_{\{p;q\}} + per_{全}B_{pq}. \tag{9.3.6}$$

证明 把 $per_{全}B$ 中的全部项分为两类，一类是含有 b_{pq} 作为因子的项，另一类是不含 b_{pq} 作为因子的项. 第一类项中的其他因子不能再取第 p 行或第 q 列中的任何元素，故其全部项的和为 $b_{pq}per_{全}B_{\{p;q\}}$. 第二类项的和就是 $per_{全}B_{pq}$. **证毕.**

由此定理立得

系 1 在棋阵 C 中任选一个实格 a，把该实格换为虚格而其他格不变所得出的棋阵记为 C_e，把该实格所在的行和列都删去所得出的少一行、少一列的棋阵记为 C_i，那么，这三个棋阵的多项式之间有关系式：

$$R(x,C) = xR(x,C_i) + R(x,C_e). \tag{9.3.7}$$

今后把展开式(9.3.7)称为棋阵 C 按实格 a 的展开式，且称 $R(x,C_i)$ 为包含 a 的多项式，$R(x,C_e)$ 为排除 a 的多项式.

若在棋阵 C 中先对一个实格 a_1 用展开式(9.3.7)，然后再对另一个实格 a_2 用展开式(9.3.7)，就会导出以下几个棋阵：

$C_{i_1 i_2}$：若实格 a_1 和 a_2 不同行且不同列，则表把 a_1 和 a_2 所在的两行和两列都删去后而余下的棋阵. 若实格 a_1 和 a_2 同行或同列，则表全为虚格的棋阵；

$C_{e_1 e_2}$：把实格 a_1 和 a_2 都换为虚格，其他格不变所得出的棋阵；

$C_{e_1 i_2}$：把实格 a_1 换为虚格，且把实格 a_2 所在的行和列都删去后而余下的棋阵；

$C_{i_1 e_2}$：把实格 a_2 换为虚格，且把实格 a_1 所在的行和列都删去后而余下的棋阵. 根据系 1，可得

$$
\begin{aligned}
R(x,C) &= xR\left(x,C_{i_1}\right) + R\left(x,C_{e_1}\right) \\
&= x\left[xR\left(x,C_{i_1 i_2}\right) + R\left(x,C_{i_1 e_2}\right) \right] + xR\left(x,C_{e_1 i_2}\right) + R\left(x,C_{e_1 e_2}\right) \\
&= x^2 R\left(x,C_{i_1 i_2}\right) + x\left(R\left(x,C_{i_1 e_2}\right) + R\left(x,C_{e_1 i_2}\right) \right) + R\left(x,C_{e_1 e_2}\right).
\end{aligned}
$$

不难用数学归纳法证明

系 2 对棋阵 C 中任意选定的 s 个实格，按它们展开得：

$$
R(x,C) = \sum_{j \geqslant 0} x^{-j} \sum_{\substack{1 \leqslant h_1 < \cdots < h_j \leqslant s \\ 1 \leqslant k_1 < \cdots < k_{s-j} \leqslant s \\ \{h_1,\cdots,h_j\} \cup \\ \{k_1,\cdots,k_{s-j}\}=[1,s]}} R\left(x,C_{i_{h_1}\cdots i_{h_j} e_{k_1}\cdots e_{k_{s-j}}}\right) \tag{9.3.8}
$$

这里 $C_{i_{h_1}\cdots i_{h_j} e_{k_1}\cdots e_{k_{s-j}}}$ 是这样的棋阵：当诸实格 $a_{h_1}, a_{h_2}, \cdots, a_{h_j}$ 无二同行且无二同列时，它表示把这些实格所在的行和列都删去，且把其他的实格 $a_{k_1}, \cdots, a_{k_{s-j}}$ 换为虚格后所得出的棋阵；当诸实格 $a_{h_1}, \cdots, a_{h_j}$ 中有二个同行或同列，则它表全为虚格的棋阵.

由这个系立得

系 3 如果棋阵 R 的实格 $a_1, \cdots, a_s$ 都在同一行或同一列上，则有

$$
R(x,C) = R\left(x,C_{e_1,\cdots,e_s}\right) + x \sum_{1 \leqslant j \leqslant s} R\left(x,C_{e_1,\cdots,e_{j-1} i_j e_{j+1}\cdots e_s}\right). \tag{9.3.9}
$$

利用上面的这些结果可以用递归的方法计算任何棋阵的多项式，因为最后都归结为一些已知的或易算的棋阵多项式的计算. 自然，在一般情形，计算非常繁琐，计算量也大得惊人.

下面来看两个简单的例子.

例 9.3.1 n 阶更列问题的棋阵是对角形

$$
1_n = \begin{pmatrix} 1 & & & \\ & 1 & & 0 \\ & & \ddots & \\ 0 & & & 1 \end{pmatrix},
$$

而一阶棋阵(1)的多项式是 $r_0 + r_1 x = 1 + x$，故由定理 9.3.1 的系，得

$$R_{n,n}(x) = (1+x)^n,$$

n 阶 $\{1,\cdots,k\}$ 部分更列问题的棋阵是准对角形

$$\begin{pmatrix} 1_k & 0 \\ 0 & 0 \end{pmatrix},$$

故由刚才的结果立得它的棋阵多项式为

$$(1+x)^k.$$

这些结果与 9.2 中的结果一致.

例 9.3.2 对棋阵

$$\begin{pmatrix} 1 & 1 \\ 0 & 1 \end{pmatrix}$$

按第一行和第一列交口处的实格展开，得

$$
\begin{aligned}
R\left(x, \begin{pmatrix} 1 & 1 \\ 0 & 1 \end{pmatrix}\right) &= xR(x,(1)) + R\left(x, \begin{pmatrix} 1 \\ 1 \end{pmatrix}\right) \\
&= x(1+x) + (1+2x) \\
&= 1 + 3x + x^2.
\end{aligned}
\tag{9.3.10}
$$

利用(9.3.10)，可得

$$
\begin{aligned}
R\left(x, \begin{pmatrix} 1 & 1 & 0 \\ 0 & 1 & 1 \end{pmatrix}\right) &= R\left(x, \begin{pmatrix} 1 & 0 \\ 1 & 1 \end{pmatrix}\right) + xR(x,(1 \ \ 1)) \\
&= \left(1 + 3x + x^2\right) + x(1+2x) \\
&= 1 + 4x + 3x^2.
\end{aligned}
$$

在进一步讨论关联矩阵和棋阵的性质的时候，需要用到有关矩形棋阵的一些知识.

9.4 矩 形 棋 阵

矩形棋阵的结果除了有其自身的独力价值之外，它对一般棋阵的处理有着重要的作用.

所谓**矩形棋阵** T，就是经过交换行的顺序和列的顺序，可以把全部实格集中

到棋阵的左上角的一个矩形内，而且充满这个矩形：

$$\overline{T} := \overline{T}_{\langle p,q \rangle} := \overline{T}_{\langle m,p;n,q \rangle} := \begin{pmatrix} C & 0 \\ 0 & 0 \end{pmatrix} :$$

$$= \left. \begin{pmatrix} 1 & \cdots & 1 & 0 & \cdots & 0 \\ \vdots & & \vdots & \vdots & & \vdots \\ 1 & \cdots & 1 & 0 & \cdots & 0 \\ & \underbrace{0}_{p} & & & 0 & \end{pmatrix} \right\} q. \tag{9.4.1}$$

这里，矩阵的下标用尖括号为的是与前面用圆括号的情形相区别.

在矩形棋阵的情形，棋阵多项式和击中多项式是不难求得的. 因为对 T 和 $\overline{T}$ 的结果是一样的，下面仅就 $\overline{T}$ 来讨论.

定理 9.4.1 (9.4.1)中的棋阵 $\overline{T}$ 的多项式是

$$K(x) := K_{(p;q)}(x) := K_{(m,p;n,q)}(x) := R(x, \overline{T})$$

$$= \sum_{k \geqslant 0} \binom{p}{k} (q)_{k^{x^k}}. \tag{9.4.2}$$

证明 由(9.3.9)有

$$\begin{aligned} K_{(p;q)}(x) &= K_{(p-1;q)}(x) + xq K_{(p-1;q-1)}(x) \\ &= K_{(p;q-1)}(x) + xp K_{(p-1;q-1)}(x), \end{aligned} \tag{9.4.3}$$

而

$$K_{(1;q)}(x) = 1 + qx, \tag{9.4.4}$$

故由数学归纳法便得(9.4.2).

还可给出(9.4.2)的直接证明如下. 因为

$$per_{\hat{\underline{\Delta}}} \overline{T} = per_{\hat{\underline{\Delta}}} C ,$$

而在 C 中选出 k 阶子阵的选法数是 $\binom{p}{k}\binom{q}{k}$，每一个 k 阶子阵的积和式是 $k!$，故有

$$per_{\hat{\underline{\Delta}}} \left(x\overline{T} \right) = \sum_{k \geqslant 0} x^k per_k \overline{T} = \sum_{k \geqslant 0} \binom{p}{k} (q)_{k^{x^k}} .$$

这就是(9.4.2). **证毕**.

系 (9.4.2)中的棋阵 $\overline{T}$ 的击中多项式是

$$H(t) := H_{(p,q)}(t) := H_{(m,p;n,q)}(t)$$

$$= \sum_{k \geqslant 0} \binom{p}{k}(q)_k (n-k)_{m-k}(t-1)^k, m \leqslant n. \tag{9.4.5}$$

特别地，当 $n = q$ 时的击中多项式是

$$H_{(m,p;n,n)}(t) = \frac{n!}{(n-m)!}t^p = (n)_{m^{t^p}}, m \leqslant n. \tag{9.4.6}$$

当 $n = m = q$ 时的击中多项式是

$$H_{(n,p;n,n)}(t) = n!t^p. \tag{9.4.7}$$

证明 由(9.2.21)，当 $m \leqslant n$ 时有

$$H_{(m,p;n,q)}(t) = \sum_{k \geqslant 0} \binom{p}{k}\binom{q}{k}k!(n-k)_{m-k}(t-1)^k,$$

此即(9.4.5). 在其中令 $q = n$ ，得

$$H_{(m,p;n,n)}(t) = \sum_{k \geqslant 0} \binom{p}{k}(n)_k (n-k)_{m-k}(t-1)^k$$

$$= \frac{n!}{(n-m)!}\sum_{k \geqslant 0} \binom{p}{k}(t-1)^k,$$

此即(9.4.6). 在(9.4.6)中令 $m = n$ 便得(9.4.7). **证毕**.

结论(9.4.7)是很自然的. 因为对棋阵

$$\begin{pmatrix} 1 & \cdots & 1 \\ \vdots & & \vdots \\ 1 & \cdots & 1 \\ & 0 & \end{pmatrix}\!\!\begin{array}{l}\\[-2pt]\Big\}p\\[10pt]\end{array}{}_{m \times n}$$

来说，一切 n 阶排列(共 $n!$ 个)都恰有 p 个(前 p 个)数码在禁止位置. 正由于这一点，矩形棋阵在限位排列的研究中占有重要的地位. 这有如下面的定理所示.

定理 9.4.2 设 $\overline{A}$ 是一个 $m \times n$ 棋阵 $(m \leqslant n)$，其棋阵多项式记为 $R_{m,n}(x)$，其击中多项式记为

$$N_{m,n}(t) := \sum_{j \geqslant 0} N_j t^j \,,$$

于是有

$$R_{m,n}(x) = \frac{1}{(n)_m} \sum_{j \geqslant 0} N_j K_{(m,j;n,n)}(x), m \leqslant n. \tag{9.4.8}$$

证明 由(9.4.6)，有

$$n! t^j = (n-m)!(n)_m t^j$$
$$= (n-m)! H_{(m,j;n,n)}(t),$$

从而有

$$n! N_{m,n}(t) = \sum_{j \geqslant 0} N_j \left(n! t^j \right)$$
$$= \sum_{j \geqslant 0} (n-m)! N_j H_{(m,j;n,n)}(t).$$

由定理 9.2.6，又有

$$N_{m,n}(t) = \frac{1}{(n-m)!} R_{m,n}\left((t-1) E^{-1} \right) n! ,$$
$$H_{(m,j;n,n)}(t) = \frac{1}{(n-m)!} K_{(m,j;n,n)}\left((t-1) E^{-1} \right) n! .$$

把此二式代入前式，得

$$n! R_{m,n}\left((t-1) E^{-1} \right) n! = (n-m)! \sum_{j \geqslant 0} N_j K_{(m,j;n,n)}\left((t-1) E^{-1} \right) n! ,$$

此与

$$R_{m,n}(x) = \frac{1}{(n)_m} \sum_{j \geqslant 0} N_j K_{(m,j;n,n)}(x)$$

等价. **证毕.**

　　(9.4.8)说明了任何棋阵的棋阵多项式均可通过它的击中多项式的系数和矩形棋阵的棋阵多项式来表出.

对序列 $\left(K_{(p;q)}(x)\right)_{p\geqslant 0}$ 和 $\left(K_{(p;q)}(x)\right)_{q\geqslant 0>p\geqslant 0}$ 的指母函数, 有

$$\sum_{p\geqslant 0} K_{(p;q)}(x)\frac{t^p}{p!} = (1+xt)^q\, e^t, \tag{9.4.9}$$

$$\sum_{\substack{p\geqslant 0 \\ q\geqslant 0}} K_{(p;q)}(x)\frac{t^p u^q}{p!\,q!} = e^{t+u+xtu}. \tag{9.4.10}$$

这是因为

$$\begin{aligned}
\sum_{p\geqslant 0} K_{(p;q)}(x)\frac{t^p}{p!} &= \sum_{p\geqslant 0}\sum_{j\geqslant 0} (p)_j (q)_j \frac{x^j t^p}{j!\,p!} \\
&= \sum_{p-j\geqslant 0} \frac{t^{p-j}}{(p-j)!}\sum_{j\geqslant 0} (q)_j \frac{(xt)^j}{j!} \\
&= e^t\,(1+xt)^q
\end{aligned}$$

和

$$\begin{aligned}
\sum_{q\geqslant 0} \frac{u^q}{q!}\sum_{p\geqslant 0} K_{(p;q)}(x)\frac{t^p}{p!} &= \sum_{q\geqslant 0} \frac{u^q}{q!} e^t\,(1+xt)^q \\
&= e^{(1+xt)u} e^t
\end{aligned}$$

的缘故.

现在来看两个例子.

例 9.4.1 已知 n 阶更列问题的棋阵多项式是 $(1+x)^n$, 击中多项式是 $D_n(t) = (D+t)^n$, 故由定理 9.4.2, 得

$$n!(1+x)^n = \sum_{j\geqslant 0} \binom{n}{j} D_{n-j} K_{(n;j)}(x). \tag{9.4.11}$$

(9.4.11)的一些特例是

$$2(1+x)^2 = K_{(2;0)}(x) + K_{(2;2)}(x) = 1 + \left(1+4x+2x^2\right),$$

$$\begin{aligned}
6(1+x)^3 &= 2K_{(3;0)} + 3K_{(3;1)} + K_{(3;3)} \\
&= 2 + 3(1+3x) + \left(1+9x+18x^2+6x^3\right).
\end{aligned}$$

例 9.4.2 由(9.4.11)得出

$$\sum_m \binom{n}{m} D_{n-m} \frac{d}{dx} K_{(n;n)}(x) = n^2 \sum_m \binom{n-1}{m} D_{n-1-m} K_{(n-1,m)}(x).$$

由(9.4.2)可知

$$\frac{d}{dx} K_{(n;m)}(x) = mn K_{(n-1;m-1)}(x). \tag{9.4.12}$$

(9.4.11)可写为

$$n!(1+x)^n = \left(D + K_{(n;\cdot)}(x) \right)^n, D^k := D_k, \\ \left(k(n;\cdot)(x) \right)^k := k(n;k)(x). \tag{9.4.13}$$

再由 $K_{(n;k)}(0) = 1$,便得

$$n! = (D+1)^n, D^k := D_k.$$

(9.4.13)可写为

$$n!(1+x)^n = \left((D+1) + \left(K_{(n;\cdot)}(x) - 1 \right) \right)^n,$$

展开即得

$$\sum_{m \geqslant 0} \binom{n}{m} n! x^m = \sum_{m \geqslant 0} \binom{n}{m} (n-m)! \left(K_{(n;\cdot)}(x) - 1 \right)^m.$$

这建议了

$$(n)_m{}_{x^m} = \left(K_{(n;\cdot)}(x) - 1 \right)^m. \tag{9.4.14}$$

当 $m = 1, 2$ 时(9.4.14)化为

$$nx = K_{(n;1)}(x) - K_{(n;0)}(x),$$

$$(n)_2 x^2 = K_{(n;2)}(x) - 2K_{(n;1)}(x) + K_{(n;0)}(x),$$

这些是可以直接验证的. 今对 m 用数学归纳法证明(9.4.14). 由归纳法假设,有

$$\left(K_{(n;\cdot)}(x)-1\right)^{m+1} = \sum_{k\geqslant 0}\binom{m+1}{k}(-1)^k K_{(n;m+1-k)}(x)$$

$$= \sum_{k\geqslant 0}\binom{m}{k}(-1)^k\left[K_{(n;m-k)}(x)+nxK_{(n-1;m-k)}(x)\right]$$

$$+ \sum_{k\geqslant 1}\binom{m}{k-1}(-1)^k K_{(n;m+1-k)}(x)$$

$$= nx\sum_{k\geqslant 0}\binom{m}{k}(-1)^k K_{(n-1;m-k)}(x)$$

$$= nx\left(K_{(n-1;\cdot)}-1\right)^m.$$

这就证明了(9.4.14).

(9.4.14)的逆关系是

$$K_{(n;m)}(x)=\left(1+(n)x\right)^m,(n)^k:=(n)_k.$$

记 $D_{n;m}:=\binom{n}{m}D_{n-m}$,则

$$n!(1+x)^n=n(1+x)\left[(n-1)!(1+x)^{n-1}\right]$$

可提供出 $D_{n;m}$ 的一个递归关系,如果 $n(1+x)K_{(n-1;m)}(x)$ 可以用有一个足标为 n 的矩形棋阵多项式表出. 由(9.4.3)和(9.4.4),有

$$K_{(n;m+1)}(x)-K_{(n;m)}(x)=nxK_{(n-1;m)}(x),$$

$$(n-m)K_{(n;m)}(x)+mK_{(n;m-1)}(x)=nK_{(n-1;m)}(x).$$

二式相加,得

$$K_{(n;m+1)}(x)+(n-m-1)K_{(n;m)}(x)+mK_{(n;m-1)}(x)$$
$$= n(1+x)K_{(n-1;m)}(x),$$

因而

$$\sum_{m\geqslant 0}D_{n,m}K_{(n;m)}(x)=\sum_{m\geqslant 0}D_{n-1,m}\left[K_{(n;m+1)}(x)+(n-m-1)K_{(n;m)}(x)+mK_{(n;m-1)}(x)\right].$$

由此便得

$$D_{n,m} = D_{n-1,m-1} + (n - m - 1) D_{n-1,m} + (m + 1) D_{n-1,m+1}. \qquad (9.4.15)$$

当 $m = 0$ 时，上式化为

$$\begin{aligned} D_{n,0} &= (n - 1) D_{n-1,0} + D_{n-1,1} \\ &= (n - 1)\big(D_{n-1,0} + D_{n-2,0} \big), \end{aligned}$$

这就是 Euler 公式.

由(9.4.15)还可得出

$$\begin{aligned} D_n(t) &= \sum_m D_{n,m^{t^m}} \\ &= (n - 1 + t) D_{n-1}(t) + (1 - t) \frac{d}{dt} D_{n-1}(t). \end{aligned}$$

现在应用矩形棋阵多项式来解决配牌问题.

设已给 δ 副牌，每一副有若干类牌，每一类有若干张牌；在不同的副中，类数、张数不一定形同. 所谓配牌问题，就是当随机地把每一副牌排成一列，把这 δ 个列中对应位置上的牌叠在一起成一列时，与未配上的牌有关的计数问题. 所谓"配上的牌"，当 $\delta = 2$ 时指"相同的牌"；当 $\delta > 2$ 时，不排斥其他的解释，例如可解释为所有 δ 张牌相同，也可解释为至少有 k 张牌相同等等.

现在考虑 $\delta = 2$ 的情形. 不失一般，可设每副牌的张数相同；否则在较少张数的那副牌中添加些与两副牌的类都不相同的牌，使得二者的张数一样，这对问题并无本质的影响. 因为两副牌的相对位置才是重要的，而绝对位置并不重要，所以可以把其中一副牌排成标准次序. 于是这就化为一个限位排列问题.

如果两副牌共有 s 个类，对第 i 类两副牌的张数分别是 n_i，m_i，则配牌问题的棋阵多项式是

$$\begin{aligned} R(x) &:= K_{(m_1;n_1)}(x) \cdots K_{(m_s;n_s)}(x), \\ m_1 + \cdots + m_s &= n_1 + \cdots + n_s. \end{aligned} \qquad (9.4.16)$$

例如，当仅有 a, b 两种类，而每副牌都有 p 张 a，q 张 b 时，(9.4.16)化为

$$R(x) = K_{(p;p)}(x) K_{(q;q)}(x).$$

再特殊一些，若 $p = q = 2$，则有

$$K_{(2;2)}(x) = 1 + 4x + 2x^2,$$

$$K^2_{(2;2)}(x) = 1 + 8x + 20x^2 + 16x^3 + 4x^4,$$

因而击中多项式是

$$N_{2;2}(t) := 4! + 8 \cdot 3!(t-1) + 20 \cdot 2(t-1)^2 + 16(t-1)^3 + 4(t-1)^4$$

$$= 4\left(1 + 4t^2 + t^4\right). \tag{9.4.17}$$

上述问题也可这样考虑: 如果第一副牌的 p 张 a 位开头 p 个位, 称这 p 个位为 a 位, q 张 b 在末尾 q 个位, 称这 q 个位为 b 位; 又如第二副牌中恰有 k 张 a 在 a 位, 那么恰有 $p-k$ 张 b 在 a 位, 恰有 $p-k$ 张 a 在 b 位, 恰有 $q-p+k$ 张 b 在 b 位. 这有如下表所示:

	a	b
a	k	$p-k$
b	$p-k$	$q-p+k$

此时, 相配的牌的张数是 $q - p + 2k$, 实现这种相配的方法数是

$$p!q!\binom{p}{k}\binom{q}{p-k}.$$

这是因为第二副牌中可有 $\binom{p}{k}$ 个选法来选出 k 张 a 处 a 位, 有 $\binom{q}{p-k}$ 个选法来选出 $p-k$ 张 b 处 b 位, 而对每一种选法, 第二副牌中的 p 张 a 可以任意交换位置, q 张 b 也可任意交换位置, 并不影响这种配法. 这样一来, 击中多项式是:

$$N_{p,q}(t) := p!q!\sum_{k \geqslant 0} \binom{p}{k}\binom{q}{p-k} t^{q-p+2k}$$

$$= p!q!\sum_{k \geqslant 0} \binom{p}{k}\binom{q}{k} t^{p+q-2k}. \tag{9.4.18}$$

若记

$$A_{p,q} := A_{p,q}(t) = \sum_{k \geqslant 0} \binom{p}{k}\binom{q}{k} t^{p+q-2k},$$

就有

$$A_{0,1} = t,$$

$$A_{0,2} = t^2, A_{1,1} = 1 + t^2,$$

$$A_{0,3} = t^3, A_{1,2} = 2t + t^3, \qquad (9.4.19)$$

$$A_{0,4} = t^4, A_{1,3} = 3t^2 + t^4,$$

$$A_{2,2} = 1 + 4t^2 + t^4.$$

将(9.4.19)的末式代入(9.4.18)，仍得(9.4.17).

因为

$$\binom{p}{k}\binom{q}{k} = \binom{p-1}{k}\binom{q}{k} + \binom{p-1}{k-1}\binom{q-1}{k-1}$$
$$+ \binom{p}{k}\binom{q-1}{k} - \binom{p-1}{k}\binom{q-1}{k},$$

故

$$A_{p,q}(t) = t A_{p,q-1}(t) + t A_{p-1,q}(t) + \left(1 - t^2\right) A_{p-1,q-1}(t).$$

由(9.4.8)和(9.4.18)，有

$$\binom{p+q}{p} K_{(p;p)}(x) K_{(q;q)}(x) = \sum_{k \geqslant 0} \binom{p}{k}\binom{q}{k} K_{(p+q;p+q-2k)}(x).$$

如果用(9.4.16)来计算棋阵多项式 $R(x)$ ，对大的 n 值计算量很大. 下面介绍一个近似算法.

由(9.4.2)有

$$K_{(m;n)}(x) = \sum_{k \geqslant 0} (m)_k (n)_k \frac{x^k}{k!}$$
$$= e^{Ax}, A^k := A_k := (m)_k (n)_k.$$

再由(9.4.16)，有

$$R(x) = e^{x(a_1 + a_2 + \cdots + a_s)}, m_1 + \cdots + m_s = n_1 + \cdots + n_s,$$

$$a_i^k := a_{ik} := (m_i)_k (n_i)_k. \qquad (9.4.20)$$

由定理9.2.5便得(因 $m = n$)

$$N_n(t) = \sum r_k (n-k)! (t-1)^k$$
$$= n! \sum (m)_k (t-1)^k \frac{1}{k!}$$
$$= n! \sum B_k (t-1)^k,$$

这里 $(m)_k$ 为阶乘矩，B_k 为二项矩.

于是由(9.4.20)得出

$$r_k = \binom{n}{k}(m)_k = \binom{n}{k}k! B_k, \tag{9.4.21}$$

从而

$$R(x) = \left(1+(m)x\right)^n, (m)^k := (m)_k, \tag{9.4.22}$$

$$r(x) = \left(x-(m)\right)^n, (m)^k := (m)_k. \tag{9.4.23}$$

由(9.4.20)和(9.4.21), 得

$$k! r_k = k! B_k (n)_k = \left(a_1 + \cdots + a_s\right)^k, a_i^k := (n_i)_k (m_i)_k. \tag{9.4.24}$$

特别地, 有

$$nB_1 = a_{11} + a_{21} + \cdots + a_{s1}$$
$$= n_1 m_1 + n_2 m_2 + \cdots + n_s m_s,$$
$$2n(n-1)B_2 = a_{12} + \cdots + a_{s2} + 2\left(a_{11}a_{21} + \cdots + a_{s-1,1}a_{s1}\right)$$
$$= n_1(n_1-1)m_1(m_1-1) + \cdots + n_s(n_s-1)$$
$$\times m_s(m_s-1) + 2\left[n_1 m_1 n_2 m_2 + \cdots + n_{s-1}m_{s-1}n_s m_s\right].$$

自然, 对高次的二项矩, 公式(9.4.24)右节的展示很繁杂, 但是在一些重要的特款, 往往有更合宜而简便的近似式. 这有如下面的例所示.

例 9.4.3 若两副牌的类数是 s, 每幅牌中每类牌的张数都是 a, 则棋阵多项式为

$$R(x) = [K_{(a,a)}(x)]^s = (e^{bx})^s, \ b^k := b_k := (a)_k^2,$$
$$= \left(f(x)\right)^s, f(x) := e^{bx}, \ b^k := b_k := (a)_k^2.$$

由定理 2.6.1 的系和(9.4.24)，得

$$k!(n)_k \, B_k = Y_k\left(fb_1, fb_2, \cdots, fb_k\right), \ \ f^j := f_j, n = as. \tag{9.4.25}$$

特别地，有

$$nB_1 = sa^2 = na,$$

$$2n(n-1)B_2 = s\big(a(a-1)\big)^2 + s(s-1)a^4$$
$$= n(n-1)a^2 - n(a)_2.$$

因为

$$Y_k\left(fb_1, \cdots, fb_k\right) = f_k b_1^k + \binom{k}{2} f_{k-1} b_2 b_1^{k-2} + \left[\binom{k}{3} b_2 b_1 + 3\binom{k}{4} b_2^2\right] f_{k-2} b_1^{k-4} + \cdots,$$

则(9.4.25)为

$$k!(n)_k \, B_k = a_k (n)_{k,a} + \binom{k}{2} a^{k-1}(a-1)^2 (n)_{k-1,a}$$
$$+ \left[\binom{k}{3} a^{k-1}(a-1)^2(a-2)^2 + 3\binom{k}{4} a^{k-2}(a-1)^4\right](n)_{k-2,a} + \cdots. \tag{9.4.26}$$

这里 $(n)_{k,a} := n(n-a)(n-2a)\cdots\big(n-(k-1)a\big)$，另一方面，函数 $(1+at)^{n/a}$ 的 Taylor 展式是

$$(1+at)^{n/a} = \sum \ (n)_{k,a} \frac{t^k}{k!},$$

故由定理 2.6.1 的系，得

$$(n)_{k,a} = Y_k\left(gc_1, gc_2, \cdots, gc_k\right), \ \ g^j := g_j := (n)_j,$$

从而(9.4.26)可写为

$$k!\,(n)_k\,B_k = a^k\,(n)_k + a^{k-1}\,(1-a)\binom{k}{2}(n-1)_{k-1} + A_{k2}\,(n-2)_{k-2} + \cdots, \tag{9.4.27}$$

这里

$$A_{k2} = a^{k-2}\left[a\,(1-a)\binom{k}{2} + 2(a-1)(a-2)\binom{k}{3} + 3(a-1)^2\binom{k}{4}\right].$$

最后由(2.4.13)得

$$\frac{N_{n,j}}{n!} = P_j = \sum_{k\geqslant 0}(-1)^k\binom{k+j}{k}B_{j+k}$$

$$= \frac{e^{-a}a^j}{j!}\left[1 + \frac{(a-1)\left(j-(j-a)^2\right)}{2a(n-1)} + \frac{(a-1)f_2(a,j)}{24a^2 n(n-1)} + \cdots\right], \quad (9.4.28)$$

这里

$$f_2(a,j) = 8(a-2)[(j)_3 - 2a(j)_2 + 3a^2 j - a^3]$$
$$+ 3(a-1)[(j)_4 - 4a(j)_3 + 6a^2(j)_2 - 4a^3 j + a^4].$$

(9.4.28)的右节再乘以 $n!$ 就是击中多项式的系数的渐进式.

9.5 关联矩阵和棋阵的性质(II)

本节继续研究关联矩阵和棋阵的性质.

首先讨论互补的两个棋阵的棋阵多项式之间的关系.

设 $m\times n$ 的棋阵 $\overline{A}$ 的棋阵多项式是 $R(x)$，$\overline{A}$ 的补棋阵 $\overline{(\overline{A})} = A$ 的棋阵多项式是 $Q(x)$，$K_{(p;q)}(x)$ 是矩形棋阵多项式(9.4.2)，于是有

定理 9.5.1

$$Q(x) = \sum_{k\geqslant 0} r_k\,(-x)^k\,K_{(m-k;n-k)}(x)$$
$$= R(-xf)\,K_{(m;n)}(x), f^k K_{(m;n)}(x):$$
$$= K_{(m-k,n-k)}(x). \tag{9.5.1}$$

证明 对 $\left(\overline{A}\right)$ 应用 (9.2.16)，得

$$
\begin{aligned}
Q(x) &= per_{\hat{\pm}}(xA) \\
&= \sum_{l \geqslant 0} x^l \, per_l A \\
&= \sum_{l \geqslant 0} x^l \sum_{\substack{1 \leqslant i_1 < \cdots < i_l \leqslant m \\ j_{i_1} \cdots j_{i_l} \in \boldsymbol{P}_l^n}} a_{i_1 j_{i_1}} \cdots a_{i_l j_{i_l}} \\
&= \sum_{l \geqslant 0} x^l \sum_{\substack{1 \leqslant i_1 < \cdots < i_l \leqslant m \\ j_{i_1} \cdots j_{i_l} \in \boldsymbol{P}_n^l}} \left(1 - \overline{a}_{i_1 j_{i_1}}\right) \cdots \left(1 - \overline{a}_{i_l j_{i_l}}\right) \\
&= \sum_{l \geqslant 0} \sum_{k \geqslant 0} (-1)^k x^k \sum_{\substack{1 \leqslant k_1 < \cdots < h_k \leqslant m \\ j_{k_1} \cdots j_{h_k} \in \boldsymbol{P}_k^n}} \overline{a}_{h_1 j_{h_1}} \cdots \overline{a}_{h_k j_{h_k}} \\
&\quad \times \sum_{\substack{1 \leqslant h'_1 < \cdots < h'_{l-k} \leqslant m, \\ \{h'_1, \cdots, h'_{l-k}\} \subseteq [1,m] \backslash \{h_1, \cdots, h_k\}, j'_h, \cdots, j'_{h'l-k} \in \boldsymbol{P}_{l-k}^{[1,n]} \backslash \{{}^j h_1, \cdots {}^j h_k\}}} x^{l-k} \\
&= \sum_{k \geqslant 0} (-x)^k r_k \sum_{l \geqslant 0} \left(per_{l-k} \overline{T}_{m-k,n-k}\right) x^{l-k} \\
&= \sum_{k \geqslant 0} (-x)^k r_k \, per_{\hat{\pm}} \overline{T}_{m-k,n-k} \\
&= \sum_{k \geqslant 0} (-x)^k r_k K_{(m-k;n-k)}(x),
\end{aligned}
$$

这就是 (9.5.1). 式中出现的棋阵 $\overline{T}$ 为 (9.4.1) 所界定. (9.5.1) 的第二式仅只是第一式的另一写法. **证毕.**

系 1 若

$$
R(x) = \sum_{j \geqslant 0} x^j R_j(x), \tag{9.5.2}
$$

则

$$
Q(x) = \sum_{j \geqslant 0} (-x)^j Q_j(x), \tag{9.5.3}
$$

这里 $Q_j(x)$ 是 $(m-j) \times (n-j)$ 的矩形棋盘中以 $R_j(x)$ 为棋阵多项式的棋阵的补的棋阵多项式.

证明 由定理 9.5.1 和 (9.5.2) 可得

$$
\begin{aligned}
Q(x) &= R(-xf)K_{(m;n)}(x) \\
&= \sum_{j\geqslant 0} (-xf)^i R_j(-xf)K_{(m;n)}(x) \\
&= \sum_{j\geqslant 0} (-x)^i R_j(-xf)K_{(m-j;n-j)}(x) \\
&= \sum_{j\geqslant 0} (-x)^i Q_j(x).
\end{aligned}
$$

证毕.

系 2　设对应于棋阵 A 和它的补 $\overline{A}$ 的击中多项式分别是

$$
N_{m,n}(t) = \sum_{j\geqslant 0} N_j t^j, M_{m,n}(t) = \sum_{j\geqslant 0} M_j t^j, \tag{9.5.4}
$$

则

$$
N_j = M_{m-j}, \tag{9.5.5}
$$

$$
N_{m,n}(t) = t^m M_{m,n}(t^{-1}), \tag{9.5.6}
$$

$$
M_{m,n}(t) = t^m N_{m,n}(t^{-1}). \tag{9.5.7}
$$

证明　N_j 是在棋阵 $\overline{A}$ 中安放 m 个互不相遇的棋子，使得恰有 j 个在禁止位置的放法数，也即是在棋阵 A 中安放 m 个互不相遇的棋子，使得恰有 $m-j$ 个在禁止位置的放法数，故有(9.5.5). 由(9.5.5)立得(9.5.6)和(9.5.7)，**证毕.**

对于 $R(x)$ 和 $Q(x)$，还有下面的关系.

定理 9.5.2

$$
R(xE^{-1})n! = (1+x)^m Q\left(-\frac{x}{1+x}E^{-1}\right)n!. \tag{9.5.8}
$$

这又可写为

$$
\sum_k r_k x^k (n-k)! = \sum_k g_k(-x)^k (1+x)^{m-k} (n-k)!. \tag{9.5.9}
$$

证明　由(9.2.21)有

$$
(n-m)! N_{m,n}(t) = R\left[(t-1)E^{-1}\right]n!. \tag{9.5.10}
$$

再由(9.5.6)得

$$(n-m)!\,N_{m,n}(t) = (n-m)!\,t^m M_{m,n}(t^{-1})$$

$$= t^m Q\Big[\big(t^{-1}-1\big)E^{-1}\Big]n!. \tag{9.5.11}$$

比较(9.5.10)和(9.5.11)，并令 $t-1=x$ ，便得(9.5.8)，**证毕**.

现在看来一个简单的例子，

例 9.5.1　如果 $\overline{A}=I_3$ ，则

$$A = \begin{pmatrix} 0 & 1 & 1 \\ 1 & 0 & 1 \\ 1 & 1 & 0 \end{pmatrix},$$

而棋阵 $\overline{A}$ 的棋阵多项式是

$$R(x) = (1+x)^3,$$

所以，由定理 9.5.1，棋阵 A 的棋阵多项式为

$$\begin{aligned} Q(x) &= K_{(3;3)}(x) - 3x K_{(2;2)}(x) + 3x^2 K_{(1;1)}(x) - x^3 K_{(0;0)}(x) \\ &= (1 + 9x + 18x^2 + 6x^3) - 3x(1 + 4x + x^2) \\ &\quad + 3x^2(1+x) - x^3 = 1 + 6x + 9x^2 + 2x^3. \end{aligned} \tag{9.5.12}$$

反过来，又有

$$(1+x)^3 = R(x) = K_{(3;3)}(x) - 6x K_{(2;2)}(x) + 9x^2 K_{(1;1)}(x) - 2x^3 K_{(0;0)}(x).$$

因为 xA 的全积和式等于

$$x\begin{pmatrix} 1 & 1 & 0 \\ 0 & 1 & 1 \\ 1 & 0 & 1 \end{pmatrix}$$

的全积和式，而后者，因而(9.5.12)所表示的 $Q(x)$ 正好是 3 阶的既化 Ménage 问题的棋阵多项式. (9.5.6)的左节在现在这种情况下就是 3 阶更列问题的击中多项式

$$N_3(t) = D_3(t) = 2 + 3t + t^3,$$

因而

$$M_3(t) = 2t^3 + 3t + 1.$$

现在转而讨论两个棋阵等价的问题.

定义 9.5.1   如果两个棋阵 A 和 B 的棋阵多项式相同, 则称这两个棋阵等价、与此相对应地, 如果两个 $(0,x)$ 矩阵 xA 和 xB 的全积和式相同, 则称这两个 $(0,x)$ 矩阵等价. 在这两种情形都称 $(0,1)$ 矩阵 A 和 B 等价, 并记为 $A \sim B$.

注意, 这里并不要求两个等价的 $(0,1)$ 矩阵具有相同的行数或相同的列数.

由全积和式的性质立知, 对 $(0,1)$ 矩阵 A, 有

$$A \sim A^{\mathrm{T}} \tag{9.5.13}$$

$$A \sim A' \tag{9.5.14}$$

这里 A^{T} 表 A 的转置, A' 是由 A 经行的交换顺序和列的交换顺序而得出的矩阵.

由 (9.5.13) 可知

$$(1 \quad 1) \sim \begin{pmatrix} 1 \\ 1 \end{pmatrix};$$

由 (9.5.14) 可知

$$\begin{pmatrix} 1 & 1 & 1 \\ 0 & 1 & 1 \\ 0 & 0 & 1 \end{pmatrix} \sim \begin{pmatrix} 1 & 1 & 0 \\ 1 & 1 & 1 \\ 1 & 0 & 0 \end{pmatrix} \sim \begin{pmatrix} 1 & 1 & 0 \\ 1 & 1 & 1 \\ 0 & 1 & 0 \end{pmatrix}.$$

然而大量的彼此等价的矩阵不能由 (9.5.13) 和 (9.5.14) 判定, 例如,

$$\begin{pmatrix} 1 & 1 \\ 1 & 1 \end{pmatrix} \sim \begin{pmatrix} 1 & 1 & 1 \\ 0 & 0 & 1 \end{pmatrix}, \tag{9.5.15}$$

$$\begin{pmatrix} 1 & 1 & 1 \\ 0 & 1 & 1 \end{pmatrix} \sim \begin{pmatrix} 1 & 1 & 1 \\ 0 & 0 & 1 \\ 0 & 0 & 1 \end{pmatrix} \sim \begin{pmatrix} 1 & 1 & 1 & 1 & 0 \\ 0 & 0 & 0 & 0 & 1 \end{pmatrix}, \tag{9.5.16}$$

$$\begin{pmatrix} 1 & 1 & 1 \\ 1 & 0 & 0 \\ 0 & 1 & 0 \\ 0 & 0 & 1 \end{pmatrix} \sim \begin{pmatrix} 1 & 1 & 0 \\ 1 & 1 & 0 \\ 0 & 1 & 0 \\ 0 & 0 & 1 \end{pmatrix}, \tag{9.5.17}$$

$$\begin{pmatrix} 0 & 1 & 1 \\ 1 & 0 & 1 \\ 1 & 1 & 0 \end{pmatrix} \sim \begin{pmatrix} 1 & 0 & 0 \\ 1 & 0 & 0 \\ 1 & 1 & 0 \\ 0 & 1 & 1 \end{pmatrix}. \tag{9.5.18}$$

(9.5.15)—(9.5.18)的棋阵多项式分别是

$$1 + 4x + 2x^2,$$
$$1 + 5x + 4x^2,$$
$$1 + 6x + 9x^2 + 4x^3,$$
$$1 + 6x + 9x^2 + 2x^3.$$

这就自然发生一个问题: 寻求棋阵等价的易于检验的充要条件. 这一问题迄今尚未获得完全的解答, 仅只有一些局部的结果.

定理 9.5.3 两个棋阵等价的充要条件是它们在能包容它们的任一矩形棋盘上的补阵等价.

这是定理 9.5.1. 的直接推论, 但是这并不解决检验棋阵等价的一般问题.

这个定理还可以在形式上叙述得更圆满一些: 若两个棋阵等价, 则它们在能包容它们的任一矩形棋盘上的补阵等价; 若两个棋阵在能包容它们的某一矩形棋盘上的补阵等价, 则这两个棋阵等价.

如果在一个 $m \times p$ 的棋阵 C 后接上一个 $m \times n$ 的棋阵 A, 成为一个 $m \times (n+p)$ 的新棋阵 D, 则记 D 为

$$D := A \vee C.$$

显然有 $A \vee C \sim C \vee A.$

定理 9.5.4 若棋阵 C 全由实格组成, 且 $A \sim B$, 则

$$A \vee C \sim B \vee C. \tag{9.5.19}$$

证明 记棋阵 S 的棋阵多项式为 $R(x, s)$. 由假设条件, 有

$$R(x, A) = R(x, B) = \sum_{k \geqslant 0} r_k x^k.$$

若记

$$R(x, A \vee C) = \sum_{k \geqslant 0} R_k x^k,$$

则

$$R_k = \sum_{0 \leqslant j \leqslant k} r_j \binom{m-j}{k-j} \binom{n}{k-j} (k-j)!. \qquad (9.5.20)$$

这是因为, 在棋阵 $A \vee C$ 上取 k 个互不相遇的棋子, 可由 A 上取 j 个互不相遇的棋子——这有 r_j 个取法, 再由 C 上取 $k-j$ 个棋子, 使得前后所取的全部棋子在棋阵 $A \vee C$ 上互不相遇——这有

$$\binom{m-j}{k-j} (n)_{k-j}$$

个取法, 让 j 历经一切可能的值便得(9.5.20). 同理,

$$R(x, B \vee C) = \sum_k R_k x^k,$$

其中 R_k 仍为(9.5.20). (9.5.19)得证.

下面给出另一个证明.

不失一般, 可设 A, $\overline{B}$ 都是 $m \times n$ 的. 由定理 9.5.3, A, B 在 $m \times n$ 的矩形棋盘上的补阵也等价:

$$\overline{A} \sim \overline{B};$$

再由定理 9.5.3, $\overline{A}$, $\overline{B}$ 在 $m \times (n+p)$ 的矩形棋盘上的补阵仍然等价; 而这后两个补阵分别是 $A \vee C$ 和 $B \vee C$. **证毕.**

由定义 9.5.1 和定理 9.3.2 的系可直接推出

定理 9.5.5 若棋阵 A 按某一实格的展示与棋阵 B 按某一实格的展示中, 二个包含多项式相同, 且二个排除多项式相同, 则 $A \sim B$.

使用定理 9.5.5 的困难在于寻找合于要求的实格.

有了上面几个定理, 就可判定(9.5.15)—(9.5.18)诸式的等价性, 而不用求出其棋阵多项式. (9.5.15)和(9.5.16)的第一个等价式是应用定理 9.5.4 的例子;(9.5.18)是应用定理 9.5.5 的例子:

$$per_{全} \begin{pmatrix} 0 & x^* & x \\ x & 0 & x \\ x & x & 0 \end{pmatrix} = x \, per_{全} \begin{pmatrix} x & x \\ x & 0 \end{pmatrix} + per_{全} \begin{pmatrix} 0 & 0 & x \\ x & 0 & x \\ x & x & 0 \end{pmatrix},$$

$$per_{全}\begin{pmatrix} x^* & 0 & 0 \\ x & 0 & 0 \\ x & x & 0 \\ 0 & x & x \end{pmatrix} = x\ per_{全}\begin{pmatrix} x & 0 \\ x & x \end{pmatrix} + per_{全}\begin{pmatrix} x & 0 & 0 \\ x & x & 0 \\ 0 & x & x \end{pmatrix},$$

上面每一式的右节是其左节按带*的元展开的展示；又因二式右节的二个三阶矩阵只是列的顺序不同而已，故二者的全积和式相同，因而左节的二个全积和式相同.

(9.5.17)是应用定理 9.5.3 和定理 9.5.5 的例子：该式左右两节在 4×3 的棋盘中的补与 x 之积分别是

$$\begin{pmatrix} 0 & 0 & 0 \\ 0 & x^* & x \\ x & 0 & x \\ x & x & 0 \end{pmatrix} 和 \begin{pmatrix} 0 & 0 & x^* \\ 0 & 0 & x \\ x & 0 & x \\ x & x & 0 \end{pmatrix},$$

其全积和式按带*的元的展式分别是

$$x\ per_{全}\begin{pmatrix} 0 & 0 \\ x & x \\ x & 0 \end{pmatrix} + per_{全}\begin{pmatrix} 0 & 0 & 0 \\ 0 & 0 & x \\ x & 0 & x \\ x & x & 0 \end{pmatrix},$$

$$x\ per_{全}\begin{pmatrix} 0 & 0 \\ x & 0 \\ x & x \end{pmatrix} + per_{全}\begin{pmatrix} 0 & 0 & 0 \\ 0 & 0 & x \\ x & 0 & x \\ x & x & 0 \end{pmatrix}.$$

二者相同，故由定理 9.5.3 便得(9.5.17).

下面的表列出了具有 $n(n \leqslant 6)$ 个实格的一切不等价的连通棋阵及其棋阵多项式. 这里，连通棋阵指的是，只经行换序和列换序不能化为准对角形(对角线上的子块数 $\geqslant 2$)，或形如 $\begin{pmatrix} B \\ 0 \end{pmatrix}$ 或 $(B\ 0)$ 的棋阵.

值得注意的是，对每一个正整数 n ，仅有一个二项式 $1 + nx$ 能为具有 n 个实格的棋阵的棋阵多项式. 此外，在具有 n 个实格的棋阵的棋阵多项式 $R_{(n)}(x)$ 中，使 $R_{(n)}(1)$ 达到最大值的多项式——称为最高多项式，而 $R_{(n)}(1)$ 称为 $R_{(n)}(x)$ 的高度——可由下面的定理给出.

定理 9.5.6　若用 $L_n(x)$ 记具有 n 个实格的连通棋阵的最高棋阵多项式，则有

$$L_0(x) = 1, \tag{9.5.21}$$

$$L_1(x) = 1 + x, \tag{9.5.22}$$

$$L_n(x) = L_{n-1}(x) + L_{n-2}(x), n \geqslant 2, \tag{9.5.23}$$

且有唯一的解

$$L_n(x) = \sum_{0 \leqslant i \leqslant [\frac{n+1}{2}]} \binom{n-i+1}{i} x^i. \tag{9.5.24}$$

证明 易知，(9.5.21)和(9.5.22)分别是 $n = 1, 2$ 时的最高多项式，今用数学归纳法证明(9.5.23)，按一个实格展开 $R_{(n)}(x)$，得

$$R_{(n)}(x) = P_{n-1}(x) + xQ_{n-k}(x), k > 1. \tag{9.5.25}$$

表 9.5.1 具 $n(\leqslant 6)$ 个实格的全部不等价连通棋阵表

n 值	棋　阵	棋阵多项式
1	(1)	$1 + x$
2	$(1\ 1)$	$1 + 2x$
3	$(1\ 1\ 1)$	$1 + 3x$
	$\begin{pmatrix} 1 & 1 \\ 0 & 1 \end{pmatrix}$	$1 + 3x + x^2$
4	$(1\ 1\ 1\ 1)$	$1 + 4x$
	$\begin{pmatrix} 1 & 1 & 1 \\ 0 & 0 & 1 \end{pmatrix} \sim \begin{pmatrix} 1 & 1 \\ 1 & 1 \end{pmatrix}$	$1 + 4x + 2x^2$
	$\begin{pmatrix} 1 & 1 & 0 \\ 0 & 1 & 1 \end{pmatrix}$	$1 + 4x + 3x^2$
5	$(1\ 1\ 1\ 1\ 1)$	$1 + 5x$
	$\begin{pmatrix} 1 & 1 & 1 & 1 \\ 0 & 0 & 0 & 1 \end{pmatrix}$	$1 + 5x + 3x^2$
	$\begin{pmatrix} 1 & 1 & 1 \\ 0 & 1 & 1 \end{pmatrix} \sim \begin{pmatrix} 1 & 1 & 1 \\ 0 & 0 & 1 \\ 0 & 0 & 1 \end{pmatrix}$	$1 + 5x + 4x^2$
	$\begin{pmatrix} 1 & 1 & 1 & 0 \\ 0 & 0 & 1 & 1 \end{pmatrix}$	$1 + 5x + 5x^2$

续表

n 值	棋　阵	棋阵多项式
5	$\begin{pmatrix} 1 & 1 & 1 \\ 0 & 1 & 0 \\ 0 & 0 & 1 \end{pmatrix}$	$1+5x+5x^2+x^3$
	$\begin{pmatrix} 1 & 1 & 0 \\ 0 & 1 & 1 \\ 0 & 0 & 1 \end{pmatrix}$	$1+5x+6x^2+x^3$
6	$(1\ 1\ 1\ 1\ 1\ 1)$	$1+6x$
	$\begin{pmatrix} 1 & 1 & 1 & 1 \\ 0 & 0 & 0 & 1 \end{pmatrix}$	$1+6x+4x^2$
	$\begin{pmatrix} 1 & 1 & 1 & 1 \\ 0 & 0 & 1 & 1 \end{pmatrix} \sim \begin{pmatrix} 1 & 1 & 1 & 1 \\ 0 & 0 & 0 & 1 \\ 0 & 0 & 0 & 1 \end{pmatrix} \sim \begin{pmatrix} 1 & 1 & 1 \\ 1 & 1 & 1 \end{pmatrix}$	$1+6x+6x^2$
	$\begin{pmatrix} 1 & 1 & 1 & 1 & 0 \\ 0 & 0 & 0 & 1 & 1 \end{pmatrix} \sim \begin{pmatrix} 1 & 1 & 1 & 0 \\ 0 & 1 & 1 & 1 \end{pmatrix}$	$1+6x+7x^2$
	$\begin{pmatrix} 1 & 1 & 1 & 0 & 0 \\ 0 & 0 & 1 & 1 & 1 \end{pmatrix}$	$1+6x+8x^2$
	$\begin{pmatrix} 1 & 1 & 1 \\ 0 & 1 & 1 \\ 0 & 0 & 1 \end{pmatrix}$	$1+6x+7x^2+x^3$
	$\begin{pmatrix} 1 & 0 & 0 & 0 \\ 1 & 1 & 1 & 1 \\ 0 & 0 & 0 & 1 \end{pmatrix}$	$1+6x+7x^2+2x^3$
	$\begin{pmatrix} 1 & 1 & 0 \\ 1 & 1 & 1 \\ 0 & 0 & 1 \end{pmatrix} \sim \begin{pmatrix} 1 & 0 & 0 \\ 1 & 0 & 0 \\ 1 & 1 & 1 \\ 0 & 1 & 0 \end{pmatrix}$	$1+6x+8x^2+2x^3$
	$\begin{pmatrix} 1 & 1 & 0 \\ 0 & 1 & 1 \\ 1 & 0 & 1 \end{pmatrix} \sim \begin{pmatrix} 1 & 1 & 1 & 0 \\ 0 & 0 & 1 & 1 \\ 0 & 0 & 0 & 1 \end{pmatrix}$	$1+6x+9x^2+2x^3$
	$\begin{pmatrix} 1 & 1 & 0 & 0 \\ 0 & 1 & 1 & 1 \\ 0 & 0 & 0 & 1 \end{pmatrix}$	$1+6x+9x^2+3x^3$
	$\begin{pmatrix} 1 & 1 & 1 \\ 1 & 0 & 0 \\ 0 & 1 & 0 \\ 0 & 0 & 1 \end{pmatrix} \sim \begin{pmatrix} 1 & 1 & 1 & 0 \\ 0 & 1 & 1 & 0 \\ 0 & 0 & 0 & 1 \end{pmatrix}$	$1+6x+9x^2+4x^3$
	$\begin{pmatrix} 1 & 1 & 0 & 0 \\ 0 & 1 & 1 & 0 \\ 0 & 0 & 1 & 1 \end{pmatrix}$	$1+6x+10x^2+4x^3$

这里 $P_{n-1}(x)$ 是有 $n-1$ 个实格的某一棋阵的棋阵多项式，$Q_{n-k}(x)$ 是有 $n-k$ 个实格的某一棋阵的棋阵多项式，而 "$k > 1$" 是由棋阵的连通性得出的.

由(9.5.25)可得 $R_{(n)}(x)$ 的高度是

$$R_{(n)}(1) = P_{n-1}(1) + Q_{n-k}(1), k > 1. \tag{9.5.26}$$

因而

$$R_{(n)}(1) \geqslant P_{n-1}(1),$$
$$\max_{R_{(n)}(x)} R_{(n)}(1) \geqslant \max_{P_{n-1}(x)} P_{n-1}(1).$$

后一式成立的原因是，对任一具有 $n-1$ 个实格的棋阵都可添加一个实格成为一个具有 n 个实格的棋阵. 所以，有

$$L_n(1) \geqslant L_{n-1}(1). \tag{9.5.27}$$

由(9.5.26)和(9.5.27)可得

$$\max_{R_{(n)}(x)} R_{(n)}(1) \leqslant \max_{P_{n-1}(x)} P_{n-1}(1) + \max_{Q_{n-k}(x)} Q_{n-k}(1) \leqslant \max_{P_{n-1}(x)} P_{n-1}(1) + \max_{Q_{n-2}(x)} Q_{n-2}(1),$$

故有

$$L_n(1) \leqslant L_{n-1}(1) + L_{n-2}(1). \tag{9.5.28}$$

另一方面，适合初值(9.5.21)和(9.5.22)以及递归关系(9.5.23)的棋阵是存在的，例如

$$\left.\begin{pmatrix} 1 & 1 & & & 0 \\ & 1 & 1 & & \\ & & \ddots & \ddots & \\ & & & 1 & 1 \\ 0 & & & 1 & 1^* \end{pmatrix}\right\} \frac{n}{2} \text{行，若} 2|n, \tag{9.5.29}$$

$$
\begin{pmatrix}
1 & 1 & & & 0 \\
1 & 1 & & & \\
 & \ddots & \ddots & & \\
 & & & 1 & 1 \\
0 & & & 0 & 1^{*}
\end{pmatrix}
\Bigg\}\dfrac{n+1}{2}\text{行，若}2\nmid n,
\tag{9.5.30}
$$

就是，这由带*的实格展开即知，再由归纳法假设和(9.5.28)，从(9.5.21)—(9.5.23)确定出的 $L_n(x)$ $(n \geqslant 2)$ 必为最高多项式.

因为初值(9.5.21)和(9.5.22)是唯一的，因而适合(9.5.21)和(9.5.22)的递归关系(9.5.23)对任意 n 的解也是唯一的；不难看到，这就是(9.5.29)，(9.5.30)的棋阵多项式，亦即(9.5.24). **证毕**.

须注意，最高棋阵多项式的唯一性并不意味着具有最高棋阵多项式的棋阵也是唯一的，自然，在等价的意义下是唯一的.

最高多项式 $L_n(x)$ 同阶梯形棋阵(9.5.29)和(9.5.30)的联系，在下节还将遇到.

9.6   阶梯形棋阵

在阶梯形棋阵中，最著名的是既化 Ménage 问题的棋阵(9.1.7)，以及与之相关的棋阵. 下面就专门研究它们并用来解决一些别的问题.

今后，把 Ménage 问题中的圆桌换为条桌所得的问题，称为与 Ménage 问题对应的条桌问题. 类似地理解与既化 Ménage 问题对应的条桌问题.

定理 9.6.1 n 阶既化 Ménage 问题的击中多项式 $U_n(t)$ ，和与此对应的条桌问题的击中多项式 $V_n(t)$ 是

$$
U_n(t) = \sum_{0 \leqslant k \leqslant n} \frac{2n}{2n-k}\binom{2n-k}{k}(n-k)!(t-1)^k,
\tag{9.6.1}
$$

$$
V_n(t) = \sum_{0 \leqslant k \leqslant n} \binom{2n-k}{k}(n-k)!(t-1)^k,
\tag{9.6.2}
$$

且有关系式

$$
U_n(t) = V(t) + (t-1)V_{n-1}(t).
\tag{9.6.3}
$$

证明   记 n 阶既化 Ménage 问题的棋阵多项式为 $M_n(t)$. 与之对应的条桌问题

的棋阵是

$$
\begin{pmatrix}
1 & 1 & & & 0 \\
& 1 & 1 & & \\
& & \ddots & \ddots & \\
0 & & 1 & 1 \\
& & & 0 & 1
\end{pmatrix}_{n \times n.}
$$

故其棋阵多项式为 $L_{2n-1}(x)$, 这里 $L_n(x)$ 的表达式为 (9.5.24). 按 (9.1.7) 的第 n 行第一列交口处的实格展开, 得

$$
M_n(x) = L_{2n-1}(x) + xL_{2n-3}(x), n > 1. \tag{9.6.4}
$$

由 (9.5.24) 和 (9.6.4) 得

$$
M_n(x) = \sum_{0 \leqslant k \leqslant n} \frac{2n}{2n-k}\binom{2n-k}{k} x^k, n > 1. \tag{9.6.5}
$$

根据定理 9.2.5, 由 (9.6.5) 便得 (9.6.1). 同理, 由 (9.5.24) 得 (9.6.2). (9.6.3) 是由 (9.6.4) 得出的. **证毕**.

须注意, (9.6.1) 和 (9.6.5) 仅当 $n > 1$ 时才有组合意义, 当 $n = 1$ 时, 它们分别化为

$$
U_1(t) = -1 + 2t,
$$

$$
M_1(x) = 1 + 2x,
$$

这可作为它们的定义. 又如第三章所指出的, 当 $n = 0$ 时, 定义

$$
U_0(t) = M_0(x) = 2
$$

更为自然而方便, 而不是照通常的习惯定义为 1. 对条桌情形, 则定义

$$
V_0(t) = L_0(x) = 1.
$$

下面的表给出 $n \in [2, 10]$ 时, $U_n(t) = \sum_{k \geqslant 0} U_{nk} t^k$ 的系数的数值.

表 9.6.1　U_{nk} 的值表

U_{nk} / k \ n	2	3	4	5	6	7	8	9	10
0	0	1	2	13	80	579	4738	43387	439792
1	0	0	8	30	192	1344	10800	97434	976000
2	2	3	4	40	210	1477	11672	104256	1036050
3		2	8	20	152	994	7888	70152	695760
4			2	15	60	469	3600	32958	328920
5				2	24	140	1232	11268	115056
6					2	35	280	2856	30300
7						2	48	504	6000
8							2	63	840
9								2	80
10									2

表 9.6.2 则给出 $V_n(t) = \sum_{k>0} V_{nk} t^k$ 的系数的数值.

虽然定理 9.6.1 给出了 Ménage 问题的完全的解, 但是为了导出进一步的结果和利用它们来解决一些其他问题, 这是不够的, 还需介绍另外的方法.

表 9.6.2　V_{nk} 的值表

V_{nk} / k \ n	1	2	3	4	5	6	7	8	9	10
0	0	0	1	3	16	96	675	5413	48800	488592
1	1	1	1	8	35	211	1459	11584	103605	1030805
2		1	3	6	38	213	1479	11692	104364	1036809
3			1	6	20	134	915	7324	65784	657180
4				1	10	50	385	3130	28764	291900
5					1	15	105	952	9090	95382
6						1	21	196	2100	23310
7							1	28	336	4236
8								1	36	540
9									1	45
10										1

由定理 1.2.3, 集 $[1,n]$ 的 k 无重组合, 其中无二数码相邻, 这样的组合数是

$$f(n,k) := \binom{n-k+1}{k}. \tag{9.6.6}$$

现在给出它的另一证明.

把合于要求的组合分成两类, 一类包含 n, 一类不含 n. 如果组合包含 n, 则不能包含 $n-1$, 故其余 $k-1$ 个元只能在 $[1, n-2]$ 中选取, 其取法数为 $f(n-2, k-1)$.

如果组合不含 n，则 k 个元取自 $[1, n-1]$，其取法数为 $f(n-1, k)$. 因此

$$f(n, k) = f(n-1, k) + f(n-2, k-1). \tag{9.6.7}$$

由 $f(n, k)$ 的初值

$$f(n, 1) = n; f(1, n) = 0 \ (n > 1)$$

和递归关系(9.6.7)便得(9.6.6).

现在利用(9.6.6)来确定 $g(n, k)$——把 $[1, n]$ 中的元依次排在一个圆周上，从中取出 k 个互不相邻的元的取法数.

仍将合于这里的要求的组合分成两类，一类包含 n，一类不含 n，如果组合包含 n，则不能包含 $n-1$ 和 1，其余 $k-1$ 个元只能在 $[2, n-2]$ 中选取，且 2 和 $n-2$ 不再相邻，故这样的取法数为 $f(n-3, k-1)$. 如果组合不含 n，由类似的推理知其取法数为 $f(n-1, k)$. 再由(9.6.6)，最后得

$$\begin{aligned} g(n, k) &= f(n-1, k) + f(n-3, k-1) \\ &= \binom{n-k}{k} + \binom{n-k-1}{k-1} \\ &= \frac{n}{n-k}\binom{n-k}{k} \\ &= \frac{n}{k}\binom{n-k-1}{k-1}. \end{aligned} \tag{9.6.8}$$

今考虑数列 $(f(n, k))_{k \geqslant 0}$ 和 $(g(n, k))_{k \geqslant 0}$ 的普母函数

$$f_{n(x)} := \sum_{k \geqslant 0} f(n, k)x^k = \sum_{0 \leqslant k \leqslant \frac{n+1}{2}} f(n, k)x^k,$$

$$g_{n(x)} := \sum_{k \geqslant 0} g(n, k)x^k = \sum_{0 \leqslant k \leqslant \frac{n}{2}} g(n, k)x^k. \tag{9.6.9}$$

于是有

$$f_n(x) = L_n(x), \quad g_{2n}(x) = M_n(x). \tag{9.6.10}$$

因为

$$\begin{aligned} g_{2n}(x) &= f_{2n-1}(x) + xf_{2n-3}(x) \\ &= f_{2n-2}(x) + xf_{2n-3}(x) + xf_{2n-4}(x) + x^2 f_{2n-5}(x) \\ &= g_{2n-1}(x) + xg_{2n-2}(x), \end{aligned}$$

所以 $f_n(x)$ 和 $g_n(x)$ 都满足 $L_n(x)$ 所满足的递归关系(9.5.23).

由于

$$g_{2n}(x) = g_{2n-1}(x) + x g_{2n-3}(x)$$
$$= (1+x)g_{2n-2}(x) + x g_{2n-3}(x)$$
$$= (1+2x)g_{2n-2}(x) - x^2 g_{2n-4}(x),$$

故有

$$M_n(x) = (1+2x)M_{n-1}(x) - x^2 M_{n-2}(x), n \geqslant 2. \tag{9.6.11}$$

当 $n = 2$ 时，用到初始值 $M_0(x) = 2, M_1(x) = 1 + 2x$. 类似地，有

$$L_{2n-1}(x) = (1+2x)L_{2n-3}(x) - x^2 L_{2n-5}(x), \tag{9.6.12}$$

这与(9.6.11)的形式相仿.

由(9.6.11)，若记 $M_n(x) = \sum_{k \geqslant 0} M_{nk} x^k$, $M_{n,-k} = 0(n \geqslant 0, k > 0)$，则

$$M_{nk} = M_{n-1,k} + 2M_{n-1,k-1} - M_{n-2,k-2}, n > 1.$$

因而

$$U_n(t) = \sum_{k \geqslant 0}(M_{n-1,k} + 2M_{n-1,k-1} - M_{n-2,k-2})(n-k)!(t-1)^k$$

$$= (n - 2 + 2t)U_{n-1}(t) - (t-1)\frac{d}{dt}U_{n-1}(t) - (t-1)^2 U_{n-2}(t)(n > 1). \tag{9.6.13}$$

对 $V_n(t)$ 也有类似的递归关系.

由

$$M_{nk} = \frac{2n}{2n-k}\binom{2n-k}{k} = \frac{n}{n-k} \cdot \frac{2n-1-k}{k}M_{n-1,k-1}, \tag{9.6.14}$$

得出

$$(n-1)kM_{nk} = 2n(n-1)M_{n-1,k-1} - (k-1)nM_{n-1,k-1},$$

因此

$$(n-1)\frac{d}{dx}M_n(x) = 2n(n-1)M_{n-1}(x) - nx\frac{d}{dx}M_{n-1}(x), \tag{9.6.15}$$

又由

$$L_{2n-1,k} = \frac{2n-k}{k}L_{2n-3,k-1}, \tag{9.6.16}$$

得出

$$kL_{2n-1,k} = (2n-1)L_{2n-3,k-1} - (k-1)L_{2n-3,k-1},$$

因此

$$\frac{d}{dx}L_{2n-1}(x) = (2n-1)L_{2n-3}(x) - x\frac{d}{dx}L_{2n-3}(x). \tag{9.6.17}$$

由(9.6.15)和(9.6.17)可得

$$(n-1)\frac{d}{dt}U_n(t) = 2n(n-1)U_{n-1}(t) + n(1-t)\frac{d}{dt}U_{n-1}(t), \tag{9.6.18}$$

$$\frac{d}{dt}V_n(t) = (2n-1)V_{n-1}(t) + (1-t)\frac{d}{dt}V_{n-1}(t). \tag{9.6.19}$$

写成系数的关系, 就是

$$(n-1)kU_{n,k} = n(2n-1-k)U_{n-1,k-1} + nkU_{n-1,k}, \tag{9.6.20}$$

$$kV_{n,k} = (2n-k)V_{n-1,k-1} + kV_{n-1,k}. \tag{9.6.21}$$

由

$$M_{n,k} = \frac{2n}{k}L_{2n-3,k-1},$$

可得

$$\frac{d}{dt}U_n(t) = 2nV_{n-1}(t), \tag{9.6.22}$$

从而

$$kU_{nk} = 2nV_{n-1,k-1}. \tag{9.6.23}$$

为了得到一些不涉及导数的递归关系, 特引进辅助函数

$$W_n(t) := \sum_{k \geqslant 0}\binom{2n-k+1}{k}(n-k)!(t-1)^k. \tag{9.6.24}$$

由

$$\frac{2n}{2n-k}\binom{2n-k}{k}(n-k)! = \begin{cases} \binom{2(n-1)-k+1}{k}((n-1)-k)!, & \text{若 } k \leqslant n-1, \\ 2 & , \quad \text{若 } k = n, \end{cases}$$

得出

$$U_n(t) = nW_{n-1}(t) + 2(t-1)^n. \tag{9.6.25}$$

由

$$M_{nk} = \binom{2n-k+1}{k} - \binom{2n-k-1}{k-2},$$

得出

$$U_n(t) = W_n(t) - (t-1)^2 W_{n-2}(t). \tag{9.6.26}$$

由(9.6.25)得出 $W_n(t)$, $W_{n-2}(t)$ 并代入(9.6.26), 有

$$U_n(t) = \frac{1}{n+1}(U_{n+1}(t) - 2(t-1)^{n+1}) - \frac{(t-1)^2}{n-1}(U_{n-1}(t) - 2(t-1)^{n-1}) ,$$

换 n 为 $n-1$，此即

$$(n-2)U_n(t) = n(n-2)U_{n-1}(t) + n(t-1)^2 U_{n-2}(t) - 4(t-1)^n. \qquad (9.6.27)$$

代 $t=0$，因 $U_{n,0} = U_n$ (Ménage 数)，(9.6.27)就化为(3.2.11).

由

$$\binom{2n-k}{k} = \binom{2n-k+1}{k} - \binom{2n-k}{k-1},$$

可得

$$V_n(t) = W_n(t) - (t-1)W_{n-1}(t). \qquad (9.6.28)$$

由(9.6.25)和(9.6.3)，有

$$W_{n-1}(t) = \frac{1}{n}\Big(U_n(t) - 2(t-1)^n\Big)$$
$$= \frac{1}{n}\Big(V_n(t) + (t-1)V_{n-1}(t) - 2(t-1)^n\Big). \qquad (9.6.29)$$

由此和(9.6.28)，得出

$$V_n(t) = \frac{1}{n+1}\Big(V_{n+1}(t) + (t-1)V_n(t) - 2(t-1)^{n+1}\Big)$$
$$- \frac{t-1}{n}(V_n(t) + (t-1)V_{n-1}(t) - 2(t-1)^n). \qquad (9.6.30)$$

在(9.6.30)中换 n 为 $n-1$，便得

$$(n-1)V_n(t) = (n^2 - n - 1 + t)V_{n-1}(t) + n(t-1)^2 \times V_{n-2}(t) - 2(t-1)^n. \quad (9.6.31)$$

代 $t = 0$，且记 $V_n(0) =: V_n$，则有

$$(n-1)V_n = (n^2 - n - 1)V_{n-1} + nV_{n-2} + 2(-1)^{n+1}. \qquad (9.6.32)$$

现在可把上述主要结果总结为

定理 9.6.2 函数 $U_n(t)$ 适合递归关系式(9.6.18)和(9.6.27)，其系数适合递归关系式(9.6.20). 函数 $V_n(t)$ 适合递归关系式(9.6.19)和(9.6.31)，其系数适合递归关系式(9.6.21). 函数 $U_n(t)$ 和 $V_n(t)$ 之间有关系式(9.6.22)，其系数间有关系式(9.6.23).

在 Ménage 问题中，两个已给的排列取非常特殊的形状：

$$1\,2\cdots n-1\ n$$
$$2\,3\cdots\ n\quad 1;$$

如果这两个排列取一般的形状，即有

问题 9.6.1 集 $[1,n]$ 的 n 无重排列 $a_1 a_2 \cdots a_n$，使得阵列

$$i_1 i_2 \cdots i_n$$
$$j_1 j_2 \cdots j_n \qquad\qquad (9.6.33)$$
$$a_1 a_2 \cdots a_n$$

中任一列无相同的元，欲求这样的排列数及其有关的性质，这里 $i_1 i_2 \cdots i_n$ 和 $j_1 j_2 \cdots j_n$ 是两个给定的 n 无重排列.

因为在阵列(9.6.33)中，各列间的绝对位置并不重要，相对位置才是重要的，故不失一般，可设(9.6.33)为

$$
\begin{array}{ccccc}
1 & 2 & \cdots & n-1 & n \\
j_1 & j_2 & \cdots & j_{n-1} & j_n \\
a_1 & a_2 & \cdots & a_{n-1} & a_n
\end{array}
\qquad\qquad (9.6.34)
$$

如果排列 $j_1 j_2 \cdots j_n$ 所代表的置换属于轮换类 $\mathfrak{C}_{k_1,k_2,\cdots,k_n}$，则记问题 9.6.1 的棋阵多项式为 $R(x, 1^{k_1} 2^{k_2} \cdots n^{k_n})$，其相伴多项式为 $r(x, 1^{k_1} 2^{k_2} \cdots n^{k_n})$，击中多项式为 $U(t, 1^{k_1} 2^{k_2} \cdots n^{k_n})$. 仍以 $M_k(x)$ 记 k 阶 Ménage 问题的棋阵多项式，$m_k(x)$ 为其相伴多项式，$U_k(t)$ 为击中多项式.

定理 9.6.3 对阵列(9.6.34)，问题 9.6.1 的棋阵多项式为

$$R(x, 1^{k_1} 2^{k_2} \cdots n^{k_n}) = (1+x)^{k_1} (M_2(x))^{k_2} \cdots (M_n(x))^{k_n}; \qquad (9.6.35)$$

其相伴多项式为

$$r(x, 1^{k_1} 2^{k_2} \cdots n^{k_n}) = (x-1)^{k_1} (m_2(x))^{k_2} \cdots (m_n(x))^{k_n}, \qquad (9.6.36)$$

且可表为

$$r(x, 1^{k_1} 2^{k_2} \cdots n^{k_n}) = \sum_j A_j m_{n-j}(x), \qquad (9.6.37)$$

这里诸 A_j 是轮换类 $\mathfrak{C}_{k_1,\cdots,k_n}$ 的函数；击中多项式为

$$U(t, 1^{k_1} \cdots n^{k_n}) = (1-t)^n r(E(1-t)^{-1}, 1^{k_1} \cdots n^{k_n})0! \qquad (9.6.38)$$

$$= \sum_j A_j (1-t)^j U_{m-j}(t), \qquad (9.6.39)$$

这里的 A_j 与(9.6.37)中的相同.

证明 设此时的棋阵是 A. 因为(9.6.34)的第一行是在标准顺序中，故 A 的主对角线元素均为 1. 又因(9.6.34)的第二行所代表的置换可以分解为 k_i 个互无公共元的 i 轮换 ($1 \leqslant i \leqslant n$) 之积，故对 A 经过适当的行换序和同型的列换序，可化为如下的准对角形：

$$B = \begin{pmatrix}
1 & & & & & & & & & & & \\
& \ddots & & & & & & & & & & \\
& & 1 & & & & & & & & & \\
& & & 1 & 1 & & & & & & & \\
& & & 1 & 1 & & & & & & & \\
& & & & & \ddots & & & & & & \\
& & & & & & 1 & 1 & & & & \\
& & & & & & 1 & 1 & & & & \\
& & & & & & & & 1 & 1 & 0 & \\
& & & & & & & & 0 & 1 & 1 & \\
& & & & & & & & 1 & 0 & 1 & \\
& & & & & & & & & & & \ddots \\
& & & & & & & & & & & & 1 & 1 & 0 \\
& & & & & & & & & & & & 0 & 1 & 1 \\
& & & & & & & & & & & & 1 & 0 & 1 \\
& & & & & & & & & & & & & & & \ddots
\end{pmatrix}
\left. \begin{matrix} \\ \\ \end{matrix} \right\} k_1 \text{个}
\left. \begin{matrix} \\ \\ \end{matrix} \right\} k_2 \text{个}
\left. \begin{matrix} \\ \\ \\ \end{matrix} \right\} k_3 \text{个}
\qquad (9.6.40)$$

其主对角线上的块均为 Ménage 棋阵. 因此, 由定理 9.3.1 便得(9.6.35). 再由相伴多项式的性质立得(9.6.36)和(9.6.38).

由(9.6.11)及 $m_n(x)$ 和 $M_n(x)$ 的关系, 有

$$m_n(x) = (x-2)m_{n-1}(x) - m_{n-2}(x), n > 1 \qquad (9.6.41)$$

和

$$m_0(x) = 2, \ m_1(x) = x - 2. \qquad (9.6.42)$$

把 $m_n(x)$ 与 ЧеσЫШеВ 多项式

$$T_n(x) = \cos(n \arccos x)$$

比较是有益的. 因为

$$\begin{aligned}
T_n(x) &= \cos c((n-1)\arccos x)\cos(\arccos x) \\
&\quad - \sin((n-1)\arccos x)\sin(\arccos x) \\
&= x T_{n-1}(x) - \frac{1}{2}(T_{n-2}(x) - T_n(x)),
\end{aligned}$$

所以

$$T_n(x) = 2x T_{n-1}(x) - T_{n-2}(x). \qquad (9.6.43)$$

因而

$$\begin{aligned}
T_{2n}(x) &= 2x T_{2n-1}(x) - T_{2n-2}(x) \\
&= (4x^2 - 1)T_{2n-2}(x) - 2x T_{2n-3}(x) \\
&= (4x^2 - 2)T_{2n-2}(x) - T_{2n-4}(x).
\end{aligned} \qquad (9.6.44)$$

由定义有

$$T_0(x) = 1, T_2(x) = 2x^2 - 1. \qquad (9.6.45)$$

比较(9.6.41)和(9.6.44)以及初始函数(9.6.42)和(9.6.45), 得

$$m_n(x) = 2T_{2n}\left(\frac{\sqrt{x}}{2}\right)$$

$$= 2\cos 2n\theta, \quad \cos\theta = \frac{\sqrt{x}}{2}. \tag{9.6.46}$$

由此立得

$$m_j(x)m_k(x) = 4\cos 2j\theta, \cos 2k\theta$$

$$= 2[\cos 2(j+k)\theta + \cos 2(j-k)\theta]$$

$$= m_{j+k}(x) + m_{j-k}(x). \tag{9.6.47}$$

在上式中若出现 $m_{-l}(x)(l>0)$ 时, 按(9.4.16), 有

$$m_{-l}(x) = m_l(x).$$

当 $j=k$ 时, (9.6.47)化为

$$(m_j(x))^2 = m_{2j}(x) + m_0(x).$$

重复使用(9.6.47)可得出

$$m_i m_j m_k = m_{i+j+k} + m_{i+j-k} + m_{i-j+k} + m_{i-j-k},$$

$$m_i^3 = m_{3i} + 3m_i, \qquad m_i := m_i(x).$$

对一般情形, 可用数学归纳法证明

$$m_{i_1} m_{i_2} \cdots m_{i_k} = \sum_{\substack{\sigma_j = 0,1 \\ (2 \leqslant j \leqslant k)}} m_{i_1} + (-1)^{\delta_{2i_2}} + \cdots + (-1)^{\delta_{k i_k}}$$

$$=: \sum m_{i_1 \pm i_2 \pm \cdots \pm i_k}. \tag{9.6.48}$$

在(9.6.48)中允许诸足标 $i_1, i_2, \cdots, i_k$ 相同, 故 $m_1^{k_1} \cdots m_n^{k_n}$ 均能写成诸 m_j 的整系数线性组合. 又因

$$x - 1 = m_1(x) + 1,$$

故一切

$$(x-1)^{k_1} (m_2(x))^{k_2} \cdots (m_n(x))^{k_n}$$

均能写成诸 $m_j(x)$ 的整系数线性组合. 自然也可用数学的归纳法证明

$$(x-1)^k m_n = m^{n-k}(1 + m + m^2)^k, m^j := m_j(x), \tag{9.6.49}$$

从而得到这一结果. 这就证明了(9.6.37), 因此(9.6.39)也获证. **证毕.**

现在来看一个例子.

例 9.6.1 如果(9.6.34)中的排列 $j_1 j_2 \cdots j_n$ 是 1 3 4 $\cdots n$ 2 , 则棋阵多项式的相伴多项式是

$$(x-1)m_{n-1} = m^{n-2}(1 + m + m^2), \ m^k := m_k(x),$$

因而击中多项式是

$$U_n + (1-t)U_{n-1} + (1-t^2)U_{n-2}$$
$$= U^{n-2}[U^2 + (1-t)U + (1-t)^2],$$

$$U^n := U_n(t). \tag{9.6.50}$$

当 $n = 3$ 时，上式化为

$$U_3(t) + (1-t)U_2(t) + (1-t^2)U_1(t) = 4t + 2t^3.$$

由上述定理可知，与任何二个已给的排列"不相容"的排列的个数及其相关的一些问题，通过 Ménage 棋阵便可得到解决. Ménage 棋阵还有许多其他的用处，例如对拉丁矩的重要应用. 这里就不再继续讨论了.

9.7　梯　形　棋　阵

设已给梯形棋阵

$$Q := Q_{q \times (p+(q-1)a)}:$$

$$= \left.\begin{bmatrix} 1 & \cdots & 1 & & & & & & & & & & 0 \\ 1 & \cdots & 1 & 1 & \cdots & 1 \\ 1 & \cdots & 1 & 1 & \cdots & 1 & 1 & \cdots & 1 \\ \vdots & & \vdots & \vdots & & \vdots & \vdots \\ 1 & \cdots & 1 & 1 & \cdots & 1 & 1 & \cdots & 1 & \cdots & 1 & \cdots & 1 \end{bmatrix}\right\}q行,$$

$$\underbrace{}_{p列} \quad \underbrace{}_{a列} \quad \underbrace{}_{a列} \quad \underbrace{}_{a列}$$
$$\underbrace{}_{a-1组}$$

$$\tag{9.7.1}$$

其中第 j 行的 1 的个数是 $p+(j-1)a (1 \leqslant j \leqslant q)$. 若 $p = a = 1$，则(9.7.1)退化成三角形棋阵，记(9.7.1)的棋阵多项式为 $Q(p,q,a;x)$. 把它按第一行的全部实格展开，得

$$Q(p,q,a;x) = Q(p+a,q-1,a;x) + pxQ(p+a-1,q-1,a;x). \tag{9.7.2}$$

当 $q = 1$ 时，有平凡的公式

$$Q(p,1,a;x) = 1 + px. \tag{9.7.3}$$

由(9.7.2)和(9.7.3)就可逐个地定出一切 $Q(p,q,a;x)$.

例如，有

$$Q(p,2,a;x) = 1 + x(2p+a) + x^2 p(p+a-1),$$

$$Q(p,3,a;x) = 1 + x(3p+3a) + x^2[3p(p-1) + 6ap + 2a^2 - a]$$
$$+ x^3 p(p+a-1)(p+2a-2).$$

若记

$$Q(p,q,a;x) = \sum_{k \geqslant 0} Q_k(p,q,a)x^k,$$

则由(9.7.2)就可得关于 $Q_k(p,q,a)$ 的递归关系:

$$Q_k(p,q,a) = Q_k(p+a,q-1,a) + pQ_{k-1}(p+a-1,q-1,a). \tag{9.7.4}$$

直接计算可知

$$Q_1(p,q,a) = per_1Q = \sum_{1 \leqslant j \leqslant q} (p+(j-1)a)$$

$$= pq + a\binom{q}{2}. \tag{9.7.5}$$

由(9.7.4)和数学归纳法便得

$$Q_2(p,q,a) = \lfloor(p)_2 + ap(q-1)\rfloor\binom{q}{2} + \frac{1}{4}\lfloor(3q-1)a^2 - 4a\rfloor\binom{q}{3}, \tag{9.7.6}$$

$$Q_q(p,q,a) = p(p+a-1)(p+2(a-1))\cdots(p+(q-1)(a-1)). \tag{9.7.7}$$

在推导(9.7.7)的过程中要用到平凡的等式

$$Q_q(p,q-1,a) = 0.$$

例如，当 $a = 2$ 的特殊情形，(9.7.5)—(9.7.7)化为

$$Q_1(p,q,2) = q(p+q-1),$$

$$Q_2(p,q,2) = \binom{q}{2}(p+q-1)_2,$$

$$Q_q(p,q,2) = (p+q-1)_q.$$

一般地，可以用数学归纳法从递归关系(9.7.4)证明

$$Q_k(p,q,2) = \binom{q}{k}(p+q-1)_k. \tag{9.7.8}$$

由此立得

$$Q(p,q,2;x) = \sum_{k \geqslant 0} \binom{q}{k}(p+q-1)_k x^k$$

$$= K_{(p+q-1;q)}(x). \tag{9.7.9}$$

这就是说，当 $a = 2$ 时的梯形棋阵问题与 $(p+q-1) \times q$ 的矩形棋阵问题相当. 这又一次说明矩阵棋阵的重要性.

当 $a = 1$ 的特殊情形，记

$$Q_{p,q}(x) := Q(p,q,1;x), \tag{9.7.10}$$

$$Q_q(x) := Q_{1,q}(x) = Q(1,q,1;x). \tag{9.7.11}$$

后者是三角形棋阵的棋阵多项式. 直接计算给出

$$Q_1(x) = 1 + x,$$
$$Q_2(x) = 1 + 3x + x^2,$$
$$Q_3(x) = 1 + 6x + 7x^2 + x^3.$$

现在来证明一般的公式:

$$\begin{aligned}
Q_q(x) &= \sum_k s(q+1, q+1-k)x^k \\
&= (Q-x)^{q+1}, Q^k := Q_k(x),
\end{aligned} \tag{9.7.12}$$

其中 $S(q,k)$ 为第二类 Stirling 数.

把对应于 $Q_{q+1}(x)$ 的棋阵 $Q_{(q+1)\times(q+1)}$ 按主对角线上的 $q+1$ 个实格展开, 利用 (9.3.8), 得

$$Q_{q+1}(x) = \sum_{0 \leqslant k \leqslant q+1} \binom{q+1}{k} Q_{q-k}(x)x^k, Q_{-k}(x) := 0(k > 0). \tag{9.7.13}$$

这是因为, 把棋阵 $Q_{(q+1)\times(q+1)}$ 的主对角线上的 1 都换成零, 并删去其上 k 个元所在的行和列, 共有 $\binom{q+1}{k}$ 种方法; 对每一种删去方法, 余下的是三角形棋阵 $Q_{(q-k)\times(q-k)}$.

由(9.7.13), 有

$$\begin{aligned}
Q_{q+1}(x) &= \sum_{0 \leqslant k \leqslant q} \left[\binom{q}{k} + \binom{q}{k-1}\right] Q_{q-k}(x)x^k \\
&= \sum_{0 \leqslant k \leqslant q} \binom{q}{k} Q_{q-k}x^k + x\sum_{0 \leqslant k-1 \leqslant q} \binom{q}{k-1} Q_{q-1-(k-1)}x^{k-1} \\
&= (Q+x)^q + xQ_q(x), Q^k := Q_k(x).
\end{aligned} \tag{9.7.14}$$

由此立得函数列 $(Q_x(x))_{k \geqslant 0}$ 的指母函数的关系式:

$$\begin{aligned}
\frac{d}{dy}e^{Q(x)y} &= Q(x)e^{Q(x)y} \\
&= \sum_{q \geqslant 0} Q_{q+1}(x)\frac{y^q}{q!} \\
&= xe^{Q(x)y} + \sum_{q \geqslant 0} (Q+x)^q \frac{y^q}{q!} \\
&= (x + e^{xy})e^{Q(x)y}.
\end{aligned} \tag{9.7.15}$$

微分方程(9.7.15), 满足边界条件

$$Q(x,0) = Q_0(x) = 1, Q(0,y) = e^y$$
$$(Q(x,y) := e^{Q(x)y})$$

的解是

$$e^{Q(x)y} = e^{xy+x^{-1}}(e^{xy}-1).$$

由此可知

$$e^{-xy}e^{Q(x)y} = \sum_{k\geqslant 0}\frac{\left(e^{xy}-1\right)^k}{k!\,x^k}. \tag{9.7.16}$$

由定理 2.5.4，有

$$e^{-xy}e^{Q(x)y} = \sum_{q\geqslant 0}\frac{y^q}{q!}\sum_{0\leqslant k\leqslant q}S(q,k)x^{q-k}.$$

比较两节中 $\dfrac{y^q}{q!}$ 的系数，得

$$(Q(x)-x)^q = \sum_{0\leqslant k\leqslant q}s(q,k)x^{q-k}, Q^k(x):=Q_k(x). \tag{9.7.17}$$

另一方面，由(9.7.15)有

$$Q(x)e^{(Q(x)-x)y} = (x+e^{xy})e^{(Q(x)-x)y},$$
$$(Q(x)-x)e^{(Q(x)-x)y} = e^{Q(x)y}.$$

比较两节中 $\dfrac{y^q}{q!}$ 的系数立得

$$Q_q(x) = (Q(x)-x)^{q+1}, \tag{9.7.18}$$

此式与(9.7.17)比较便得(9.7.12).

这样一来，可以赋与 Stirling 数又二个组合意义：边长为 $q-1$ 的直角三角形棋阵上放 k 个互不相遇的棋子的放法数就是第二类 Stirling 数 $S(q,q-k)$. 还可解释为：下三角形 q 阶方阵的 k 积和式是第二类 Stirling 数 $S(q+1,q+1-k)$.

有了三角形棋阵的棋阵多项式(9.7.12)，根据定理 9.2.5，三角形棋阵的击中多项式也随之得出. 因此，与此相应的限位排列问题也就得到了解决.

现在转而讨论 $Q_{p,q}(x)$.

由(9.7.2)，有

$$Q_{p,q}(x) = Q_{p-1,q+1}(x) - (p-1)xQ_{p-1,q}(x). \tag{9.7.19}$$

当 $p=2$ 时，(9.7.19)化为

$$Q_{2,q}(x) = Q_{q+1}(x) - xQ_q(x)$$
$$= Q^q(Q-x), Q^k:=Q_k(x). \tag{9.7.20}$$

另一方面，由(9.7.14)得

$$Q_{q+1}(x) - xQ_q(x) = (Q+x)^q, Q^k:=Q_k(x). \tag{9.7.21}$$

结合(9.7.20)和(9.7.21), 便得

$$Q_{2,q}(x) = Q^q(Q-x) = (Q+x)^q, Q^k := Q_k(x). \qquad (9.7.22)$$

在此基础上, 可对 p 用数学归纳法证明一般的公式

$$Q_{p,q}(x) = Q^{q-1}(Q)_{p,x}, (Q)_{p,x} := Q(Q-x)(Q-2x)\cdots(Q-(p-1)x)$$

$$= (Q+(p-1)x)^q, Q^k := Q_k(x). \qquad (9.7.23)$$

这是因为, 由(9.7.19)和(9.7.23)型的归纳法假设, 有

$$Q_{p,q}(x) = Q^{q+1}(Q-x)(Q-2x)\cdots(Q-(p-2)x)$$

$$- (p-1)xQ^q(Q-x)(Q-2x)\cdots(Q-(p-2)x)$$

$$= Q^q(Q-x)(Q-2x)\cdots(Q-(p-2)x)(Q-(p-1)x), \qquad (9.7.24)$$

此即(9.7.23). 同样, 由(9.7.19) 和(9.7.24)型的归纳法假设, 有

$$Q_{p,q}(x) = (Q+(p-2)x)^{q+1} - (p-1)x(Q+(p-2)x)^q$$

$$= (Q+(p-2)x)^q(Q-x)$$

$$= \sum_{0 \leqslant k \leqslant q} \binom{q}{k}((p-2)x)^k Q^{q-k}(Q-x).$$

因为(9.7.22)给出

$$Q^{q-k}(Q-x) = (Q+x)^{q-k},$$

故得

$$Q_{p,q}(x) = \sum_{0 \leqslant k \leqslant q} \binom{q}{k}(Q+x)^{q-k}$$

$$= (Q+(p-1)x)^q,$$

此即(9.7.24)

本节的主要结果可以归纳为

定理 9.7.1 梯形棋阵(9.7.1)的棋阵多项式适合递归关系(9.7.2), 其系数适合递归关系(9.7.4).

当 $a=2$ 时的梯形棋阵的棋阵多项式与$(p+q-1)xq$ 的矩形棋阵的棋阵多项式相同.

当 $p = a = 1$, 即三角形棋阵时, 棋阵多项式适合递归关系(9.7.13)和(9.7.14), 且有表达式(9.7.12).

当 $a = 1$ 时, 棋阵多项式可由三角形棋阵多项式表出, 其表达式有(9.7.23)和(9.7.24).

至于梯形棋阵, 特别地, 三角形棋阵, 对一些著名的组合问题, 诸如 Simon Newcomb 问题, 象问题等的应用, 可参看 J.Riordan[1], 这里就不介绍了.

第十章　Pólya 计数定理

在组合论和其他一些数学分支的计数问题中，有几个非常重要而基本的工具：母函数，反演公式，递归关系，(0,1)矩阵和 Pólya 计数定理等. 前四个已分别在第二至第五章中介绍了，本章专门对最后一个进行讨论.

在某些计数问题中，要求计算在某一置换群下映射的等价类的个数.Pólya 定理为这类问题的求解提供了一个有力的方法.

这里先对置换群的轮换示式(10.1)和在一个置换群下的映射的等价类(10.2)作些一般性的讨论. 然后证明映射的等价类的数目可借助置换群的轮换示式来表出，这就是 Pólya 定理的内容(10.4)，在证明的过程中用到 Burnside 的一个著名引理(10.3). 最后应用 Pólya 定理来研究(1-1)映射的等价类，得到了求类数的公式(10.5).

10.1　置换群的轮换示式

在 6.1 中已经引进了集 $[1,n]$ 上的 n 次对称群 $\mathfrak{S}_n$ 的轮换示式的概念，现在把这一概念对 $\mathfrak{S}_n$ 的任一子群，即任一 n 次置换群来引进.

定义 10.1.1　设 $G := G_n$ 是 $\mathfrak{S}_n$ 的一个子群，则称

$$
\begin{aligned}
P_G\left(x_1, x_2, \cdots, x_n\right) &:= \frac{1}{|G|} \sum_{g \in G \bigcap \mathfrak{E}_{k_1, \cdots, k_n}} x_1^{k_1} \cdots x_n^{k_n} \\
&= \frac{1}{|G|} \sum_{k_1 + 2k_1 + \cdots + nk_n = n} \left| G \bigcap \mathfrak{E}_{k_1, \cdots, k_n} \right| x_1^{k_1} \cdots x_n^{k_n}
\end{aligned}
\tag{10.1.1}
$$

为群 G 的轮换示式，这里 $\mathfrak{E}_{k_1, \cdots k_n}$ 由(6.1.2)所界定.

下面是几个简单的例子.

例 10.1.1　如果定义 10.1.1 中的 $G = \mathfrak{S}_n$，则 G 的轮换示式由(6.1.12)—(6.1.14)给出，而轮换示式例 $\left(P_{\mathfrak{S}_n}\left(x_1, \cdots, x_n\right)\right)_{n \geqslant 0}$ 的指母函数由(6.1.15)给出.

例 10.1.2　如果 $G = \{(1)\}$ 是仅由 n 阶幺置换所组成的单位子群，那么，由于

$$
(1) \in \mathfrak{E}_{n, 0, \cdots, 0},
$$

故此时的轮换示式为

$$P_G\left(x_1,\cdots,x_n\right) = x_1^n. \tag{10.1.2}$$

因为(10.1.2)的右节依赖于 n ，所以把 $\{(1)\}$ 看作不同次的对称群的子群时，其轮换示式也就不同了. 这个简单的例子已经说明，群 G 的轮换示式不仅依赖于作为一个抽象群的 G 的结构，而且还依赖于 G 的元素作为置换时的具体解释.

上面的例子是两个极端，下面来看一些中间的情形.

例 10.1.3　设 C 是三维空间中的一个正立方体，其顶点用集 $D = [1,8]$ 中的元来编号. 今考虑正立方体 C 的群 G' ——即由三维空间中使得 C 依然变到自身的全部旋转所组成的群，记旋转群 G' 的置换表示为 G ，自然 G 是 $\mathfrak{S}_8$ 的一个子群.

G' 中的旋转有：

(1)旋转，仅只一个；

(2)绕 C 的相对二面的中点的联线旋转 180°，因有三对相对的面，共有三个这样的旋转；

(3)绕 C 的相对二面的中点的联线旋转 90°，因有三对相对的面，且沿两个不同的方向旋转 90° 的结果各不相同，故共有六个这样的旋转；

(4)绕 C 的相对二棱的中点的联线旋转 180°，因有六对相对的棱，故共有六个这样的旋转；

(5)绕 C 的相对二顶点的联线旋转 120°，因有四对相对的顶点，且沿两个不同的方向旋转 120° 的结果各不相同，故共有八个这样的旋转.

以上旋转各不相同，且 G' 中再无其他旋转.

上述五类旋转产生五类置换，这些置换所属的类型是：

(1)中的旋转所对应的置换是 8 个 1-轮换之积；

(2)中的旋转所对应的置换是 4 个 2-轮换之积；

(3)中的旋转所对应的置换是 2 个 4-轮换之积；

(4)中的旋转所对应的置换是 4 个 2-轮换之积；

(5)中的旋转所对应的置换是 2 个 1-轮换与 2 个 3-轮换之积，

所以， G 的轮换示式是

$$P_G\left(x_1,x_2,\cdots,x_8\right) = \frac{1}{24}\left(x_1^8 + 9x_2^4 + 6x_4^2 + 8x_1^2x_3^2\right). \tag{10.1.3}$$

如果把正方体 C 的 12 条棱用集 $[1,12]$ 的元素编号，则 C 的群 G' 中五类元素所产生的 12 阶置换的类型分别是：

$(1)\mathfrak{E}_{12,0,\cdots,0}$;

$(2)\mathfrak{E}_{0,6,0,\cdots,0}$;

$(3)\mathfrak{E}_{0,0,0,3,0,\cdots,0}$;

$(4)\mathfrak{E}_{2,5,0,\cdots,0}$;

$(5)\mathfrak{E}_{0,0,4,0,\cdots,0}$.

因此，这时的轮换示式是

$$P_{G_{12}}\left(x_1,\cdots,x_{12}\right)=\frac{1}{24}\left(x_1^{12}+3x_2^6+6x_4^3+6x_1^2x_2^5+8x_3^4\right).$$

如果把正立方体 C 的 6 个面用集[1，6]中的元素编号，则 C 的群 G' 中五类元素所产生的 6 阶置换的类型分别是：

$(1)\mathfrak{E}_{6,0,\cdots,0}$;

$(2)\mathfrak{E}_{2,2,0,\cdots,0}$;

$(3)\mathfrak{E}_{2,0,0,1,0,0}$;

$(4)\mathfrak{E}_{0,3,0,\cdots,0}$;

$(5)\mathfrak{E}_{0,0,2,0,0,0}$.

因此，这时的轮换示式是

$$P_{G_6}\left(x_1,\cdots,x_6\right)=\frac{1}{24}\left(x_1^6+3x_1^2x_2^2+6x_1^2x_4+6x_2^3+8x_3^2\right).$$

例 10.1.4 设 S 是一个 n 阶群，求群 S 的 Caylay 表示 G 的轮换示式.
G 中的元素 $g_a\,(a\in s)$ 是集 S 上的 n 阶置换

$$g_a:\begin{pmatrix} a_1 & a_2 & \cdots & a_n \\ aa_1 & aa_2 & \cdots & aa_n \end{pmatrix}.\tag{10.1.4}$$

如果群 S 中的元 a 的阶是 $k:=k(a)$，而 $s\in S$，则

$$s\xrightarrow{g_n}as\xrightarrow{g_n}a^2s\xrightarrow{g_n}\cdots\xrightarrow{g_n}a^ks=s,\tag{10.1.5}$$

这就是说置换 g_a 有一个 k 轮换 $\left(s,as,a^2s,\cdots,a^{k-1}s\right)$ 作为它的因子. 由 s 的任意性可知，g_a 的全部轮换因子的长都是 k，因而 $k|n$.

这样一来，群 G 的轮换示式是

$$P_G\left(x_1,\cdots,x_n\right)=\frac{1}{n}\sum_{a\in s}x_{k(a)}^{\frac{n}{k(a)}},\tag{10.1.6}$$

亦即

$$P_G\left(x_1,\cdots,x_n\right)=\frac{1}{n}\sum_{d\mid n}v(d)x_d^{\frac{n}{d}},\tag{10.1.7}$$

这里 $v(d)$ 为 S 中阶为 d 的元的个数.

作为特例，取 S 为 n 次单位根所组成的群:

$$S=\{e^{\frac{2\pi ij}{n}}\}_{0\leqslant j\leqslant n-1},$$

这里 i 为虚数单位. 因为元 $e^{\frac{2\pi ij}{n}}$ 的阶是 $\frac{n}{(n,j)}$ ，所以(10.1.6)和(10.1.7)分别化为

$$P_G=\frac{1}{n}\sum_{1\leqslant j\leqslant n}x_{\frac{n}{(n,j)}}^{(n,j)}$$

和

$$P_G=\frac{1}{n}\sum_{d\mid n}\varphi(d)x_d^{\frac{n}{d}},$$

这里 $\varphi(d)$ 为 Euler 函数.

现在转而讨论两个置换群的直积的轮换示式.

设 G 是集 S 上的一个置换群，H 是集 T 上的一个置换群，且设 $S\cap T=\varnothing$. 记 $U=S\cup T$. 于是对任一 $g\in G$ 和 $h\in H$ ，可确定集 U 上的一个置换 $g\times h$ 如下:

$$g\times h:\begin{array}{ll}u\to gu,&\text{若}u\in s,\\u\to hu,&\text{若}u\in T.\end{array}\tag{10.1.8}$$

易证

$$G\times H:=\left\{g\times h\mid g\in G,h\in H\right\}\tag{10.1.9}$$

是 U 上的一个置换群，称为置换群 G 和 H 的直积，其乘法为

$$(g_1\times h_1)(g_2\times h_2)=(g_1g_2)\times(h_1h_2).$$

很明显，

$$|G \times H| = |G| \cdot |H|.$$

若 $g \in G$，$h \in H$，且

$$g \in \mathfrak{E} b_1, b_2, \cdots, b_{|S|}, h \in \mathfrak{E} c_1, c_2, \cdots, c_{|T|},$$

则

$$g \times h \in \mathfrak{E} b_1 + c_1, b_2 + c_2, \cdots, b_l + c_l, \tag{10.1.10}$$

这里

$$l = \max(|S|, |T|),$$
$$b_k = 0, \quad 若 k > |S|,$$
$$c_k = 0, \quad 若 k > |T|.$$

这是因为，$S \cap T = \varnothing$，从而 $g \times h$ 的各轮换因子要么是 S 上的轮换，要么是 T 上的轮换. 这样一来，便得到

$$\begin{aligned} P_{G \times H}\left(x_1, \cdots, x_{|S|+|T|}\right) &= \frac{1}{|G \times H|} \sum_{g \times h \in G \times H} x_1^{b_{1(g)} c_{1(h)} \cdots} \times x_l^{b_{\ (g)} + c_{\ (h)}}, \\ &= \frac{1}{|G| \times |H|} \sum_{\substack{g \in G \\ h \in H}} x_1^{b_{1(g)}} \cdots x_{|S|}^{b_{\ |S|}^{(g)}} \times x_1^{c_{(h)}} \cdots x_{|T|}^{c_{|T|}^{(h)}} \\ &= P_G\left(x_1, \cdots, x_{|S|}\right) \cdot P_H\left(x_1, \cdots, x_{|T|}\right). \end{aligned}$$

上述概念和结果不难推广到多个置换群的情形，即有

定理 10.1.1 如果 G_i 是集 S_i 上的置换群 $(1 \leqslant i \leqslant m)$，$S_i \cap S_j = \varnothing (1 \leqslant i \neq j \leqslant m)$，那么形如

$$\underset{1 \leqslant i \leqslant m}{\times} g_i : u \to g_j u, \quad 若 u \in S_j (1 \leqslant j \leqslant m)$$

的全体置换，组成集 $\underset{1 \leqslant i \leqslant m}{\bigcup} S_i$ 上的一个置换群

$$\underset{1 \leqslant i \leqslant m}{\times} G_i := \left\{ \underset{1 \leqslant i \leqslant m}{\times} g_i \,\middle|\, g_i \in G_i (1 \leqslant i \leqslant m) \right\},$$

其轮换示式为诸 G_i 的轮换示式之积：

$$P \times_{G_i} = \prod_{1 \leqslant i \leqslant m} P_{G_i}.$$
$$\quad {\scriptstyle 1 \leqslant i \leqslant m}$$

10.2 在一个置换群下的映射等价类

设 D 和 R 是两个有限集，记

$$R^D = \{f | f : D \to R\}$$

是从定义域 D 到值域 R 内的全体映射所组成的集. 因为对任一 $d \in D$，有 $|R|$ 种选取 $f(d)$ 的可能，且对不同的 d，其选取法是相互独立的，所以

$$\left| R^D \right| = |R|^{|D|}.$$

设 G 是 D 上的一个置换群. 若对

$$f_1, f_2 \in R^D,$$

存在 $g \in G$，合于

$$f_1(gd) = f_2(d); \ d \in D, \tag{10.2.1}$$

则把 f_1 与 f_2 之间的这种关系记为

$$f_1 \sim f_2 \ 或 \ f_1 g = f_2. \tag{10.2.2}$$

由 (10.2.2) 界定的关系 "$\sim$" 是一个等价关系. 因为么置换 $e \in G$，故在 (10.2.1) 中取 $g = e$ 便得

$$f \sim f. \tag{10.2.3}$$

若 $f_1 \sim f_2$，即有 $g \in G$ 合于 $f_1(gd) = f_2(d)(d \in D)$ 时，由于 $g^{-1} \in G$，故有

$$f_2\left(g^{-1}d\right) = f_1\left(g\left(g^{-1}d\right)\right) = f_1(d), \ d \in D,$$

因而

$$f_2 \sim f_1. \tag{10.2.4}$$

若 $f_1 \sim f_2$ 且 $f_2 \sim f_3$，即有 g_1，$g_2 \in G$ 合于 $f_1(g,d) = f_2(d), f_2(g_2d) = f_3(d)(d \in D)$，故有

$$f_1\big((g_1g_2)d\big) = f_1\big(g_1(g_2d)\big) = f_2(g_2d) = f_3(d), d \in D,$$

因而

$$f_1 \sim f_3. \tag{10.2.5}$$

这就证明了关系"~"是一个等价关系.

用等价关系"~",集 R^D 可分为若干个映射的等价类,简称为等价类,等价类所组成的集记为 $\mathscr{F}$,

如果 R 是一个赋权集,即对 R 中的任一元 r 都赋有一个权——$w(r)$. 一般说来,本章中出现的权都取自包含有理数环在内的可换环中的元,因而权之间可行加法、乘法,以及有理数对权的乘法. 自然,经常用到的权是通常的数或数域上的多项式.

若 R 是一个赋权集,则定义

$$W(f) := \prod_{d \in D} w\big(f(d)\big), f \in R^D \tag{10.2.6}$$

为映射 f 的权

如果 $f_1 \sim f_2$,则有 $g \in G$ 合于 $f_1(gd) = f_2(d)(d \in D)$,因而

$$\begin{aligned}
W(f_1) &= \prod_{d \in D} w\big(f_1(d)\big) \\
&= \prod_{d \in D} w\big(f_1(gd)\big) \\
&= \prod_{d \in D} w\big(f_2(d)\big) \\
&= W(f_2).
\end{aligned}$$

这就是说,同一映射类 F 中诸映射具有相同的权,这个公共的权就称为等价类 F 的权,记为 $W(F)$.

若 $R_1 \subseteq R$,则称

$$\mathscr{T}(R_1) := \sum_{r \in R_1} w(r)$$

为集 R_1 的存储. 当 $R_1 = R$ 时,就是 R 的存储.

同样,借助于映射 $f \in R^D$ 的权,可以定义 R^D 的子集 Y 的存储:

$$\mathscr{T}(Y) := \sum_{f \in Y} W(f).$$

特别地，有

$$\mathscr{F}\left(R^D\right) = \sum_{f \in R^D} W(f).$$

现在来证明

定理 10.2.1

$$\mathscr{F}\left(R^D\right) = \left(\mathscr{F}(R)\right)^{|D|}. \tag{10.2.7}$$

证明　设 $D = \{d_1, \cdots, d_k\}$，则有

$$\mathscr{F}\left(R^D\right) = \sum_{f \in R^D} w\big(f(d_1)\big) \cdots w\big(f(d_k)\big).$$

当 f 历经 R^D 中一切元时，各 $f(d_i)$ 独立地历经 R 中一切元 $(1 \leqslant i \leqslant k)$，因而有

$$\mathscr{F}\left(R^D\right) = \sum_{\substack{r_i \in R \\ (1 \leqslant i \leqslant k)}} w(r_1) \cdots w(r_k)$$

$$= \prod_{1 \leqslant i \leqslant k} \sum_{r_i \in R} w(r_i)$$

$$= \left[\sum_{r \in R} w(r)\right]^R.$$

此即(10.2.7). **证毕.**

如果

$$D = \bigcup_{1 \leqslant i \leqslant l} D_i, \; D_i \bigcap D_j = \phi \, (i \neq j),$$

且记 $\mathscr{H}$ 为在 $D_i \, (1 \leqslant i \leqslant l)$ 上取恒值的映射的全体所组成的集，则有

定理 10.2.2

$$\mathscr{F}(\mathscr{H}) = \prod_{1 \leqslant i \leqslant l} \sum_{r \in R} \left[w(r)\right]^{|D_i|}. \tag{10.2.8}$$

证明　不失一般，可设

$$D_i = \left\{d_{i1}, \cdots, d_{ik_i}\right\}, k_i = |D_i| \, (1 \leqslant i \leqslant l).$$

于是，有

$$\mathscr{T}(\mathscr{H}) = \sum_{f \in \mathscr{H}} \prod_{1 \leqslant i \leqslant l} w\big(f(d_{i1})\big) \cdots w\big(f(d_{ik_i})\big)$$

$$= \sum_{f \in \mathscr{H}} \prod_{1 \leqslant i \leqslant l} \big[w\big(f(d_{i1})\big)\big]^{k_i}.$$

当 f 历经 $\mathscr{H}$ 中一切元时,诸 $f(d_{i1})$ 独立地历经 R 中一切元 $(1 \leqslant i \leqslant l)$. 所以上式化为

$$\mathscr{T}(\mathscr{H}) = \sum_{\substack{r_i \in R \\ (1 \leqslant i \leqslant l)}} \prod_{i=1}^{l} \big[w(r_i)\big]^{k_i} = \prod_{1 \leqslant i \leqslant l} \sum_{r \in R} \big(w(r)\big)^{|D_i|}.$$

证毕.

现在来看一些例子.

例 10.2.1 对例 10.1.3 中的正立方体 C,六个面所组成的集记为 D. 令 $R = \{$红,蓝$\}$,那么,映射的集 R^D 就是把 C 的各面着以红色或着以蓝色的所有可能的着色法的全体,其中共有 2^6 个元. 若 G' 是正方体 C 的群,则在 G' 的置换表示 G 之下,R^D 有下列等价类:

(1) 一切面着红色,此类元数为 1;

(2) 五个面着红色,其余一个面着蓝色,此类元数为 6;

(3) 两个相对的面着蓝色,其余四个面着蓝色,此类元数为 3;

(4) 两个相邻的面着蓝色,其余四个面着红色,此类元数为 12;

(5) 交于一个顶点的三个面着红色,其余三个面着蓝色,此类元数为 8;

(6) 两个相对的面和其他一个面着红色,其余三个面着蓝色,此类元数为 12;

(7) 一(10) 分别由 (1)—(4) 中把 "红"、"蓝" 二色交换而得.

由上述着色法可知,映射的这十个集是互不等价的映射类;再由它们的元数之和为

$$1+6+3+12+8+12+12+3+6+1 = 2^6$$

又知,只有这十个映射的等价类.

如果对 R 赋权如下:

$$w(\text{红}) = x, w(\text{蓝}) = y, \tag{10.2.9}$$

则上述十个类的权依次为

$$x^6, x^5 y, x^4 y^2, x^4 y^2, x^3 y^3, x^3 y^3, x^2 y^4, x^2 y^4, x\, y^5, y^6,$$

由此可知，不同的等价类可能有相同的权.

对(10.2.9)的赋权法，有

$$\mathscr{T}\left(R^D\right) = x^6 + 6x^5 y + 15x^4 y^2 + 20x^3 y^3 + 15x^2 y^4 + 6x\, y^5 + y^6.$$

类似地，有

$$\mathscr{T}\left(\mathscr{F}\right) = x^6 + x^5 y + 2x^4 y^2 + 2x^3 y^3 + 2x^2 y^4 + x\, y^5 + y^6,$$

这里 $\mathscr{F}$ 为这十个等价类所组成的集.

例 10.2.2 如果

$$D = \{1,2,3\}, G = \mathfrak{S}_3,$$
$$R = \{x,y\},$$

则 $\left|R^D\right| = 8$ ，且可将 R^D 中的元列表如下：

i \ d \ $f_i(d)$	1	2	3	$f(1)f(2)f(3)$	等价类
1	x	x	x	x^3	F_1
2	x	x	y	$x^2 y$	
3	x	y	x	$x^2 y$	F_2
4	y	x	x	$x^2 y$	
5	x	y	y	xy^2	
6	y	x	y	xy^2	F_3
7	y	y	x	xy^2	
8	y	y	y	y^3	F_4

$$(10.2.10)$$

因为 $G = \mathfrak{S}_3$ ，故 $f \sim f'$ 的充要条件是 $f(1)f(2)f(3) = f'(1)f'(2)f'(3)$. 所以，等价类的个数即单项式

$$x^i y^j \left(i + j = 3, 0 \leqslant i, j \leqslant 3\right)$$

的个数 4. 这正如(10.2.10)所示.

再者，还有

$$\mathscr{T}\left(R^D\right) = x^3 + 3x^2y + 3x\ y^2 + y^3$$
$$= \left(x + y\right)^3,$$
$$\mathscr{T}\left(\mathfrak{F}\right) = x^3 + x^2y + x\ y^2 + y^3,$$

这里 $\mathscr{H}$ 的意义见定理 10.2.2 之前的叙述，而 $D_1 = \{1,2\}, D_2 = \{3\}$.

这是各等价类的权互不相同的一个例子.

例 10.2.3　把 m 册相同的书分给三个人 P_1, P_2, P_3，使 P_1 和 P_2 所得册数相同，问有多少种方法?

设

$$D = \{P_1, P_2, P_3\}, D_1 = \{P_1, P_2\}, D_2 = \{P_3\},$$
$$R = \{0, 1, 2, \cdots\},$$
$$w\left(r\right) = x^r, r \in R,$$

则所求的分法数就是 R^D 中满足条件

$$f\left(P_1\right) + f\left(P_2\right) + f\left(P_3\right) = 2f\left(P_2\right) + f\left(P_3\right) = m$$

的映射的个数，亦即符合

$$W\left(f\right) = x^m, f\left(P_1\right) = f\left(P_2\right)$$

的映射 f 的个数. 由定理 10.2.2，这个数就是

$$\mathscr{T}\left(\mathscr{F}\right) = \left(1 + x^2 + x^4 + \cdots\right)\left(1 + x + x^2 + \cdots\right)$$

的展示中 x^m 的系数. 因为

$$\frac{1}{1-x^2}\frac{1}{1-x} = \frac{1}{4\left(1+x\right)} + \frac{1}{2\left(1-x\right)^2} + \frac{1}{4\left(1-x\right)},$$

故这个数是

$$\frac{1}{2}\left(m+1\right) + \frac{1}{4}\left(1 + \left(-1\right)^m\right) = \left[\frac{m}{2}\right] + 1, \tag{10.2.11}$$

这就是所求.

自然，这个简单的结果也可直接验证如下：因 P_1 和 P_2 所得的册数可以是

$i\left(0 \leqslant i \leqslant \left[\dfrac{m}{2}\right]\right)$，余下的 $m-2i$ 册即为 P_3 所得，所以符合条件的分配方法的个数就是 i 可能取值的个数，即

$$\left[\frac{m}{2}\right]+1.$$

10.3　Burnside 引 理

　　Burnside 引理在 Pólya 定理的证明中起着基本而重要的作用，为了使 Pólya 定理的证明更加清晰易懂，这里先对 Burnside 引理作一介绍. 下面的结果比起 Burnside 原来的结果要普遍一些，后者仅只是前者的一个平凡的推论.

　　设 S 是一个集，G 是一个有限群，且设 G 与集 S 上的一个置换群 Π 同态:

$$g \to \pi_g, g \in G, \ \pi_g \in \Pi.$$

于是可以认为 G 通过其同态象 Π 能作用于集 S 中的元; 又说，对 G 的每一元 g 附贴了 Π 中的一个置换.

　　集 S 中的两个元 s_1 和 s_2 叫做(对群 G)可迁的，记为 $s_1 N s_2$，如果存在 $g \in G$ 合于

$$\pi_g s_1 = s_2. \tag{10.3.1}$$

现在来证明关系 "N" 是一个等价关系. 因为 G 中的么元 e 的同态像是么置换 π_e，故有 $s = \pi_e s$，亦即

$$s\, N s\,(s \in S).$$

由于一个元的逆元的同态象等于该元的同态象的逆，故当 $s_1 N s_2$ 时，即有 $g \in G$ 合于

$$\pi_g s_1 = s_2$$

时，可得出

$$\pi_g^{-1} s_2 = \left(\pi_g\right)^{-1} s_2 = s_1,$$

故有

$$s_2\, N s_1.$$

又由于二个元的同态象之积等于该二元的积得同态象，故当 $s_1 \, \mathsf{N} s_2$ 且 $s_2 \, \mathsf{N} s_3$ 时，即有 $g_1, g_2 \in G$ 合于

$$\pi_{g_1} s_1 = s_2, \pi_{g_2} s_2 = s_3$$

时，可得出

$$\pi_{(g_2 g_1)} s_1 = \left(\pi_{g_2} \pi_{g_1} \right) s_1 = \pi_{g_2} \left(\pi_{g_1} s_1 \right) = s_3,$$

故有

$$s_1 \, \mathsf{N} s_3 \,.$$

用等价关系"N"可把 S 分解为一些互不相交的等价类的并. 这些等价类叫做可迁类，或可迁集.

现在来证明

定理 10.3.1 (Burnside 引理)   可迁集的个数是

$$\frac{1}{|G|} \sum_{g \in G} \psi(g), \tag{10.3.2}$$

这里 $\psi(g)$ 记 S 中在 π_g 的作用下不变的元的个数，即

$$\psi(g) = \left| \left\{ s \in S \,\middle|\, \pi_g s = s \right\} \right|.$$

证明   设 $S_1, S_2, \cdots, S_k$ 为全部可迁集，则有

$$\sum_{g \in G} \psi(g) = \sum_{g \in G} \sum_{\substack{\pi_g s = s \\ s \in S}} 1 = \sum_{s \in S} \sum_{\substack{\pi_g s = s \\ g \in G}} 1$$

$$= \sum_{1 \leqslant i \leqslant k} \sum_{s \in S_i} \sum_{\substack{\pi_g s = s \\ g \in G}} 1. \tag{10.3.3}$$

若 $s, t \in S_i$，则存在 $h \in G$ 合于

$$\pi_h s = t. \tag{10.3.4}$$

记

$$G_s = \left\{ g \in G \,\middle|\, \pi_g s = s \right\},$$

容易验证 G_s 是 G 的子群.

由(10.3.4)可得

$$i = \pi_h s = \Pi_h \Pi_g s = \Pi_{hg} s = \pi_{hg} \Pi_{h^{-1}} t = \Pi_{hgh^{-1}} t, g \in G,$$

故有

$$G_t \supseteq hGsh^{-1}. \qquad (10.3.5)$$

由(10.3.4) 的逆关系

$$s = \pi_{h^{-1}} t,$$

可类似地得出

$$G_s \supseteq h^{-1} G_t h. \qquad (10.3.6)$$

结合(10.3.5)和(10.3.6)便得

$$G_t = h G_s h^{-1},$$

因而

$$|G_t| = |G_s|, t, s \in S_i. \qquad (10.3.7)$$

如果

$$\pi_{h_1} s = t, \pi_{h_2} s = t,$$

则

$$\pi_{h_1 h_2^{-1}} s = s,$$

亦即

$$h_1 h_2^{-1} \in G_s, h_1 \in G_s h_2,$$

且反之亦然. 这就是说，当 s, t 属于同一可迁类 S_i 时，把 s 变为 t 的诸置换所对应的群 G 中所有的元，与 G_s 的某一个右陪集中所有的元是(1-1)对应的,故二者的个数相同.因此,可迁类 S_i 中元素的个数就是子群 G_s 在群 G 中的指数:

$$|S_i| = \frac{|G|}{|G_s|}, \quad s \in S_i, \qquad (10.3.8)$$

这个数值与 s 无关. 代(10.3.8)入(10.3.3), 由(10.3.7)得

$$\sum_{g \in G} \psi(g) = \sum_{1 \leqslant i \leqslant k} \sum_{s \in S_i} |G_s|$$

$$= \sum_{1 \leqslant i \leqslant k} |G_s| \frac{|G|}{|G|_s}$$

$$= k |G|,$$

故有

$$k = \frac{1}{|G|} \sum_{g \in G} \psi(g).$$

证毕.

10.4 Pólya 定理及其推广

设 $D, R, G, R^D, \mathscr{F}, F$ 的意义如 10.2 中者, P_G 的意义如 10.1 中者, 且 D, R, G 均为有限的. 那么, 等价类的权的和就可通过 P_G 来表出, 这就是 Pólya 定理的内容.

定理 10.4.1 (Pólya[1] 基本定理)

$$\sum_{F \in \mathscr{F}} W(F) = P_G \left(\sum_{r \in R} w(r), \sum_{r \in R} w^2(r), \sum_{r \in R} w^3(r), \cdots \right). \tag{10.4.1}$$

特别地, 若取权函数为 $w(r) = 1 (r \in R)$, 则得等价类数为

$$|\mathscr{F}| = P_G(|R|, |R|, \cdots). \tag{10.4.2}$$

证明 设 ω 是 R^D 中某个映射所能取得的权, 亦即 ω 合

$$S_\omega := \left\{ f \in R^D \,\middle|\, W(f) = \omega \right\} \neq \varnothing.$$

由(10.2.6)可知, S_ω 由若干个等价类组成, 因而有:

$$若 f \in S_\omega, 则 fg^{-1} \in S_\omega \, (一切 g \in G). \tag{10.4.3}$$

这样一来, 对每一个固定的 $g \in G$, 可以定义一个从 S_ω 到 S_∞ 内的映射:

$$\pi_g : f \to fg^{-1}, \tag{10.4.4}$$

而且这个映射的逆存在，为

$$\pi_g - h : fg^{-1} \to f.$$

因此，映射(10.4.4)就是集 S_ω 上的一个置换.

让 g 过 G 中的一切元. 现在来证明映射

$$\pi : g \to \pi_g$$

是由群 G 到群 $\mathfrak{S}_{|s_\omega|}$（集 s_ω 上的对称群）内的同态映射. 这是因为对任意的 $f \in S_\omega$ 和 $g, g' \in G$ ，都有

$$\pi_{gg'} f = f\left(gg'\right)^{-1} = \left(fg'^{-1}\right)g^{-1} = \left(\pi_{g'}f\right)g^{-1} = \pi_g \pi_{g'} f.$$

记

$$\Pi = \{\pi_g \mid g \in G\},$$

则 Π 是 S_ω 上的一个置换群，因而 Π 也是 R^D 上的一个置换群.

对 S_ω 中的元素有两种等价关系: 一种如(10.2.2)所示:

$$f_1 \sim f_2 : f_1 g = f_2 \text{ 对某一 } g \in G \text{ 成立.} \tag{10.4.5}$$

另一种如（10.3.1）所示:

$$f_1 \,\mathsf{N}\, f_2 : \pi_g f_1 = f_2 \text{ 对某一 } g \in G \text{ 成立} \tag{10.4.6}$$

由(10.4.4)可知，(10.4.5)和(10.4.6)这两种等价关系是同一的.

同理，对集 R^D 的元素也有两种等价关系，而且是同一的.

由 Burnside 引理，S_ω 中的等价类的个数是

$$\frac{1}{|G|} \sum_{g \in G} \psi_\omega(g), \tag{10.4.7}$$

这里 $\psi_\omega(g)$ 是满足

$$W(f) = \omega, \ fg^{-1} = f$$

的 f 的个数.

设 $\{\omega_1, \cdots, \omega_\upsilon\}$ 是使得诸 S_ω 互不相同的全部 ω 值. 因 S_ω 中的每个元都有权 ω ，故

$$\sum_{F \in \mathscr{F}} W(F) = \sum_{1 \leqslant i \leqslant \upsilon} \frac{1}{|G|} \sum_{g \in G} \psi_{\omega_i}(g) \omega_i$$

$$= \frac{1}{|G|} \sum_{g \in G} \sum_{1 \leqslant i \leqslant \upsilon} \omega_i \sum_{\substack{W(f)=\omega_i \\ fg=f}} 1$$

$$= \frac{1}{|G|} \sum_{g \in G} \sum_{\substack{fg=f \\ f \in R^D}} W(f). \tag{10.4.8}$$

如果

$$g \in \mathscr{C}_{b_1, b_2, \cdots},$$

且

$$g = \cdots (d_{11} \cdots d_{1k})(d_{21} \cdots d_{2k}) \cdots (d_{b_{k}1} \cdots d_{b_{k}k}) \cdots \tag{10.4.9}$$

是 g 分解成轮换之积的分解式，则由 $f_g = f$ 可得

$$f(d_{ij}) = f(g d_{ij}) = f(g^2 d_{ij}) = \cdots = f(g^{k-z} d_{ij}) ,$$

$$1 \leqslant i \leqslant b_k, 1 \leqslant j \leqslant k. \tag{10.4.10}$$

相应于(10.4.9)有 D 的分解：

$$D = \cdots \bigcup \{d_{11}, \cdots, d_{1k}\} \bigcup \{d_{21}, \cdots, d_{2k}\} \bigcup \cdots \bigcup \{d_{b_{k}1}, \cdots, d_{b_{k}k}\} \bigcup \cdots.$$

根据定理 10.2.2，由(10.4.10)可得

$$\sum_{\substack{fg=f \\ f \in R^D}} W(f) = \cdots \underbrace{\sum_{r \in R} [\omega(r)]^k \cdots \sum_{r \in R} [\omega(r)]^k}_{b_k \uparrow} \cdots$$

$$= \prod_{k \geqslant 1} (\sum_{r \in R} \omega^k(r))^{b_k}.$$

代此式入(10.4.8)，得

$$\sum_{F \in \mathscr{F}} W(F) = \frac{1}{|G|} \sum_{g \in G} \prod_{k \geqslant 1} \left(\sum_{r \in R} \omega^k(r) \right)^{b_k(g)}$$

$$= P_G(\sum_{r \in R} \omega(r), \sum_{r \in R} \omega^2(r), \cdots).$$

证毕.

在 Pólya 基本定理的证明中，关键性的等式(10.4.8)还可推广. 为此，需引入一个新的等价关系.

设 D, R, G, R^D 的意义如前，另设 H 是 R 上的一个置换群. 现在依下面的方法来定义 $f_1, f_2 \in R^D$ 之间的关系 "$\approx$"：

$$f_1 \approx f_2：存在 g \in G, h \in H 使 f_1(gd) = h f_2(d) 对一切 d \in D 成立 \quad (10.4.11)$$

这确是一个等价关系，因为在(10.4.11)中取 g 为 G 中的幺元，h 为 H 中的幺元，则得

$$f \approx f; \tag{10.4.12}$$

若(10.4.11)成立，则有

$$f_2(d) = h^{-1} f_1(gd),$$

代 d 为 $g^{-1}d$, 得

$$f_2(g^{-1}d) = h^{-1} f_1(d),$$

故有

$$f_2 \approx f_1; \tag{10.4.13}$$

若 $f_1 \approx f_2$, $f_2 \approx f_3$, 即有 $g_1, g_2 \in G, h_1, h_2 \in H$, 使得

$$f_1(g_1 d) = h_1 f_2(d), f_2(g_2 d) = h_2 f_3(d),$$

于是

$$f_1((g_1 g_2)d) = h_1 f_2(g_2 d) = (h_1 h_2) f_3(d),$$

故有

$$f_1 \approx f_3. \tag{10.4.14}$$

按等价关系(10.4.11)可以把 R^D 分成若干个两两无公共元的等价类之并. 以 $\mathscr{F}'$ 记全体等价类所组成的集，F' 记其中的类.

推广(10.4.8)这一工作可在较宽的条件下进行，即可以只要求映射 $f(\in R^D)$ 的权 $W(f)$ 为某个可换环中的元，具有下面的性质：

$$若 f_1, f_2 \in F', 则 W(f_1) = W(f_2);\tag{10.4.15}$$

毋须要求 $W(f)$ 具有(10.2.6)的特殊形式. 称类 F' 中的映射的权的公共值为类 F' 的权, 记为 $W(F')$.

于是, (10.4.8)可推广为

定理 10.4.2   在上面的假设下, 有

$$\sum_{F' \in \mathscr{F}'} W(F') = \frac{1}{|G| \cdot |H|} \sum_{\substack{g \in G \\ h \in H}} \sum_{\substack{fg=hf \\ f \in R^D}} W(f).\tag{10.4.16}$$

证明   这里的证明是(10.4.8)的证明的直接而自然的推广.

设 $G \times H$ 是在(10.1.9)的意义下的直积. 对任一元 $g \times h \in G \times H$, 可定义集 R^D 到自身内的一个映射 $\pi_{g \times h}$ 如下:

$$\pi_{g \times h} : f \to hfg^{-1}, f \in R^D.\tag{10.4.17}$$

记这样的映射的全体所组成的集为

$$\Pi = \left\{ \pi_{g \times h} \,\middle|\, g \times h \in G \times H \right\}.$$

如果(10.4.17)成立, 记 $hfg^{-1} = f_1$, 则

$$\pi_{g^{-1} \times h^{-1}} f_1 = h^{-1} f_1 g = h^{-1} hfg^{-1} g = f.$$

这就是说, $\pi_{g^{-1} \times h^{-1}}$ 是 $\pi_{g \times h}$ 的逆. 所以 $\pi_{g \times h}$ 是集 R^D 上的一个置换.

今考虑由 $G \times H$ 到 Π 上的映射 π:

$$\pi : g \times h \to \pi_{g \times h}.$$

容易看出,

$$\begin{aligned}
\pi_{(g \times h)(g' \times h')} f &= \pi_{(gg') \times (hh')} f \\
&= (hh') f (gg')^{-1} = h(\pi_{g' \times h'} f) g^{-1} \\
&= \pi_{g \times h} \pi_{g' \times h'} f.
\end{aligned}$$

所以, 映射 π 是 $G \times H$ 到 Π 上的同态, 因而 Π 是一个群, 而且是 R^D 上的一个置换群.

今设 ω 是某个 $f \in R^D$ 所可能取得的值. 记

$$S_\omega := \{f \in R^D \mid W(f) = \omega\}.$$

由假设条件(10.4.15)可知 S_ω 由若干个等价类所组成，且映射 $\pi_{g \times h}$ 映 S_ω 到 S_ω 中. 因此 Π 是集 S_ω 上的置换群.

对 S_ω 中的元素有两种等价关系. 一种如(10.4.11)所示；另一种与(10.3.1)相类似:

$$f_1 \approx f_2 : 存在 g \in G, h \in H 使得 \pi_{g \times h} f_1 = f_2,$$

由(10.4.17)，这两种等价关系是同一的.

同理，对集 R^D 中的元素也有两种等价关系，而且这二种也是同一的.

由 Burnside 引理，S_ω 中的等价类的个数是

$$\frac{1}{|G \times H|} \sum_{g \times h \in G \times H} \psi_\omega(g, h),$$

这里 $\psi_\omega(g, h)$ 是满足

$$W(f) = \omega, fg = hf, f \in R^D$$

的 f 的个数.

设 $\{\omega_1, \cdots, \omega_\upsilon\}$ 是使诸 S_ω 互不相同的全部 ω 值. 因 S_ω 中的每一元都有权 ω，故

$$
\begin{aligned}
\sum_{F' \in \mathscr{F}'} W(F') &= \sum_{1 \leqslant i \leqslant \upsilon} \frac{1}{|G \times H|} \sum_{g \times h \in G \times H} \psi_{\omega i}(g, h) \omega_i \\
&= \frac{1}{|G| \cdot |H|} \sum_{\substack{g \in G \\ h \in H}} \sum_{1 \leqslant i \leqslant \upsilon} \omega_i \sum_{\substack{W(f) = \omega_i \\ fg = hf \\ f \in R^D}} 1 \\
&= \frac{1}{|G| \cdot |H|} \sum_{\substack{g \in G \\ h \in H}} \sum_{\substack{fg = hf \\ f \in R^D}} W(f).
\end{aligned}
$$

证毕.

很明显，当 H 是单位群这一特殊情形时，(10.4.16)就回到了(10.4.8).

现在来看一些例子.

例 10.4.1 今用定理 10.4.1 来讨论例 10.2.1.

由例 10.1.3，此时的轮换示式是

$$P_G = \frac{1}{24}(x_1^6 + 3x_1^2 x_2^2 + 6x_1^2 x_4 + 6x_2^3 + 8x_3^2).$$

对正立方体诸面的两种着色法叫做是本质上不同的，如果经过群 G 中的任一旋转，不能使旋转前后的立方体之间的对应面的颜色都相同. 于是由(10.4.2)，用红、蓝二色对正立方体着色，本质上不同的着色法的个数是

$$P_G(2,2,\cdots) = \frac{1}{24}(2^6 + 3\cdot 2^4 + 6\cdot 2^3 + 6\cdot 2^3 + 8\cdot 2^2) = 10.$$

如果欲求具有四个红面、两个蓝面的等价类的个数，则当赋权为

$$\begin{cases} x,若着红色, \\ y,若着蓝色 \end{cases}$$

时，由(10.4.1)知所求的个数为多项式

$$\begin{aligned} &P_G(x+y, x^2+y^2, x^3+y^3, \cdots) \\ &= \frac{1}{24}[(x+y)^6 + 3(x+y)^2(x^2+y^2)^2 \\ &\quad + 6(x+y)^2(x^4+y^4) + 6(x^2+y^2)^3 + 8(x^3+y^3)^2] \end{aligned} \qquad (10.4.18)$$

中 $x^4 y^2$ 的系数，即

$$\frac{1}{24}(15 + 9 + 6 + 18 + 0) = 2.$$

如果欲求具有 i 个红面、$6-i$ 个蓝面的等价类的个数 $n_i(0 \leqslant i \leqslant 6)$，则应把(10.4.18)化简，得出

$$x^6 + x^5 y + 2x^4 y^2 + 2x^3 y^3 + 2x^2 y^4 + xy^5 + y^6,$$

从而得出

$$n_0 = 1, \ n_1 = 1, \ n_2 = 2, \ n_3 = 2, \ n_4 = 2, \ n_5 = 1, \ n_6 = 1.$$

上述所有结果均可由例 10.2.1 的具体知识来加以验证.

例 10.4.2 设有限集 D 有分解式：

$$D = \bigcup_{1 \leqslant i \leqslant l} D_i, D_i \bigcap D_j = \varnothing (1 \leqslant i \neq j \leqslant l),$$

且每一 $D_i(1 \leqslant i \leqslant l)$ 在 D 上的置换群 G 之下是不变的，即对一切 $g \in G, d \in D_i$ 都有 $g(d) \in D_i$.

再设有限集 R 有分解式

$$R = \bigcup_{1 \leqslant j \leqslant k} R_j, R_i \bigcap R_j = \varnothing (1 \leqslant i \neq j \leqslant k),$$

且每一 $R_j(1 \leqslant j \leqslant k)$ 在 R 上的置换群 H 之下是不变的. 又设 $\psi(j; n_1, \cdots, n_l)$ 是整变量 $j, n_1, \cdots, n_l$ 的函数，这里

$$1 \leqslant j \leqslant k, 0 \leqslant n_i \angle \infty \; (1 \leqslant i \leqslant l),$$

而函数值取自一个可换环.

　　记

$$n_{i(f,r)} := \sum_{\substack{d \in D_i \\ f(d)=r}} 1, r \in R, \; f \in R^D (1 \leqslant i \leqslant l). \tag{10.4.19}$$

定义 f 的权为

$$W(f) := \prod_{1 \leqslant j \leqslant k} \prod_{r \in R_j} \psi(j; n_1(f,r), \cdots, n_l(f,r)). \tag{10.4.20}$$

　　现在来证明用(10.4.20)定义的权满足(10.4.15).

　　由(10.4.19)，对固定的 $f \in R^D, h \in H, g \in G$ 和 $r \in R$, 有

$$
\begin{aligned}
n_{i(f,h^{-1}r)} &= \sum_{\substack{d \in D_i \\ hf(d)=r}} = \sum_{\substack{g^{-1}d \in D_i \\ hf(g^{-1}d)=r}} 1 \\
&= \sum_{\substack{d \in D_i \\ hf(g^{-1}d)=r}} 1
\end{aligned} \tag{10.4.21}
$$

最后一式成立的原因是，由 D_i 在置换 g 之下的不变性可知，当 d 历经 D_i 时，$g^{-1}d$ 也历经 D_i. (10.4.21)即

$$n_i(f, h^{-1}r) = n_i(hfg^{-1}, r). \tag{10.4.22}$$

如果在(10.4.20)的两节中换 f 为 hfg^{-1} ，由(10.4.22)便得

$$
\begin{aligned}
W(hfg^{-1}) &= \prod_{1 \leqslant j \leqslant k} \prod_{r \in R_j} \psi\left(j; n_1\left(hfg^{-1}, r\right), \cdots, n_l \times (hfg^{-1}, r)\right) \\
&= \prod_{1 \leqslant j \leqslant k} \prod_{r \in R_j} \psi(j; n_1(f, r), \cdots, n_l \times (f, r)) \\
&= W(f).
\end{aligned}
$$

这正好是(10.4.15).

10.5 (1-1)映射的等价类数

本节欲求 R^D 中的(1-1)映射在(10.4.11)的意义下的等价类的个数.

对 $f \in R^D$ ，定义其权为

$$
W(f) = \begin{cases} 1, & \text{若} f \text{是(1-1)映射}, \\ 0, & \text{其他}. \end{cases} \tag{10.5.1}
$$

因 G, H 分别是 D, R 上的置换群，故若 $g \in G, h \in H$ 时，hfg^{-1} 是 D 到 R 内的 (1-1)映射的充要条件是 f 是(1-1)映射. 因此由(10.5.1)所界定的权满足(10.4.15)，而 $\displaystyle\sum_{F' \in \mathfrak{S}} W(F')$ 就是全体(1-1)映射所组成的集的等价类的个数.

为了应用定理 10.4.2，须先求出

$$
\sum_{\substack{f \subset R^D \\ hg = h_1}} W(f)
$$

的值.

设 $g \in G, h \in H$ 是两个任意固定的元，且

$$
g \in \mathfrak{E}_{b_1, b_2, \cdots}, \quad h \in \mathfrak{E}_{c_1, c_2, \cdots}.
$$

若 f 合

$$
fg = hf, \quad f \in R^D, \tag{10.5.2}
$$

而 $d \in D, d$ 在 g 的某个 j 轮换因子之中，则该轮换就是

$$
(d, gd, g^2 d, \cdots, g^{j-1} d)(g^{jd} = d). \tag{10.5.3}
$$

由(10.5.2)得出

$$fg^2 = (fg)g = h(fg) = h^2f,$$
$$fg^3 = h^3f,$$
$$\cdots\cdots$$
$$fg^k = h^kf, k \geqslant 1.$$
(10.5.4)

因此集 D 上的轮换(10.5.3)的诸元在 f 之下的象依次为

$$fd, hfd, h^2fd, \cdots, h^{j-1}fd(h^jfd = fd).$$
(10.5.5)

由此推知, 在 h 分解为轮换之积的分解式中, fd 所在的轮换的长度是 j 的因子. 因为 f 是(1-1)映射, 且轮换(10.5.3)中各元互异, 故(10.5.5)中各元也互异. 这就是说, (10.5.3)在 f 下的象也成一个 j 轮换

$$\left(fd, hfd, \cdots, h^{j-1}fd\right)(h^jfd = fd).$$

再由 f 的(1-1)性可知, g 的不同的轮换映为 h 的不同的轮换.

这样一来, 满足条件(10.5.2)的映射 f, 将 g 的 b_j 个 j 轮换映为 h 的 b_j 个 j 轮换. 然而 h 的 j 轮换共 c_j 个, 故只就 j 轮换之间的对应而言, 就可能有

$$(c_j)_{b_j}$$

种选取 f 的方法. 让 j 历经一切可能的值, 则得满足条件(10.5.2)的(1-1)映射的个数是

$$\sum_{\substack{fg=hg \\ f\in R^D}} W(f) = \prod_{j\geqslant 1} [j^{b_j}(c_j)_{b_j}].$$
(10.5.6)

其中因子 j^{b_j} 的出现, 是因为每一个 j 轮换有 j 个不同的写法, 因而可产生 j 个不同的映射的缘故. 当 $c_j < b_j$ 对某一 j 成立时, (10.5.6)就自动变为零; 当 $b_i = 0$ 时; 因子 $j^{b_j}(c_j)_{b_j} = 1$.

因为

$$j^{b_j}(c)_b = \left[\frac{d^b}{dz^b}(1+jz)^c\right]_{z=0},$$
(10.5.7)

所以(10.5.6)的右节可写为

$$\left[\left(\frac{\partial}{\partial z_1}\right)^{b_1}\left(\frac{\partial}{\partial z_2}\right)^{b_2}\left(\frac{\partial}{\partial z_3}\right)^{b_3}\cdots(1+z_1)^{c_1}(1+2z_2)^{c_2}(1+3z_3)^{c_3}\cdots\right]_{z_1=z_2=z_3=\cdots=0},$$
(10.5.8)

$$\left(\frac{\partial}{\partial z}\right)^b := \frac{\partial^b}{\partial z^b}.$$

把上式代入(10.4.16), 得

$$
\sum_{F' \in \mathscr{F}} W(F') = \frac{1}{|G| \cdot |H|} \sum_{\substack{g \in G \\ h \in H}} \left[\left(\frac{\partial}{\partial_{z_1}} \right)^{b_1(g)} \left(\frac{\partial}{\partial_{z_2}} \right)^{b_2(g)} \left(\frac{\partial}{\partial_{z_3}} \right)^{b_3(g)} \cdots \right.
$$

$$
\left. \times (1+z_1)^{c_1(h)} (1+2z_2)^{c_2(h)} (1+3z_3)^{c_3(h)} \cdots \right]_{z_1=z_2=z_3=\cdots=0}
$$

$$
= \frac{1}{|G| \cdot |H|} \left[\sum_{g \in G} \left(\frac{\partial}{\partial_{z_1}} \right)^{b_1(g)} \left(\frac{\partial}{\partial_{z_2}} \right)^{b_2(g)} \left(\frac{\partial}{\partial_{z_3}} \right)^{b_3(g)} \cdots \right.
$$

$$
\left. \times \sum_{h \in H} (1+z_1)^{c_1(h)} (1+2z_2)^{c_2(h)} (1+3z_3)^{c_3(h)} \cdots \right]_{z_1=z_2=z_3=\cdots=0}
$$

$$
= \frac{1}{|G| \cdot |H|} \left[P_G \left(\frac{\partial}{\partial_{z_1}}, \frac{\partial}{\partial_{z_2}}, \frac{\partial}{\partial_{z_3}}, \cdots \right) P_H (1+z_1, 1 \right.
$$

$$
\left. + 2z_2, 1+3z_3, \cdots) \right]_{z_1=z_2=z_3=\cdots=0}.
$$

这就证明了

定理 10.5.1　R^D 中的(1-1)映射的等价类的个数是

$$
\frac{1}{|G| \cdot |H|} \left[P_G \left(\frac{\partial}{\partial_{z_1}}, \frac{\partial}{\partial_{z_2}}, \frac{\partial}{\partial_{z_3}}, \cdots \right) P_H (1+z_1, 1+2z_2, 1+3z_3, \cdots) \right]_{z_1=z_2=z_3=\cdots=0},
$$

$$
(10.5.9)
$$

其中 $\left(\dfrac{\partial}{\partial_z} \right)^b := \dfrac{\partial^b}{\partial_z^b}$ 是偏微商算符. $P_G \left(\dfrac{\partial}{\partial_{z_1}}, \dfrac{\partial}{\partial_{z_2}}, \cdots \right)$ 是在 G 的轮换示式中代入诸 $\dfrac{\partial}{\partial_{z_i}}$

而得的一个算符.

如果 $|R| = |D|$, 则(10.5.9). 还可简化.

因为

$$
\sum_j b_j = |D| = |R| = \sum_j c_j,
$$

故诸 b_i 与诸 c_i 间的大小关系只有两种可能: 或

$$b_i = c_i \text{ 对一切 } i \geqslant 1 \text{ 成立}, \tag{10.5.10}$$

或

$$b_i > c_i \text{ 对某个 } j \text{ 成立}. \tag{10.5.11}$$

若有(10.5.11)，则(10.5.6)的右节化为零；若有(10.5.10)，则(10.5.6)的右节化为

$$\left[\left(\frac{\partial}{\partial z_1} \right)^{b_1} \left(\frac{\partial}{\partial z_2} \right)^{b_2} \left(\frac{\partial}{\partial z_3} \right)^{b_3} \cdots z_1^{c_1} (2z_2)^{c_2} (3z_3)^{c_3} \cdots \right]_{z_1 = z_2 = z_3 = \cdots = 0},$$

而此式对(10.5.11)的情形也是正确的. 因而有

定理 10.5.2　在定理 10.5.1 的假设条件下，如果还有 $|R| = |D|$，则 R^D 中的(1-1)映射的等价类的个数是

$$\left[P_G \left(\frac{\partial}{\partial z_1}, \frac{\partial}{\partial z_2}, \frac{\partial}{\partial z_3}, \cdots \right) P_H(z_1, 2z_2, 3z_3, \cdots) \right]_{z_1 = z_2 = z_3 = \cdots = 0}, \tag{10.5.12}$$

也可写为

$$\left[P_H \left(\frac{\partial}{\partial z_1}, \frac{\partial}{\partial z_2}, \frac{\partial}{\partial z_3}, \cdots \right) P_G(z_1, 2z_2, 3z_3, \cdots) \right]_{z_1 = z_2 = z_3 = \cdots = 0}, \tag{10.5.13}$$

(10.5.13)成立的原因是，当 $|R| = |D|$ 时，D 到 R 内的(1-1)映射就是 D 到 R 上的(1-1)映射，故 R 和 D 的地位完全是平等的，二者可以互换而不影响结果，在(10.5.12)中交换 G，H 的地位便得(10.5.13).

现在来讨论 R^D 中的等价类的个数，而不仅只是其中的(1-1)映射的等价类的个数.

自然地，此时的权为

$$W(f) = 1, f \in R^D.$$

在由(10.5.2)到(10.5.5)的推导过程中，以及随之而得的结论"在 h 分解为轮换之积的分解式中，fd 所在的轮换的长度是 j 的因子"并未用到"(1-1)映射"这一条件，故现在仍然可以利用这一结论.

如果 $f \in R^D$，则对固定的 $g \in G$ 和 $h \in H$，f 符合 $fg = hf$ 的充要条件是：当 $d \in D, f(d) = r$ 时，必有

$$f(gd) = hr, f(g^2d) = h^2r, \cdots.$$

条件的必要性就是(10.5.5)，条件的充分性是自明的.

如果 d 属于 g 的一个 j 轮换因子(10.5.3)中，则 $f(d)$ 可以选取 h 的任一 i 轮换因子中的任一元作为其象，只要 $i|j$ 就行. 所以，$f(d)$ 的选取法的个数是

$$\sum_{i|j} ic_i.$$

当 $f(d)$ 确定之后，由(10.5.5)，$f(g^kd)(1 \leqslant k \leqslant j-1)$ 也就随之而定. 由于映射 f 在不同的 d 处的象的选取是彼此独立的，故对固定的 $g \in G$ 和 $h \in H$，有

$$\sum_{\substack{fg=hf \\ f \in R^D}} W(f) = \prod_{j>1} \left(\sum_{i|j} ic_i \right)^{b_j}$$

$$= c_1^{b_1}(c_1 + 2c_2)^{b_2}(c_1 + 3c_3)^{b_3}(c_1 + 2c_2 + 4c_4)^{b_4}(c_1 + 5c_5)^{b_5} \cdots. \quad (10.5.14)$$

因为只有有限个 $b_i \neq 0$，故上面的乘积是有限的.

(10.5.14)的中节可以写为

$$\left[\left(\frac{\partial}{\partial_{z_1}} \right)^{b_1} \left(\frac{\partial}{\partial_{z_2}} \right)^{b_2} \left(\frac{\partial}{\partial_{z_3}} \right)^{b_3} \cdots \sum_{ej>1} \delta_j \sum_{i|j} ic_i \right]_{z_1=z_2=z_3=\cdots=0.} \quad (10.5.15)$$

由于

$$\sum_{j>1} z_j \sum_{i|j} ic_i = \sum_{i>1} ic_i \sum_{i|j} z_j = \sum_{i>1} ic_i (z_i + z_{2i} + z_{3i} + \cdots),$$

故有

$$\sum_{\substack{fg=hf \\ f \in R^D}} W(f) = \left[\left(\frac{\partial}{\partial_{z_1}} \right)^{b_1} \left(\frac{\partial}{\partial_{z_2}} \right)^{b_2} \left(\frac{\partial}{\partial_{z_3}} \right)^{b_3} \cdots \prod_{i>1} (e^{i(z_i+z_{2i}+z_{3i}+\cdots)})^{c_i} \right]_{z_1=z_2=z_3=\cdots=0}.$$

$$(10.5.16)$$

由此得出

$$\frac{1}{|G|\cdot|H|}\sum_{\substack{g\in G\\h\in H}}\sum_{\substack{fg=hf\\f\in R^D}}W(F)$$

$$=\left[P_G\left(\frac{\partial}{\partial z_1},\frac{\partial}{\partial z_2},\frac{\partial}{\partial z_3},\cdots\right)\right.$$

$$\left.\cdot P_H\left(e^{z_1+z_2+z_3+\cdots},e^{2(z_2+z_4+z_6+\cdots)},e^{3(z_3+z_6+z_9+\cdots)},\cdots\right)\right]_{z_1=z_2=z_3=\cdots=0}.$$

这就证明了

定理 10.5.3 R^D 中的等价类的个数是

$$\left[P_G\left(\frac{\partial}{\partial z_1},\frac{\partial}{\partial z_2},\frac{\partial}{\partial z_3},\cdots\right)P_H\left(\sum_{e^i>1}z_i,\sum_{e^{2i}>1}z_{2i},\sum_{e^{3i}>1}z_{3i},\cdots\right)\right]_{z_1=z_2=z_3=\cdots=0}.\tag{10.5.17}$$

此外还有

定理 10.5.4 R^D 中的等价类的个数是

$$\frac{1}{|H|}\sum_{h\in H}P_G\left(c_1,c_2+2c_2,\cdots,\sum_{i|j}ic_i,\cdots\right),\tag{10.5.18}$$

其中诸 c_i 是 h 的 i – 轮换因子的个数.

证明 由 (10.5.14) 可得

$$\frac{1}{|G|\cdot|H|}\sum_{\substack{g\in G\\h\in H}}\sum_{\substack{fg=hf\\f\in R^D}}W(F)=\frac{1}{|H|}\sum_{h\in H}\frac{1}{|G|}\sum_{g\in G}\prod_{j>1}\left(\sum_{i|j}ic_i,\right)^{b_j}$$

$$=\frac{1}{|H|}\sum_{h\in H}P_G\left(c_1,c_1+2c_2,\cdots,\sum_{i|j}ic_i,\cdots\right).$$

证毕.

现在来看一些例子.

例 10.5.1 把例 10.1.3. 中的正六面体 C 的六个面用【1，6】的元素编号，如果两种编号法之一只是另一的循环移位(譬如，一种编号是 $i_1i_2i_3i_4i_5i_6$，另一是 $i_2i_3i_4i_5i_6i_1$)，或者一种编号法可经对 C 施行群 G' 中的旋转从另一编号法得出，这样的编号法都认为是本质上相同的，反之，则是本质上不同的，今欲求本质上不同的编号法的个数.

设 D，C，G'，G 分别为例 10.1.3 中者，设 R 是六次单位根的群，H' 是复平面上绕原点旋转 $j\cdot 60(0\leqslant j\leqslant 5)$ 度的群，H 是 H' 所产生的 R 上的置换群. 于是，由例 10.1.3 和例 10.1.4，有

$$p_G = \frac{1}{24}(x_1^6 + 6x_2^3 + 8x_3^2 + 3x_1^2x_2^2 + 6x_1^2x_4),$$
$$p_H = \frac{1}{6}(x_1^6 + x_2^3 + 2x_3^2 + 2x_6),$$

故根据定理 10.5.2 便可得出所求的个数是

$$\frac{1}{6}\cdot\frac{1}{24}(6! + 6\cdot 2^3\cdot 3! + 16\cdot 3^2\cdot 2!) = 9.$$

例 10.5.2 设 S 是一个有限群，$\mathfrak{S}_s$ 是 S 上的对称群. $\mathfrak{S}_s$ 中的两个元 π_1,π_2 叫做等价的，如果有 S 中的二元 a,b 合

$$a\pi_1 b = \pi_2, \tag{10.5.19}$$

这里 $a\pi_1 b$ 是 $\mathfrak{S}_s$ 中这样的元，它对任一 $s\in S$，都有

$$(a\pi_1 b)(s) = a\cdot(\pi_1(b\cdot s)),$$

其中圆点 "$\cdot$" 表示 S 中的乘法，$\pi_1(b\cdot s)$ 表置换 π_1 对 S 中的元 $b\cdot s$ 的作用.

由(10.5.19)界定的关系确为一个等价关系，而且是定理 10.5.1 的特殊情形：

$$D = R = S,$$

$$G = H = \text{群 } S \text{ 的 Cayley 表示.}$$

所以，有

$$P_G = P_H = \frac{1}{|s|}\sum_{k||s|} v(k) x_k^{\frac{|s|}{k}}$$

从而等价类的个数是

$$\frac{1}{|S|^2}\sum_{k||s|}(v(k))^2 k^{\frac{|S|}{k}}\left(\frac{|S|}{k}\right)!,$$

这里 $v(k)$ 表 S 中阶为 k 的元素的个数.

参 考 文 献

以下资料按作者姓氏(我国作者的姓氏以汉语拼音为准)的字汇排法列出.

E.T.Bell

[1] Euler Algebra. Trans Amer Math Soc, **25**(1923), 135–154.

[2] Exponential Polynomials. Annals Math, **35**(1934), 258–277.

[3] Postulation bases for the umbral calculus. Amer J Math, **62**(1940), 717–724.

C.Berge

[1] Graphes et Hypergraphes. Paris: Dunod, 1970.

L.Calitz

[1] Congruences for the ménage polynomials. Duke Math J, **19**(1952), 549–552.

[2] Congruences connected with three-line Latin rectangles. Proc Amer Math Soc, **4**(1953), 9–11.

[3] Congruence properties of the ménage polynomials. Scripta Math, **20**(1954), 51–57.

S.Chowla, I.N.Herstein and K.Moore

[1] On recursions connected with symmetric groups I. Canad J Math, **3**(1951), 328–334.

S.Chowla, J.N.Herstein and W.R.Scott

[1] The solution of $x^d=1$ in symmetric group. NorskeVid Selsk Forth Trondheim, **25**(1952)29–31.

N.G.De Bruijn

[1] Pólya's theory of counting ch 5 In Applied Comb Math, ed by E F Beckenbach, 1964, 144–184.

[2] Recent developments in enumeration theory. In Actes du congrès international des math, 1970, 191–199.

L.E.Dickson

[1] History of theory of numbers, V I-III. New York: Chelsea, 1952.

P.Erdös and I.Kaplansky

[1] The asymptotic number of Latin rectangles. Amer J Math, **68**(1946), 230–236.

P.Erdös.C.Ko(柯召)and R.Rado

[1] Intersection theorems for systems of finite sets. Quart J Math Oxford(2), **12**(1961), 313–320.

P.Erdös and R.Rado

[1] A combinatorial theorem. J. London Math Soc, **25**(1950), 249–255.

[2] Combinatorial theorem on classifications of subsets of a given set. Proc London Math Soc, 3rd series, 27(1952), 417–439.

[3] A partition calculus in set theory. Bull Amer Math Soc, **62**(1956), 427–489.

P.Erdös and G.Szekeres

[1] A combinatorial problem in geometry. Compositio Math, **2**(1935), 463–470.

W.Feller

[1] Probability Theory and Its Applications, V.1. New York: Wiley, 1950.

L.R.Ford, Jr.and D.R.Fulkerson

[1] Network flows and systems of representatives. Canad J Math, **10**(1958), 78–85.

[2] Flows in Networks. Princeton Univ Press.1962.

M.Frechet

[1] A note on the problème des rencontres. Amer Math Mnthly, **46**(1939), 501.

D.Gale

[1] A theorem on flows in networks. Pacific J Math , **7**(1957), 1073–1082.

H.Gupta

[1] Tables of Partitions. Madras, 1939.

M.Hall, Jr.

[1] An existence theorem for Latin squares. Bull Amer Math Soc, **51**(1945), 387–388.

[2] Distinct representatives of subsets. Bull Amer Math Soc, **54**(1948), 922–926.

[3] An algorithm for distinct representatives. Amer Math Monthly, 63(1956), 716–717.

[4] Combinatorial Theory. Blaisdell Publ Company, Walthem Massachusetts, 1967.

P.Hall

[1] On representatives of subsets. J London Math Soc, **10**(1935), 26–30.

F.Harary

[1] Graph Theory. Addison-Wesley Publ Company, 1971.

F.Harary and E.M.Palmer

[1] Graphical Enumeration. New York and London: Acad Press, 1973.

G.H.Hardy and S. Ramanujan

[1] Asymptotic formulae incombinatorial analysis. Proc London Math Soc, (2), 17(1918), 75–115. G
H Hardy and E M Wvight

[1] An Introduction to The Theory of Numbers. Oxford Univ Press, 3rd edition, 1954.

华罗庚

[1] 数论导引. 北京: 科学出版社, 1957.

W.B.Jurkat and H.I.Ryser

[1] Matrix factorizations of determinants and permanents. J Algebra, 3(1966), 1–27.

I.Kaplansky

[1] On a generalization of the "probleme des rencontres". Amer Math Monthly, 46(1939), 159–161.

[2] Solution of the "Problème des mènages". Bull Amer Muth soc, 49(1943),784–785.

[3] Symbolic solution of certain problems in permutations. Bull Amer Math Soc, 50(1944). 906–914.

I.Kaplansky and J.Riordan

[1] Multiple matching and runs by the symbolic method. Annals Math Statist, 16(1945), 272–277.

[2] The problème des ménages. Scripta Math, **12**(1946), 113–124

[3] The problem of the rooks and its applications. Puke Math J, 13(1946), 259–268.

I. Lah

[1] Eine neue Art von Zahlen, ihre Eigenschaften und Anwendung in der mathematischen statistik.
Mitteilungsbl Math Statist, 7(1955). 203–212.

S.Lang

[1] Algebra. Addison Wesley Publ Company, 1971.

李俨

[1] 中算史论丛. 北京: 科学出版社, 1954.

C.L.Liu

[1] Introduction to combinatorial mathematics. McGraw-Hill, 1968.

[2] Topics in combinatorial mathematics. Math Asso Amer, 1972.

[3] Elements of descrete mathematics. MeGraw-Hill, 1977.

D.H.LeHmer

[1] On the Hardy-Ramanujan series for the partition function. J London Math Soc, 12(1937)171–176.

H.B.Mann and H.J.Ryser.

[1] Systems of distinct representatives. Amer Math Monthly, 60(1953), 397–401.

M.Marcus and H.Minc

[1] On the relation between the determinant and the permancnt. Hlinois J Math, 5(1961), 376–381.

[2] Some results on doubl stochostic matrices. Proc Amer Math Soc, 13(1962), 571–579.

M.Marcus and M.Newman

[1] On the minimum of the permanent of a doubly stochastic matrix. Duke Math J, 26(1959) 61–72.

[2] Inequalities for the parmanent functions. Ann Math, 75(1962), 47–62

N.S.Mendelsohn

[1] The asymptotic series for a certain class of permutation problems. Canad J Math, 8(1956), 243–244.

E.C.Milner

[1] Translersal theory. in "Proc of the International Congress of Math, 1974", 155–169, 1975.

H.Minc

[1] Upper bounds for permanents of(0, 1)-matrices. Bull Amer Math Soc, 69(1963), 789–791.

[2] An inequality for permanents of (0, 1)-matrices. J Comb Theory, 2(1967), 321–326.

L.Mirsky

[1] Transversal Theory. New York and London: Acad Press, 1971.

L.Moser and M.Wyman

[1] On solutions of $x^d=1$ in symmetric group. Canad J Math, 7(1955), 159–168.

T.Nagell

[1] Introduction to Number Theory. New York: Wiley.

O.Ore

[1] On coset representatives in groups. Proc Amer Math Soc, 9(1958), 665–670.

J.K.Percus

[1] Combinatorial methods. New York: Springer Verlag, 1971.

G.Pólya

[1] Kombinatorischc Anzahlbestimmungen für Gruppem. Graphen and Chemische Verbindungen, Acta Math, 68(1937), 145–254.

H.Rademacher

[1] A convergent series for the partition function $p(n)$. Proc Nat Acad Sci, 23(1937), 78–84.

R.Rado

[1] Direct decomposition of partitions. J Lond Math Soc, 29(1954), 71–83.

[2] On the number of systems of distinct representatives of sets. J London Math Soc, 42(1967), 107–109.

F.P.Ramsey

[1] On a problem of formal logic. Proc London Math Soc, 2nd Series, 30(1930), 264–280.

J.Riordan

[1] Three-line Latin rectangles. Amer Math Monthly, 51(1944), 450–452.

[2] Three-line Latin rectangles II. Amer Math. Monthly 53(1946), 18–20.

[3] Discordant permutations. Scripta Msth, 20(1954), 14–23.

[4] Triangular permutation numbers. Proc Amer Math Soc, 2(1951), 404–407.

[5] A recurrence relation for three-line latin rectangles. Amer Math Monthly, 59(1952), 159–162.

[6] An introduction to combinatorial analysis. New York, Wiley, 1958.

[7] Abel identities and inverse relations. in Comb Math and Its Appl, 71–91, The Universtiy of North Carolina Press, 1969.

[8] Combinatorial indentities. New York, London: Sydney, 1968.

G.C.Rota

[1] On the foundations of combinatorial theory I. Theory of Möbiusfunctions, Z Wahrscheinlichke-itstheorie and Verw Gebeite, 2(1964), 340–368.

H.J.Ryscr

[1]　A combinatorial theorem with an application to latin rectangles. Proc Amer Math Soc, 2(1951), 550–552.

[2]　Matrices with integer elements in combinatorial investigations. Amwe J Math, 74(1952), 767–773.

[3]　Combinatorial properties of matrices of zeros and ones. Canad J Math, 9(1957), 371–377.

[4]　The term rank of a matrix. Canad J Math, 10(1958), 57–65.

[5]　Traces of matrices of zeros and ones. Canad J Math. 12(1960), 463–476.

[6]　Matrices of zeros and ones. Bull Amer Math Soc, 66(1960), 442–464.

[7]　Combinatorial mathematics. Carys Math Monographs, No.14, 1963.

[8]　Permanents and systems of distinct representatives. in Comb Math and its Appl, 55–70, The Univ North Carolina Press,1969.

E.C.Titchmarsh

[1]　The theory of function. 函数论, 吴锦译, 科学出版社, 1962.

J.Tonchard

[1]　Sudr les cycles des substitutions. Acta Math, 70(1939), 243–279.

W.T.Tutte

[1]　Lectues on Matroids. J Res Nat Bur Stand. (B), 69(1965), 1–47.

B.L.Van der Waerden

[1]　Algebra. 代数学, 曹锡华, 曾肯成, 郝炳新译, 科学出版社, 1976.

J.H.van Lint

[1]　Coding theory. Lecture Notes in Math 201. Springer Verlag, Berlin, 1971.

[2]　Combinatorial theory. Seminar Eindhoven University of Techno logy, Lecture Notes in Math.382, Berlin: Springer Verlag, 1974.

K.Walker

[1]　Dichromatic graphs and Ramsey numbers. J Comb Theory, 5(1968).238–243.

[2]　An upper bound for the Ramsey number $M(5, 4)$. J Comb Theory, 11(1971), 1–10.

万哲先

[1]　代数和编码. 科学出版社, 1976.

万哲先, 代宗铎, 冯绪宁, 阳本傅

[1]　有限几何与不完全区组设计的一些研究. 北京: 科学出版社, 1966.

万哲先, 代宗铎, 刘木兰, 冯绪宁

[1]　非线性移位寄存器. 北京: 科学出版社, 1978.

王元

[1]　A note on the maximal number of pairwise orthogonal latin squares of a given order. Sci Sinica, 13(1964), 841–843.

[2]　关于 s 阶的两两正交拉丁方的最大数目——筛法的应用. 数学学报, 16(1966), No 3, 400–410.

魏万迪

[1]　广容斥原理及其应用. 科学通报, 1980, 中文版 No 7, 英语版 No 3. 广容斥原理的两个证明, 四川大学学报(自然科学), 1979, No 3.

[2]　(0, 1)矩阵类 𝔘(R, S). 科学通报(数理化专辑), 第一集, 1980.
　　(0, 1)矩阵类 𝔘(R, S)的势. 四川大学学报(自然科学), 1980, No 4.

[3]　一类限量分配问题. 科学通报, 22(1980), 1011.
　　一类限量分配定理的证明, 四川大学学报(自然科学), 1980, No 3.

[4]　限位排列和 k 积和式.

[5]　r 异代表组. 应用数学学报

J.Yackel

　　[1]　Inequalities and asymptotic bounds for Ramsey numbers. J Comb Theory (B), 13(1972), 56–68.

K.Yamamota

　　[1]　On the asymptotic number of Latin rectangles. Japanese J of Math, 21(1951), 113–119.

　　[2]　Symbolic methods in the problem of three-line latin rectangles. J Math Soc Japan, 5(1953), 13–23.

　　[3]　Structure polynomial of latin rectangles and its applications to combinatorial problem. Mem Fac Sci Kyusyu Univ Ser A, 10(1956), 1–13.

《现代数学基础丛书》已出版书目